大 学 物 理

(下册)

主　编　刘　博　赵德林
副主编　王祖松　张成义　张雅男

科 学 出 版 社
北　京

内容简介

本书依照教育部大学物理课程教学指导委员会的基本要求编写，全书分上、下两册，涵盖了大学物理课程的各知识点，并包含7个“气象物语”专栏。下册内容包括真空中的静电场、静电场中的导体和电介质、电流和恒定磁场、电磁感应和电磁场、几何光学简介、光的干涉、光的衍射、光的偏振及吸收、波与粒子、量子力学基础和3个专栏(大气电荷和大气电流、大气静电场、大气散射现象与基本理论简介)。本书不仅可以让学生学习物理学的基本原理和方法，而且通过将物理学基本原理与大气科学结合，加深学生对物理学原理在大气科学中应用的认识。

本书可作为高等学校理工科非物理类本科专业的教材，也可供其他相关专业选用，并可供中学教师进修或其他读者自学使用。

图书在版编目(CIP)数据

大学物理. 下册/刘博, 赵德林主编. —北京：科学出版社, 2019.1
ISBN 978-7-03-060264-0

Ⅰ. ①大… Ⅱ. ①刘… ②赵… Ⅲ. ①物理学-高等学校-教材. Ⅳ. ①O4

中国版本图书馆CIP数据核字(2018) 第291640号

责任编辑：王腾飞 曾佳佳／责任校对：彭 涛
责任印制：师艳茹／封面设计：许 瑞

科学出版社 出版
北京东黄城根北街16号
邮政编码：100717
http://www.sciencep.com

天津文林印务有限公司 印刷
科学出版社发行 各地新华书店经销
*
2019年1月第 一 版 开本：787×1092 1/16
2020年2月第三次印刷 印张：19
字数：448 000

定价：79.00元

(如有印装质量问题，我社负责调换)

前　言

大学物理课程是高等学校非物理类理工科专业学生必修的一门重要基础课程。本教材立足系统化夯实本科生的物理基础，全面提升学生的现代化科学素质，加强大学物理知识在大气科学领域和其他工程技术领域中的应用。

教材翔实系统地阐述物质的基本结构、基本运动形式及相互作用的科学规律；充分结合各类物理规律的发现过程、物理模型的构建、严密的理论推导、开创性的科学预言与实验验证、近代物理与经典物理的冲击与发展等的翔实介绍，训练学生的科学思维方法与科学实验验证的理念，逐步培养学生现代科学的自然观、宇宙观和辩证唯物主义的世界观，提升学生解决各类物理问题的能力和创新技能；“气象物语”专栏有机融入相关气象元素，物理原理在大气科学中的应用和实现，这些内容包含大气动力学、流体力学、大气热力学、大气电磁学、大气光学、大气辐射等知识，充分体现大学物理在气象学领域的基础地位和应用，使本书具有鲜明的气象特色。本书不仅让学生学习物理学的基本原理，还能让学生了解物理学与大气科学知识的融合，进一步加深对物理学的认识。

依据教育部最新颁布的《理工科类大学物理课程教学基本要求》，教材内容涵盖力学、振动与波动、热学、电磁学、光学和近代物理六大体系。结合教学需求，全书分为上、下两册，上册内容包括质点运动学、质点动力学、运动的守恒量和守恒定律、刚体力学、机械振动、波动、狭义相对论、气体动理论和热力学基础；下册内容包括真空中的静电场、静电场中的导体和电介质、电流和恒定磁场、电磁感应和电磁场、几何光学简介、光的干涉、光的衍射、光的偏振及吸收、波与粒子、量子力学基础。习题设计合理，学生通过习题训练，加强重要知识点的巩固学习，达成课程的学习目标。

教材编写特色主要体现在：夯实基础、突出重点、融入气象、强化应用。

(1) 在经典力学部分，结合质点运动的描述方法，将大气微团抽象为理想化的空气质点模型，大气的运动就是所有空气质点运动的集体表现。各空气质点的速度矢量分布及随时间的变化规律实质就是大气风场随时间的变化规律，简要描述大气运动的拉格朗日法和欧拉法；大气动力学问题的研究几乎都是基于转动的地球参考系进行分析的，这与牛顿运动定律只适用于惯性参考系不一致，所以在质点动力学这一章，有针对性地加强对转动非惯性参考系的介绍，不仅分析惯性离心力对重力或重力加速度的影响，而且定性研究科里奥利力对大气运动的效应。例如，北半球的气旋及信风的成因，并详细给出转动非惯性参考系质点运动的动力学方程。

(2) 空气状态的变化和大气中所进行的各种热力学过程都遵循热力学的一般规律，所以在教材的热力学基础部分，首先从能量的观点出发，详细地分析热力学变化过程中有关热功转化的关系和条件，将能量转化和守恒定律应用于热力学过程得出热力学第一定律，并具体分析热力学系统的等体、等压、等温、绝热过程及循环过程；为了科学准确地理解热力学自发过程进行的方向性，介绍热力学第二定律，引入系统的状态函数：熵，并利用熵增原理解释热力学第二定律的统计意义。

(3) 静电场、稳恒磁场、电磁感应与电磁场理论既是大学物理的重要组成部分，又是大气电磁学重要的理论基础。晴天低层大气电场就是静电场，大学物理中阐述的静电场的各种性质及分析方法完全适用于大气电场。所以在静电场章节部分：一方面系统介绍静电场的知识体系，另一方面还适当增加大气电场、大气离子、大气电导率、大气电流的知识的讲述，拓展学生对大气电学的了解和认识，并强化静电学的实际应用。巨大、迅变的雷电流的泄放，必将在其周围激发强变的感应电磁场，即雷击电磁脉冲，二次雷击的原理与电磁感应规律及麦克斯韦电磁场理论紧密联系，故本教材较全面地介绍稳恒磁场及性质，强化电场与磁场的相互关系及其在气象领域的应用分析。

(4) 光学部分，在简单介绍几何光学的基础上，着力专注于光的本性，重点讨论光的干涉、衍射、偏振、吸收、色散现象。并结合光学理论简单介绍光与大气的相互作用产生的多种大气光学现象，如雾、霾、海市蜃楼、暮曙光等。

本书由刘博、赵德林任主编，王祖松、詹煜、陈玉林、张成义、张雅男任副主编。此次编写工作过程，还得到了徐飞、李庆芳、雷勇、丁留贯、孙婷婷、刘战辉、蒋晓龙等老师的帮助和指导，在此表示衷心感谢。在本书编写过程中还借鉴了部分优秀教材和相关文献，特在此一并表示感谢。

本书受到下列课题的资助：

南京信息工程大学大学物理教材建设项目，项目号：1214071801010

南京信息工程大学教改课题项目，项目号：1214071701028

本书的编写出版还得到了科学出版社王腾飞等编辑的帮助，在此致以衷心的谢意。

由于编者水平有限，书中难免存在不妥之处，敬请读者和同行专家批评指正。

刘　博　赵德林

2018 年 8 月 8 日

目　　录

第 7 部分 近代物理 II

第5部分

电　磁　学

早在 2000 多年以前，人们就认识到了电与磁的现象，并在许多领域逐步得到了应用。依据大气的电磁特性，大气被分成非电离层、电离层、磁层三个层次。其中大气电学研究的是 60 km 高空以下的非电离层中性大气的电学性质。早在 1752 年，大气电学的先驱富兰克林就指出雷电的本质就是电。雷雨云的起电机制、雷电的监测、大气放电的物理效应、人工影响雷电都是大气电学的重要研究内容。随着社会经济和科技的发展，雷电灾害有增无减，对雷电防护提出了更高的要求，这也促进了大气电学的迅猛发展和应用。

人类真正用科学的方法对电磁现象进行研究则是在 18 世纪以后，到 19 世纪中叶，经过大量的电磁实验研究，人们已总结出一系列重要规律，如库仑定律、毕奥–萨伐尔定律、安培定律、法拉第电磁感应定律等。1864 年，英国物理学家麦克斯韦在总结前人成果的基础上，大胆地提出了“涡旋电场”和“位移电流”的假设，并建立了完整的电磁场理论，这一理论预言了以光速传播的电磁波的存在，提出了光是一定频率范围电磁波的思想，彻底推翻了电与磁的“超距作用”观点，从而使电学、磁学、光学三者得以统一，这是 19 世纪物理学发展史上具有里程碑意义的理论成果。

1887 年，德国物理学家赫兹从实验上证实了电磁波的存在，证明了光是一种电磁波的预言，为人类利用电磁波奠定了基础。随后，无线电技术得到了迅猛发展，如无线电通信、无线电广播、无线电报、无线电话、无线控制等新兴技术很快进入了社会的各个领域。人类的通信遥控范围跃过了高山，跨过了大海，冲出了大气层，飞出了太阳系，逐渐延伸至茫茫的宇宙深处。电磁波的发现和应用是物理学的一次重大革命。

电能的开发及其广泛应用是继蒸汽机的发明之后，近代史上第二次技术革命的核心内容。20 世纪出现的大电力系统构成工业社会传输能量的大动脉；以电磁波为载体的信息与控制系统则组成了现代社会的神经网络。各种新兴电工材料的开发、应用，丰富了现代材料科学的内容。物质世界统一性的认识、近代物理学的诞生以及系统控制论的发展等都直接或间接地受到电工发展的影响。同时，各相邻学科的成就也不断促进电工向更高的层次发展。因此，电工发展水平是衡量社会现代化程度的重要标志，是推动社会生产和科学技术发展，促进社会文明的有力杠杆。

电动机作为最重要的动力源，从根本上改变了 19 世纪以蒸汽动力为基础的初级工业化的面貌，电热、电化学、电物理的发展，开辟了一个又一个新的工业部门和科研领域。总之，电的应用不仅影响物质生产的各个侧面，也越来越广地渗透到人类生活的各个层面。电气化已在某种程度上成为现代化的同义语，电气化程度已成为衡量社会物质文明发展水平的重要标志。

第10章　真空中的静电场

雷电是伴有闪电和雷鸣的一种放电现象。在我们的地球表面，覆盖着一层厚厚的大气，地球大气在太阳光的照射下，形成大气对流运动现象，其中有一部分大气含有大量的水蒸气，形成水气云团。高速对流的水气云团，做切割地球地磁场运动，在地球磁场的作用下，水气云团的两端形成巨大的带正、负电荷积电层，受大气对流的冲击，异种水气云团积电层在空中相遇，从而产生巨大的电荷放电现象，形成一种伴有闪电和雷鸣的雄伟壮观而又有点令人生畏的自然现象 —— 雷电 (图 10-1)。认识大气电荷、大气电场、大气电流、雷雨云的起电机制、电荷放电的物理效应、雷电的防护都必须掌握静电场等电磁理论知识。

图 10-1　雷电现象

电荷周围都有电场存在，相对于观测者，静止的电荷在其周围所激发的电场称为静电场。电荷之间的相互作用规律被库仑实验定律揭示，它是电磁场理论的第一块基石。区别于常规实物，电场也是一种物质，是物质的另一种存在方式，它的客观实在性可以从两种方式体现：电场中的电荷一定受到电场对其施加的力的作用；在电场中移动电荷，电场会对其做功。基于电场的这两种对外体现，引入两个描述电场的基本物理量：电场强度矢量和电势标量。从电场叠加原理出发，阐述表征静电场基本性质的两个定理：高斯定理和环路定理。

10.1　电荷和库仑定律

10.1.1　电荷　电荷守恒定律

1. 电荷

早在公元前 5 世纪，人们就发现，用毛皮摩擦过的琥珀能产生吸引羽毛等轻小物体的现象。当物体有了这种能够吸引轻小物体的性质时，就说它带了电，或有了电荷。大量的事实证明，自然界中只有两种类型的电荷：一种与丝绸摩擦过的玻璃棒的电荷相同，称为**正电荷**；另一种与毛皮摩擦过的硬橡胶的电荷相同，称为**负电荷**。并且，电荷与电荷之间存在相互作用力，同种电荷相斥，异种电荷相吸。正电荷、负电荷的名称是美国物理学家富兰克林于 1746 年首先提出的。

物体所带电荷的多少称为电荷量或**电量**，用 q 表示。在国际单位制中，电量的单位为库仑 (简称库)，符号为 C。

验电器是用来检测电荷和电量的最简单仪器，如图 10-2 所示，在玻璃瓶上装一橡胶塞，塞中插一根金属杆，金属杆上端带有金属小球，杆的下端悬挂着两片金属箔片。当带电体与金属小球接触时，金属箔因得到同种电荷而张开，所带的电荷越多，张角越大。

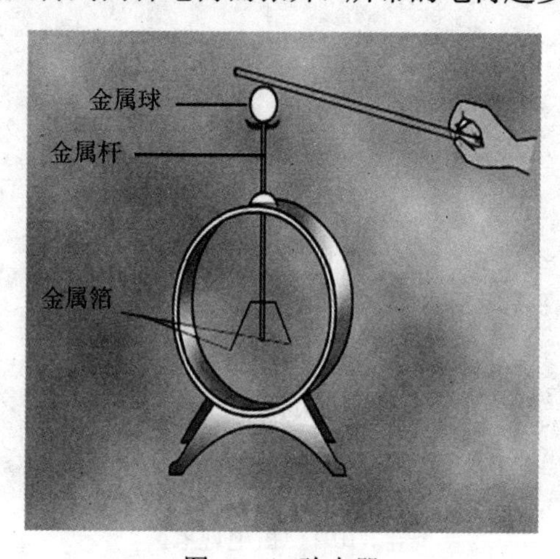

图 10-2　验电器

除用摩擦的方法使物体带电外，还可采用感应方法使物体带电，如图 10-3 所示，将带电体 A 靠近不带电的导体 B，在导体 B 靠近 A 的一端和远离 A 的一端出现局域电荷，这种使导体 B 带电的方式称为感应起电。

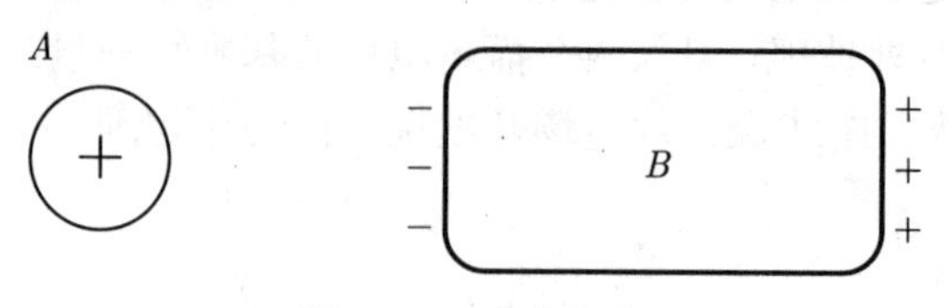

图 10-3　感应起电

在自然界中，根据电荷输运情况，将电荷能通过的物体称为**导体**(如金属、石墨和酸碱的水溶液等)；将电荷不能通过的物体称为**绝缘体**(如玻璃、塑料、橡胶、陶瓷等)；另外还有一种物体，在常规情况下，其导电性能介于导体和绝缘体之间，称为**半导体**，如锗和硅等。

从微观结构分析：金属之所以导电，是因为其内部存在着大量的自由电子，它们可以摆脱原子核的束缚而自由地在金属内部运动；电解液之所以导电，是因为内部存在能做宏观运动的正、负离子；在绝缘体内部，由于电子受到原子核的强束缚，基本上没有自由电子，因此它们呈现绝缘的性质。

2. 电荷守恒定律

实验表明，在一个孤立系统中，无论发生了怎样的物理过程，电荷既不会创生，也不会消失，电荷只能从一个物体转移到另一个物体上，整个系统内正、负电荷的代数和始终保持不变，这个结论称为**电荷守恒定律**。电荷守恒定律是自然界基本定律之一，不管是在宏观领域，还是在微观领域，电荷守恒定律都适用。

现代物理研究表明，电荷不仅可以迁移，在粒子的相互作用过程中，电荷还可以产生和湮没。例如，

$$\gamma + \mathrm{x} \to \mathrm{e}^- + \mathrm{e}^+ + \mathrm{x}(\text{原子核})$$

$$\mathrm{e}^- + \mathrm{e}^+ \to \gamma + \gamma(\text{或}\gamma + \gamma + \gamma)$$

一个高能光子 γ 和一个重原子核 x 作用时，该光子可以转化为一个正电子 e^+ 和负电子 e^-(这称为电子对的“产生”)；而一对正、负电子在一定条件下相遇，又会同时消失而产生两个或者三个光子 (这称为电子对的 “湮没”)。在已经观察到的各种过程中，正、负电荷总是成对出现或者成对消失的。由于光子不带电，正、负电子各带等量异号的电荷，电荷守恒并没有因此而遭受破坏。所以，这种电荷的产生和湮没并不改变系统中电荷的代数和，因而电荷守恒定律仍然成立。

3. 电荷的量子性

实验表明，电荷总是以一个基元电荷的整数倍出现于各类现象中，这种特性称为**电荷的量子性**。电荷的基本单元就是一个电子所带电量的绝对值，用 e 表示，其近似值为

$$1\mathrm{e} = 1.602 \times 10^{-19}\ \mathrm{C}$$

电荷具有基本单元的概念，最初是根据电解现象中通过溶液的电量和析出物质的质量之间的关系提出的。法拉第、阿伦尼乌斯等都为此作出过重要贡献。他们得出，一个离子的电量只能是一个基本电荷电量的整数倍。直到 1891 年斯托尼才引入 “电子”(electron) 这一名称来表示带有负电的基元电荷的粒子。此后，密立根设计了著名的油滴实验直接测量了此基元电荷的数值。现在，已经知道许多基本粒子都带有正的或者负的基元电荷。例如，一个正电子、一个质子各带有一个正的基元电荷，一个负电子、一个反质子各带有一个负的基元电荷。

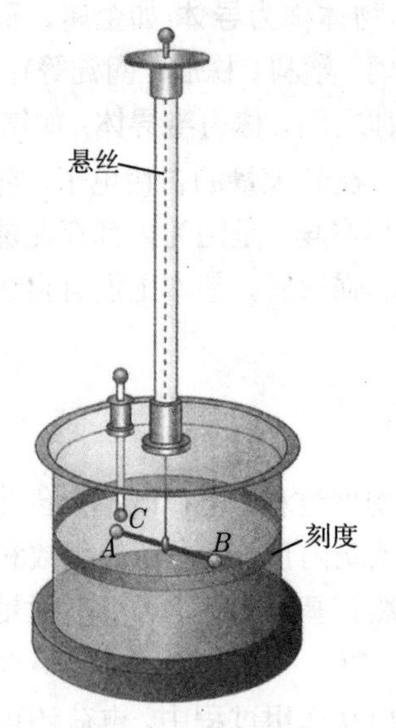

图 10-4　扭秤实验

10.1.2　库仑定律

1785 年，库仑通过扭秤实验 (图 10-4) 总结出真空中两个静止的点电荷之间相互作用的规律，称为**库仑定律**。为方便起见，首先考虑点电荷间的相互作用。**点电荷**，是指当带电体自身的大小与带电体之间的距离相比很小时，不考虑其形状、体积等复杂因素对相互作用的影响，仅考虑带电体的电荷量。点电荷是实际带电体的一种理想化模型。

库仑定律表述如下：在真空中，两个静止的点电荷 q_1 和 q_2 之间的相互作用力的大小与 q_1 和 q_2 的乘积成正比，和它们之间的距离 r 的平方成反比；作用力的方向沿着它们的连线，同号电荷相互排斥、异号电荷相互吸引，如图 10-5 所示。

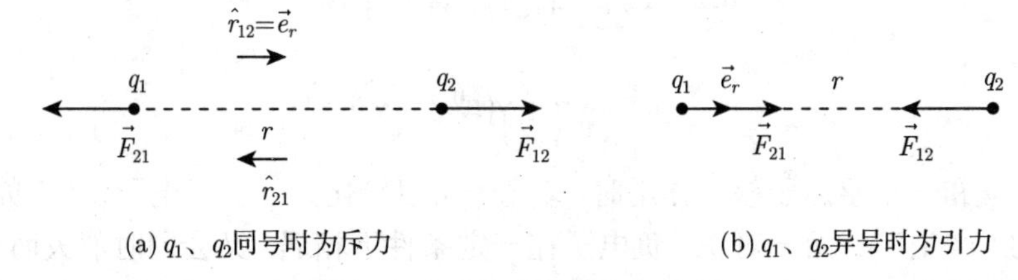

图 10-5　点电荷间的相互作用

图 10-5 中 $\vec{F}_{12}$ 代表 q_1 对 q_2 的作用力，r 表示 q_1 和 q_2 之间的距离，$\vec{e}_r$(或 $\hat{r}_{12}$) 代表由 q_1 指向 q_2 方向的单位矢量，则电荷 q_1 对电荷 q_2 的作用力 $\vec{F}_{12}$ 表示为

$$\vec{F}_{12} = k\frac{q_1 q_2}{r^2}\vec{e}_r \tag{10-1}$$

式中，k 为一个比例系数，数值取决于式中各量的单位，在国际单位制中

$$k = \frac{1}{4\pi\varepsilon_0} = 8.99 \times 10^9 \mathrm{N\cdot m^2\cdot C^{-2}}$$

$$\varepsilon_0 = 8.85 \times 10^{-12} \mathrm{C^2\cdot (N\cdot m^2)^{-1}}$$

ε_0 叫作真空电容率。这样，库仑定律的数学式表述式可写为

$$\vec{F}_{12} = \frac{1}{4\pi\varepsilon_0}\frac{q_1 q_2}{r^2}\vec{e}_r \tag{10-2}$$

应该注意：① 库仑定律适用于真空中两个静止点电荷之间的相互作用，或者在其运动速率远小于光速时也近似适用；② 空气对电荷之间的相互作用的影响可以忽略，近似于真空中的情形；③ 电荷间的相互作用遵守牛顿第三定律。

静止电荷间的相互作用力也称**库仑力**。

10.1.3 静电力叠加原理

实验表明，库仑力满足叠加原理，它不因其他点电荷的存在而改变两点电荷之间的相互作用。所以有以下结论：当点电荷 q 在点电荷系 q_1，q_2，$\cdots$，q_n 的共同作用下时，它所受到的静电力，等于 q_1，q_2，$\cdots$，q_n 各点电荷单独存在时，作用在它上的静电力的矢量和，这称为**静电力的叠加原理**。即

$$\begin{aligned}\vec{F} &= \vec{F}_1 + \vec{F}_2 + \cdots + \vec{F}_n \\ &= \frac{1}{4\pi\varepsilon_0}\frac{qq_1}{r_1^2}\vec{e}_{r1} + \frac{1}{4\pi\varepsilon_0}\frac{qq_2}{r_2^2}\vec{e}_{r2} + \cdots + \frac{1}{4\pi\varepsilon_0}\frac{qq_n}{r_n^2}\vec{e}_{rn}\end{aligned} \tag{10-3}$$

如果作用于点电荷 q 上的静电力来源于电荷连续分布的带电体 Q，可将带电体分割成无穷多的电荷元 $\mathrm{d}q$ 的集合，每个电荷元对点电荷 q 的静电力可以利用库仑定律求得，最后由静电力叠加原理积分得到连续带电体 Q 对 q 的静电力

$$\vec{F} = \int_Q \mathrm{d}\vec{F} = \int_Q \frac{1}{4\pi\varepsilon_0}\frac{\mathrm{d}q}{r^2}\vec{e}_r \tag{10-4}$$

这是积分形式的静电力叠加原理。

10.2 电场和电场强度

10.2.1 电场和电场强度

对于电荷之间相互作用力的性质，理论与实验表明，静电力是物质之间的相互作用力，电荷 q_2 处于 q_1 周围任何一点都受到 q_1 的作用，说明在 q_1 的周围整个空间中存在一种特殊的物质，它虽然不是由实物构成，但确是一种客观实在。人们将这种特殊的存在称为由电荷 q_1 激发的电场。同样，电荷 q_2 也在其周围整个空间激发电场并作用于电荷 q_1 上。两电荷之间的相互作用实际上是每个电荷激发的电场作用于另一电荷上的，可概括为

$$\text{电荷} \Leftrightarrow \text{电场} \Leftrightarrow \text{电荷}$$

近代物理学的理论和实验完全肯定了场的观点，电场以及磁场是物质的一种形态，它同实物一样具有能量、质量和动量。场的概念已成为近代物理学最重要的基本概念之一。本章讨论静止电荷在其周围空间所产生的电场，称为**静电场**。

如图 10-6 所示，为了确定带电体 Q 周围空间的静电场分布，将电荷 q_0 视为试验电荷，它的引入只是为了检验原带电体 Q 激发的电场属性，要求试验电荷必须是点电荷，它的电荷量要足够得小，这样电荷 q_0 不至于影响原带电体 Q 激发的静电场。

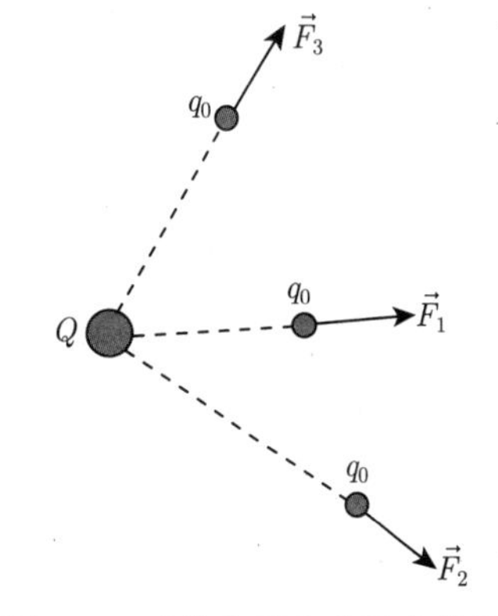

图 10-6 试验电荷在电场中的受力

在电场的不同点上放置同样的试验电荷 q_0，q_0 在电场中各处的受力不同。在电场的同一点放置不同的试验电荷，受力也不同，但 $\vec{F}/q_0 =$ 恒矢量，这一比值反映了电场的自身固

有属性。因此，把 $\vec{F}$ 与 q_0 的比值定义为**电场强度**，用 $\vec{E}$ 表示，即

$$\vec{E}=\frac{\vec{F}}{q_0} \tag{10-5}$$

电场中某点电场强度的大小等于单位电荷所受电场力的大小，电场强度的方向为正电荷在该处所受电场力的方向。在国际单位制中，电场强度的单位为 $\mathrm{N\cdot C^{-1}}$(或 $\mathrm{V\cdot m^{-1}}$)。

当知道电场强度的分布时，电荷 q 在电场中某点所受电场力为

$$\vec{F}=q\vec{E} \tag{10-6}$$

10.2.2　电场强度的计算

1. 点电荷电场中的电场强度

如图 10-7 所示，为求点电荷 q 在距离该点为 r 的场点 P 处的电场强度，可将试验电荷 q_0 放置于场点 P，根据库仑定律和电场强度的定义，场点 P 处的电场强度为

$$\vec{E}=\frac{\vec{F}}{q_0}=\frac{q}{4\pi\varepsilon_0 r^2}\vec{e}_r \tag{10-7}$$

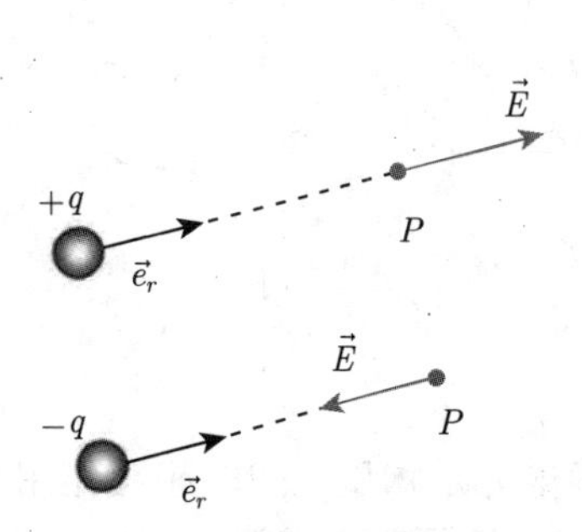

图 10-7　点电荷的电场强度

式中，$\vec{e}_r$ 为场点位置矢量 $\vec{r}$ 的单位矢量。当点电荷 $q>0$ 时，电场强度 $\vec{E}$ 的方向与 $\vec{e}_r$ 的方向相同；当点电荷 $q<0$ 时，电场强度 $\vec{E}$ 的方向与 $\vec{e}_r$ 的方向相反。

2. 点电荷系电场中的电场强度

如图 10-8 所示，当空间存在多个分立点电荷组成的点电荷系 q_1，q_2，$\cdots$，q_n 时，在场点 P 处放置试验电荷 q_0，根据静电力叠加原理，试验电荷 q_0 受合电场力为

$$\vec{F}=\vec{F}_1+\vec{F}_2+\cdots+\vec{F}_n \tag{10-8}$$

由电场强度的定义，有

$$\frac{\vec{F}}{q_0}=\frac{\vec{F}_1}{q_0}+\frac{\vec{F}_2}{q_0}+\cdots+\frac{\vec{F}_n}{q_0} \tag{10-9}$$

即

$$\vec{E}=\vec{E}_1+\vec{E}_2+\cdots+\vec{E}_n \tag{10-10}$$

式中，$\vec{E}_n$ 代表第 n 个场源点电荷在场点 P 激发的电场。式 (10-10) 表明，点电荷系在场点 P 激发的电场强度等于各个点电荷单独存在时在场点 P 激发的电场强度的矢量和。这种性质称为**电场强度叠加原理**，这是电场的基本性质之一。

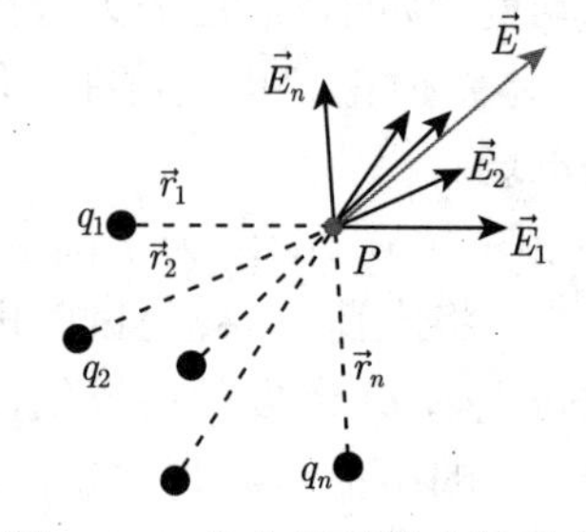

图 10-8　点电荷系的电场强度

各个点电荷在场点 P 的电场强度为

$$\vec{E}_1=\frac{q_1}{4\pi\varepsilon_0 r_1^2}\vec{e}_1,\quad \vec{E}_2=\frac{q_2}{4\pi\varepsilon_0 r_2^2}\vec{e}_2,\quad \cdots,\quad \vec{E}_n=\frac{q_n}{4\pi\varepsilon_0 r_n^2}\vec{e}_n$$

由此，点电荷系激发的电场强度表示为

$$\vec{E}=\sum_{i=1}^{n}\vec{E}_i=\sum_{i=1}^{n}\frac{q_i}{4\pi\varepsilon_0 r_i^2}\vec{e}_i \tag{10-11}$$

3. 连续分布的带电体电场中的电场强度

如图 10-9 所示，当带电体的电荷连续分布时，可将该带电体看成由许多极小的电荷元组成，每一个电荷元 $\mathrm{d}q$ 可以看成点电荷。类似于点电荷的场强计算公式，电荷元 $\mathrm{d}q$ 在电场中 P 点的电场强度为

$$\mathrm{d}\vec{E}=\frac{\mathrm{d}q}{4\pi\varepsilon_0 r^2}\vec{e}_r \tag{10-12}$$

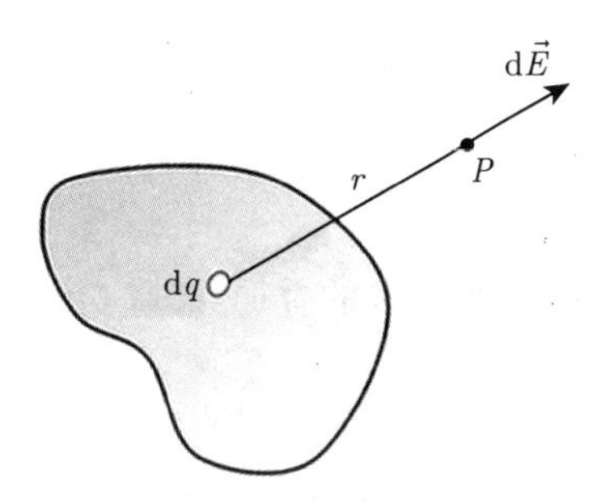

图 10-9 连续带电体的电场强度

于是，整个带电体在 P 点的电场强度为

$$\vec{E}=\int\mathrm{d}\vec{E}=\int\frac{\mathrm{d}q}{4\pi\varepsilon_0 r^2}\vec{e}_r \tag{10-13}$$

若电荷在带电体体积内连续分布，取 $\mathrm{d}V$ 为 $\mathrm{d}q$ 的体积元，ρ 为电荷体密度，则 $\mathrm{d}q=\rho\mathrm{d}V$，整个带电体在 P 点的电场强度表示为

$$\vec{E}=\iiint_V\frac{\rho\mathrm{d}V}{4\pi\varepsilon_0 r^2}\vec{e}_r \tag{10-14a}$$

若电荷在平面或曲面上连续分布，取 $\mathrm{d}S$ 为 $\mathrm{d}q$ 的面元，σ 为电荷面密度，$\mathrm{d}q=\sigma\mathrm{d}S$；若电荷在直线或曲线上连续分布，取 $\mathrm{d}l$ 为 $\mathrm{d}q$ 的线元，λ 为电荷线密度，$\mathrm{d}q=\lambda\mathrm{d}l$。则它们的电场强度分别表示为

$$\vec{E}=\iint_S\frac{\sigma\mathrm{d}S}{4\pi\varepsilon_0 r^2}\vec{e}_r \tag{10-14b}$$

$$\vec{E}=\int_l\frac{\lambda\mathrm{d}l}{4\pi\varepsilon_0 r^2}\vec{e}_r \tag{10-14c}$$

10.2.3 电偶极子

电偶极子是由电荷量相等、符号相反且存在一微小距离的两个点电荷 $+q$ 和 $-q$ 构成的系统 (图 10-10)。由 $-q$ 指向 $+q$ 的矢量 $\vec{l}$ 称为电偶极子的轴。描述电偶极子的物理量是**电偶极矩**(简称电矩)，用 $\vec{p}$ 表示，它的定义为

$$\vec{p}=q\vec{l} \tag{10-15}$$

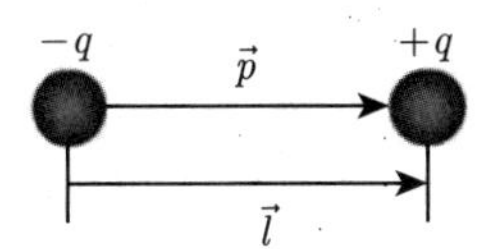

图 10-10 电偶极子

电偶极子是一个很重要的物理模型，在研究电极化、电磁波的发射和接收时都会用到。

例 10-1　计算电偶极子延长线上和中垂线上任一点的电场强度。

解　(1) 电偶极子延长线上的电场强度如例 10-1(a) 图所示，$+q$ 和 $-q$ 在延长线上任一点 A 处的电场强度大小分别为

$$E_+ = \frac{q}{4\pi\varepsilon_0(r-l/2)^2}$$

$$E_- = \frac{q}{4\pi\varepsilon_0(r+l/2)^2}$$

根据电场强度的叠加原理，A 点的总电场强度为

$$E_A = E_+ - E_- = \frac{q}{4\pi\varepsilon_0}\frac{2rl}{r^4}\frac{1}{(1-l^2/4r^2)^2}$$

当 $r \gg l$ 时，$l^2/4r^2 \approx 0$，上式简化为

$$E_A = \frac{2ql}{4\pi\varepsilon_0 r^3} = \frac{2p}{4\pi\varepsilon_0 r^3}$$

写成矢量式为

$$\vec{E}_A = \frac{2\vec{p}}{4\pi\varepsilon_0 r^3}$$

例 10-1(a) 图

(2) 电偶极子中垂线上的电场强度如例 10-1(b) 图所示，$+q$ 和 $-q$ 在中垂线上任一点 B 处的电场强度大小相等，为

$$E_+ = E_- = \frac{q}{4\pi\varepsilon_0(r^2+l^2/4)}$$

E_+ 和 E_- 沿中垂线的分量相互抵消，只有水平分量，B 点的总电场强度为

$$E_B = E_+\cos\theta + E_-\cos\theta = 2E_+\cos\theta$$

由于 $\cos\theta = l/(2\sqrt{r^2+l^2/4})$，所以，有

$$E_B = \frac{ql}{4\pi\varepsilon_0(r^2+l^2/4)^{3/2}}$$

当 $r \gg l$ 时，上式简化为

$$E_B = \frac{ql}{4\pi\varepsilon_0 r^3} = \frac{p}{4\pi\varepsilon_0 r^3}$$

写成矢量式为

$$\vec{E}_B = -\frac{\vec{p}}{4\pi\varepsilon_0 r^3}$$

电偶极子的场强表达式表明，电偶极子的远场电场强度只与电偶极矩 $\vec{p}$ 有关。如果在远场场点测量电偶极子的电场强度，不能分别地推断 q 和 l，而只能推断它们的积，即电偶极矩。例如，当电偶极子的 q 被加倍而 l 被同时减半时，远场各点的电场强度是不会改变的。

虽然只讨论了电偶极子在轴线或垂直平分线上的远场场点的电场强度，表明这些点的电场强度值与距离 r^3 成反比，但结果证明，对于所有远场场点，不管它们是否在轴线上或在垂直平分线上，电偶极子的电场强度的值都与 r^3 成反比。这区别于一个点电荷的电场强度，一个点电荷的电场场强大小与 r^2 成反比。

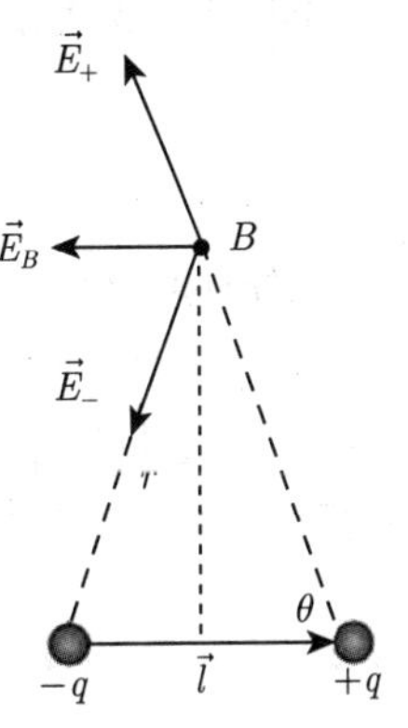

例 10-1(b) 图

例 10-2 有一均匀带电直线，长为 l，电荷量为 q。线外有一 P 点，离开直线的垂直距离为 r，P 点和直线两端连线的夹角分别为 θ_1 和 θ_2(例 10-2 图)。求 P 点的电场强度。

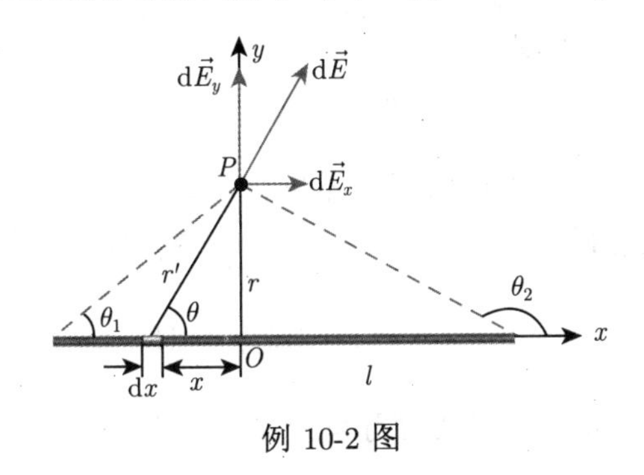

例 10-2 图

解 建立如例 10-2 图所示的坐标系。电荷线密度 $\lambda = q/l$，在 x 处取电荷元：$\mathrm{d}q = \lambda \mathrm{d}x$，它在 P 点处产生的电场强度大小为

$$\mathrm{d}E = \frac{\lambda \mathrm{d}x}{4\pi\varepsilon_0 r'^2} = \frac{\lambda \mathrm{d}x}{4\pi\varepsilon_0 (x^2 + r^2)}$$

由图可知，$x = -r\cot\theta$，$\mathrm{d}x = r\csc^2\theta\,\mathrm{d}\theta$，$r' = r\csc\theta$，代入上式，得

$$\mathrm{d}E = \frac{\lambda}{4\pi\varepsilon_0 r}\mathrm{d}\theta$$

$\mathrm{d}\vec{E}$ 沿 x、y 轴的两个分量分别为

$$\mathrm{d}E_x = \mathrm{d}E\cos\theta = \frac{\lambda}{4\pi\varepsilon_0 r}\cos\theta \mathrm{d}\theta$$

$$\mathrm{d}E_y = \mathrm{d}E\sin\theta = \frac{\lambda}{4\pi\varepsilon_0 r}\sin\theta \mathrm{d}\theta$$

积分后，得

$$E_x = \int \mathrm{d}E_x = \int_{\theta_1}^{\theta_2} \frac{\lambda}{4\pi\varepsilon_0 r}\cos\theta \mathrm{d}\theta = \frac{\lambda}{4\pi\varepsilon_0 r}(\sin\theta_2 - \sin\theta_1)$$

$$E_y = \int \mathrm{d}E_y = \int_{\theta_1}^{\theta_2} \frac{\lambda}{4\pi\varepsilon_0 r}\sin\theta \mathrm{d}\theta = \frac{\lambda}{4\pi\varepsilon_0 r}(\cos\theta_1 - \cos\theta_2)$$

若均匀带电直线无限长，即 $\theta_1=0$，$\theta_2=\pi$，则有

$$E_x=0,\quad E_y=\frac{\lambda}{2\pi\varepsilon_0 r}$$

表明无限长均匀带电直线的电场强度垂直于直线，当 $\lambda>0$ 时，电场强度方向背向直线；当 $\lambda<0$ 时，电场强度方向指向直线。

例 10-3　设电荷 q 均匀分布在半径为 R 的圆环上 (例 10-3 图)，计算在圆环的轴线上与环心相距 x 的 P 点的电场强度。

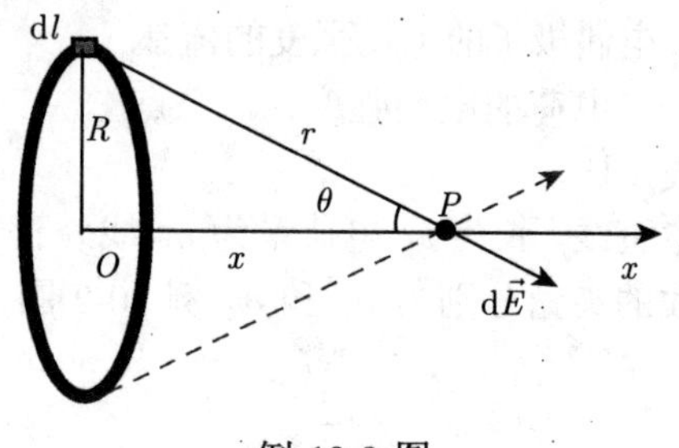

例 10-3 图

解　沿圆环轴线建立 x 轴，坐标原点为环心 O，如图所示。在圆环上任取电荷元 $\mathrm{d}q$，电荷元 $\mathrm{d}q$ 在 P 点产生的电场强度大小为 $\mathrm{d}E=\dfrac{\mathrm{d}q}{4\pi\varepsilon_0 r^2}$，将 $\mathrm{d}\vec{E}$ 分解为

$$\mathrm{d}E_x=\mathrm{d}E\cos\theta,\quad \mathrm{d}E_{\perp x}=\mathrm{d}E\sin\theta$$

由对称性分析可知，垂直 x 轴的电场强度分量为零。所以

$$E=E_x=\int_q\frac{\mathrm{d}q}{4\pi\varepsilon_0 r^2}\cos\theta=\frac{\cos\theta}{4\pi\varepsilon_0 r^2}\int_q\mathrm{d}q=\frac{q}{4\pi\varepsilon_0 r^2}\cdot\frac{x}{r}$$

将 $r=\left(x^2+R^2\right)^{1/2}$ 代入，得

$$E=\frac{qx}{4\pi\varepsilon_0\left(x^2+R^2\right)^{3/2}}$$

若 $x\gg R$，则上式过渡到点电荷的公式 $E=q/4\pi\varepsilon_0 x^2$。这时从场点来看，圆环近似于一点。由此看出，点电荷模型式适用的条件是观察的尺寸远大于带电体本身尺寸。

例 10-4　均匀带电圆盘，半径为 R，电荷面密度为 σ。求轴线上任一点 P 的电场强度。

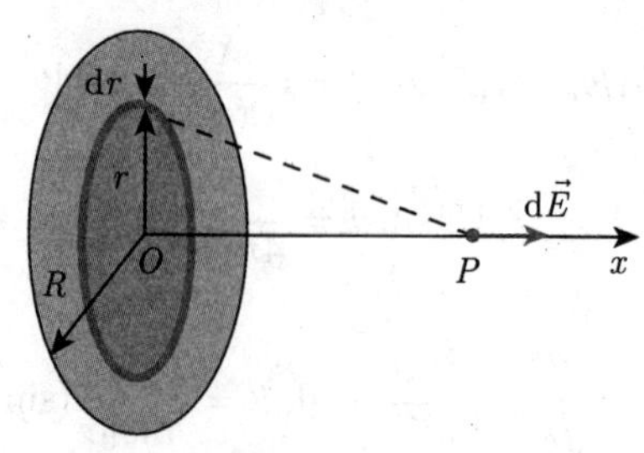

例 10-4 图

解 建立如例 10-4 图所示的坐标，圆盘可看成由许多圆环带构成，半径为 r，宽度为 $\mathrm{d}r$ 的环带的面积为 $2\pi r\mathrm{d}r$，环带所带的电荷 $\mathrm{d}q=\sigma 2\pi r\mathrm{d}r$。根据例 10-3 的结果，环带的电荷在 P 点的电场强度为

$$\mathrm{d}E=\frac{x\mathrm{d}q}{4\pi\varepsilon_0\left(x^2+r^2\right)^{3/2}}=\frac{\sigma x\,r\mathrm{d}r}{2\varepsilon_0\left(x^2+r^2\right)^{3/2}}$$

圆盘上所有环带上电荷在 P 点的电场强度方向都相同，所以带电圆盘在 P 点的电场强度为

$$E=\int\mathrm{d}E=\frac{\sigma x}{2\varepsilon_0}\int_0^R\frac{r\mathrm{d}r}{\left(x^2+r^2\right)^{3/2}}=\frac{\sigma}{2\varepsilon_0}\left[1-\frac{x}{(x^2+R^2)^{1/2}}\right]$$

当 $R\to\infty$ 时，带电圆盘可看成无限大均匀带电平面，其电场强度为

$$E=\frac{\sigma}{2\varepsilon_0}$$

只要考察的场点接近带电平面 $(x\ll R)$，就可以将带电平面近似当作无限大平面来处理。

上式表明，很大的均匀带电平面附近的电场强度大小是一个常量，方向与平面垂直，为匀强电场。

10.3 静电场线及电通量

10.3.1 电场线

为了形象地描述电场，引入电场线概念，电场线是描述电场分布情况的有向曲线。规定：① 曲线上每一点的切线方向表示该点处电场强度 $\vec{E}$ 的方向；② 垂直通过单位面积的电场线条数，在数值上等于该点处电场强度 $\vec{E}$ 的大小，即

$$E=\frac{\mathrm{d}N}{\mathrm{d}S_\perp}\tag{10-16}$$

$\mathrm{d}N/\mathrm{d}S_\perp$ 也称**电场线数密度**。这样，可以用电场线的疏密来表示电场强度的大小。电场线密集的地方电场强度大，电场线稀疏的地方电场强度小。

几种常见的电场线如图 10-11 所示。

静电场中电场线有以下几个特点：

(1) 电场线起始于正电荷，终止于负电荷；

(2) 电场线不闭合，不中断；

(3) 任意两条电场线不相交，这是因为某一点只有一个场强。

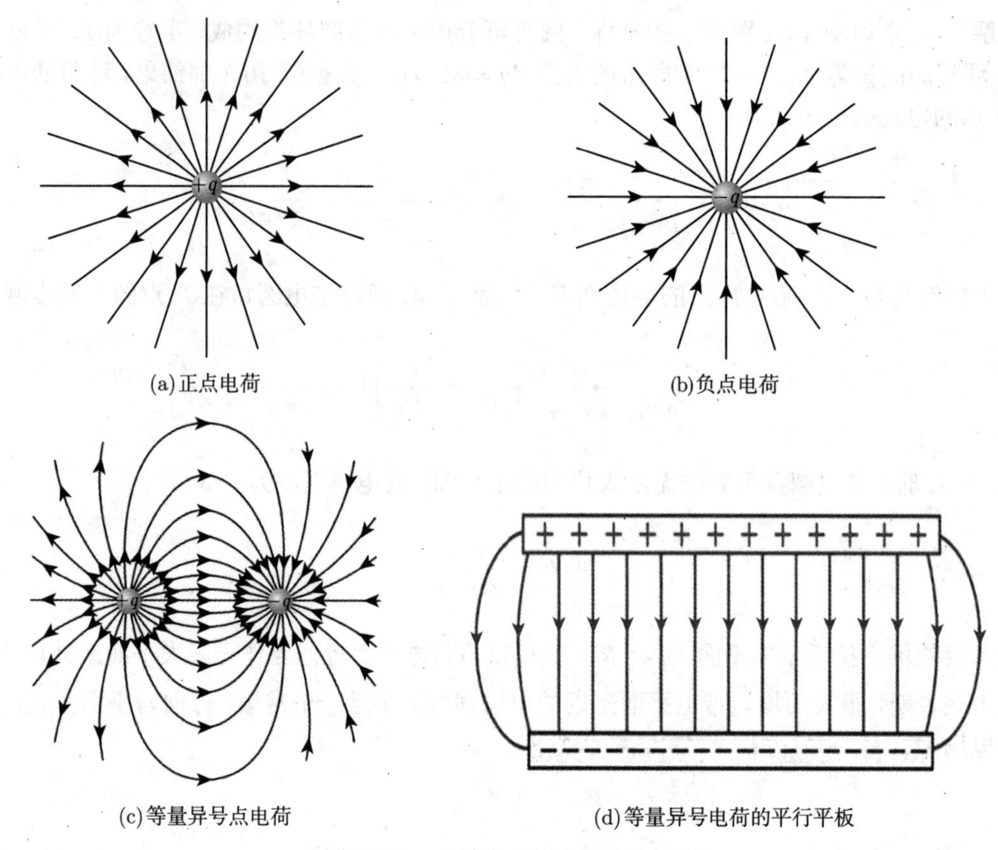

(a) 正点电荷　(b) 负点电荷　(c) 等量异号点电荷　(d) 等量异号电荷的平行平板

图 10-11　几种常见的电场线分布图

10.3.2　电通量

1. 通量的概念

如图 10-12 所示，假设在竖直平面内放置一面积为 S 的小方框，一股水平流动着的空气流以均匀速度 $\vec{v}$ 垂直流过小方框，则在单位时间内，流过方框 S 的空气**体积流量**为

$$\Phi = vS$$

如果空气流的速度 $\vec{v}$ 平行于方框平面，则没有空气通过该方框，所以通过方框的体积流量为 $\Phi = 0$。

空气流穿过方框的体积流量取决于速度 $\vec{v}$ 与方框平面法向间的夹角 θ，对于任意夹角 θ，体积流量 Φ 取决于 $\vec{v}$ 垂直于平面的分量，该分量是 $v\cos\theta$，所以流过该方框的体积流量为

$$\Phi = (v\cos\theta)\,S = \vec{v}\cdot\vec{S} \tag{10-17}$$

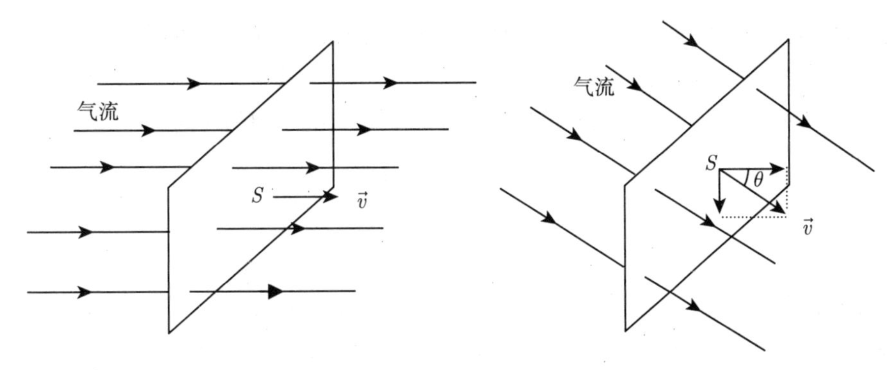

图 10-12 气流的体积流量

在空气流动问题中，**通量**具有明显的实际含义，通量就是单位时间内穿过方框的空气体积，即空气的体积流量。式 (10-17) 可以按一种更抽象的方式理解，通过方框的气流中每一点赋予速度矢量，各点的速度矢量的组合就是一**矢量场**，所以把式 (10-17) 解释为矢量场穿过方框面积的**通量**。用这个解释，通量不再表示某些东西穿过一面积的实际流动，而是表示一面积与穿过该面积的场的标量积。

2. 电通量

通量是矢量场的特征之一。在电场中通过某一曲面的电场线条数，叫作通过该曲面的电场强度通量 (简称**电通量**)，用 $\varPhi_{\mathbf{e}}$ 表示。下面分几种情况分别讨论。

(1) 在匀强电场中，平面 S 与电场强度 $\vec{E}$ 方向垂直。如图 10-13(a) 所示，由式 (10-17) 知，通过面 S 的电通量为

$$\varPhi_{\mathbf{e}} = ES \tag{10-18}$$

(2) 在匀强电场中，平面 S 与电场强度 $\vec{E}$ 的方向不垂直。首先引入面积矢量 $\vec{S}$，规定其大小为平面面积 S、方向沿平面的法向，用 $\vec{e}_{\mathrm{n}}$ 表示法向单位矢量，有 $\vec{S} = S\vec{e}_{\mathrm{n}}$。$\vec{e}_{\mathrm{n}}$ 与 $\vec{E}$ 之间夹角为 θ，则通过面 S 的电通量为

$$\varPhi_{\mathbf{e}} = ES_{\perp} = ES\cos\theta$$

根据矢量标积的定义，上式可以表示为

$$\varPhi_{\mathbf{e}} = \vec{E} \cdot \vec{S} \tag{10-19}$$

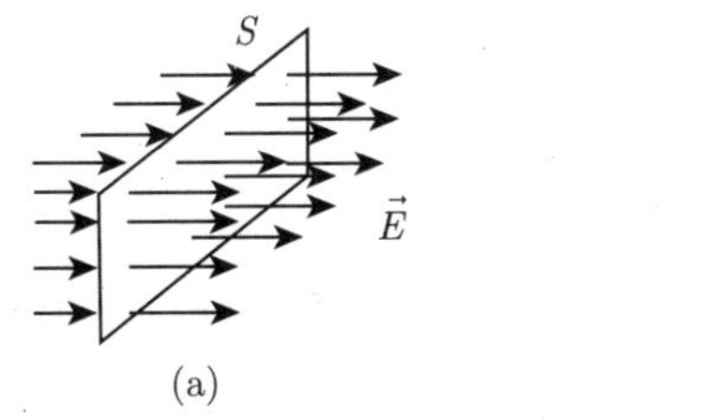

(a)

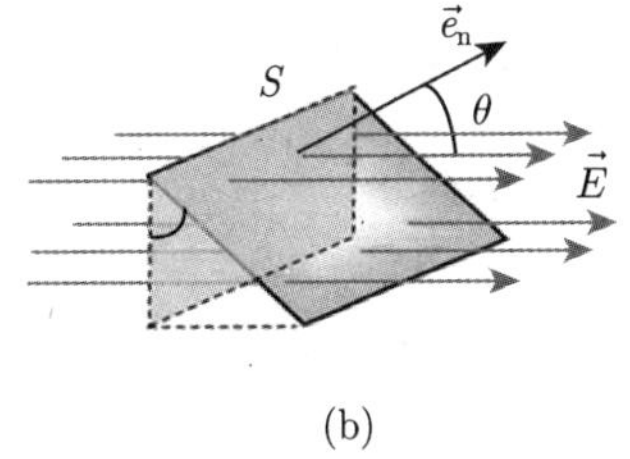

(b)

图 10-13 匀强电场的电通量

(3) 在非匀强电场中，面 S 为任意曲面。可以将曲面 S 分成无穷多个面元 $\mathrm{d}\vec{S}$(图 10-14)，每个面元 $\mathrm{d}\vec{S}$ 无穷小，可以看成小平面，而且面元 $\mathrm{d}\vec{S}$ 上的电场强度可认为处处相同。矢量面元 $\mathrm{d}\vec{S}=\mathrm{d}S\vec{e}_{\mathrm{n}}$，$\vec{e}_{\mathrm{n}}$ 为面元 $\mathrm{d}\vec{S}$ 的法向单位矢量。由式 (10-16)，通过面元 $\mathrm{d}\vec{S}$ 的电通量为

$$\mathrm{d}\Phi_{\mathrm{e}}=\vec{E}\cdot\mathrm{d}\vec{S} \tag{10-20}$$

那么，通过整个曲面 S 的电通量 Φ_{e} 等于通过曲面 S 上所有面元 $\mathrm{d}S$ 的电通量 $\mathrm{d}\Phi_{\mathrm{e}}$ 的代数和，即对式 (10-20) 积分，通过曲面 S 的电通量表示为

$$\Phi_{\mathrm{e}}=\int\mathrm{d}\Phi_{\mathrm{e}}=\int_S\vec{E}\cdot\mathrm{d}\vec{S} \tag{10-21}$$

式 (10-21) 积分对整个曲面 S 进行。式 (10-21) 是电通量的定义式。一般地，任何一个矢量场函数 $\vec{A}(x,y,z)$ 对空间曲面 S 的积分 $\Phi=\int_S\vec{A}(x,y,z)\cdot\mathrm{d}\vec{S}$，叫作矢量 $\vec{A}(x,y,z)$ 通过曲面 S 的通量。这是通量的一般定义式，以后遇到其他一些类似上述的积分式均可理解为该物理量的通量。

特别地，如果面 S 是闭合曲面，则通过它的电通量表示为

$$\Phi_{\mathrm{e}}=\oint_S\vec{E}\cdot\mathrm{d}\vec{S} \tag{10-22}$$

积分对整个闭合曲面进行。对一般曲面上任一点的法线方向取决于如何定义指向，但对闭合曲面而言，我们规定，曲面上某点的法线方向 $\vec{e}_{\mathrm{n}}$ 为垂直于该点处面元并指向曲面外侧。这样，电通量就有正负之分。如图 10-15 所示，如果电场线穿进闭合曲面，$\theta>\pi/2$，电通量 $\mathrm{d}\Phi_{\mathrm{e}}$ 为负；如果电场线穿出闭合曲面，$\theta<\pi/2$，电通量 $\mathrm{d}\Phi_{\mathrm{e}}$ 为正；如果电场线与曲面相切，$\theta=\pi/2$，电通量 $\mathrm{d}\Phi_{\mathrm{e}}$ 为零。

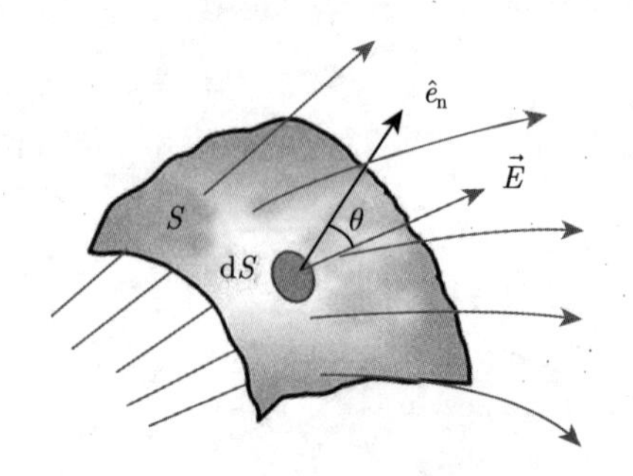

图 10-14　任意电场的电通量

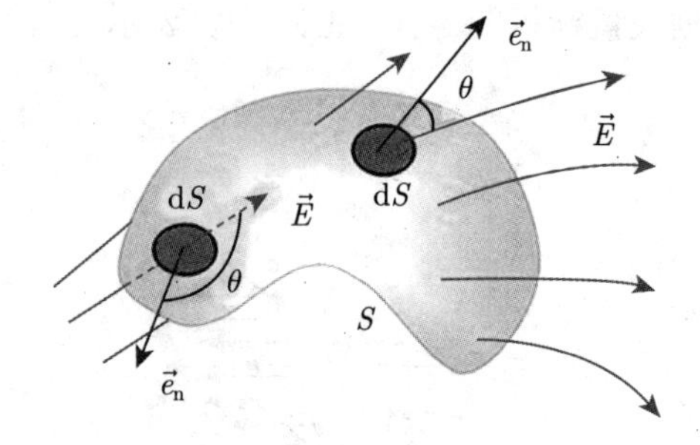

图 10-15　不同面元的电通量正负

例 10-5　设匀强电场的电场强度 $\vec{E}$ 与半径为 R 的半球面的对称轴平行，试求通过此半球面的电场强度通量。

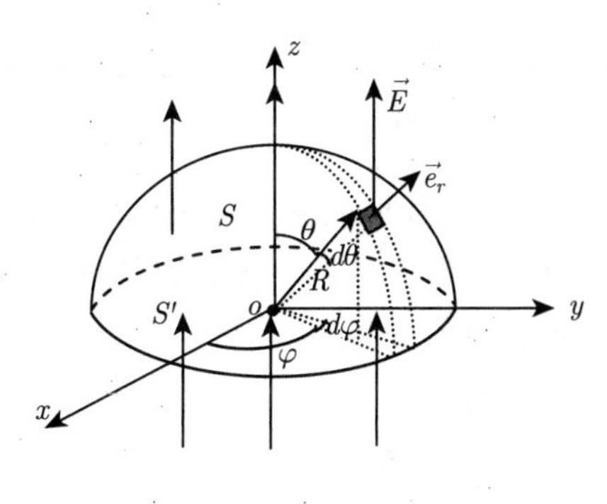

例 10-5 图

解 设电场强度沿 z 轴正方向，$\vec{E}=E\hat{k}$。在球坐标系中，半径为 R 的球面上面元可表示为

$$\mathrm{d}\vec{S}=R^2\sin\theta\mathrm{d}\theta\mathrm{d}\varphi\vec{e}_r$$

式中，$\vec{e}_r$ 为球坐标系下径向单位矢量。

通过面元 $\mathrm{d}\vec{S}$ 的电通量为

$$\mathrm{d}\varPhi_\mathrm{e}=\vec{E}\cdot\mathrm{d}\vec{S}=ER^2\sin\theta\mathrm{d}\theta\mathrm{d}\varphi\hat{k}\cdot\vec{e}_r$$

其中 $\hat{k}\cdot\vec{e}_r=\cos\theta$，于是

$$\mathrm{d}\varPhi_\mathrm{e}=ER^2\sin\theta\cos\theta\mathrm{d}\theta\mathrm{d}\varphi$$

通过此半球面的电通量为

$$\begin{aligned}\varPhi_\mathrm{e}&=\int\mathrm{d}\varPhi_\mathrm{e}=ER^2\int_0^{\pi/2}\sin\theta\cos\theta\mathrm{d}\theta\int_0^{2\pi}\mathrm{d}\varphi\\&=\pi R^2E\end{aligned}$$

上面的结果表明，通过半球面 S 的电通量等于通过圆面 S' 的电通量。这一结果带有普遍性，即在匀强电场中，通过任意曲面的电通量等于该曲面在与电场方向垂直面上投影平面通过的电通量 (假设投影平面没有重叠部分)。

10.4 静电场的高斯定理

10.4.1 高斯定理

高斯定理是关于电场中通过任意闭合曲面的电通量与激发电场的场源电荷关系的普遍规律，它是电场的基本属性之一。**高斯定理**的表述为，在真空中，通过任意闭合曲面 S 的电通量等于该闭合曲面所包围的电荷的代数和除以 ε_0，与闭合曲面 S 以外的电荷无关。其数学表示为

$$\oiint_S\vec{E}\cdot\mathrm{d}\vec{S}=\frac{1}{\varepsilon_0}\sum_{S_{内}}q_i \tag{10-23}$$

$\sum\limits_{S_{内}}q_i$ 表示高斯面内电荷的代数和。高斯定理涉及的闭合曲面常称为高斯面。

在高斯面外的电荷，不管这些电荷电量多么大或这些电荷离高斯面多么近，都不包括在高斯定理表达式的右项 $\sum\limits_{S_{内}} q_i$ 中。但高斯定理表达式的左项中的电场强度 $\vec{E}$ 却是由高斯面外、面内所有电荷共同激发的合电场。高斯面外电荷激发的电场并不提供穿过该闭合曲面的净电通量，因为由面外电荷引起的电场线进入闭合面的数量与离开该闭合面的数量相等。

下面分几种情况来验证高斯定理。

1. 点电荷 q 位于球形高斯面的圆心处

如图 10-16 所示，以任意半径 r 的球面 S 包围点电荷 q，q 位于球心。球面 S 上任意一点 P 处电场强度 $\vec{E}$ 方向与面元 $\mathrm{d}\vec{S}$ 法向一致，沿径向向外。通过面元 $\mathrm{d}\vec{S}$ 的电通量为

$$\mathrm{d}\Phi_{\mathrm{e}} = \vec{E}\cdot\mathrm{d}\vec{S} = E\mathrm{d}S = \frac{q}{4\pi\varepsilon_0 r^2}\mathrm{d}S$$

通过整个球面的电通量为

$$\begin{aligned}\Phi_{\mathrm{e}} &= \oiint_S \vec{E}\cdot\mathrm{d}\vec{S} = \oiint_S \frac{q}{4\pi\varepsilon_0 r^2}\mathrm{d}S \\ &= \frac{q}{4\pi\varepsilon_0 r^2}\oiint_S \mathrm{d}S = \frac{q}{4\pi\varepsilon_0 r^2}\cdot 4\pi r^2 = \frac{q}{\varepsilon_0}\end{aligned} \tag{10-24}$$

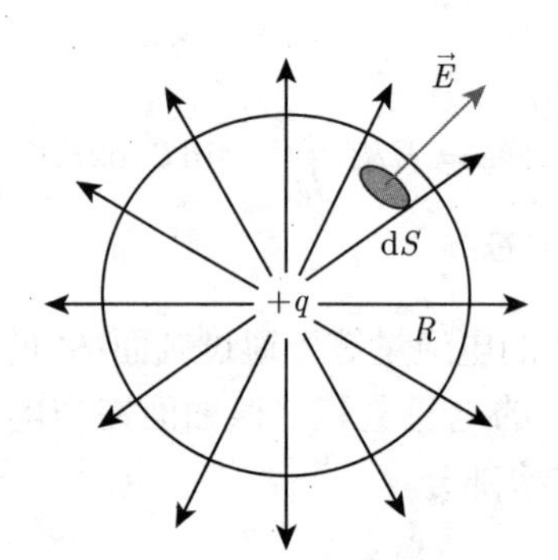

图 10-16　点电荷位于球心

2. 点电荷 q 在任意形状的高斯面内

如图 10-17 所示，我们总可以以 q 为圆心，在闭合曲面 S 内部和外部分别作两个高斯球面，根据上面的结论，通过这两个球面的电通量都等于 q/ε_0，穿过内外球面的电场线条数全部穿过闭合曲面 S，通过闭合曲面 S 的电通量必等于 q/ε_0。即

$$\Phi_{\mathrm{e}} = \oiint_S \vec{E}\cdot\mathrm{d}\vec{S} = \frac{q}{\varepsilon_0} \tag{10-25}$$

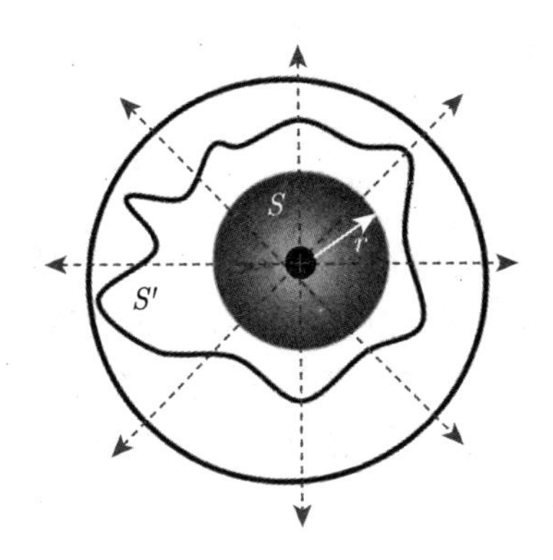

图 10-17 点电荷位于任意形状曲面内

3. 点电荷 q 在高斯面以外

如图 10-18 所示，此时，穿入 S 面内的电场线必全部穿出 S 面，即穿入与穿出 S 面的电场线条数相等，所以由面外点电荷对闭合曲面的电通量贡献为零。

$$\varPhi_{\mathrm{e}} = \oiint_S \vec{E} \cdot \mathrm{d}\vec{S} = 0 \tag{10-26}$$

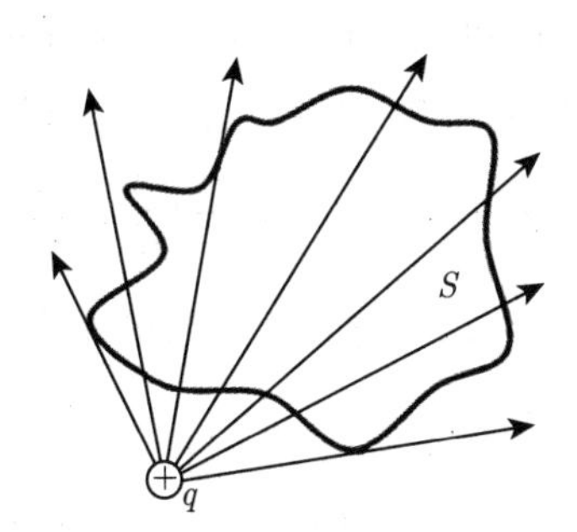

图 10-18 点电荷 q 在闭合曲面外

4. 高斯面内、外存在带电体

任何带电体都可以看成由许多点电荷组成的点电荷系，根据电场强度叠加原理，点电荷系在某场点激发的电场强度等于各个点电荷单独存在时在该场点激发的电场强度的矢量和。则通过闭合曲面 S 的电通量为

$$\begin{aligned}\varPhi_{\mathrm{e}} &= \oiint_S \vec{E} \cdot \mathrm{d}\vec{S} = \oiint_S \left(\vec{E}_1 + \vec{E}_2 + \cdots + \vec{E}_n\right) \cdot \mathrm{d}\vec{S} \\ &= \oiint_S \vec{E}_1 \cdot \mathrm{d}\vec{S} + \oiint_S \vec{E}_2 \cdot \mathrm{d}\vec{S} + \cdots + \oiint_S \vec{E}_n \cdot \mathrm{d}\vec{S} \\ &= \varPhi_{\mathrm{e1}} + \varPhi_{\mathrm{e2}} + \cdots + \varPhi_{\mathrm{e}n}\end{aligned} \tag{10-27}$$

式中，$\varPhi_{\mathrm{e1}}$，$\varPhi_{\mathrm{e2}}$，$\cdots$，$\varPhi_{\mathrm{e}n}$ 分别为点电荷 q_1，q_2，$\cdots$，q_n 各自激发的电场通过闭合曲面的电通量。根据第 2、3 种情形所得的结论，如果 q_i 在闭合曲面内，则 $\varPhi_{\mathrm{e}i} = q_i/\varepsilon_0$；如果 q_i 在闭

合曲面外，则 $\Phi_{ei} = 0$。于是，就有

$$\Phi_e = \oint\!\!\!\oint_S \vec{E} \cdot d\vec{S} = \frac{1}{\varepsilon_0} \sum_{S_{内}} q_i$$

这样，高斯定理是普遍成立的，是电场的基本性质之一。需要说明的是：① 闭合曲面外的电荷对通过闭合曲面的电通量没有贡献，但是对闭合曲面上各点的电场强度是有贡献的，即闭合曲面上各点的电场强度是闭合曲面内、外所有电荷激发的电场强度的矢量和。② 高斯定理将静电场与场源电荷联系起来，揭示了静电场是**有源场**这一普遍性质。

10.4.2 高斯定理的应用

高斯定理的一个重要应用就是计算带电体周围的电场强度，它比运用叠加方法计算电场强度要简捷得多。用高斯定理计算电场强度的条件是，带电体的电荷分布具有某种对称性，从而分析得到电场强度的分布具有某种对称性。这样，可以选取合适的高斯面，使得高斯面上的电场强度大小处处相等，面元 $d\vec{S}$ 的法线方向与该处的电场强度的方向一致或垂直，从而由高斯定理计算出电场强度。

例 10-6 由于雷雨云和大气气流的作用，在晴天区域，大气总是带有大量的正电荷，云层下地球表面带有负电荷。观测得到，在地面附近，晴天大气电场平均电场强度约为 $130\text{V} \cdot \text{m}^{-1}$，方向垂直指向地面。试求地球表面所带的总电荷量。

解 地球表面附近的电场强度可以近似看成球对称分布，在大气层临近地球表面处取与地球表面同心的球面为高斯面，其半径 $R \approx R_E$(R_E 为地球平均半径)。由高斯定理，得

$$\oint\!\!\!\oint_S \vec{E} \cdot d\vec{S} = -E4\pi R_E^2 = \frac{q}{\varepsilon_0}$$

地球平均半径为 $R_E = 6.37 \times 10^6\text{m}$，则地球表面所带的总电荷量为

$$\begin{aligned} q &= -\varepsilon_0 E \cdot 4\pi R_E^2 \\ &= -8.85 \times 10^{-12} \times 130 \times 4\pi \times (6.37 \times 10^6)^2 \ \text{C} \\ &= -5.86 \times 10^5 \ \text{C} \end{aligned}$$

例 10-7 如例 10-7(a) 图所示，一均匀带电球面，半径为 R，电荷为 q，求球面内外任意一点电场强度。

解 由于电荷分布是球对称的，产生的电场也是球对称的。电场方向沿径向，以 O 为球心，半径为 r 的球面上各点 $\vec{E}$ 大小相等，电场方向沿径向。

(1) 求球面内任一点 P_1 的场强 ($r < R$)。

以 O 为圆心，通过 P_1 点作半径为 r 的球面 S_1 为高斯面，$\vec{E}$ 与 $d\vec{S}$ 方向相同。高斯面内没有电荷，$\sum_{S_{内}} q_i = 0$，由高斯定理，得

$$\oint\!\!\!\oint_S \vec{E} \cdot d\vec{S} = E4\pi r^2 = 0$$

有

$$E = 0 \quad (r < R)$$

表明均匀带电球面内的电场强度处处为零。

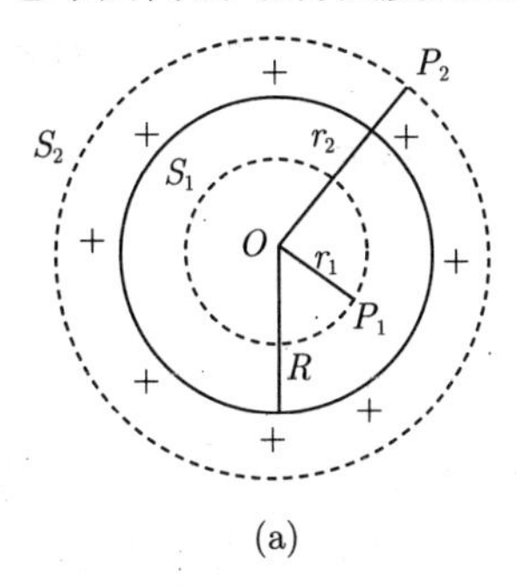

(a)

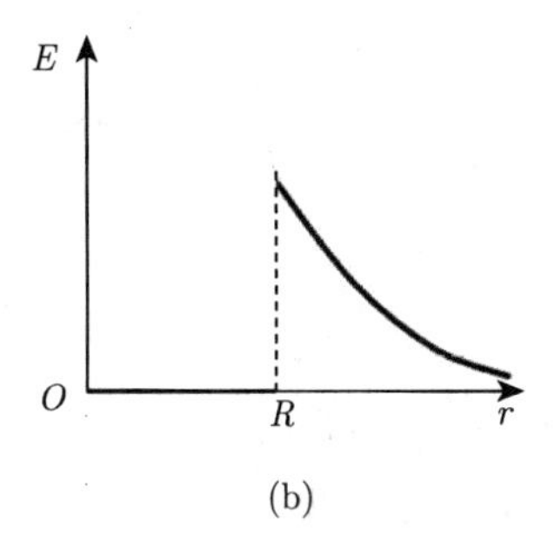

(b)

例 10-7 图

(2) 求球面外任一点 P_2 的场强 $(r > R)$。

以 O 为圆心，通过 P_2 点以半径 r 作球面 S_2 为高斯面，由高斯定理，得

$$\oiint_S \vec{E} \cdot \mathrm{d}\vec{S} = E4\pi r^2 = \frac{q}{\varepsilon_0}$$

有

$$E = \frac{q}{4\pi\varepsilon_0 r^2} \quad (r > R)$$

表明均匀带电球面外的电场强度与电荷全部集中在球心处的点电荷在该点产生的电场强度相同。

例 10-7 图 (b) 为电场强度 E 随 r 的变化曲线，球内外电场强度在球面上存在跃变。

例 10-8 如例 10-8 图 (a) 所示，求均匀带电球体的场强分布。(已知球体半径为 R，带电荷为 q，电荷体密度为 ρ)

解 电荷分布具有球对称性，所以电场也具有球对称性。

(1) 求球体内一点的场强 $(r \leqslant R)$。

球内任取一点 P_1，以 O 为球心，过 P_1 点作半径为 r 的高斯球面 S_1，由高斯定理，得

$$\oiint_{S_1} \vec{E} \cdot \mathrm{d}\vec{S} = E4\pi r^2 = \frac{1}{\varepsilon_0} \cdot \frac{q}{4\pi R^3/3} \cdot \frac{4}{3}\pi r^3$$

有

$$E = \frac{qr}{4\pi\varepsilon_0 R^3} = \frac{\rho r}{3\varepsilon_0} \quad (r \leqslant R)$$

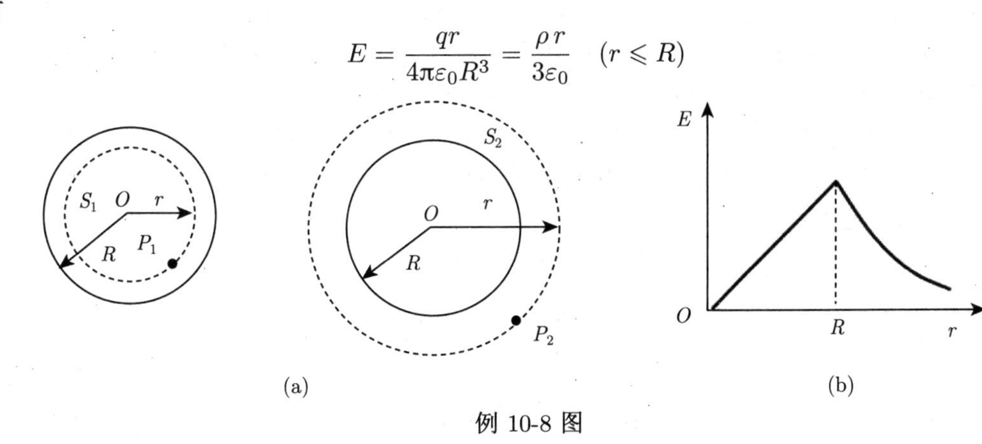

(a) (b)

例 10-8 图

(2) 求球体外一点的场强 ($r>R$)。

球外任取一点 P_2，以 O 为球心，过 P_2 点作半径为 r 的高斯球面 S_2，由高斯定理，得

$$\oiint_{S_2}\vec{E}\cdot\mathrm{d}\vec{S}=E4\pi r^2=\frac{q}{\varepsilon_0}=\frac{1}{\varepsilon_0}\rho\cdot 4\pi R^3/3$$

有

$$E=\frac{q}{4\pi\varepsilon_0 r^2}=\frac{\rho R^3}{3\varepsilon_0 r^2}\quad(r>R)$$

均匀带电球体外任一点的场强，与全部集中在球心处的点电荷在该点产生的场强一样。

$q>0$ 时，电场强度 E 方向沿径向向外；$q<0$ 时，电场强度 E 方向沿径向向内。其 $E-r$ 曲线如例 10-8 图 (b) 所示。

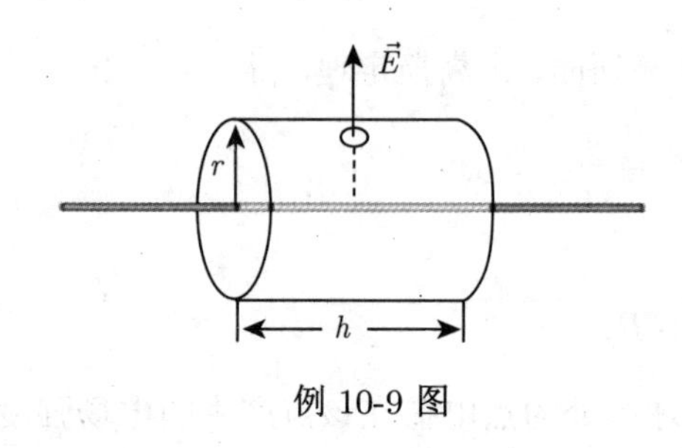

例 10-9 图

例 10-9　设一无限长均匀带电直线，其电荷线密度为 λ，求距离直线为 r 处的电场强度。

解　由于直线无限长且均匀带电，所以电场强度 $\vec{E}$ 具有以直线为轴的对称性，方向垂直于直线向外，在以直线为轴的任一圆柱面上的各点电场强度 $\vec{E}$ 的大小相等。为此，以直线为轴，以 r 为半径，高为 h 的圆柱面作高斯面 (例 10-9 图)。设两底分别为 S_1、S_2，侧面为 S_3。由高斯定理，可得

$$\begin{aligned}\oiint_S\vec{E}\cdot\mathrm{d}\vec{S}&=\iint_{S_1}\vec{E}\cdot\mathrm{d}\vec{S}+\iint_{S_2}\vec{E}\cdot\mathrm{d}\vec{S}+\iint_{S_3}\vec{E}\cdot\mathrm{d}\vec{S}\\&=E\cdot 2\pi rh=\frac{1}{\varepsilon_0}\lambda h\end{aligned}$$

其中两底的电通量:

$$\iint_{S_1}\vec{E}\cdot\mathrm{d}\vec{S}=\iint_{S_2}\vec{E}\cdot\mathrm{d}\vec{S}=0$$

由此得

$$E=\frac{\lambda}{2\pi\varepsilon_0 r}$$

这与例 10-2 的计算结果完全相同，这里用高斯定理求解要简捷得多。

例 10-10　一无限大均匀带电平面，电荷面密度为 σ，求平面外的电场强度分布。

解　由于均匀带电平面无限大，平面两侧的电场具有平面对称，且两侧电场垂直于该平面。选取例题 10-10 图 (a) 所示的圆柱面为高斯面，圆柱面的轴线与平面垂直，并且圆柱面关于平面对称。设圆柱两底面面积为 S，两底面上电场强度大小处处相等。圆柱侧面电通量为零。由高斯定理，有

$$\oiint_S\vec{E}\cdot\mathrm{d}\vec{S}=2ES=\frac{\sigma S}{\varepsilon_0}$$

可得

$$E=\frac{\sigma}{2\varepsilon_0}$$

该式表明，无限大均匀带电平面周围的电场为均匀电场。平面上带正、负电荷，其电场强度方向见例 10-10 图 (b)。

设有两带等量异种电荷无限大平行平面，电荷面密度分别为 $+\sigma$ 和 $-\sigma$。根据电场叠加原理，两平面外侧电场强度 $E=0$，两平面之间的电场强度的大小 $E=\sigma/\varepsilon_0$，方向由带正电的平面指向带负电的平面。这表明，两彼此靠近、相互平行平面导体板带等量异种电荷的电场集中在两带电平板之间，且为均匀电场。如例 10-10 图 (c) 所示。

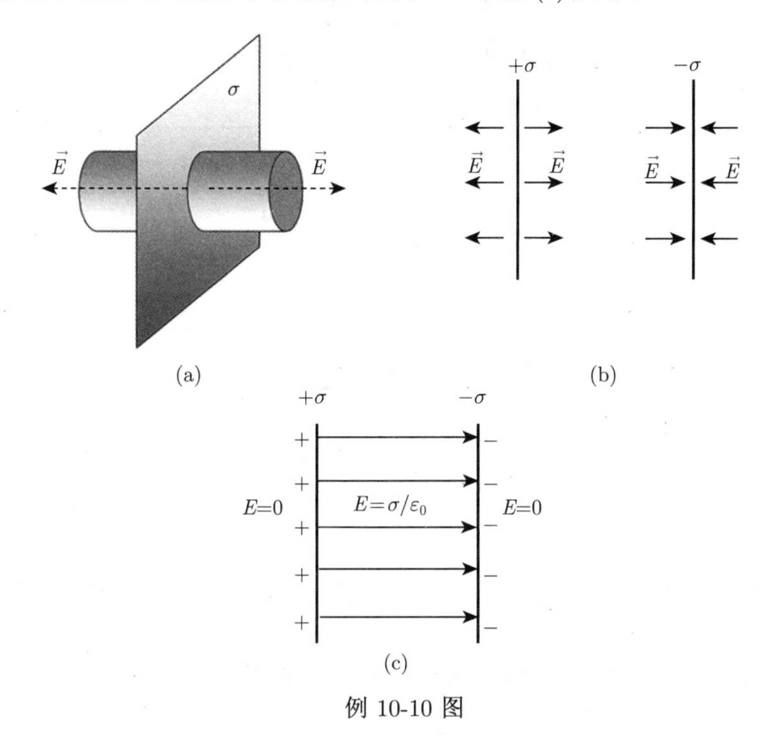

例 10-10 图

总结：用高斯定理计算电场强度的一般步骤如下。

(1) 从电荷分布的对称性来分析电场强度的对称性，判定电场强度的方向；

(2) 根据电场强度的对称性特点，作恰当的高斯面 (通常为球面、圆柱面等)，使高斯面上各点的电场强度大小相等；

(3) 确定高斯面内所包围电荷的代数和；

(4) 根据高斯定理计算出电场强度大小。

10.5 静电场的环路定理和电势能

在静电场中移动电荷，电场力将要做功，静电场力具有保守力的特点，因而可以引入电势能的概念。

10.5.1 静电场力做的功

如图 10-19 所示，在点电荷 q 的静电场中，试验电荷 q_0 从 A 点沿某一路径运动到 B 点。在路径任意位置处，q_0 移动元位移 $\mathrm{d}\vec{l}$，电场力对 q_0 所做的元功为

$$\mathrm{d}A = q_0\vec{E}\cdot\mathrm{d}\vec{l} = \frac{qq_0}{4\pi\varepsilon_0 r^2}\vec{e}_r\cdot\mathrm{d}\vec{l}$$

式中，$\vec{e}_r \cdot \mathrm{d}\vec{l} = \mathrm{d}l\cos\theta = \mathrm{d}r$；$\vec{e}_r$ 为电场方向的单位矢量；θ 为 $\vec{E}$ 与 $\mathrm{d}\vec{l}$ 之间的夹角。这样，电场力对 q_0 做的元功可写为

$$\mathrm{d}A = \frac{qq_0}{4\pi\varepsilon_0 r^2}\mathrm{d}r$$

试验电荷 q_0 从 A 点运动到 B 点，电场力做的功为

$$A = \int_{AB}\mathrm{d}A = \int_{r_A}^{r_B}\frac{qq_0}{4\pi\varepsilon_0 r^2}\mathrm{d}r = \frac{q_0 q}{4\pi\varepsilon_0}\left(\frac{1}{r_A} - \frac{1}{r_B}\right) \tag{10-28}$$

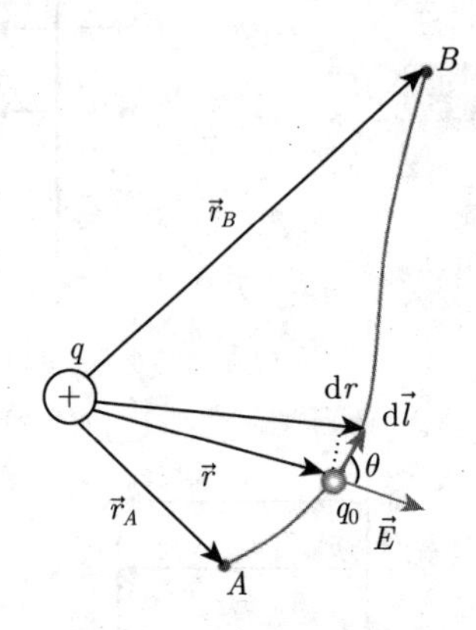

图 10-19　静电场力做功

式 (10-28) 表明，在点电荷 q 的静电场中，电场力对 q_0 做的功只与起点和终点的位置有关，而与具体路径无关。

任何带电体都可以看成由许多点电荷组成的点电荷系，整个带电体激发的电场强度 $\vec{E}$ 为各点电荷的电场强度的矢量叠加。即

$$\vec{E} = \vec{E}_1 + \vec{E}_2 + \cdots + \vec{E}_n$$

在电场 $\vec{E}$ 中，电场力对 q_0 做的功为

$$\begin{aligned} A &= q_0\int_A^B \vec{E}\cdot\mathrm{d}\vec{l} = q_0\int_A^B(\vec{E}_1 + \vec{E}_2 + \cdots + \vec{E}_n)\cdot\mathrm{d}\vec{l} \\ &= q_0\int_A^B \vec{E}_1\cdot\mathrm{d}\vec{l} + q_0\int_A^B \vec{E}_2\cdot\mathrm{d}\vec{l} + \cdots + q_0\int_A^B \vec{E}_n\cdot\mathrm{d}\vec{l} \\ &= A_1 + A_2 + \cdots + A_n \end{aligned} \tag{10-29}$$

式中的各项表示 q_0 在各点电荷电场中电场力做的功。根据前面的结论，式 (10-29) 中各项电场力做的功都与路径无关，它们的代数和也必然与路径无关。于是可以得到如下普遍结论：在静电场中，移动电荷电场力所做的功只与起点和终点的位置有关，而与具体路径无关。静电场力是保守力。

10.5.2　静电场环路定理

静电场力与重力、弹性力和万有引力一样都属于保守力。物体在保守力作用下沿任意闭合路径 l 移动一周，保守力所做的功为零。用数学表示为

$$\oint_l \vec{F}\cdot\mathrm{d}\vec{l} = 0$$

在静电场中，试验电荷 q_0 沿闭合路径 l 移动一周，电场力做的功也一定为零。即

$$A=\oint_l q_0\vec{E}\cdot \mathrm{d}\vec{l}=q_0\oint_l \vec{E}\cdot \mathrm{d}\vec{l}=0$$

于是，得

$$\oint_l \vec{E}\cdot \mathrm{d}\vec{l}=0 \tag{10-30}$$

式 (10-30) 表明，在静电场中，电场强度沿任意闭合路径的线积分 (或称环路积分) 等于零。这一结论叫作**静电场环路定理**。这是静电场的又一重要特性，表明静电场属于**保守场**。

10.5.3 电势能

在牛顿力学中，重力、弹性力和万有引力这些保守力做功与具体路径无关，根据这一特点，我们分别引入了重力势能、弹性势能和引力势能。静电场力同样是保守力，从而也可以引入一个与位置有关的势能函数，称为**电势能**。电场力所做的功与电势能的变化的关系定义为

$$A=-\Delta E_{\mathrm{p}} \tag{10-31}$$

即电场力所做的功等于电势能增量的负值，或者说等于电势能的减少。如果以 $E_{\mathrm{p}A}$ 和 $E_{\mathrm{p}B}$ 分别表示试验电荷 q_0 在电场中 A 点处和 B 点处的电势能，那么试验电荷 q_0 从 A 点移动到 B 点，电场力对 q_0 做的功表示为

$$A_{AB}=q_0\int_A^B \vec{E}\cdot \mathrm{d}\vec{l}=-(E_{\mathrm{p}B}-E_{\mathrm{p}A})=E_{\mathrm{p}A}-E_{\mathrm{p}B} \tag{10-32}$$

在 q_0 移动过程中，当电场力做正功时，$A_{AB}>0$，则 $E_{\mathrm{p}B}<E_{\mathrm{p}A}$，电势能减小；当电场力做负功时，实际是外力克服电场力做功，$A_{AB}<0$，则 $E_{\mathrm{p}B}>E_{\mathrm{p}A}$，电势能增加。电势能为标量，其值可为正，也可为负。

在国际单位制中，电势能的单位是**焦耳**，符号为 J。在粒子物理中，有时也用电子伏 (eV) 作单位，$1\mathrm{eV}=1.60\times10^{-19}\mathrm{J}$。

需要指出的是，电势能是属于电荷和电场相互作用系统的，而不是电荷独有的。电势能同重力势能一样，是一个相对量。为了确定电荷在电场中某点的电势能，需要先选取一个电势能的参考点，并令该点的电势能为零。参考点原则上是任意选取的，可视处理问题的方便而选取。在式 (10-32) 中，如果选取 q_0 在 B 点的电势能为零，$E_{\mathrm{p}B}=0$，则 q_0 在 A 点的电势能表示为

$$E_{\mathrm{p}A}=q_0\int_A^B \vec{E}\cdot \mathrm{d}\vec{l}\quad (E_{\mathrm{p}B}=0) \tag{10-33}$$

式 (10-33) 表明，试验电荷 q_0 在电场中某点处电势能，等于把它从该点移到电势能零点处电场力所做的功。

例 10-11 氢原子模型中，电子以半径为 0.53×10^{-10} m 的圆形轨道绕原子核运动。求：(1) 电子的电势能；(2) 电子的总能量。

解 (1) 选取电子在无限远处为电势能的零点，则它的电势能为

$$E_{\mathrm{p}}=\int_A^\infty \mathrm{e}\vec{E}\cdot \mathrm{d}\vec{l}=\int_r^\infty -\frac{\mathrm{e}^2}{4\pi\varepsilon_0 r^2}\mathrm{d}r=-\frac{\mathrm{e}^2}{4\pi\varepsilon_0 r}$$

$$
\begin{aligned}
&= -\frac{(1.60\times10^{-19})^2}{4\pi\times8.85\times10^{-12}\times0.53\times10^{-10}}\text{J}\\
&= -4.35\times10^{-18}\text{J} = -27.2\text{eV}
\end{aligned}
$$

(2) 电子所受的库仑力为电子做圆周运动的向心力，即

$$
\frac{e^2}{4\pi\varepsilon_0 r^2} = \frac{mv^2}{r}
$$

由此得到，电子的动能为

$$
E_\text{k} = \frac{1}{2}mv^2 = \frac{e^2}{8\pi\varepsilon_0 r}
$$

电子的总能量为

$$
E = E_\text{k} + E_\text{p} = -\frac{e^2}{8\pi\varepsilon_0 r} = \frac{1}{2}E_\text{p} = -13.6\text{eV}
$$

将电子从氢原子核中清除出去至少需要 13.6eV 的电离能。

10.6 电　势

10.6.1 电势

式 (10-33) 可以看出，试验电荷 q_0 在电场中 A 点的电势能与电荷的电量 q_0 成正比，也就是说，比值 $E_{\text{p}A}/q_0$ 与电荷 q_0 无关，它反映了静电场本身的性质。我们把这一比值称为电场中 A 点的电势，用符号 U 表示。A 点的电势为

$$
U_A = \frac{E_{\text{p}A}}{q_0} = \int_A^B \vec{E}\cdot\text{d}\vec{l} \quad (U_B = 0) \tag{10-34}
$$

上面已经选取 B 点为电势的参考点，并令该点的电势为零，$U_B = 0$(电势能的零点与电势的零点一致，$E_{\text{p}B} = 0$)。式 (10-34) 表明，电场中某点的电势，在数值上等于把单位正电荷从该点移到电势的零点电场力所做的功。电势的零点原则上可以任意选取。如果电荷分布在空间有限区域，习惯上把电势的零点选取在无限远处。于是，电场中 A 点的电势可表示为

$$
U_A = \int_A^\infty \vec{E}\cdot\text{d}\vec{l} \tag{10-35}
$$

电势也是标量，其值可为正，也可为负。在国际单位制中，电势的单位是**伏特**，符号为 V，$1\text{V} = 1\text{J}\cdot\text{C}^{-1}$。

说明几点：① 在实际应用上，通常取大地的电势为零。任何导体一旦接地，就认为它的电势为零。在电子设备中，机壳或公用地线都与大地相连，它们的电势为零，这样便于比较各点的电势。② 电势与电势能是两个不同概念，电势是电场具有的性质，而电势能是处在电场中电荷与电场组成的系统所共有的。在电场中，若某点没有电荷存在，也就没有电势能，但是该点电势是存在的。③ 沿着电场线电势越来越低。④ 电场强度从力的角度反映了电场的性质，而电势从能量的角度反映了电场的性质。

在电场中，从 A 点到 B 点这两点间的电势差定义为电势增量的负值，用符号 U_{AB} 表示。根据式 (10-32)，电势差写为

$$U_{AB}=-(U_B-U_A)=U_A-U_B=\int_A^B \vec{E}\cdot \mathrm{d}\vec{l} \tag{10-36}$$

式 (10-36) 表明，在电场中，A、B 两点的电势差 U_{AB}，在数值上等于把单位正电荷从 A 点移动到 B 点电场力所做的功。虽然电势与电势零点的选取有关，但是电势差与电势零点的选取无关。

当 A、B 两点的电势差 U_{AB} 已知时，电荷 q 从 A 点移动到 B 点电场力所做的功可以方便地用下式计算，即

$$A_{AB}=qU_{AB}=q(U_A-U_B)=-q(U_B-U_A) \tag{10-37}$$

这比单纯从电场力做功的一般定义出发计算要简捷。

10.6.2　电势的计算

1. 点电荷电场中的电势

在点电荷 q 的电场中 (图 10-20)，距离点电荷 q 为 r 的 A 点电势为

$$U_A=\int_A^\infty \vec{E}\cdot \mathrm{d}\vec{l}=\int_r^\infty \frac{q}{4\pi\varepsilon_0 r^2}\mathrm{d}r=\frac{q}{4\pi\varepsilon_0 r} \tag{10-38}$$

式 (10-38) 表明，在正电荷 $(q>0)$ 激发的电场中，各点的电势为正；在负电荷 $(q<0)$ 激发的电场中，各点的电势为负。

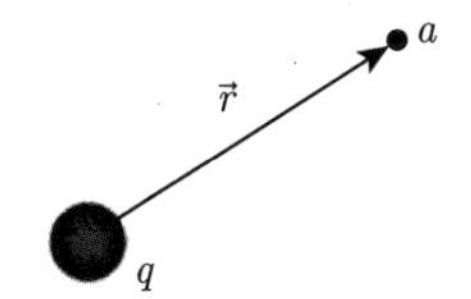

图 10-20　点电荷的电势

2. 点电荷系电场中的电势

在点电荷系 q_1，q_2，$\cdots$,q_n 的电场中 (图 10-21)，电场强度满足叠加原理，总电场强度 $\vec{E}$ 等于各个点电荷单独存在时在该点的电场强度的矢量和。即

$$\vec{E}=\vec{E}_1+\vec{E}_2+\cdots+\vec{E}_n$$

根据电势的定义式 (10-35)，点电荷系中 A 点电势为

$$\begin{aligned}U_A&=\int_A^\infty \vec{E}\cdot \mathrm{d}\vec{l}\\&=\int_A^\infty (\vec{E}_1+\vec{E}_2+\cdots+\vec{E}_n)\cdot \mathrm{d}\vec{l}\\&=\int_A^\infty \vec{E}_1\cdot \mathrm{d}\vec{l}+\int_A^\infty \vec{E}_2\cdot \mathrm{d}\vec{l}+\cdots+\int_A^\infty \vec{E}_n\cdot \mathrm{d}\vec{l}\end{aligned}$$

$$= U_1 + U_2 + \cdots + U_n \tag{10-39}$$

式中，U_1，U_2，$\cdots$，U_n 分别为点电荷 q_1，q_2，$\cdots$，q_n 单独存在时 A 点的电势。于是，点电荷系在 A 点的电势表示为

$$U_A = \sum_{i=1}^{n} \frac{q_i}{4\pi\varepsilon_0 r_i} \tag{10-40}$$

式 (10-40) 表明，在点电荷系的电场中某点处的电势，等于各个点电荷单独存在时在该点处的电势的代数和。这个结论称为**电势叠加原理**。

3. 电荷连续分布带电体电场中的电势

如图 10-22 所示，当带电体的电荷连续分布时，可将该带电体看成由无限多个电荷元组成，每一个元电荷 $\mathrm{d}q$ 可以看成点电荷。$\mathrm{d}q$ 在电场中 A 点的电势为

$$\mathrm{d}U_A = \frac{\mathrm{d}q}{4\pi\varepsilon_0 r}$$

根据电势的叠加原理，整个带电体在 A 点的电势为

$$U_A = \frac{1}{4\pi\varepsilon_0} \int \frac{\mathrm{d}q}{r} \tag{10-41}$$

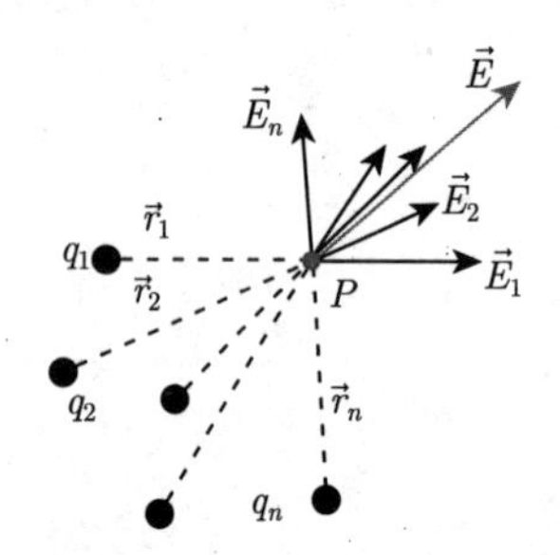

图 10-21　点电荷系的电势

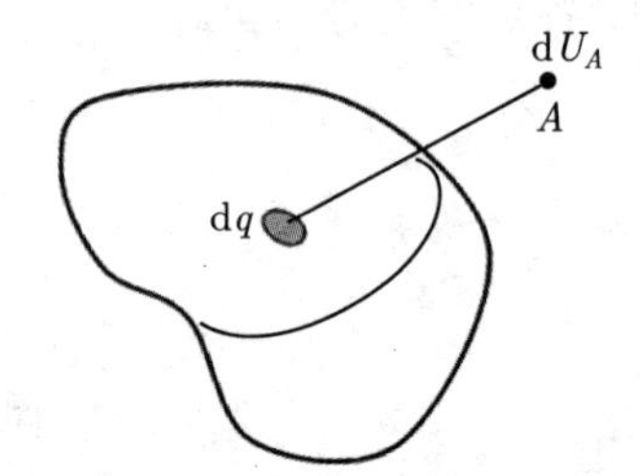

图 10-22　连续带电体的电势

在已知电荷的分布时，求电势有两种方法：① 先求出电荷激发的电场强度，再根据电势的定义式 (10-34) 或式 (10-35) 计算电势；② 根据点电荷的电势，再由电势的叠加原理，即由式 (10-41) 计算电势。

例 10-12　计算电偶极子电场中任意一点 P 的电势。

解　电偶极子如例 10-12 图放置，建立极坐标系，P 点坐标为 (r, θ)。设 P 点到 $+q$ 和 $-q$ 距离分别为 r_+ 和 r_-，根据点电荷电势的叠加原理，电偶极子的电场中任意一点 P 的电势表示为

$$U_P = \frac{q}{4\pi\varepsilon_0 r_+} - \frac{q}{4\pi\varepsilon_0 r_-}$$

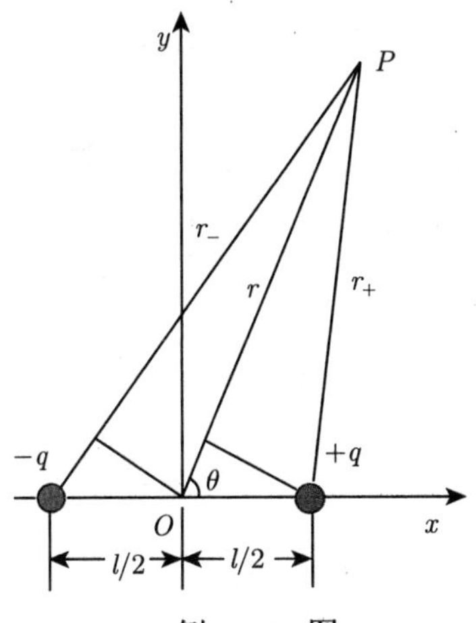

例 10-12 图

由于 $r \gg l$，故 $r_+ \approx r - \frac{l}{2}\cos\theta$，$r_- \approx r + \frac{l}{2}\cos\theta$，代入后化简，得

$$U_P = \frac{q}{4\pi\varepsilon_0}\left(\frac{1}{r - l\cos\theta/2} - \frac{1}{r + l\cos\theta/2}\right) = \frac{q}{4\pi\varepsilon_0}\frac{l\cos\theta}{r^2 - (l\cos\theta/2)^2}$$

进一步得到

$$U_P = \frac{ql\cos\theta}{4\pi\varepsilon_0 r^2} = \frac{\vec{p}\cdot\vec{r}}{4\pi\varepsilon_0 r^3}$$

式中，$\vec{p} = q\vec{l}$ 为电偶极子的电矩。

例 10-13　半径为 R 的均匀带电球面，带电荷量为 q。求：空间电势分布。

解　在例 10-7 中，已经由高斯定理求得电场强度的分布。

在球面内（$r < R$）

$$E_1 = 0$$

在球面外 ($r > R$)

$$E_2 = \frac{q}{4\pi\varepsilon_0 r^2}$$

方向沿径向向外。

在球面内、距离球心为 $r(r < R)$ 的任一点电势为

$$U_1 = \int_r^R \vec{E}_1\cdot d\vec{r} + \int_R^\infty \vec{E}_2\cdot d\vec{r} = \int_R^\infty \frac{q}{4\pi\varepsilon_0 r^2}dr = \frac{q}{4\pi\varepsilon_0 R}$$

在球面外、距离球心为 $r(r > R)$ 的任一点电势为

$$U_2 = \int_r^\infty \vec{E}_2\cdot d\vec{r} = \int_r^\infty \frac{q}{4\pi\varepsilon_0 r^2}dr = \frac{q}{4\pi\varepsilon_0 r}$$

计算结果表明，球面外的电势与把电荷集中在球心的点电荷的电势相同。球面内的电势处处相等，是等势体，如例 10-13 图所示。

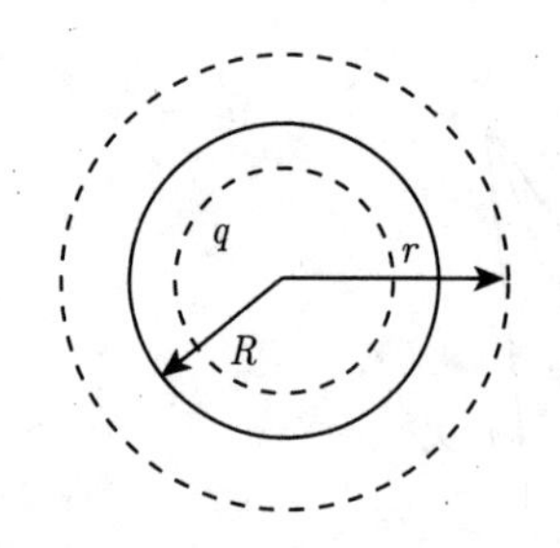

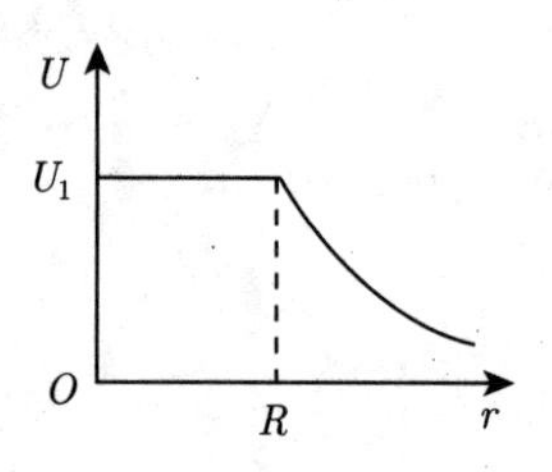

例 10-13 图

例 10-14　均匀带电圆环，带电荷量为 q，半径为 R，求轴线上任意一点 P 的电势 (例 10-14 图)。

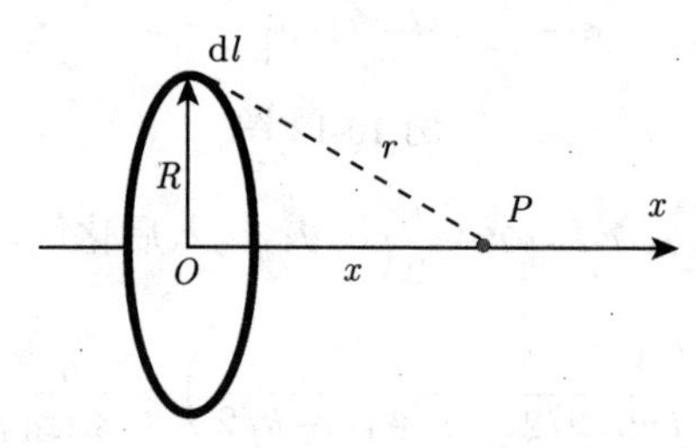

例 10-14 图

解　**方法一**：用电势叠加原理求电势。在圆环上取电荷元 $\mathrm{d}q=\lambda\mathrm{d}l$，$\lambda$ 为圆环上单位长度的电荷，即电荷线密度，$\lambda=q/2\pi R$。$\mathrm{d}q$ 在 P 点的电势为

$$\mathrm{d}U=\frac{\mathrm{d}q}{4\pi\varepsilon_0 r}=\frac{\lambda\mathrm{d}l}{4\pi\varepsilon_0 r}$$

r 为 $\mathrm{d}q$ 到 P 点的距离。

整个带电圆环在 P 点的电势为

$$\begin{aligned}U&=\int\mathrm{d}U=\int_l\frac{\lambda\mathrm{d}l}{4\pi\varepsilon_0 r}=\frac{\lambda}{4\pi\varepsilon_0 r}\int_l\mathrm{d}l\\&=\frac{\lambda}{4\pi\varepsilon_0 r}\cdot 2\pi R=\frac{q}{4\pi\varepsilon_0 r}=\frac{q}{4\pi\varepsilon_0\sqrt{x^2+R^2}}\end{aligned}$$

式中，x 为 P 点到圆环圆心的距离。

方法二：根据电势的定义求电势。在例 10-2 中，已求得圆环轴线上电场强度的分布为

$$E=\frac{1}{4\pi\varepsilon_0}\frac{qx}{(x^2+R^2)^{3/2}}$$

方向沿轴线方向。

带电圆环在 P 点的电势为

$$\begin{aligned}U&=\int_P^\infty\vec{E}\cdot\mathrm{d}\vec{l}=\int_x^\infty\frac{qx}{4\pi\varepsilon_0(x^2+R^2)^{3/2}}\mathrm{d}x\\&=\frac{q}{4\pi\varepsilon_0}\int_x^\infty\frac{x}{(x^2+R^2)^{3/2}}\mathrm{d}x\\&=\frac{q}{4\pi\varepsilon_0\sqrt{x^2+R^2}}\end{aligned}$$

讨论：① 在 $x=0$ 处，$U=\dfrac{q}{4\pi\varepsilon_0 R}$；② 当 $x \gg R$ 时，$U=\dfrac{q}{4\pi\varepsilon_0 x}$，带电圆环可视为点电荷。

例 10-15　如例 10-15 图所示，设一无限长均匀带电直线，其电荷线密度为 λ，求距离直线为 r 处的电势。

解　在例 10-9 中已求出无限长带电直线的电场强度的大小为

$$E=\frac{\lambda}{2\pi\varepsilon_0 r}$$

电场强度的方向垂直于直线向外。

由于带电直线延伸至无限远处，此时，不能把无限远处取作电势为零的参考点，否则直线周围各处的电势趋于无穷。为此，选取距直线距离为 r_0 的 B 点为电势的参考点，并令 $U_B=0$。根据式 (10-34)，距直线为 r 的 P 点的电势为

$$U_P=\int_P^B \vec{E}\cdot \mathrm{d}\vec{l}=\int_r^{r_0}\frac{\lambda}{2\pi\varepsilon_0 r}\mathrm{d}r=\frac{\lambda}{2\pi\varepsilon_0}\ln\frac{r_0}{r}\quad (U_B=0)$$

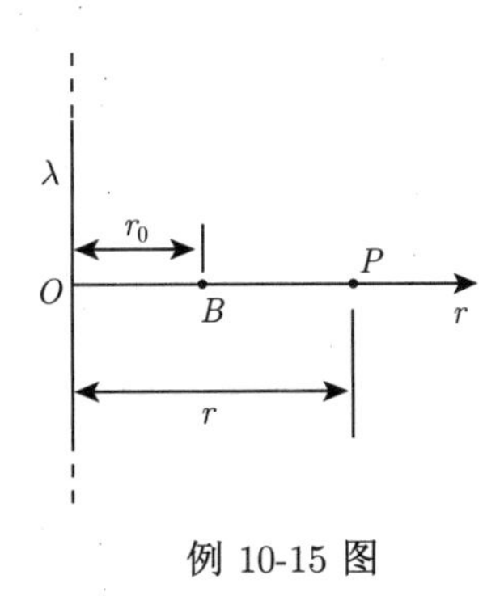

例 10-15 图

总结一下，当电荷分布具有一定对称性，并可以用高斯定理时，适宜采用电势定义法求解，即先求出电场强度的分布，再由式 (10-34) 或式 (10-35) 计算电势，如例 10-13 和例 10-15。如果采用电势叠加原理求解要困难得多 (不妨一试)。例 10-12 和例 10-14 适宜采用电势叠加原理求解，采用电势定义法求解要困难得多。

10.7　电场强度与电势梯度

电场强度从力的角度反映了静电场的性质，而电势从能量的角度反映了静电场的性质，它们两者之间存在相互联系，式 (10-34) 反映的是电势与电场强度的积分关系。本节讨论电场强度与电势的微分关系。

10.7.1　等势面

电场空间中电势相等的点构成的面，称为**等势面**。为了描述电势的分布，规定任意两相邻等势面间的电势差相等。根据这一按规定，同电场线疏密程度反映电场的强弱一样，等势面的疏密程度也反映电场的强弱。图 10-23 画出了几种典型电场的等势面和电场线的图形。图中实线代表电场线，虚线代表等势面。例如，点电荷电场中的等势面是一系列同心的球面，越靠近点电荷，等势面越密集，电场强度越大。

关于等势面与电场线有以下性质：

(1) 电荷沿着等势面移动，电场力不做功；

(2) 电场线处处与等势面正交，电场线指向电势降落的方向。

当电荷 q 沿等势面移动位移 $\mathrm{d}\vec{l}$ 时，电场力做的功表示为

$$\mathrm{d}A=q\vec{E}\cdot\mathrm{d}\vec{l}=-q\mathrm{d}U$$

$\mathrm{d}U$ 为 q 发生 $\mathrm{d}\vec{l}$ 位移始末两点的电势差，显然，$\mathrm{d}U=0$。所以，$\vec{E}\cdot\mathrm{d}\vec{l}=E\mathrm{d}l\cos\theta=0$，必有 $\theta=\pi/2$。

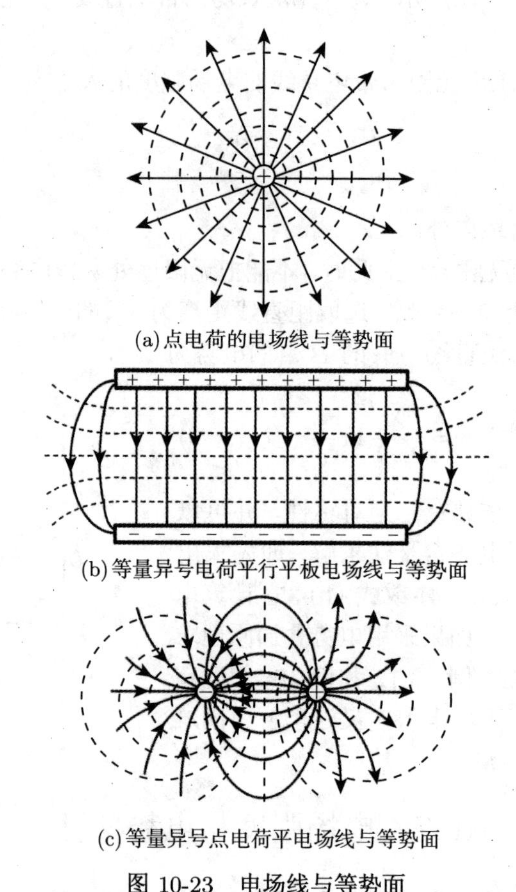

图 10-23　电场线与等势面

在实际工作中，电势差便于实验测量，往往通过实验方法测出等电势的各点，再描绘出等势面的分布，根据等势面处处与电场线垂直的特点，从而画出电场线的分布。

10.7.2　电场强度与电势梯度

如图 10-24 所示，在电场中，设有两个靠得很近的等势面，它们的电势分别为 U 和 $\mathrm{d}U$。$\vec{e}_\mathrm{n}$ 为等势面的法线方向的单位矢量，指向电势增加的方向。在两等势面上分别取 A 点和 B 点，当试验电荷 q_0 由 A 点移到 B 点时，发生 $\mathrm{d}\vec{l}$ 位移，电场力做的功表示为

$$\mathrm{d}A=-q_0\mathrm{d}U=q_0\vec{E}\cdot\mathrm{d}\vec{l} \tag{10-42}$$

即

$$\mathrm{d}U=-E\cos\theta\mathrm{d}l \tag{10-43}$$

式中，θ 为电场强度 $\vec{E}$ 与位移 $\mathrm{d}\vec{l}$ 的夹角；$E\cos\theta=E_l$ 表示电场强度 $\vec{E}$ 沿 $\mathrm{d}\vec{l}$ 的分量。由此，将式 (10-43) 表示为

$$E_l=-\frac{\mathrm{d}U}{\mathrm{d}l} \tag{10-44}$$

式 (10-44) 表明，电场中某点的电场强度沿任意方向的分量，等于电势沿该方向的变化率的负值。分别令 $\mathrm{d}\vec{l}$ 沿 x、y、z 方向，则在直角坐标系中电场强度 $\vec{E}$ 的三个分量为

$$E_x = -\frac{\partial U}{\partial x},\quad E_y = -\frac{\partial U}{\partial y},\quad E_z = -\frac{\partial U}{\partial z} \tag{10-45}$$

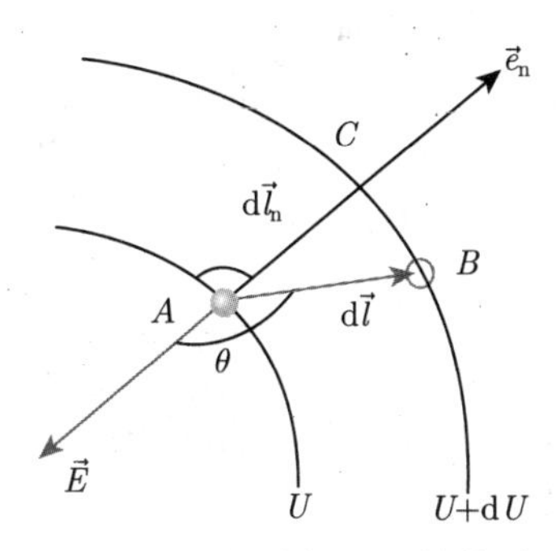

图 10-24 电势与场强的关系

于是，电场强度 $\vec{E}$ 可以表示为

$$\vec{E} = -\left(\frac{\partial U}{\partial x}\hat{i} + \frac{\partial U}{\partial y}\hat{j} + \frac{\partial U}{\partial z}\hat{k}\right) \tag{10-46}$$

引入运算符号 $\nabla = \frac{\partial}{\partial x}\hat{i} + \frac{\partial}{\partial y}\hat{j} + \frac{\partial}{\partial z}\hat{k}$($\nabla$ 读作 Nabla)，电场强度 $\vec{E}$ 简化为

$$\vec{E} = -\nabla U \tag{10-47}$$

∇U 究竟表示什么物理意义呢？由式 (10-46) 知：电场中某点的电势沿不同方向的变化率是不同的，其中沿等势面的法线方向 $\vec{e}_{\mathrm{n}}$ 的电势变化率为最大值，而该点的电场强度 $\vec{E}$ 的方向沿 $\vec{e}_{\mathrm{n}}$ 的反方向，如图 10-24 所示。设沿着 $\vec{e}_{\mathrm{n}}$ 方向从 A 点到 C 点的位移为 $\mathrm{d}\vec{l}_{\mathrm{n}}$，则由式 (10-46) 得，电场强度的大小表示为

$$E = -\frac{\mathrm{d}U}{\mathrm{d}l_{\mathrm{n}}}$$

写成矢量式为

$$\vec{E} = -\frac{\mathrm{d}U}{\mathrm{d}l_{\mathrm{n}}}\vec{e}_{\mathrm{n}} \tag{10-48}$$

式 (10-47) 表明，电场中任意一点的电场强度 $\vec{E}$，其大小等于该点的电势沿等势面法线方向的变化率，方向沿法线方向的反方向。

比较式 (10-46) 和式 (10-47)，得

$$\nabla U = \frac{\mathrm{d}U}{\mathrm{d}l_{\mathrm{n}}}\vec{e}_{\mathrm{n}} \tag{10-49}$$

在数学上，∇U 称为电势梯度，用 $\mathrm{grad}U$ 表示。式 (10-49) 表明，电势梯度是一个矢量，某点电势梯度的大小等于电势在该点空间变化率的最大值；方向沿等势面的法向，指向电势增加的方向。

这样，电场强度与电势的关系可写成

$$\vec{E} = -\mathrm{grad}U = -\nabla U \tag{10-50}$$

即电场中任意一点的电场强度等于该点电势梯度的负值。

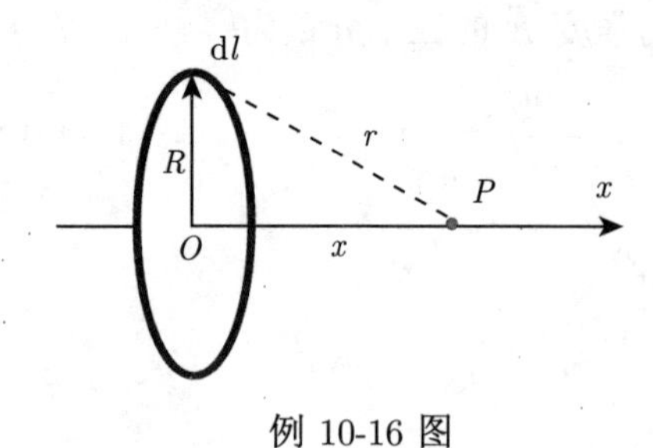

例 10-16 图

由式 (10-48) 可知，电场强度的另一单位为伏 · 米 $^{-1}$，符号为 $\mathrm{V{\cdot}m^{-1}}$。

例 10-16　均匀带电圆环，带电荷量为 q，半径为 R，求轴线上任意一点 P 的电场强度 (例 10-16 图)。

解　圆环上各处电荷到轴线上 P 点距离 r 都一样，带电圆环在 P 点的电势应等于把圆环上的电荷集中在一点在 P 点的电势。因此，P 点的电势为

$$U=\frac{q}{4\pi\varepsilon_0 r}=\frac{q}{4\pi\varepsilon_0\sqrt{x^2+R^2}}$$

由于电荷均匀分布，根据对称性，电场强度方向沿轴线 x 方向。

由式 (10-45) 得，P 点的电场强度为

$$\begin{aligned}E=E_x&=-\frac{\partial U}{\partial x}=-\frac{\partial}{\partial x}\left[\frac{q}{4\pi\varepsilon_0\sqrt{x^2+R^2}}\right]\\&=\frac{qx}{4\pi\varepsilon_0(x^2+R^2)^{3/2}}\end{aligned}$$

这与例 10-3 结果相同，但求解方法要简便。

例 10-17　求电偶极子电场中任意一点 P 的电场强度。

解　例 10-12 中，已求得电偶极子的电场中任一点 P 的电势为

$$U=\frac{ql\cos\theta}{4\pi\varepsilon_0 r^2}=\frac{\vec{p}\cdot\vec{r}}{4\pi\varepsilon_0 r^3}$$

在直角坐标系中，P 点的电势改写成

$$U=\frac{px}{4\pi\varepsilon_0(x^2+y^2)^{3/2}}$$

根据式 (10-45) 得，P 点的电场强度 $\vec{E}$ 在 x、y 轴上的分量分别为

$$E_x=-\frac{\partial U}{\partial x}=-\frac{p(y^2-2x^2)}{4\pi\varepsilon_0(x^2+y^2)^{5/2}}$$

$$E_y=-\frac{\partial U}{\partial y}=\frac{3pxy}{4\pi\varepsilon_0(x^2+y^2)^{5/2}}$$

P 点的电场强度 $\vec{E}$ 的大小和方向分别为

$$E=\sqrt{E_x^2+E_y^2}=\frac{p(4x^2+y^2)^{1/2}}{4\pi\varepsilon_0(x^2+y^2)^2}$$

$$\theta=\arctan\frac{E_y}{E_x}=-\arctan\frac{3xy}{y^2-2x^2}$$

式中，θ 为电场方向与 x 轴的夹角。例 10-1 中的垂直平分线上的电场强度是上式 $x=0$ 的特例。

总结一下，由例 10-16、例 10-17 表明，求电场强度的另一方法是先求电势，再根据电场强度与电势的微分关系求场强，这比用电场的叠加原理求场强要简便得多。因为电势作为标量，在已知电荷分布的情况下，求电势往往比较容易。

习　题

10-1　如图所示，一沿 x 轴放置的“无限长”分段均匀的带电直线，电荷线密度分别为 $+\lambda(x<0)$ 和 $-\lambda(x>0)$，则在 xOy 平面内点 $(0, a)$ 处的电场强度 $\vec{E}$ 为（　　）

A. 0　　B. $\dfrac{\lambda}{4\pi\varepsilon_0 a}\hat{i}$　　C. $\dfrac{\lambda}{2\pi\varepsilon_0 a}\hat{i}$　　D. $\dfrac{\lambda}{4\pi\varepsilon_0 a}(\hat{i}+\hat{j})$

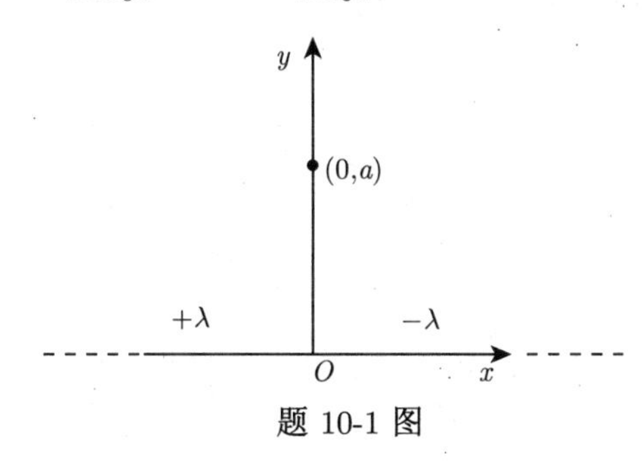

题 10-1 图

10-2　下列说法中正确的是（　　）

A. 闭合曲面上各点电场强度都为零时，曲面内一定没有电荷

B. 闭合曲面上各点电场强度都为零时，曲面内电荷的代数和必定为零

C. 通过闭合曲面的电通量为零时，曲面上各点的电场强度必定为零

D. 通过闭合曲面的电通量不为零时，曲面上任意一点的电场强度都不可能为零

10-3　如图所示，一个带电量为 q 的点电荷位于立方体的中心点上，则通过侧面 $abcd$ 的电通量为（　　）

A. $\dfrac{q}{4\varepsilon_0}$　　B. $\dfrac{q}{6\varepsilon_0}$　　C. $\dfrac{q}{12\varepsilon_0}$　　D. $\dfrac{q}{24\varepsilon_0}$

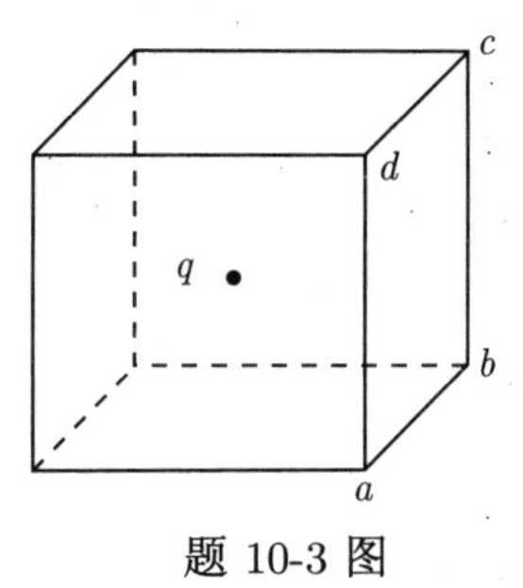

题 10-3 图

10-4　关于电场强度与电势之间的关系，下列说法正确的是（　　）

A. 电场强度为零的点，电势也一定为零

B. 电场强度不为零的点，电势也一定不为零

C. 电势为零的点，电场强度也一定为零

D. 电势在某一区域内为常量，则电场强度在该区域内必定为零

10-5　如图所示，OCD 是以 B 为圆心、R 为半径的半圆弧，$\overline{AB}=2R$，A 处有点电荷 $+Q$，圆心 B 处有点电荷 $-Q$，现将试验电荷 q 从 O 点沿半圆弧 OCD 移到 D 点，则电场力对 q 所做的功为（　　）

A. $\dfrac{Qq}{12\pi\varepsilon_0 R}$　　B. $\dfrac{Qq}{8\pi\varepsilon_0 R}$　　C. $\dfrac{Qq}{6\pi\varepsilon_0 R}$　　D. $\dfrac{Qq}{4\pi\varepsilon_0 R}$

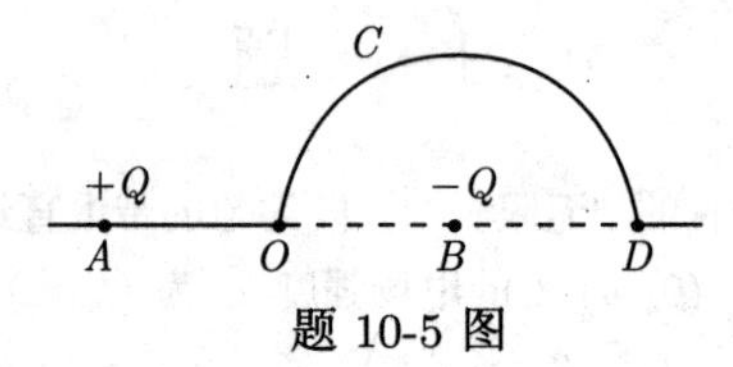

题 10-5 图

10-6　已知某电场线分布如图所示，现观察到一负电荷从 A 点移到 B 点。下列几种说法中正确的是（　　）

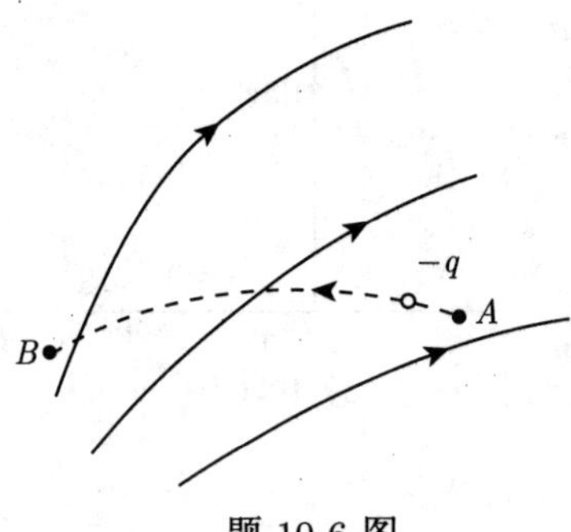

题 10-6 图

A. 电场强度 $E_A > E_B$　　B. 电势 $U_A > U_B$

C. 电势能 $E_{pA} < E_{pB}$　　D. 电场力做的功 $W > 0$

10-7　质量为 m，电荷为 $-e$ 的电子以圆形轨道绕氢原子核旋转，其轨道半径为 r，求电子的运动速率。

10-8　两小球 A、B 的质量均为 m，均用长为 l 的细线挂在同一点，它们带有相同的电量。静止时两线夹角为 2θ，如图所示。小球的半径和细线的质量都忽略不计，试求每个小球带的电量。

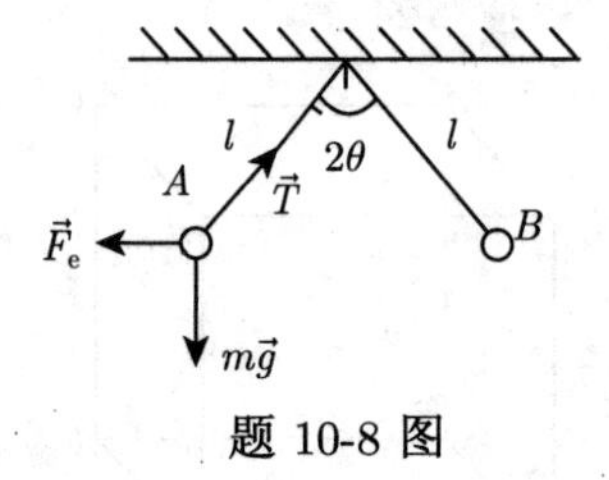

题 10-8 图

10-9　三个点电荷如图所示放置，试求 P 点的电场强度。

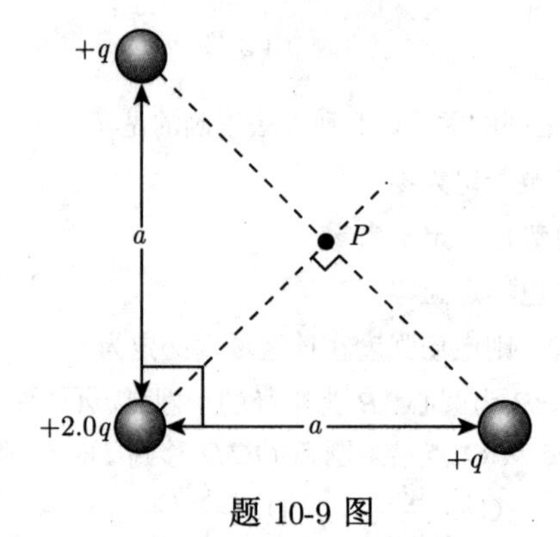

题 10-9 图

10-10　如图所示，一个半径为 R 的均匀带电半圆环，电荷线密度为 λ，求：环心处 O 点的电场强度。

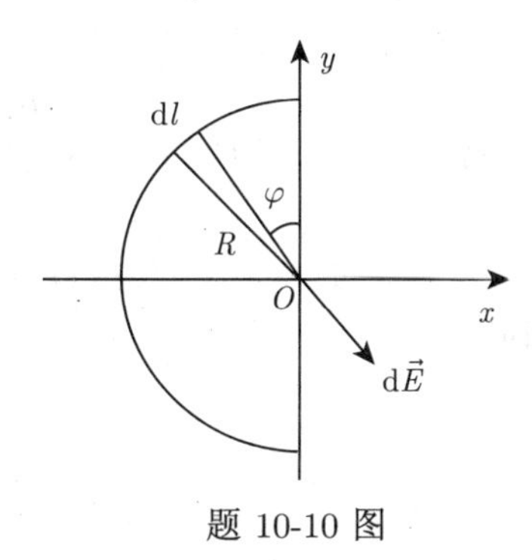

题 10-10 图

10-11　一个半径为 R 的半球面均匀地带有电荷，面电荷密度为 σ。求球心处电场强度的大小。

10-12　如图所示为一均匀带电圆环形平面，电荷面密度为 σ，环的内、外半径分别为 a 和 b。求圆环中心轴线上与环面相距为 x 处 P 点的电场强度，以及当 $b\to\infty$ 时 P 点的电场强度。

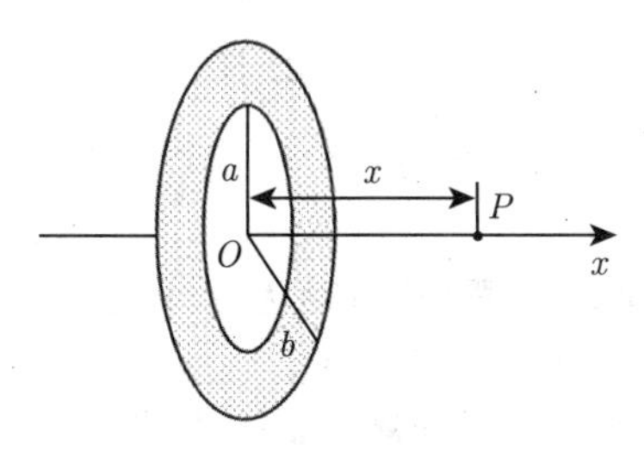

题 10-12 图

10-13　半径为 R 的带电球体，其电荷体密度为 $\rho=\dfrac{A}{r}$，A 为常量。试求球体内外空间电场强度的分布。

10-14　半径为 R 的无限长直圆柱体内均匀带电，电荷体密度为 ρ，试求圆柱体内外电场强度的分布。

10-15　地球表面上方的大气电场强度方向向下，大小可能随高度改变。设在某地面上方 100m 高处电场强度为 150 $\mathrm{N\cdot C^{-1}}$，300 m 高处电场强度为 100$\mathrm{N\cdot C^{-1}}$。试求在这两个高度之间的平均电荷体密度，以电荷基本单元 e 的数密度表示。

10-16　有一均匀带电的细棒 AB，长度为 L，所带总电量为 q。求细棒延长线上到棒中心的距离为 a 处的 P 点电势 (设无限远处电势为零)。

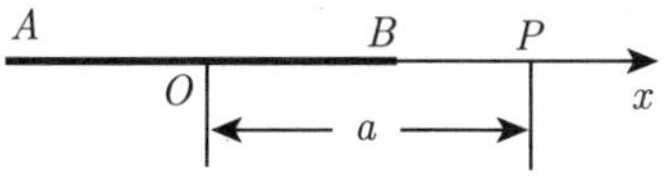

题 10-16 图

10-17　半径为 R 的球体均匀带电，带电量为 q，求空间电势的分布。

10-18　测量结果发现，晴天大气的电场强度随高度 z 的增加很快减小。其电场强度可以用如下经验公式表示

$$E(z)=81.8\mathrm{e}^{-4.52z}+38.6\mathrm{e}^{-0.375z}+10.27\mathrm{e}^{-0.121z}$$

式中，E 的单位为 $\mathrm{V\cdot m^{-1}}$，z 的单位为 km。试求：(1) 大气对流层中 10 km 高空的电势；(2) 大气电离

层中 60 km 高空的电势。(地面为零电势面)

10-19 一个球形雨滴半径为 0.40 mm，带有 1.6×10^{-12}C 的电量，它表面的电势有多大？若两个这样的雨滴相遇后合并为一个较大的雨滴，这个雨滴表面的电势又是多大？

10-20 两个同心的均匀带电球面，半径分别为 $R_1=5.0$ cm，$R_2=20.0$ cm。已知内球面的电势为 $V_1=60$ V，外球面的电势为 $V_2=-30$V。(1) 求内、外球面上所带电量；(2) 在两个球面之间何处的电势为零。

10-21 如图所示，有三个点电荷 Q_1、Q_2、Q_3 沿一条直线等间距分布，且 $Q_1=Q_3=Q$，已知其中任一点电荷所受合力均为零，求在固定 Q_1、Q_3 的情况下，将 Q_2 从 O 点移到无限远处外力所做的功。

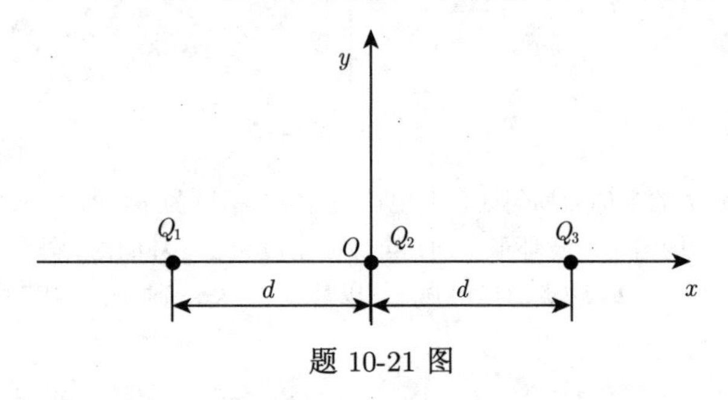

题 10-21 图

10-22 半径为 R 的无限长直圆柱体内均匀带电，电荷体密度为 ρ，现取圆柱体表面电势为零，求空间电势的分布。

10-23 一半径为 R 的均匀带电圆盘，面电荷密度为 σ。设无穷远处为零电势参考点，求圆盘中心 O 点处的电势。

10-24 半径为 R 的圆盘均匀带电，电荷面密度为 σ，如图所示。(1) 求圆盘轴线上的电势分布；(2) 根据电场强度与电势梯度的关系求电场分布；(3) 若 $R=3.00\times10^{-2}$m，$\sigma=2.00\times10^{-5}\text{C}\cdot\text{m}^{-2}$，计算离盘心 30.0 cm 处的电势和电场强度。

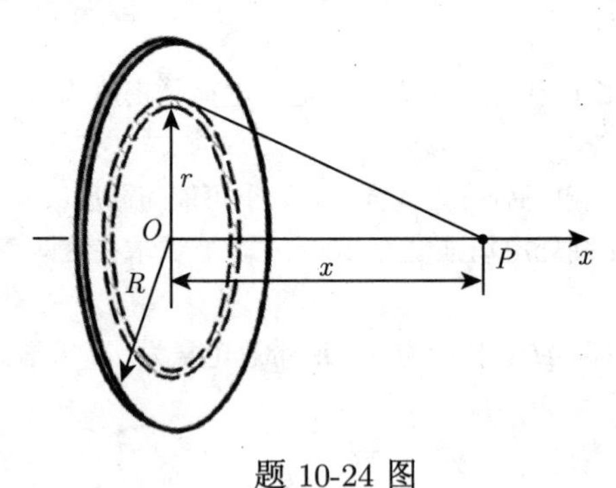

题 10-24 图

气象物语 E 大气电荷 大气电流

E.1 大气电荷

人们生活的大气中存在大量的大气正、负离子，使得大气具有微弱的导电性。大气离子的形成是由于大气中存在电离过程。大气的电离源主要有三种：① 宇宙射线；② 地壳中放射性物质放射的 α、β、γ 射线；③ 大气中的放射性元素 (主要是氡)。在各种电离源的作用下，大气中部分中性分子的外层电子因获得足够的能量后，会从该分子逸出，形成带正电的离子和游离态的电子。游离态的电子会迅速与其周围的中性大气分子结合，形成带负电的大气离子。这些带电大气离子又会在其周围吸附几个甚至几十个中性分子，形成带电离子团。另外，由于大气中还存在大量气溶胶粒子 (悬浮在大气中的液态或固态颗粒)，大气带电离子与周围的气溶胶粒子发生碰撞，使气溶胶粒子带上正、负电荷，形成较大的大气离子。通常认为大气离子携带一个单元电荷 $\mathrm{e} = 1.602 \times 10^{-19}\mathrm{C}$，而较大的气溶胶粒子可携带多个单元电荷。

电离源使大气电离的能力可用大气电离率表示。大气电离率是指单位体积、单位时间内大气分子被电离成正、负离子的数目。大气电离率与电离源的强度、大气密度有关。例如，在陆地上的贴地层大气中，电离主要是地壳中放射性物质的作用，大气电离率约为 8 对 $\cdot(\mathrm{cm}^3 \cdot \mathrm{s})^{-1}$，而宇宙射线的电离率约为 2 对 $\cdot(\mathrm{cm}^3 \cdot \mathrm{s})^{-1}$；在海洋上，因海水和海洋大气中放射性物质都很少，宇宙射线对离子的产生起着主要作用。在大气边界层以上，宇宙射线对大气的电离作用随高度的增加而迅速增加，到 12 km 高度处，中纬度地区的电离率可达到 45 对 $\cdot(\mathrm{cm}^3 \cdot \mathrm{s})^{-1}$，赤道附近的电离率也有 20 对 $\cdot(\mathrm{cm}^3 \cdot \mathrm{s})^{-1}$。然而在 12 km 以上的大气中，由于空气密度减小，电离率也随之大大降低。低纬度地区大气电离率较低，是因为地球磁场使载有电荷的初级宇宙射线偏离这些地区。

大气中除存在电离过程形成的大气离子之外，还存在大气正、负离子间因碰撞中和而消失的过程，称为离子的复合过程，这两种过程之间将达到动态平衡，形成相对稳定的大气离子，使大气具有微弱的导电性。大气的导电性能用大气电导率 λ 表示，晴天大气电导率随高度增加而增大。根据美国大量气球探测结果，在 26 km 高度以下，正、负离子形成的电导率 λ_+、λ_- 随高度 z 的分布可以用以下指数形式的经验公式表示：

$$\lambda_+ = 2.70 \times 10^{-14}\mathrm{e}^{(0.254z-0.00309z^3)}$$

$$\lambda_- = 4.33 \times 10^{-14}\mathrm{e}^{(0.222z-0.00255z^2)}$$

式中，λ 的单位为 $\Omega^{-1} \cdot \mathrm{m}^{-1}$，高度 z 的单位取 km。

E.2 晴天大气电流

大气中正、负电荷的输送形成**大气电流**。在晴天大气中，正、负电荷的输送具有不同方式，所以**晴天大气电流**可由不同性质的晴天大气电流分量组成，主要包括：晴天大气传导电流、晴天大气对流电流和晴天大气扩散电流。大气传导电流是大气离子在晴天大气电场作用下产生运动形成的电流。晴天大气对流电流则是由于晴天大气体电荷随气流移动而形成的大气电流。晴天扩散电流是晴天大气体电荷因湍流扩散输送而形成的大气电流。晴天大气电流可以用电流密度矢量表示。

晴天大气电流密度不仅随地点而异，还具有明显日变化、年变化和脉动起伏变化。观测表明，晴天大气电流密度约为 $10^{-16}\mathrm{A}\cdot \mathrm{cm}^{-2}$ 数量级，就全球而言，陆地表面晴天大气电流密度平均为 $2.3 \times 10^{-16}\mathrm{A} \cdot\mathrm{cm}^{-2}$，而海洋表面为 $3.3 \times 10^{-16}\mathrm{A}\cdot \mathrm{cm}^{-2}$，全球平均为 3.0×10^{-16} $\mathrm{A} \cdot\mathrm{cm}^{-2}$。

在近地层中，由于受大气湍流的影响，晴天大气传导电流密度随高度分布较为复杂。而在混合层以上大气中，晴天大气电流密度近似为晴天大气传导电流密度，而且变化较小，其平均值为 $1.85 \times 10^{-16}\mathrm{A \cdot cm^{-2}}$ 和 $1.48 \times 10^{-16}\mathrm{A \cdot cm^{-2}}$，起伏小于 10%。

晴天大气电流密度有明显的日变化，其变化规律随地点和季节而异，大陆上变化复杂，具有明显的日变化，有些地方表现单峰、单谷，清晨和上午出现峰值，傍晚至夜间出现谷值；海洋上变化较小。晴天大气电流密度还有明显的年变化，其变化幅度一般是陆地上大，海洋上小，并随地点而异。有些地方，晴天大气电流密度具有冬季出现极大，夏季出现极小的年变化规律。

第 11 章　静电场中的导体和电介质

第 10 章讨论了真空中的静电场，当电场中有导体或电介质存在时，电场会和它们发生相互作用，被感应 (或极化) 后的导体 (或电介质) 将影响原电场的分布。本章首先介绍导体性质和行为，然后，作为这些基本性质的应用，介绍电容器，最后简述静电场的能量。

11.1　静电场中的导体

11.1.1　导体的静电平衡

金属导体的特征是其内部存在大量自由电子，当导体不带电或不受外电场影响时，自由电子在导体中做无规则热运动。无论是对导体整体还是其中的一部分而言，自由电子与晶体点阵上的正电荷总量是相等的，所以导体呈电中性，导体上的自由电子没有宏观的定向运动。

一旦将导体置于外电场中，导体中的自由电子在电场力作用下做宏观定向运动，因而导体中的电荷将重新分布，导体呈现带电现象。这种现象称为**静电感应现象**。静电感应现象所产生的电荷称为**感应电荷**，用 q' 表示，感应电荷激发的电场称为**感应电场**，用 $\vec{E}'$ 表示。如图 11-1(a) 所示，在匀强电场 $\vec{E}_0$ 中放置一块金属板，金属板内每个自由电子都将受到向左的电场力作用，这些电子将逆着外电场 $\vec{E}_0$ 的方向发生定向运动，使得金属板的两个侧面出现等量异号电荷，即感应电荷的出现。这些感应电荷在导体内部建立起感应电场 $\vec{E}'$，导体内部的感应电场强度的方向与外电场方向相反，这时，导体内部任一点的总电场强度 $\vec{E}$ 等于外电场 $\vec{E}_0$ 与感应电场 $\vec{E}'$ 的矢量叠加，即

$$\vec{E} = \vec{E}_0 + \vec{E}' \tag{11-1}$$

在导体内部，外电场 $\vec{E}_0$ 与感应电场 $\vec{E}'$ 的方向相反，所以总电场的大小为 $E = E_0 - E'$。当 $E' < E_0$ 时，自由电子将不断地向左定向运动，从而使 E' 不断增大，直到 $E' = E_0$，$E = 0$ 为止，即导体的总电场强度处处为零。这时，导体内的自由电子不再做定向运动，如图 11-1(b) 所示，导体处于**静电平衡状态**。

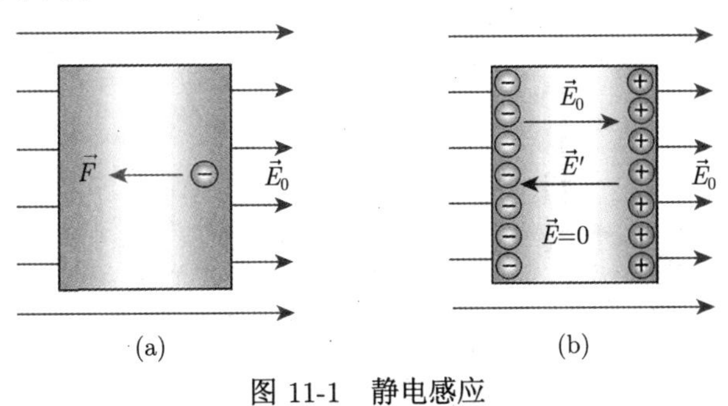

图 11-1　静电感应

静电平衡状态下，不仅导体内部没有电荷做定向运动，导体的表面也没有电荷做定向运动。导体表面处的电场强度方向应与导体表面垂直。处于静电平衡状态时，导体中的电场强度应有如下几个特性：

(1) 在静电平衡条件下，导体内部电场强度处处为零。

(2) 在静电平衡条件下，导体表面上各处电场强度的方向都与导体表面垂直；这是因为，如果电场强度不与表面垂直，将有一沿着导体表面的分量，而这个电场强度分量将驱使自由电子沿表面做定向移动，这样的导体就不是处于静电平衡状态。

(3) 整个导体是等势体，导体表面为等势面。

导体内任意两点 A、B 的电势差为

$$U_A - U_B = \int_A^B \vec{E} \cdot \mathrm{d}\vec{l}$$

静电平衡时，导体内部电场强度处处为零，所以 A、B 两点的电势差为零，即 $U_A = U_B$，表明导体内部任意两点的电势都相等。导体表面的电场强度虽不为零，但其方向垂直于表面，所以表面上任意两点的电势差也为零，导体表面为等势面。总之，处于静电平衡时，导体内部以及导体表面处处电势相等。

11.1.2 静电平衡时导体上的电荷分布

1. 静电平衡时导体上的电荷分布

如图 11-2 所示，一导体带电荷 q，且导体处于静电平衡状态。在静电平衡条件下导体内的电场强度 $\vec{E}$ 处处为零，则在导体内任取一高斯面 S，高斯面上所有点的电场强度也应该为零，运用高斯定理，得到

$$\oiint_S \vec{E} \cdot \mathrm{d}\vec{S} = \frac{1}{\varepsilon_0} \sum_{S_{内}} q$$

穿过该高斯面的电通量必定为零，必有 $\sum\limits_{S_{内}} q = 0$，即高斯面内的净电荷也应该为零。高斯面 S 面是任意取的，由此得到如下结论：处于静电平衡时，导体内部不存在净电荷，导体所带的电荷只能分布在导体表面上。

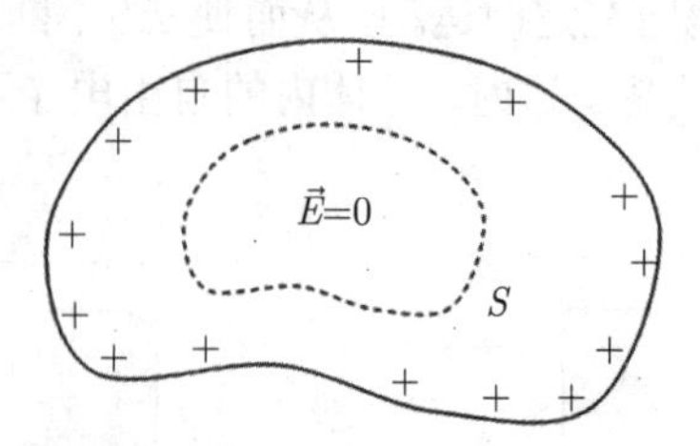

图 11-2 导体的电荷分布在表面

2. 静电平衡时导体表面附近的电场强度与电荷面密度的关系

在静电平衡状态下，除非导体是球形的，电荷并不在导体表面均匀分布。电荷面密度 σ 在非球形导体表面随处变化，这种变化使得导体外邻近表面处的电场分布比较复杂。

如何确定导体外邻近表面处的点的电场强度？为了确定该点的电场强度值与表面电荷面密度的关系，过该点平行导体表面取某一面元 ΔS，如图 11-3 所示，过 ΔS 的边界作一柱形高斯面 S，上底面在导体外部，下底面在导体内部，上、下底面均与 ΔS 平行，侧面与 ΔS 垂直。柱面的高很小，上、下底面非常靠近导体表面面元 ΔS。由于导体内部电场强度为零，而表面邻近处的 $\vec{E}$ 又与表面垂直，所以通过该高斯面的下底面和侧面的电通量均为零，只有上底面有电通量，即

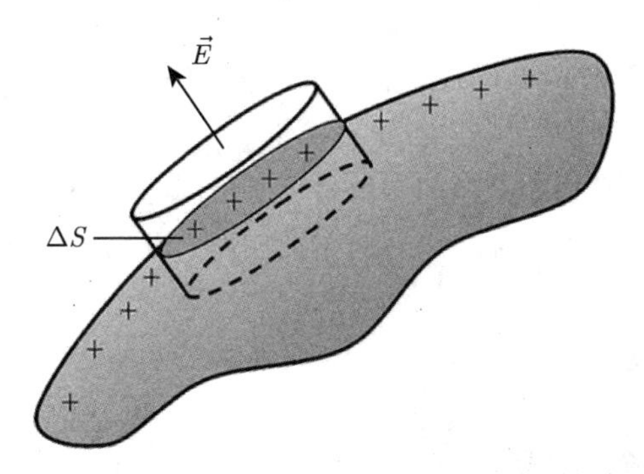

图 11-3　导体表面上的电荷面密度与场强的关系

$$\oiint_S \vec{E} \cdot \mathrm{d}\vec{S} = E\Delta S$$

面元 ΔS 足够小，可认为 ΔS 上的电荷面密度 σ 处处一样。根据高斯定理，有

$$E\Delta S = \frac{\sigma \Delta S}{\varepsilon_0}$$

由此可得

$$E = \frac{\sigma}{\varepsilon_0} \tag{11-2}$$

式 (11-2) 表明，带电导体处于静电平衡时，导体表面外邻近处的电场强度 $\vec{E}$ 的大小与该处电荷面密度 σ 成正比，方向与该处表面垂直。$\sigma > 0$ 处，$\vec{E}$ 的方向垂直表面向外；$\sigma < 0$ 处，$\vec{E}$ 的方向垂直表面向里。

值得注意的是，导体表面外某邻近处的电场强度 $\vec{E}$ 不只由该处导体上的面电荷产生，而实际上是由所有电荷 (包括导体表面上的全部电荷以及导体外现有的其他电荷) 产生的，$\vec{E}$ 是所有这些电荷激发的总电场强度。当导体外的电荷发生变化时，导体表面的电荷分布会发生变化，导体外各点的电场强度也会发生变化，这种变化将一直持续到它们满足式 (11-2) 的关系成立为止，即导体达到静电平衡状态。

3. 孤立导体形状对电荷分布的影响

导体表面电荷的分布不仅与导体本身的形状有关，而且与周围其他带电体的状况等诸多因素有关。定量化研究电荷面密度沿导体表面的分布是极其复杂的问题，这已超出大学物理涉及的范围。

对孤立导体而言，其表面电荷面密度 σ 与表面曲率半径 R 有关，但也不存在一一对应关系。实验表明，如图 11-4 所示，在静电平衡时，曲率半径较小的地方，其电荷面密度和电

场强度较大 (如 A 点)；曲率半径较大的地方，其电荷面密度和电场强度较小 (如 B 点)；导体凹进的地方，其电荷面密度和电场强度最小 (如 C 点)。

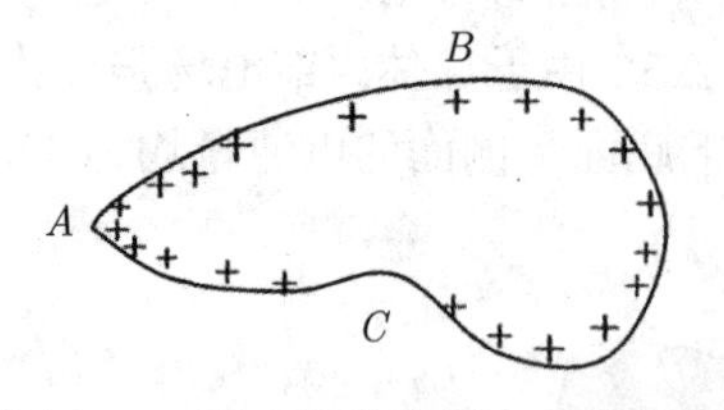

图 11-4　孤立导体表面电荷的分布

如果带电导体具有突出的尖端，则在尖端处的电荷面密度很大，尖端附近的电场强度特别大，致使尖端附近的空气发生电离而成为导体，从而产生**尖端放电**现象。尖端放电导致高压电极上的电荷丢失，使高压输电线白白损耗电能。因此，在高压设备中，为了防止因尖端放电而引起的危险和漏电造成的损失，其表面都应尽量光滑而平坦。

图 11-5 是尖端放电实验，带正电的导体针尖由于电荷面密度很大，其附近强大的电场使空气电离，负离子向尖端运动，与针尖上的电荷中和，正离子背离针尖运动，形成一股“电风”，将蜡烛火焰吹向一边，甚至可将火焰吹灭。

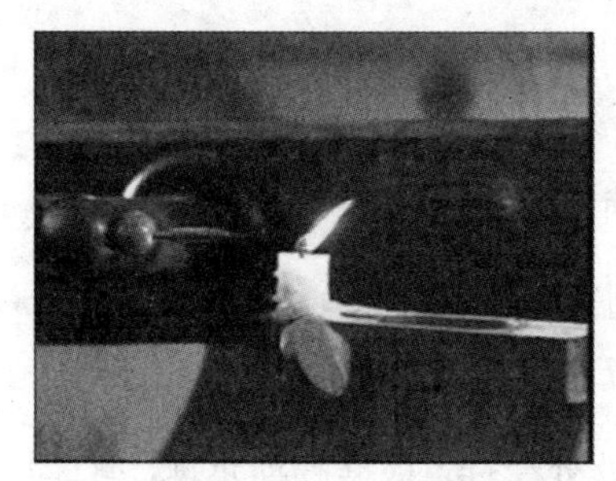

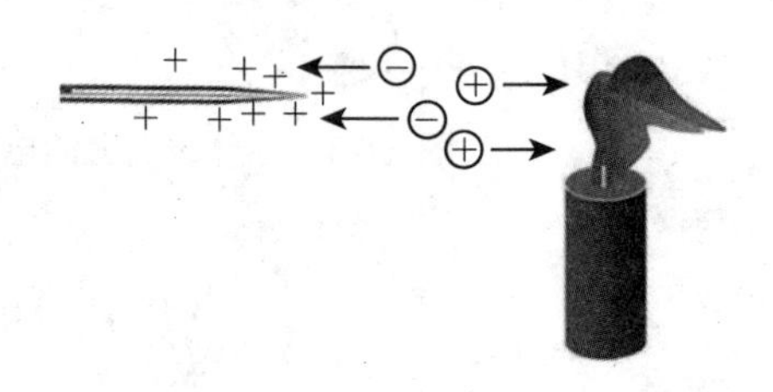

图 11-5　尖端放电实验

避雷针 (图 11-6) 是尖端放电的重要应用之一。避雷针由针头、引线和接地金属体组成。在雷雨天气，高层建筑上空出现带电云层时，避雷针尖端被感应上大量电荷，尖端附近的电场强度很大，使避雷针与云层之间的空气电离、击穿，从而成为导体。这样，带电云层与避雷针之间形成了导体通路，避雷针良好的接地装置引导云层上的大量电荷顺利入地，使高层建筑避免遭受雷击，保证了建筑物的安全。

图 11-6　气象观测台上的避雷针

11.1.3　空腔导体

前面研究的是实心导体在静电平衡时电荷分布的特点。如果是一空腔导体带电荷 q，并且腔内没有其他带电体，那么电荷在空腔导体表面上如何分布？在导体内取高斯面 S 仅仅包围导体内表面，如图 11-7 所示。在静电平衡时，由于导体内电场强度处处为零，根据高斯定理可得

$$\oiint_S \vec{E}\cdot \mathrm{d}\vec{S}=\frac{1}{\varepsilon_0}\sum_{S_{内}} q_i=0$$

$\sum\limits_{S_{内}} q_i=0$ 表明导体内表面上所带的总电荷为零。内表面上的总电荷为零，要么是内表面上处处没有电荷，要么是内表面上不同位置存在等量异号电荷。第二种可能性其实是不存在的，因为如果存在，那么正电荷将发出电场线终止在负电荷上，这样正电荷的地方电势将高于负电荷的地方，这与静电平衡时导体是个等势体相矛盾。所以由此得到如下结论：导体空腔在内部没有其他带电体的情况下，处于静电平衡时，① 导体内部和内表面处处没有净电荷，电荷只能分布在导体外表面上；② 空腔内电场强度处处为零，整个空腔电势处处相等。

如果空腔内存在带电体，根据高斯定理容易得到：在静电平衡时，电荷分布在导体内、外两个表面上，内表面上的电荷是腔内带电体的感应电荷，与空腔内带电体的电荷等量异号，如图 11-8 所示。

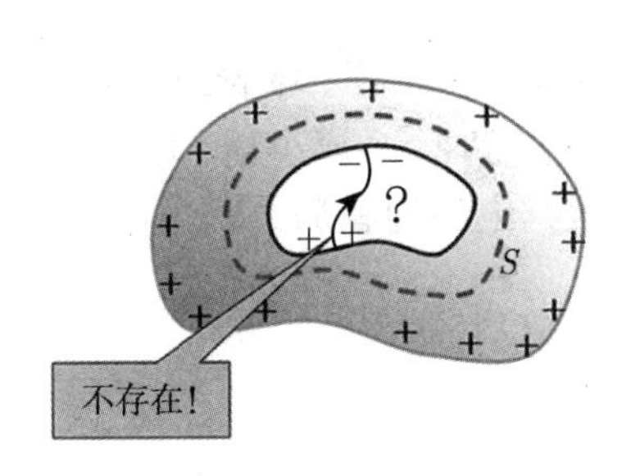

图 11-7 空腔导体的电荷分布

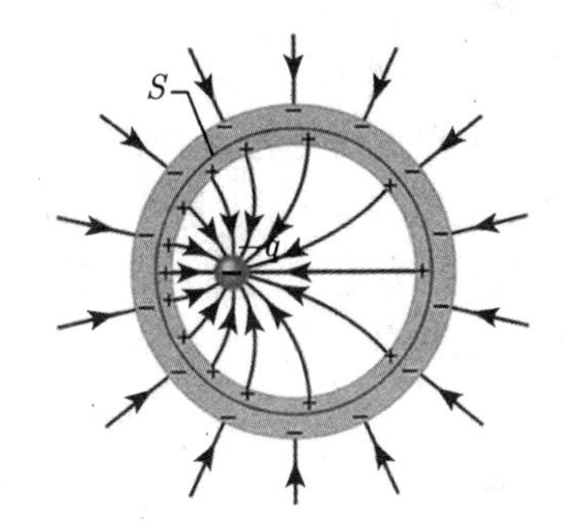

图 11-8 空腔导体的电荷分布

11.1.4 静电屏蔽

如图 11-9 所示，只要导体空腔内不存在其他带电体，不论导体外部电场分布如何，也不论导体空腔带电如何，处于静电平衡时，空腔内的电场强度处处为零，空腔内整个区域不会受到外部电场的影响，整个空腔是一个等势体。导体空腔起到了屏蔽外电场的作用。

另一情形，如图 11-10 所示，将一个带电量为 $+q$ 的带电体置于空腔导体内部，则空腔内、外表面分别感应 $-q$ 和 $+q$ 电量，外表面的 $+q$ 将在外部空间产生电场。如果空腔导体接地，外表面的 $+q$ 将被大地的负电荷中和，整个外部空间电场强度处处为零。这样，接地空腔内部的带电体产生的电场对空腔外部空间不会有任何影响。

总之，在静电平衡状态下，空腔导体内部不受外部电场的影响，接地的空腔导体内部与外部电场互不影响，这种现象称为静电屏蔽。

静电屏蔽在电工和电子技术中有广泛的应用。电子仪器的外壳都用金属材料制成，并良好地与电源的地线相连，使仪器免受外部电场的干扰，同时也不对外产生影响。在高压带电作业中，工人穿上用金属丝或导电纤维编织而成的均压服，相当于将人体置于空腔导体内部，可以对人体起屏蔽保护作用。

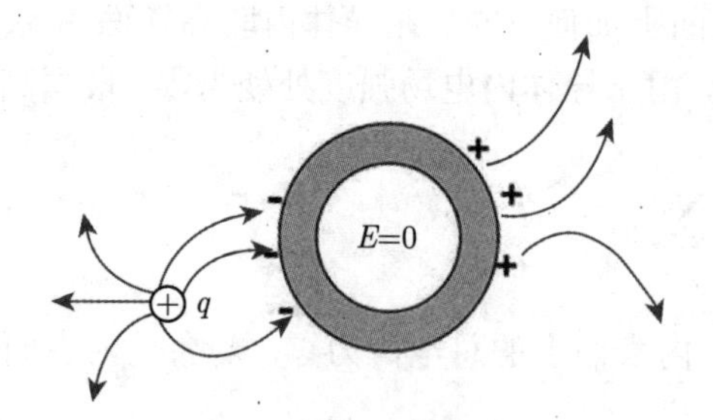

图 11-9　静电屏蔽

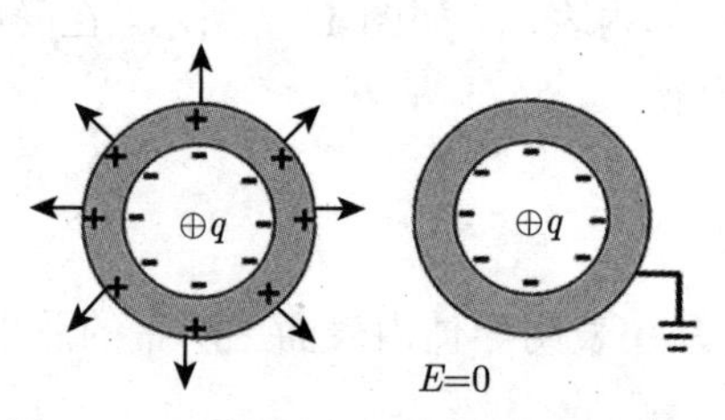

图 11-10　接地的空腔导体的静电屏蔽

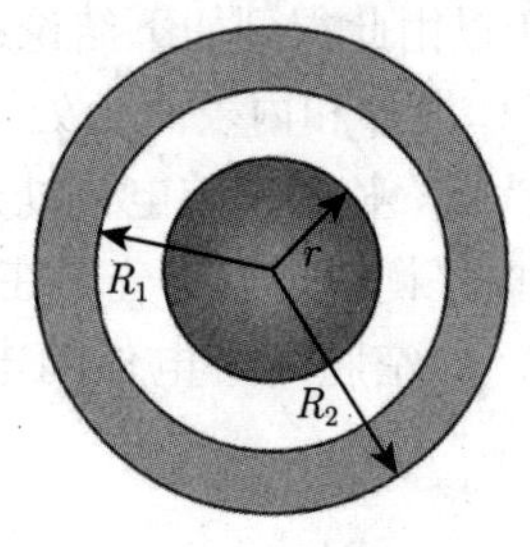

例 11-1 图

例 11-1　有一个内半径为 R_1、外半径为 R_2 的金属球壳。在球壳中同心放一半径为 r 的金属小球，小球与球壳分别带电 q 和 Q。试求：(1) 小球的电势，球壳内、外表面电势；(2) 小球与球壳的电势差；(3) 若球壳接地，小球与球壳的电势差；(4) 若小球接地，小球的感应电荷量。

解　(1) 根据对称性可知，各表面上的电荷应均匀分布。金属小球表面带电荷 q，球壳内表面感应电荷为 $-q$，球壳外表面带电荷 $q+Q$。静电平衡时，金属小球、球壳分别为等势体。取无限远处为电势的零点，利用例 10-12 的结论，根据电势的叠加原理，小球的表面、球壳内外表面电势分别为

$$U_r=\frac{1}{4\pi\varepsilon_0}\left(\frac{q}{r}-\frac{q}{R_1}+\frac{q+Q}{R_2}\right)$$

$$U_{R_1}=U_{R_2}=\frac{1}{4\pi\varepsilon_0}\left(\frac{q}{R_1}-\frac{q}{R_1}+\frac{q+Q}{R_2}\right)=\frac{q+Q}{4\pi\varepsilon_0 R_2}$$

(2) 小球与球壳的电势差为

$$U_r-U_{R_1}=\frac{q}{4\pi\varepsilon_0}\left(\frac{1}{r}-\frac{1}{R_1}\right)$$

(3) 若球壳接地，其内表面感应电荷为 $-q$，外表面电荷消失。小球的电势为

$$U_r=\frac{q}{4\pi\varepsilon_0}\left(\frac{1}{r}-\frac{1}{R_1}\right)$$

球壳电势 $U_{R_1}=U_{R_2}=0$，该结果也就是小球与球壳的电势差。

(4) 若小球接地，意味着地面与无限远处等电势，即 $U_{地}=U_\infty=0$。设小球的感应电荷为 q'，球壳内表面感应电荷为 $-q'$，球壳外表面带电荷 $q'+Q$。则

$$U_{地}=U_r=\frac{1}{4\pi\varepsilon_0}\left(\frac{q'}{r}-\frac{q'}{R_1}+\frac{q'+Q}{R_2}\right)=0$$

由此求得小球的感应电荷为

$$q'=-\frac{R_1 r}{R_1 r-R_2 r+R_1 R_2}Q$$

如果球壳退化为一球面，设球面半径为 R，即 $R_1 = R_2 = R$，则小球的感应电荷简化为

$$q' = -\frac{r}{R}Q$$

例 11-2 两块导体平板 A、B，面积均为 S，分别带电荷 q_1 和 q_2，两平板之间距离远小于平板的线度。求平板各表面的电荷面密度。

解 将导体平板 A、B 各面均当无限大均匀带电平面看待，设各平面电荷面密度分别为 σ_1、σ_2、σ_3 和 σ_4(例 11-2 图 (a))。由电荷守恒定律，可得

$$\sigma_1 S + \sigma_2 S = q_1 \tag{1}$$

$$\sigma_3 S + \sigma_4 S = q_2 \tag{2}$$

根据静电平衡条件，导体板内 $E = 0$。设各平面电场向右为正方向，由电场的叠加原理，导体板 A、B 内电场强度分别表示为

$$E_A = \frac{\sigma_1}{2\varepsilon_0} - \frac{\sigma_2}{2\varepsilon_0} - \frac{\sigma_3}{2\varepsilon_0} - \frac{\sigma_4}{2\varepsilon_0} = 0 \tag{3}$$

$$E_B = \frac{\sigma_1}{2\varepsilon_0} + \frac{\sigma_2}{2\varepsilon_0} + \frac{\sigma_3}{2\varepsilon_0} - \frac{\sigma_4}{2\varepsilon_0} = 0 \tag{4}$$

式 (1)~ 式 (4) 联立求解，得

$$\sigma_1 = \sigma_4 = \frac{q_1 + q_2}{2S}, \quad \sigma_2 = -\sigma_3 = \frac{q_1 - q_2}{2S}$$

计算结果有如下的结论：对于两个无限大的平行平面带电导体板，相向的两内侧平面上，电荷的面密度总是大小相等、符号相反；而相背的两外侧平面上，电荷的面密度总是大小相等、符号相同。

如果导体平板 B 接地，则 A、B 两板将带等量异号电荷 (为什么？)，并且电荷分布在内侧平面上 (例 11-2 图 (b))。设 $q_1 = -q_2 = q$，不难求得 $\sigma_2 = -\sigma_3 = q/S$，$\sigma_1 = \sigma_4 = 0$。

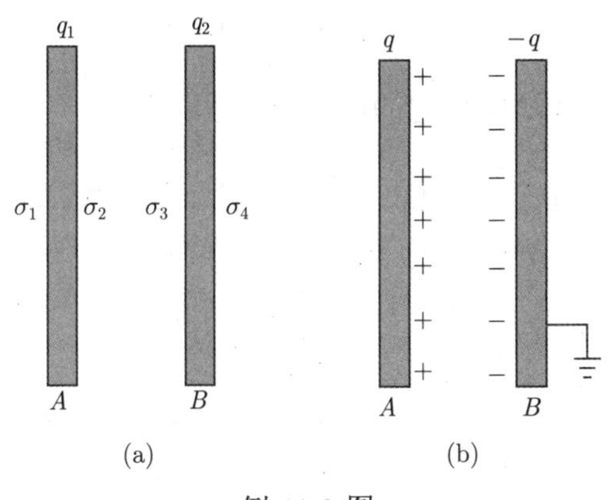

例 11-2 图

11.2 电容 电容器

11.2.1 孤立导体的电容

孤立导体的电势与所带电量有关，不同形状和大小的孤立导体带相同的电量 q，电势 U 一般是不同的 (取无限远为电势零点)。但理论与实验表明，对确定的孤立导体而言，其电势

U 与所带的电荷 q 成正比。例如，在真空中有一半径为 R 的孤立导体球，带电量为 q，则它的电势为

$$U = \frac{q}{4\pi\varepsilon_0 R}$$

当电势一定时，球的半径越大，它所带的电荷越多。半径一定时，它所带的电荷增加一倍，则其电势也相应增加一倍，而 q/U 则是一常量。这个结论虽然是从球形导体得出的，但对一定形状 (非球形) 的孤立导体也都成立。这就是说，孤立导体的电势总是正比于其所带的电荷量 q，它们的比值既不依赖于 U，也不依赖于 q，仅与导体的形状和大小有关。孤立导体带的电荷量 q 与电势 U 的比值反映了导体容纳电荷的能力。因此，把孤立导体所带的电量 q 与其电势 U 的比值定义为孤立导体的电容，用符号 C 表示，即

$$C = \frac{q}{U} \tag{11-3}$$

式 (11-3) 表明，在电势一定时，导体的电容越大，其所带的电荷量越多。因此，电容是反映导体储存电荷本领大小的物理量。

孤立导体球的电容为

$$C = \frac{q}{U} = \frac{q}{q/4\pi\varepsilon_0 R} = 4\pi\varepsilon_0 R$$

由上式可见，孤立导体球的电容与其自身的半径大小有关。这个结论也适用于其他形状的孤立导体，孤立导体的电容仅取决于导体的几何形状和大小等因素，而与导体是否带电无关。

在国际单位制中，电容的单位为**法拉**，符号为 F。在实际应用中，常用微法 (μF) 和皮法 (pF)。它们之间的换算关系为

$$1\text{F} = 10^6\mu\text{F} = 10^{12}\text{pF}$$

如果将地球看成孤立导体球，则它的电容为

$$\begin{aligned} C &= 4\pi\varepsilon_0 R = 4\pi \times 8.85 \times 10^{-12} \times 6.37 \times 10^6\text{F} \\ &= 7.1 \times 10^{-4}\text{F} = 710\ \mu\text{F} \end{aligned}$$

11.2.2　电容器

孤立导体很难实现孤立。如图 11-11 所示，当存在其他导体时，会影响“孤立”带电导体 A 周围电场的分布，从而改变导体 A 的电势。如果用导体空腔 B 将导体 A 罩起来，则外界导体 C、D 的介入并不影响空腔内的电场和导体 A、B 之间的电势差。理论证明，导体 A、B 之间的电势差 U_{AB} 与导体 A 所带的电荷 q 成正比，与外界其他导体无关。我们把两个导体组成的导体系统叫作电容器，电容器的电容定义为

$$C = \frac{q}{U_{AB}} \tag{11-4}$$

导体 A、B 称为电容器的两个极板，带正电的导体称为正极板，带负电的导体称为负极板。

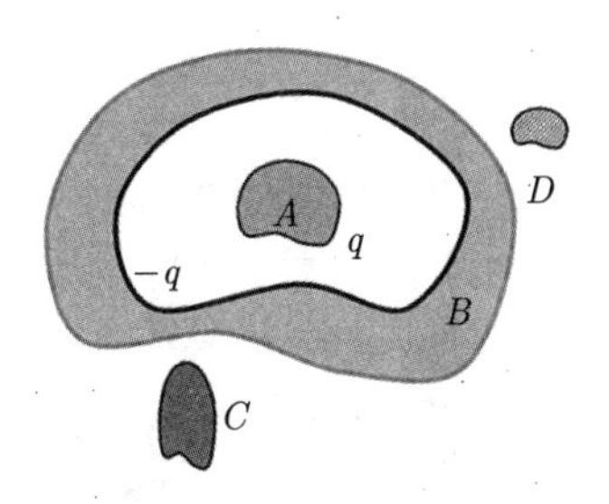

图 11-11 两导体组成的电容器

电容器由绝缘介质隔开的两个彼此靠近的导体组成。电容器可以储存电荷，也可以储存能量。电容器在交流电路、电子电路中有着广泛应用。图 11-12 为几种常见电容器的外形。

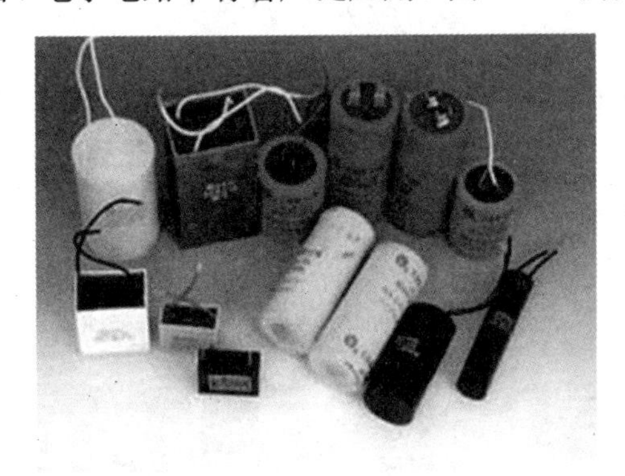

图 11-12 几种常见电容器的外形

11.2.3 几种常见电容器电容的计算

1. 平行板电容器的电容

如图 11-13 所示，两块平行导体板 A、B 的面积均为 S，两板间距为 d，分别带 $+q$ 和 $-q$ 电量。极板线度比板间距 d 大得多，不计边缘效应，将平板看成无限大平面，两板间为均匀电场。设电荷面密度为 σ，则两板间的电场强度大小为

$$E = \frac{\sigma}{\varepsilon_0} = \frac{q}{\varepsilon_0 S}$$

两板间的电势差为

$$U_{AB} = \int_A^B \vec{E} \cdot \mathrm{d}\vec{l} = Ed = \frac{qd}{\varepsilon_0 S}$$

根据电容的定义，平行板电容器的电容为

$$C = \frac{q}{U_{AB}} = \frac{\varepsilon_0 S}{d} \tag{11-5}$$

可见，平行板电容器的电容 C 与极板的面积 S 成正比，与两极板间的距离 d 成反比。

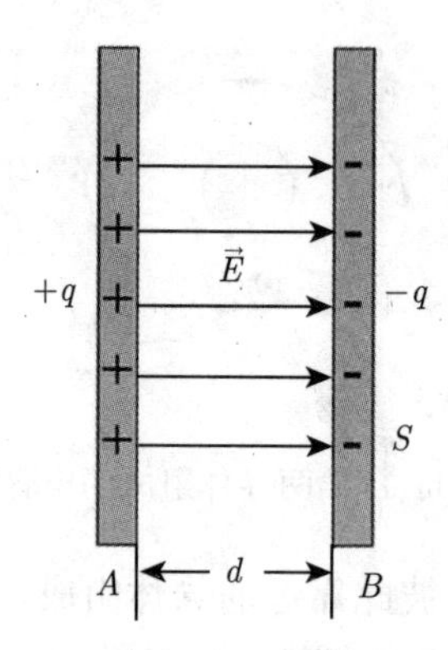

图 11-13　平行板电容器

2. 同心球形电容器的电容

如图 11-14 所示，两同心导体球壳 A、B，内、外球壳半径分别为 R_A 和 R_B，带电量分别为 $+q$ 和 $-q$。则两球壳间的电场强度大小为

$$E=\frac{q}{4\pi\varepsilon_0 r^2}$$

两球壳间的电势差为

$$U_{AB}=\int_{R_A}^{R_B}\frac{q}{4\pi\varepsilon_0 r^2}\mathrm{d}r=\frac{q}{4\pi\varepsilon_0}\left(\frac{1}{R_A}-\frac{1}{R_B}\right)$$

根据电容的定义，球形电容器的电容为

$$C=\frac{q}{U_{AB}}=\frac{4\pi\varepsilon_0 R_A R_B}{R_B-R_A} \tag{11-6}$$

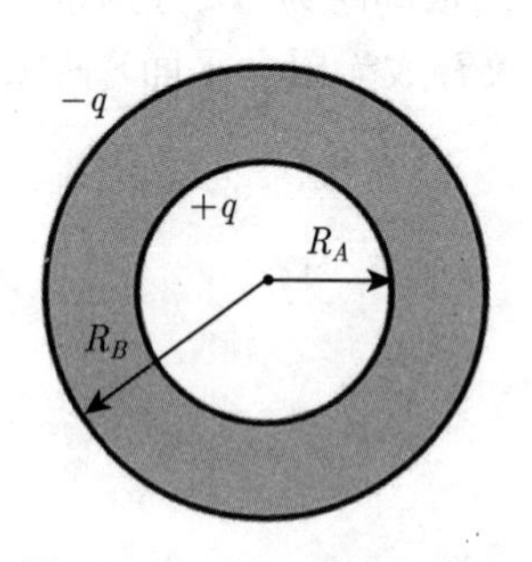

图 11-14　同心球形电容器

当 $R_B\gg R_A$ 时，$C=4\pi\varepsilon_0 R_A$，为孤立导体球的电容；当 $R_B-R_A=d\ll R_A$ 时，$C=\frac{4\pi\varepsilon_0 R_A^2}{d}=\frac{\varepsilon_0 S}{d}$，为平行板电容器的电容，$S=4\pi R_A^2$ 为球表面积。

大气高空的电离层在太阳紫外辐射和 X 射线等作用下，处于高度电离状态，有极高的导电性，地球是高导电体，其表面可看成等势面，大气外部高导电层看成另一等势面，则可将地球与大气系统设想为两个高导电的同心球面组成的球形电容器。

3. 圆柱形电容器的电容

如图 11-15 所示，圆柱形电容器是由半径分别为 R_A 和 R_B，且彼此绝缘的两个同轴柱面极板 A、B 构成的，设极板 A、B 分别带电为 $+q$ 和 $-q$。忽略边缘效应，电荷均匀分布在内外两圆柱面上，单位长柱面带电量 $\lambda=q/l$，l 是柱高。

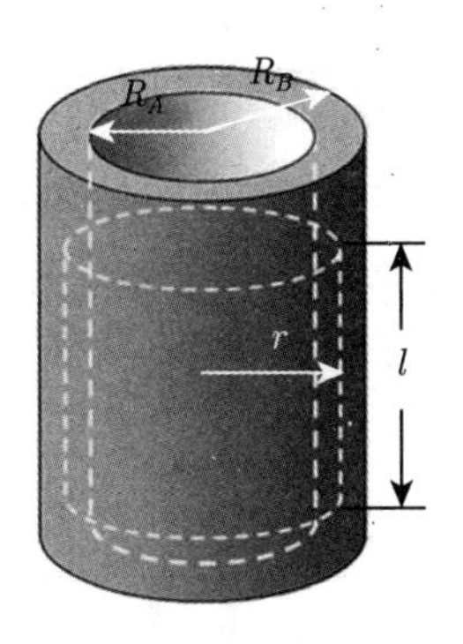

图 11-15 圆柱形电容器

由高斯定理知，A、B 间任意处电场强度的大小为

$$E=\frac{\lambda}{2\pi\varepsilon_0 r}=\frac{q}{2\pi\varepsilon_0 lr}$$

两个柱面间电势差为

$$U_{AB}=\int_{R_A}^{R_B}\frac{q}{2\pi\varepsilon_0 lr}\mathrm{d}r=\frac{q}{2\pi\varepsilon_0 l}\ln\frac{R_B}{R_A}$$

则圆柱形电容器的电容为

$$C=\frac{q}{U_{AB}}=\frac{2\pi\varepsilon_0 l}{\ln(R_B/R_A)} \tag{11-7}$$

总结一下，计算电容器电容的一般步骤：① 设两极板分别带等量异号电量 q，计算极板间的场强 E；② 计算极板间的电势差 ΔU_{AB}；③ 由电容器的电容定义式计算 C。

11.2.4 电容器的串、并联

电容器的两个主要性能指标是电容大小与耐压能力。耐压能力是指电容器两极板间能够承受瞬时电压的最大值。当电容器两个极板间的电压超过最大值时，极板间场强超过填充在极板之间的绝缘介质所能承受的极限场强，绝缘介质会被击穿，成为导体，从而电容器失去作用。在实际应用中，常通过电容器的串、并联来满足这两个要求。

1. 电容器的串联

设电容器 C_1，C_2，$\cdots$ ，C_n 串联，如图 11-16 所示，各个电容器带电量为 q，则各个的两端电压分别为

$$U_1=q/C_1,\quad U_2=q/C_2,\quad \cdots,\quad U_n=q/C_n$$

总电压等于各个电容器电压之和：

$$U_{AB}=U_1+U_2+\cdots+U_n=\left(\frac{1}{C_1}+\frac{1}{C_2}+\cdots+\frac{1}{C_n}\right)q$$

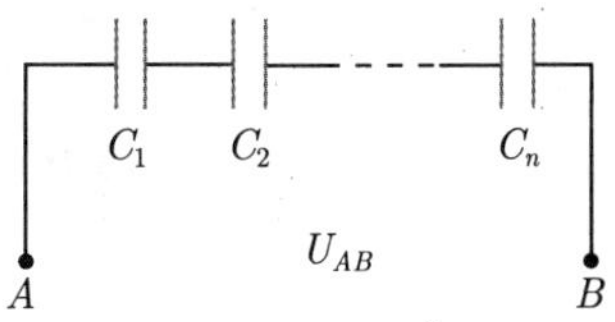

图 11-16 电容器的串联

串联的等效电容 $C = q/U_{AB}$，所以，有

$$\frac{1}{C} = \frac{1}{C_1} + \frac{1}{C_2} + \cdots + \frac{1}{C_n} \tag{11-8}$$

即串联电容器的等效电容的倒数等于各电容的倒数之和。电容器串联等效于电容器的极板距离增大，电容减小。

2. 电容器的并联

设电容器 C_1，C_2，$\cdots$，C_n 并联，如图 11-17 所示，并联电压为 U_{AB}，各个电容器所带的电量分别为

$$q_1 = C_1 U_{AB},\quad q_2 = C_2 U_{AB},\quad \cdots,\quad q_n = C_n U_{AB}$$

总电量为各个电容器所带电量之和：

$$q = q_1 + q_2 + \cdots + q_n = (C_1 + C_2 + \cdots + C_n)\, U_{AB}$$

并联的等效电容为

$$C = \frac{q}{U_{AB}} = C_1 + C_2 + \cdots + C_n \tag{11-9}$$

即并联电容器的等效电容等于各电容器电容之和。电容器的并联等效于电容器的极板面积增大，电容增大。

图 11-17　电容器的并联

11.3　静电场中的电介质

电介质也就是绝缘体，是电阻率很大 (常温下大于 $10^7\Omega\cdot\text{m}$)，导电能力很差的物质。电介质的特点是分子中的正负电荷束缚得很紧，电介质内部几乎没有自由移动的电荷。实验表明，处在静电场中的电介质表现出与导体类似的性质，也将对电场产生影响。

11.3.1　电介质对电容器电容的影响

如图 11-18 所示的实验，电容器两极板分别带有等量异号电荷 $+q$ 和 $-q$。两极板间为空气，可近似当真空处理，设两极板间电压为 U_0。如果在电容器两极板间充满某种均匀的各向同性电介质 (各个方向物理性质都相同的物质)，此时两极板间的电压变化为 U。实验结果发现

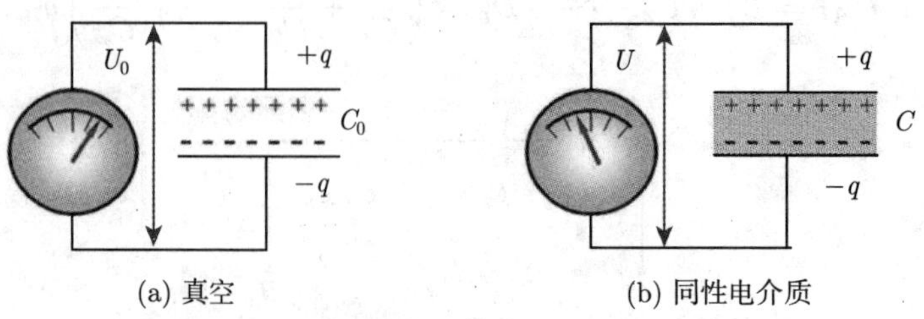

(a) 真空　　(b) 同性电介质

图 11-18　电介质对电容器极间电压的影响

$$U=\frac{U_0}{\varepsilon_r} \tag{11-10}$$

式中，$\varepsilon_r>1$，表明两极板电压减小为真空时的 $1/\varepsilon_r$。ε_r 叫作电介质的相对电容率 (也称相对介电常量)，它是由电介质的种类决定的一个无量纲常数，不同的电介质其常数值不同，由实验测定。相对电容率 ε_r 与真空电容率 ε_0 的乘积，叫作该种电介质的电容率 (介电常量)，用 ε 表示，即 $\varepsilon=\varepsilon_0\varepsilon_r$。表 11-1 为实验测得几种电介质的相对电容率。

表 11-1　电介质的相对电容率

电介质	相对电容率	电介质	相对电容率
真空	1	甲醇	33.7
空气 (20℃，1atm)	1.0005	聚苯乙烯	2.4～2.6
水	78	氧化铍	9
云母	3.7～7.5	氧化钽	11.6
玻璃	5～10	二氧化钡	106
瓷	5.7～6.8	钛酸钡	$10^3\sim10^4$

根据电容的定义，电容器在真空中的电容为 $C_0=q/U_0$，充满电介质后电容为 $C=q/U$，结合式 (11-10)，则有

$$C=\varepsilon_r C_0 \tag{11-11}$$

式 (11-11) 表明充满电介质后的电容是真空时的电容的 ε_r 倍，可见插入电介质可以起到增大电容的作用。如表 11-1 中所列举的钛酸钡 ($BaTiO_3$) 相对电容率可高达 10^4，便于制造大电容、小体积的电容器，从而有利于实现电子设备的小型化。

11.2 节分别计算了几种类型电容器的电容，讨论的是两极板间为真空时的情况。如果两极板间充满了相对电容率为 ε_r 的电介质，则它们的电容应为真空时的电容的 ε_r 倍。例如，平行板电容器的电容表示为 $C=\varepsilon_0\varepsilon_r S/d$，其他电容器与此类似。

插入电介质后两极板间电压的减小，表明电介质减弱了板间的电场。由 $U=Ed$，$U_0=E_0d$，则有

$$E=\frac{E_0}{\varepsilon_r} \tag{11-12}$$

即两极板间的电场强度 $\vec{E}$ 的大小减小为真空时 $\vec{E}_0$ 的 $1/\varepsilon_r$。电场强度是如何减少的呢？这需要用电介质在外电场的影响下而发生的变化来解释。

11.3.2　电介质的电极化

从物质的微观结构来看，电介质分为两大类：一类是**无极分子电介质**，如氢、甲烷、石蜡、聚苯乙烯等，它们的分子中正、负电荷等效中心在无外电场时是重合的，分子不存在电偶极矩，如图 11-19 所示；另一类是**有极分子电介质**，如水、有机玻璃、纤维素、聚氯乙烯等，它们的分子中正、负电荷等效中心在无外电场时是不重合的，每个分子相当于一电偶极子，分子存在固有电偶极矩，如图 11-20 所示。两类分子内部的带电结构不同，下面分别对它们予以讨论。

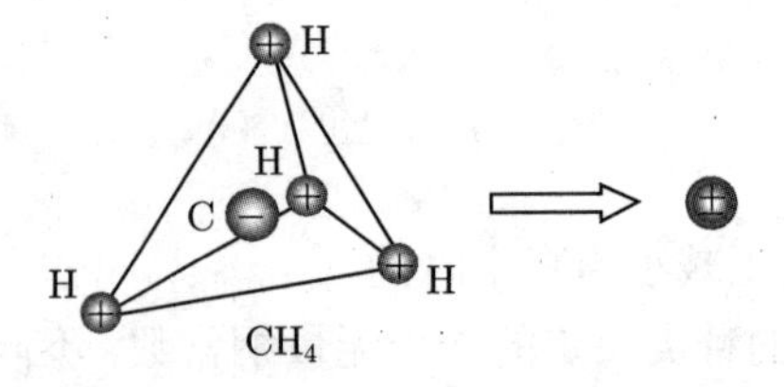

图 11-19　无极分子甲烷结构示意图

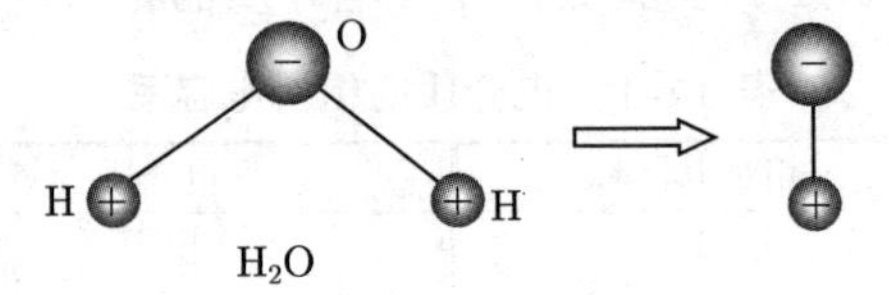

图 11-20　有极分子水结构示意图

1. 无极分子的位移极化

如图 11-21(a) 所示，在外电场 $\vec{E}$ 作用下，无极分子中的正、负电荷由于所受电场力方向相反，因此正、负电荷的中心将发生相对位移 $\vec{l}$，其位移大小与外电场大小有关。每个分子等效为一电偶极子，其电偶极矩 $\vec{p}$ 的方向都沿外电场 $\vec{E}$ 的方向，如图 11-21(b) 所示。对均匀电介质而言，在电介质内部，由于任一体积元所包含的分子电荷等量异号，所以其内部并没有净电荷的体分布，宏观上处处是电中性的。但在和外电场垂直的两侧表面上情况就不同，两侧表面分别出现了正电荷和负电荷。这种出现在电介质表面的电荷叫作极化电荷。值得指出的是，这种正电荷或负电荷不像导体中的自由电荷那样可用传导的方法引走，它受到电介质分子的束缚，因此这种电荷又叫作**束缚电荷**。

在外电场作用下，电介质表面上出现极化电荷的现象，叫作电介质的极化。无极分子电介质的极化是分子的正负电荷的中心在外电场的作用下发生相对位移的结果，这种极化叫作位移电极化。当撤去外电场后，无极分子的正、负电荷中心又将重合而恢复原状，位移极化现象随之消失。

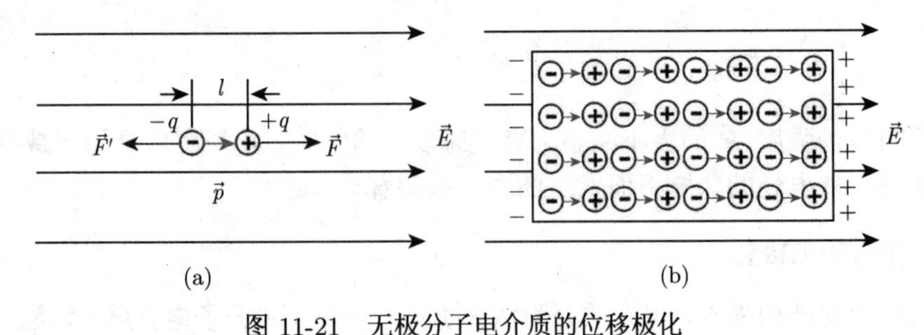

图 11-21　无极分子电介质的位移极化

2. 有极分子的转向极化

有极分子的极化机理与无极分子极化有所不同。有极分子本身就等效为一电偶极子，并有一定的固有电偶极矩，在没有外电场时，由于分子做无规则热运动，电介质中各分子的电偶极矩的排列是杂乱无序的，宏观上表现为电中性，如图 11-22(a) 所示。当有外电场时，每个分子都要受到力矩作用，这个力矩将使分子的电偶极矩转向外电场的方向，如图 11-22(b) 所示。但是由于分子的热运动，各分子的电偶极矩不能完全转到外电场的方向，只是部分地转到外电场的方向，即所有分子的电偶极矩不是很整齐地沿着外电场 $\vec{E}$ 的方向排列起来，随着外电场 $\vec{E}$ 的增强，分子的电偶极矩排列的整齐程度也将增大。无论排列整齐的程度如何，对均匀电介质来说，在垂直于外电场方向的两侧表面也将出现极化电荷。有极分子电介质的极化是分子的电偶极矩在外电场的作用下发生转向的结果，这种极化叫作转向电极化。当撤去外电场后，由于热运动，分子的电偶极矩的排列又将无序起来。

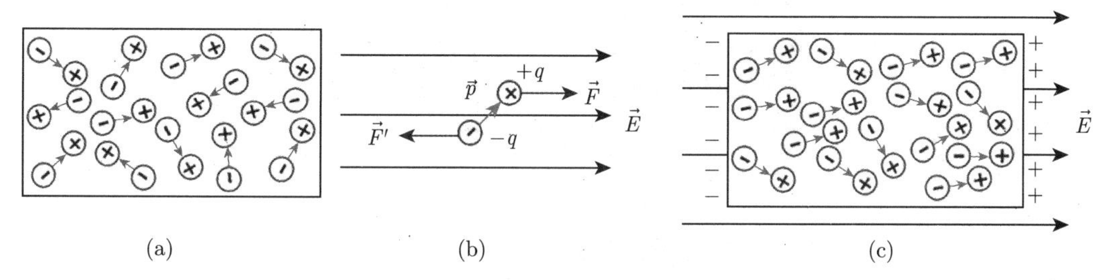

图 11-22 有极分子电介质的转向极化

总之，在静电场中，两种电介质极化的微观机理虽然不同，但是宏观结果却是一样的，即在电介质表面上都出现了极化面电荷，故在宏观讨论中不必区分它们。

正是由于电介质的极化，电容器带正电荷的极板一侧电介质表面出现了负极化电荷，而带负电荷的极板一侧电介质表面出现了正极化电荷。这样，在电介质内部极化电荷的电场与外电场相反，结果电容器两极板间的总电场就比真空时的电场减小。

11.3.3 极化强度

为了表征电介质被极化的程度，引入**极化强度**这一物理量，它的定义是，在电介质的单位体积内分子电偶极矩的矢量和，用 $\vec{P}$ 表示。在电介质中任取一体积元 ΔV，该体积元内所有分子的电偶极矩的矢量和为 $\Sigma\vec{p}$，则极化强度表示为

$$\vec{P}=\frac{\Sigma\vec{p}}{\Delta V} \tag{11-13}$$

在国际单位制中，极化强度的单位为 $\mathrm{C{\cdot}m^{-2}}$。如果电介质内各处极化强度大小相等、方向相同，就称电介质被均匀极化了。

电介质被极化后，表面上的极化电荷面密度与极化强度是什么关系呢？如图 11-23(a) 所示，平行板电容器两极板所带自由电荷面密度分别为 $+\sigma_0$ 和 $-\sigma_0$，板间充满各向同性均匀电介质。电介质被均匀极化，设极化强度为 $\vec{P}$，电介质两侧表面的极化电荷面密度分别为 $-\sigma'$ 和 $+\sigma'$。在电介质中取一长为 l，底面积为 ΔS 的柱体，如图 11-23(b) 所示，柱体内所有分子电偶极矩的矢量和的大小为 $\Sigma p=\sigma'\Delta Sl$，则根据极化强度的定义可知，极化强度的大小为

$$P=\frac{\Sigma p}{\Delta V}=\frac{\sigma'\Delta Sl}{\Delta Sl}=\sigma' \tag{11-14}$$

式 (11-14) 表明，平行板电容器中电介质表面的极化电荷面密度，等于极化强度的大小。

以上是以平行板电容器中电介质被均匀极化为例的结论，更普遍的，极化电荷面密度与极化强度的关系为

$$\sigma' = \vec{P} \cdot \vec{e}_{\mathrm{n}} = P_{\mathrm{n}} \tag{11-15}$$

式中，$\vec{e}_{\mathrm{n}}$ 为电介质表面的外法线方向的单位矢量。式 (11-15) 表示，极化电荷面密度等于该处极化强度沿表面外法线方向的分量。

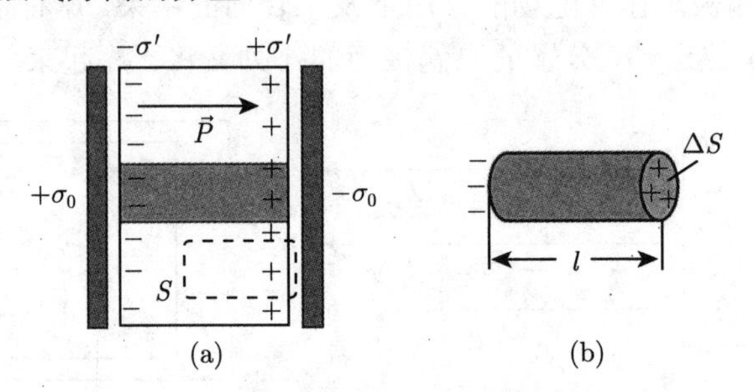

图 11-23　极化电荷面密度与极化强度的关系

仍以图 11-23(a) 为例，在电介质中取闭合柱面 S(图中的虚线)，并设柱面的底面积为 ΔS，其中右侧底面取在电介质之外。将极化强度 $\vec{P}$ 对整个闭合柱面 S 积分，考虑到 $\vec{P}$ 对侧面以及右侧底面积分为零，则由式 (11-14) 可得

$$\oiint_S \vec{P} \cdot \mathrm{d}\vec{S} = -P\Delta S = -\sigma' \Delta S$$

式中，$\sigma'\Delta S$ 为闭合柱面 S 内所包围的极化电荷总量，用 $\Sigma q'$ 表示，则上式写为

$$\oint_S \vec{P} \cdot \mathrm{d}\vec{S} = -\Sigma q' \tag{11-16}$$

式 (11-16) 虽然是在电介质中取闭合柱面为例得出的，但是可以证明在一般情况下该式是普遍成立的。式 (11-16) 表明，在电介质中极化强度对任意闭合曲面的通量，等于该闭合曲面所包围的极化电荷的负值。

11.3.4　极化电荷与自由电荷的关系

如图 11-24 所示，平行板电容器两极板带自由电荷面密度分别为 $+\sigma_0$ 和 $-\sigma_0$，板间充满相对电容率为 ε_r 的电介质。自由电荷在板间产生的电场强度 $\vec{E}_0$ 的大小为 $E_0 = \sigma_0/\varepsilon_0$。电介质被极化后，两侧表面上出现了正、负极化电荷，其电荷面密度分别为 $+\sigma'$ 和 $-\sigma'$，如图 11-24 所示。极化电荷产生的电场强度 $\vec{E}'$ 的大小为 $E' = \sigma'/\varepsilon_0$。电介质中的电场强度 $\vec{E}$ 应为外电场 $\vec{E}_0$ 与极化电荷的电场 $\vec{E}'$ 的矢量和，即

$$\vec{E} = \vec{E}_0 + \vec{E}'$$

在电介质内部 $\vec{E}'$ 与 $\vec{E}_0$ 的方向相反，结合式 (11-12)，则电介质中电场强度 $\vec{E}$ 的大小为

$$E = E_0 - E' = \frac{E_0}{\varepsilon_r}$$

可得

$$E' = \left(1 - \frac{1}{\varepsilon_r}\right) E_0 \tag{11-17}$$

从而有

$$\sigma' = \left(1 - \frac{1}{\varepsilon_r}\right) \sigma_0 \tag{11-18}$$

式 (11-18) 为平行板电容器中电介质表面的极化电荷面密度 σ' 与自由电荷面密度 σ_0 的关系。由于 $\varepsilon_r > 1$，因此 σ' 总比 σ_0 小。

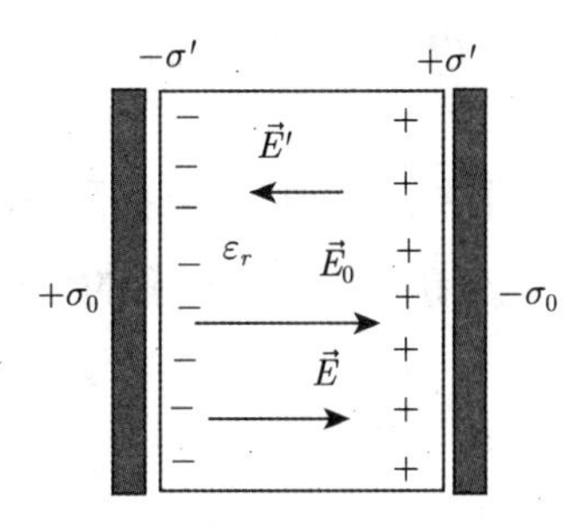

图 11-24 极化电荷面密度与自由电荷面密度的关系

将式 (11-17) 改写为 $E' = (\varepsilon_r - 1)\, E$，考虑到 $P = \sigma'$，$E' = \sigma'/\varepsilon_0$，可得电介质中极化强度 P 电场强度 E 的关系为

$$P = (\varepsilon_r - 1)\varepsilon_0 E$$

写成矢量式为

$$\vec{P} = (\varepsilon_r - 1)\varepsilon_0 \vec{E}$$

令 $\chi_{\mathrm{e}} = \varepsilon_r - 1$，上式表示为

$$\vec{P} = \chi_{\mathrm{e}}\varepsilon_0 \vec{E} \tag{11-19}$$

式中，χ_{e} 叫作电介质的极化率。极化率 χ_{e} 与电场强度 $\vec{E}$ 无关，只取决于电介质的种类。式 (11-19) 表示，对于各向同性电介质，其中任一点处的极化强度与该点的电场强度成正比。

11.4 有电介质时的高斯定理

第 10 章研究了真空中静电场的高斯定理，当静电场中有电介质存在时，它也是成立的，只不过高斯面内不仅会有自由电荷，而且还会有极化电荷。这样高斯定理应表示为

$$\oiint_S \vec{E} \cdot \mathrm{d}\vec{S} = \frac{1}{\varepsilon_0}\left(\Sigma q_0 + \Sigma q'\right) \tag{11-20}$$

式中，Σq_0 为闭合曲面 S 所包围的自由电荷代数和；$\Sigma q'$ 为闭合曲面 S 所包围的极化电荷代数和。

一般情况下，由于极化电荷的分布未知，它与极化强度有关，而极化强度又受电介质中电场强度的影响，所以，式 (11-20) 中 $\vec{E}$ 与 $\Sigma q'$ 相互关联，使该方程的计算变得复杂起来。

解决的思路是设法在方程中消除 $\Sigma q'$，从而有助于计算的简化。将式 (11-16) 代入式 (11-20)，整理后，得到

$$\oiint_S \left(\varepsilon_0\vec{E}+\vec{P}\right)\cdot \mathrm{d}\vec{S}=\Sigma q_0 \tag{11-21}$$

引入辅助物理量 $\vec{D}$，它的定义为

$$\vec{D}=\varepsilon_0\vec{E}+\vec{P} \tag{11-22}$$

$\vec{D}$ 称为电位移矢量，单位为 $\mathrm{C\cdot m^{-2}}$。这样，式 (11-21) 就表示为

$$\oiint_S \vec{D}\cdot \mathrm{d}\vec{S}=\Sigma q_0 \tag{11-23}$$

$\oiint_S \vec{D}\cdot \mathrm{d}\vec{S}$ 理解为通过任意闭合曲面 S 的电位移的通量。式 (11-23) 表示，在静电场中，通过任意闭合曲面的电位移通量等于该闭合曲面所包围的自由电荷的代数和。这就是有电介质时的高斯定理。

对于各向同性电介质，将式 (11-19) 代入式 (11-22)，得

$$\vec{D}=\varepsilon_0\varepsilon_r\vec{E}=\varepsilon\vec{E} \tag{11-24}$$

式中，$\varepsilon=\varepsilon_0\varepsilon_r$ 为电介质的电容率。真空中，$\vec{P}=0$，$\vec{D}=\varepsilon_0\vec{E}$，它是电介质中取 $\varepsilon_r=1$ 的特例。

说明几点：① $\vec{D}=\varepsilon_0\vec{E}+\vec{P}$ 是定义式，是普遍成立的；$\vec{D}=\varepsilon\vec{E}$ 只适用于各向同性均匀的电介质。② 电位移矢量 $\vec{D}$ 仅是一个辅助物理量，描写电场的基本物理量是电场强度 $\vec{E}$。③ 与电场线类似，为描述方便，可引入电位移线，并规定电位移线的切线方向为 $\vec{D}$ 的方向，电位移线的密度 (通过与电位移线垂直的单位面积上的电位移线条数) 等于该处 $\vec{D}$ 的大小。电位移线与电场线的区别是，电位移线总是始于正的自由电荷，止于负的自由电荷；而电场线是可始于一切正电荷和止于一切负电荷，包括极化电荷。例如，如图 11-25 所示，在平行板电容器中插入部分电介质，电介质内、外电位移线连续均匀分布 (图 11-25(a))；而电场线不再均匀分布，电介质外电场线较电介质内电场线要密，因而电场线不连续 (图 11-25(b))。

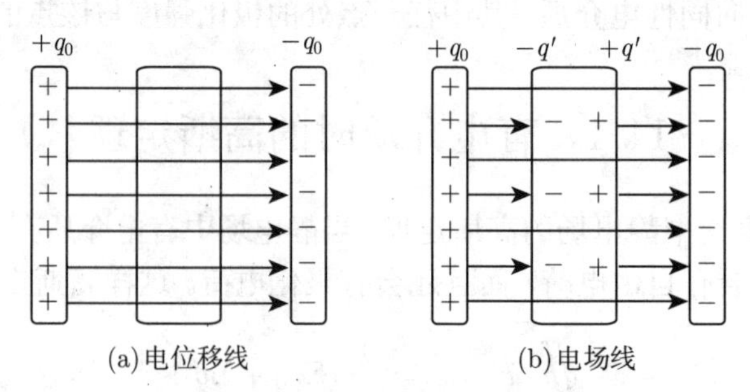

图 11-25 电介质中的电位移线与电场线

例 11-3 平行板电容器两极板上自由电荷面密度分别为 $+\sigma_0$ 和 $-\sigma_0$。板间充满两层厚度分别为 d_1 和 d_2 的电介质，它们的相对电容率分别为 ε_{r1} 和 ε_{r2}，极板面积为 S。求：(1) 电介质中的电场强度；(2) 电容器的电容。

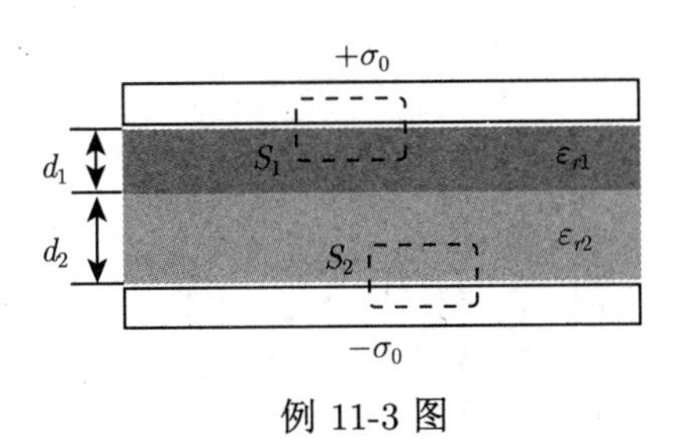

例 11-3 图

解 电介质和电荷的分布具有平面对称性，可由有电介质时的高斯定理求解。

(1) 在第一种电介质中取高斯柱面 S_1，柱面的上底在正极板导体的内部，下底在第一种电介质中。侧面与电位移 $\vec{D}$ 平行，电位移通量为零，上底在导体内部，$\vec{D}$ 和 $\vec{E}$ 为零。设底面积为 ΔS_1，由高斯定理，得

$$\oiint_{S_1} \vec{D}_1 \cdot \mathrm{d}\vec{S} = D_1 \Delta S_1 = \sigma_0 \Delta S_1$$

由此得到

$$D_1 = \sigma_0$$

第一种电介质中的电场强度为

$$E_1 = \frac{D_1}{\varepsilon_1} = \frac{\sigma_0}{\varepsilon_0 \varepsilon_{r1}}$$

同理，在第二种电介质中取高斯柱面 S_2，由高斯定理得

$$\oiint_{S_2} \vec{D}_2 \cdot \mathrm{d}\vec{S} = -D_2 \Delta S_2 = -\sigma_0 \Delta S_2$$

得

$$D_2 = \sigma_0$$

两种电介质中电位移相同，都等于自由电荷的面密度。第二种电介质中的电场强度为

$$E_2 = \frac{D_2}{\varepsilon_2} = \frac{\sigma_0}{\varepsilon_0 \varepsilon_{r2}}$$

(2) 两极板间的电势差为

$$U_{AB} = \int_A^B \vec{E} \cdot \mathrm{d}\vec{l} = E_1 d_1 + E_2 d_2 = \frac{\sigma_0}{\varepsilon_0}\left(\frac{d_1}{\varepsilon_{r1}} + \frac{d_2}{\varepsilon_{r2}}\right)$$

电容器的电容为

$$C = \frac{Q}{U_{AB}} = \frac{\varepsilon_0 S}{\dfrac{d_1}{\varepsilon_{r1}} + \dfrac{d_2}{\varepsilon_{r2}}}$$

例 11-4 球形电容器由半径为 R_1 的导体球和内半径为 R_2 的导体球壳构成，其间充有相对电容率为 ε_r 的电介质。电容器两导体分别带电 $+Q$ 和 $-Q$。求：(1) 电介质中电场强度、电位移和极化强度；(2) 电介质内、外表面极化电荷面密度。

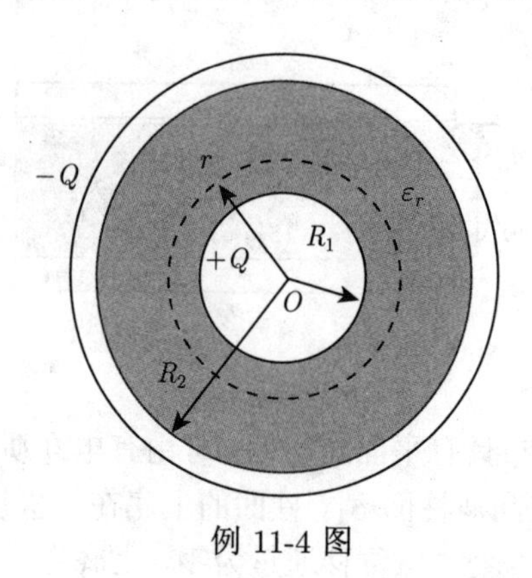

例 11-4 图

解　(1) 电荷分布具有球对称性，电介质中电场分布也具有球对称性。在电介质中取同心的高斯球面，其半径为 $r(R_1<r<R_2)$，根据电介质中的高斯定理，有

$$\oiint_S \vec{D}\cdot \mathrm{d}\vec{S}=D\cdot 4\pi r^2=Q$$

电位移为

$$D=\frac{Q}{4\pi r^2}$$

电介质中电场强度为

$$E=\frac{D}{\varepsilon_0\varepsilon_r}=\frac{Q}{4\pi\varepsilon_0\varepsilon_r r^2}\quad (R_1<r<R_2)$$

电介质中极化强度为

$$P=(\varepsilon_r-1)\varepsilon_0 E=\frac{(\varepsilon_r-1)Q}{4\pi\varepsilon_r r^2}$$

(2) 电介质内、外表面极化电荷面密度分别为

$$\sigma'_{R_1}=-\left.P\right|_{r=R_1}=-\frac{(\varepsilon_r-1)Q}{4\pi\varepsilon_r R_1^2}$$

$$\sigma'_{R_2}=\left.P\right|_{r=R_2}=\frac{(\varepsilon_r-1)Q}{4\pi\varepsilon_r R_2^2}$$

不难求得，整个电介质仍然是电中性的。

11.5　静电场的能量

11.5.1　带电电容器中的能量

任何物质都具有能量，电场作为物质的一种形态，也具有能量。一个电中性的物体，周围没有电场，当把电中性物体的正、负电荷分开时，外力克服静电力作用做功，这时该物体周围建立了静电场。因此，外力做的功把其他形式的能量转化成了静电能，这部分能量储存在静电场中。

如图 11-26 所示，电容为 C 的平行板电容器接在电源上充电，设在某时刻电容器两极板的电势差为 u，如果继续充 $\mathrm{d}q$ 电荷，则外力需克服静电场力而做的元功为

$$\mathrm{d}A=u\mathrm{d}q=\frac{1}{C}q\mathrm{d}q$$

当两极板的电量分别达到 $+Q$ 和 $-Q$ 时，外力做的总功为

$$A=\int_0^Q \frac{1}{C}q\mathrm{d}q=\frac{Q^2}{2C} \tag{11-25}$$

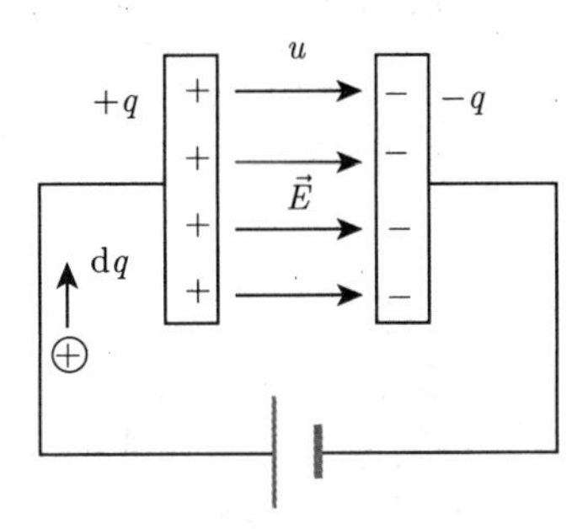

图 11-26 电容器充电建立电场的过程

电容器充电过程中，两极板间逐步建立起了电场，这是外力做功的结果，不考虑能量的损失，外力的功全部转化为带电电容器所储存的电能 W_e，所以电容器储存的静电能为

$$W_\mathrm{e}=\frac{Q^2}{2C}=\frac{1}{2}CU^2=\frac{1}{2}QU \tag{11-26}$$

式中，U 为电容器电量达到 Q 时两极板间的电势差。

11.5.2 静电场的能量 能量密度

从式 (11-2) 来看，能量的存在是由于电荷的存在。那么，能量究竟是为电荷所携带，还是为电荷激发的电场所携带呢？在静电场中，这个问题是无法判断的，因为在静电场中，电场和电荷是不可分割地联系在一起的，有电荷就有电场，有电场必有电荷，因而无法判断能量是属于电场还是属于电荷的。但是，在电磁波情形下就不同了，电磁波是变化的电磁场的传播过程，变化的电场可以离开电荷而独立存在，没有电荷也可以有电场存在，而且场的能量能够以电磁波的形式传播。大量事实证明，电能储存在电场中，而不是储存在电荷中。

下面以平板电容器为例加以讨论。设电容器极板面积为 S，两板间距为 d。电容器的电容为 $C=\varepsilon S/d$，ε 为板间电介质的电容率。两板间的电势差为 $U=Ed$，于是电容器储存的能量表示为

$$W_\mathrm{e}=\frac{1}{2}CU^2=\frac{1}{2}\frac{\varepsilon S}{d}(Ed)^2=\frac{1}{2}\varepsilon E^2Sd=\frac{1}{2}\varepsilon E^2V \tag{11-27}$$

式中，$V=Sd$ 为电容器中电场空间所占据的体积。

由于电容器两极板间为匀强电场，电场能量应均匀分布在电场空间，故单位体积内电场能量为

$$w_\mathrm{e}=\frac{1}{2}\varepsilon E^2 \tag{11-28}$$

式中，w_e 叫作电场的能量密度。真空中电场的能量密度为 $w_\mathrm{e}=\varepsilon_0E^2/2$，它是 $\varepsilon_r=1$ 的特例。式 (11-28) 虽是以平行板电容器为例得到的，但对于任意电场，该式仍然是成立的。式 (11-28) 表明，在电场中，某点的能量密度与该点的电场强度的平方成正比。

当电场不均匀时，电场能的一般计算式为

$$W_e = \int_V w_e \mathrm{d}V \tag{11-29}$$

例 11-5　一个半径为 R 的金属球，带有电荷 q，将它浸在电容率为 ε 的无限大均匀电介质中，求：空间的电场能量。

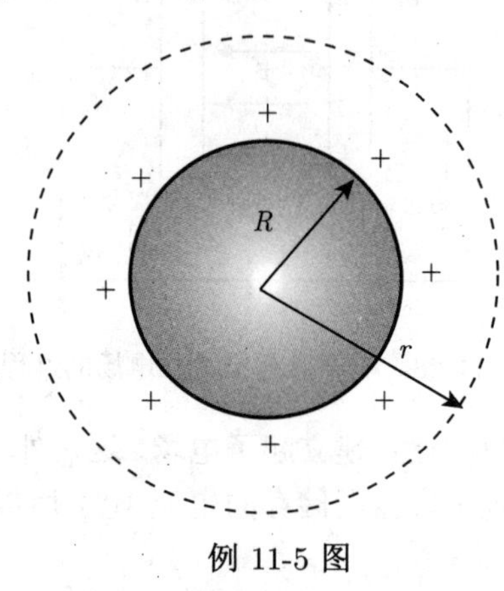

例 11-5 图

解　由于静电平衡，金属球的内部没有电场，电荷 q 只能均匀分布在金属球的表面上。球外空间的电场强度可由高斯定理求出。在球外以 r 为半径，与金属球同心作高斯球面 S，则

$$\oiint_S \vec{D} \cdot \mathrm{d}\vec{S} = D \cdot 4\pi r^2 = q$$

由此，电位移为

$$D = \frac{q}{4\pi r^2}$$

半径为 r 处的电场强度为

$$E = \frac{D}{\varepsilon} = \frac{q}{4\pi\varepsilon r^2} \quad (r > R)$$

电场强度与电位移的方向均沿径向向外。

半径为 r 处的能量密度为

$$w_e = \frac{1}{2}\varepsilon E^2 = \frac{q^2}{32\pi^2\varepsilon r^4}$$

取半径 r 到 $r + \mathrm{d}r$ 之间的球壳为体积元，该体积元内的能量为

$$\mathrm{d}W_e = w_e \mathrm{d}V = w_e 4\pi r^2 \mathrm{d}r = \frac{q^2}{8\pi\varepsilon r^2}\mathrm{d}r$$

空间总电场能量为

$$W_e = \int \mathrm{d}W_e = \int_R^\infty \frac{q^2}{8\pi\varepsilon r^2}\mathrm{d}r = \frac{q^2}{8\pi\varepsilon R}$$

金属导体球也可以看成该导体球面与另一导体球面在无限远处组成一球形电容器，其电容为 $C = 4\pi\varepsilon R$，则该电容器储存的电场能量 $W_e = q^2/2C = q^2/8\pi\varepsilon R$，与以上结果一样。

例 11-6　空气平行板电容器，极板面积为 S，间距为 d。用电源充电后两极板带电 $\pm Q$。断开电源再把两极板距离拉到 $2d$。求：(1) 外力克服两极板相互吸引力所做的功；(2) 两极板之间的吸引力。

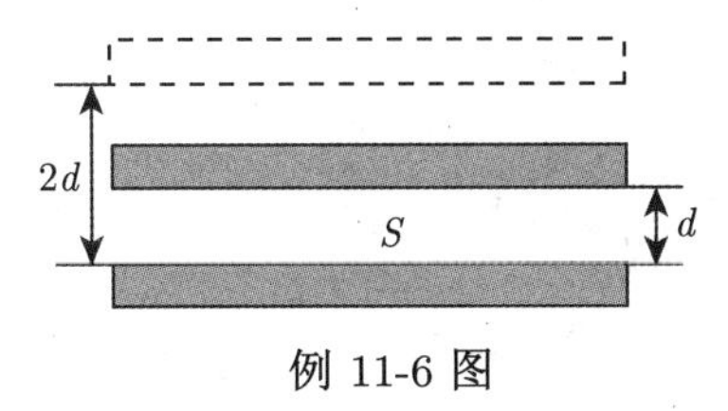

例 11-6 图

解　(1) 当两极板间距为 d 时，电容器的电容为 $C_1 = \varepsilon_0 S/d$；间距为 $2d$ 时，电容器的电容变为 $C_2 = \varepsilon_0 S/2d$。外力所做的功等于电容器的能量增加，由此可得

$$W = \frac{Q^2}{2C_2} - \frac{Q^2}{2C_1} = \frac{Q^2 d}{2\varepsilon_0 S}$$

(2) 极板移动的位移为 d，外力所做的功 $W = Fd$，则外力为

$$F = \frac{W}{d} = \frac{Q^2}{2\varepsilon_0 S}$$

此外力等于两极板之间的吸引力。

习　　题

11-1　带电体外套一导体球壳，则下列说法中正确的是 (　　)

(1) 壳外电场不影响壳内电场，但壳内电场要影响壳外电场；

(2) 壳内电场不影响壳外电场，但壳外电场要影响壳内电场；

(3) 壳内、外电场互不影响；

(4) 壳内、外电场仍相互影响；

(5) 若将外球壳接地，则壳内、外电场互不影响。

A. (2)(3)　　B. (3)(5)　　C. (1)(4)　　D. (1)(5)

11-2　如图所示，一带正电荷的物体 M，靠近一不带电的金属导体 N，N 的左端感应出负电荷，右端感应出正电荷，若将 N 的左端接地，则 (　　)

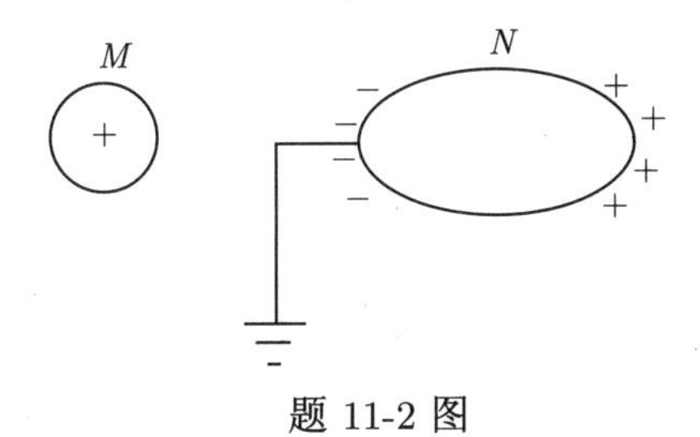

题 11-2 图

A. N 上的负电荷入地　　B. N 上的正电荷入地

C. N 上的电荷不动　　D. N 上的所有电荷都入地

11-3　如图所示，在一个接地的半径为 R 的金属球旁，放一个电量为 q 的点电荷，q 与球心的距离为 l。则球表面上感应电量为 (　　)

A. 0　　B. $-q$　　C. $\frac{R}{l}q$　　D. $-\frac{R}{l}q$

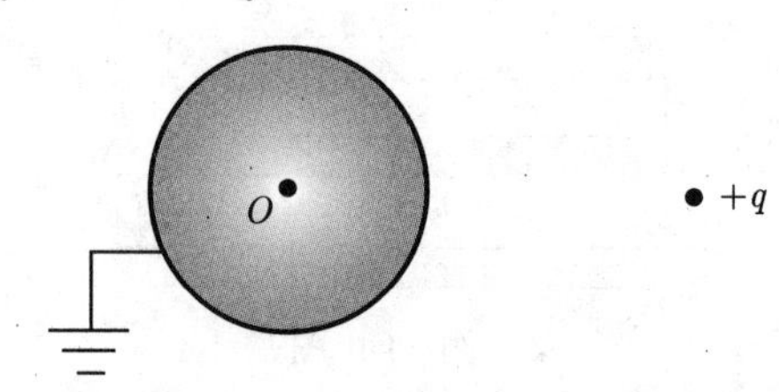

题 11-3 图

11-4　在静电场中，作闭合曲面 S，若有 $\oint_S \vec{D}\cdot \mathrm{d}\vec{S}=0$，则 S 面内必定 (　　)

A. 既无自由电荷，又无束缚电荷　　B. 没有自由电荷

C. 自由电荷和束缚电荷的代数和为零　D. 自由电荷的代数和为零

11-5　下列几种说法中，其中正确的是 (　　)

(1) 带电导体表面附近的电场强度 $E=\sigma/\varepsilon_0$，方向总与表面垂直，与外部是否存在其他带电体无关。

(2) 将带正电的导体 A 移近不带电的导体 B 时，B 的电势将升高；如果 B 接地，则 B 的电势保持不变，且 $U_B=0$。

(3) 有电介质时的高斯定理表明，介质中的电场强度与极化电荷无关。

(4) 电介质中的电场强度一定等于没有介质时该点电场强度的 $1/\varepsilon_r$ 倍。

A. (1)(2)(3)(4)　　B. (2)(3)(4)　　C. (1)(2)　　D. (3)(4)

11-6　平行板电容器充电后与电源断开，然后充满电容率为 ε 的电介质。则电场强度 E、电容 C、电压 U、电场能量 W_e 四个量和充电介质前比较是 (　　)(↑ 表示增大，↓ 表示减小)

A. $E\uparrow$、$C\downarrow$、$U\downarrow$、$W_\mathrm{e}\uparrow$　　B. $E\downarrow$、$C\uparrow$、$U\downarrow$、$W_\mathrm{e}\downarrow$

C. $E\downarrow$、$C\uparrow$、$U\uparrow$、$W_\mathrm{e}\downarrow$　　D. $E\uparrow$、$C\uparrow$、$U\downarrow$、$W_\mathrm{e}\downarrow$

11-7　将带电荷为 Q 的导体板 A 从远处移至不带电的导体板 B 附近，如图所示，两导体板几何形状完全相同，面积均为 S，移近后两导体板距离为 $d(d\ll\sqrt{S})$。(1) 忽略边缘效应，求两导体板间的电势差；(2) 若将 B 接地，结果又将如何？

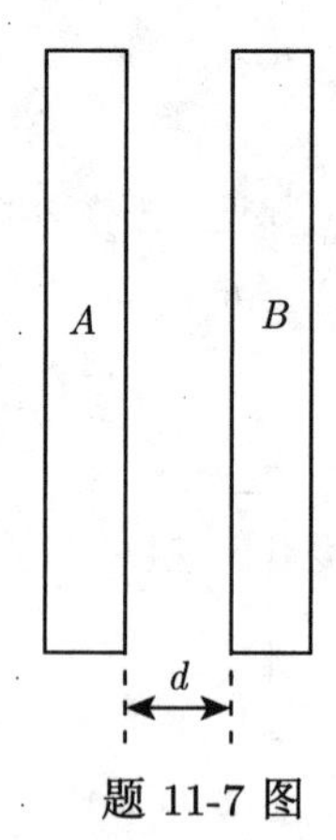

题 11-7 图

11-8　三个平行金属板 A、B 和 C 的面积都是 200 cm^2，A 和 B 相距 4.0 mm，A 与 C 相距 2.0 mm，B、C 都接地，如图所示。如果使 A 板带 3.0×10^{-7}C 的正电荷，忽略边缘效应，问 B 板和 C

板上的感应电荷各是多少？以地的电势为零，则 A 板的电势是多少？

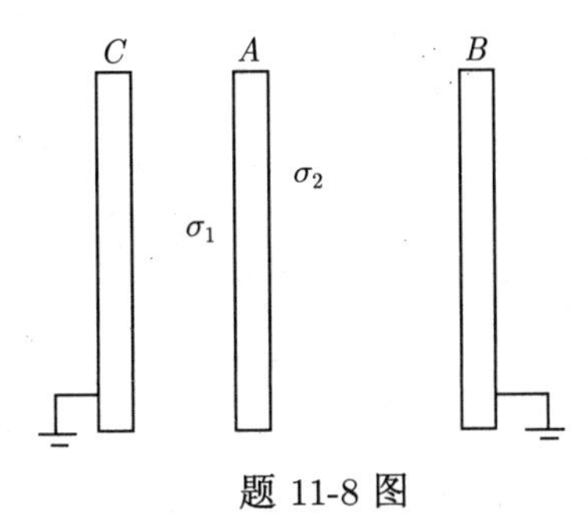

题 11-8 图

11-9 如图所示，一导体球半径为 R_1，外罩一同心导体薄球壳，半径为 R_2。今用一电源保持内球电势为 U，已知外球壳上带净电荷为 q。求内球上带的电荷量。

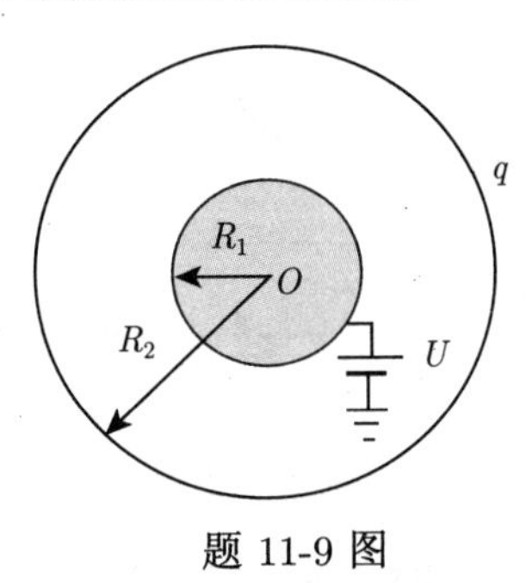

题 11-9 图

11-10 如图所示，一内半径为 a、外半径为 b 的金属球壳，带电量为 Q。在球壳空腔内距离球心 r 处有一点电荷 $+q$，设无限远处为电势零点。求：(1) 球壳内、外表面上的电荷；(2) 球心 O 点处，由球壳内表面上电荷产生的电势；(3) 球心 O 点处的总电势。

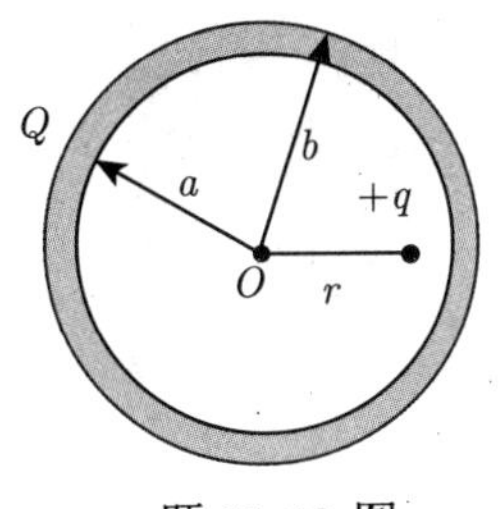

题 11-10 图

11-11 有两块相距为 0.50 mm 的薄金属板 A、B 构成的空气平行板电容器被屏蔽在一金属盒 K 内，金属盒上、下两壁分别与 A、B 相距 0.25 mm，被屏蔽后电容器的电容变为原来的几倍？

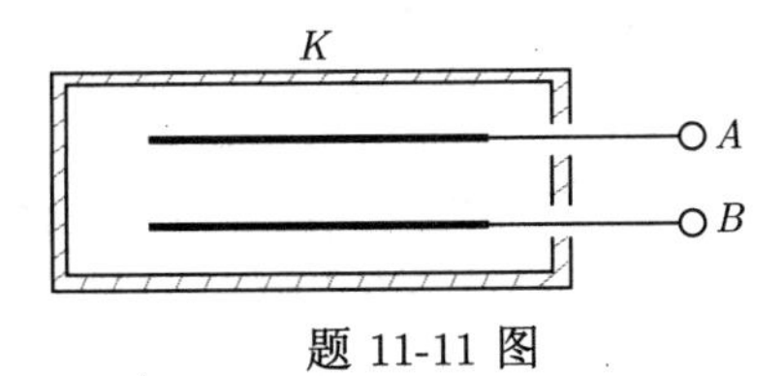

题 11-11 图

11-12 一平板电容器，充电后极板上电荷面密度为 $\sigma_0 = 4.5 \times 10^{-5} \text{C} \cdot \text{m}^{-2}$。现将两极板与电源断开，然后再把相对电容率为 $\varepsilon_r = 2.0$ 的电介质插入两极板之间。此时电介质中的电位移 D、电场强度 E

和极化强度 P 各为多少？

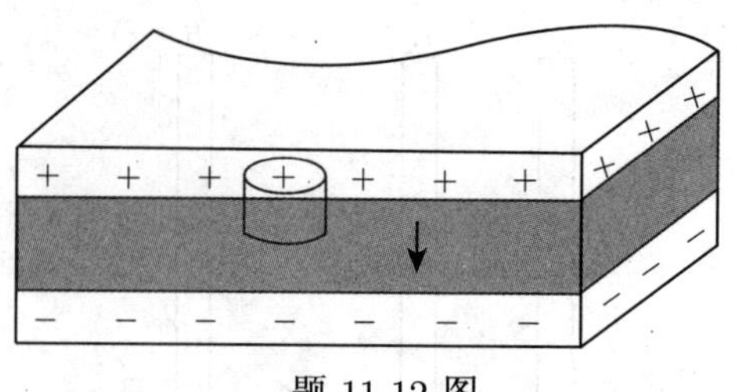

题 11-12 图

11-13 有一个空气平行板电容器，极板面积为 S，间距为 d。现将该电容器接在端电压为 U 的电源上充电，当 (1) 充足电后；(2) 充足电后再平行插入一块面积相同、厚度为 $\delta(\delta < d)$、相对电容率为 ε_r 的电介质；(3) 将上述电介质换为同样大小的导体板。试分别求电容器的电容 C，极板上的电荷 Q 和极板间的电场强度 E。

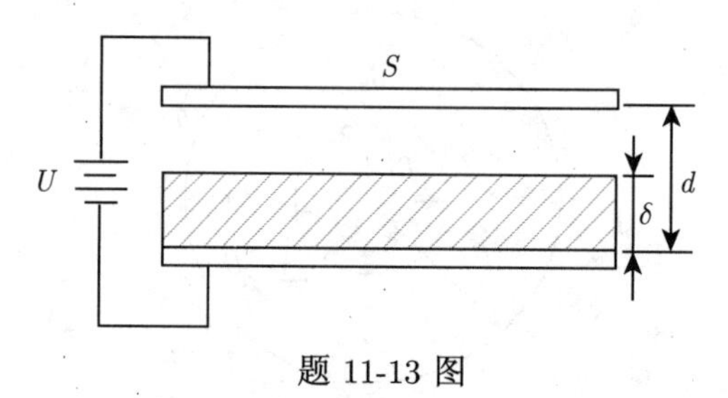

题 11-13 图

11-14 图中装置由半径为 R_1 的长直圆柱导体和同轴的半径为 R_2 的薄导体圆筒组成，其间充以相对电容率为 ε_r 的电介质。设直导体和圆筒单位长度上的电荷分别为 $+\lambda$ 和 $-\lambda$。求：(1) 电介质中的电场强度、电位移和极化强度；(2) 电介质内、外表面的极化电荷面密度。

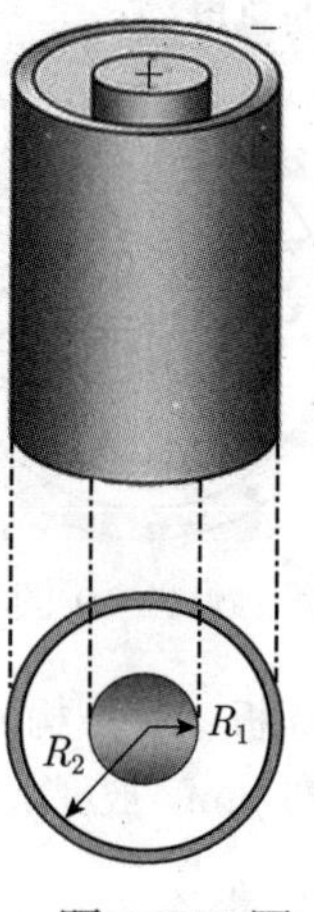

题 11-14 图

11-15 在半径为 R_1 的金属球之外包有一层外半径为 R_2 的均匀电介质球壳，电介质的相对电容率为 ε_r，金属球带电 Q。试求：(1) 电介质内、外的电场强度；(2) 电介质层内、外的电势；(3) 金属球的电势。

11-16 一平行板电容器，两板间距为 d，板面积为 S，现充满相对电容率分别为 ε_{r1} 和 ε_{r2} 的两种不同的电介质，每种电介质各占一半体积，如图所示。求此电容器的电容。

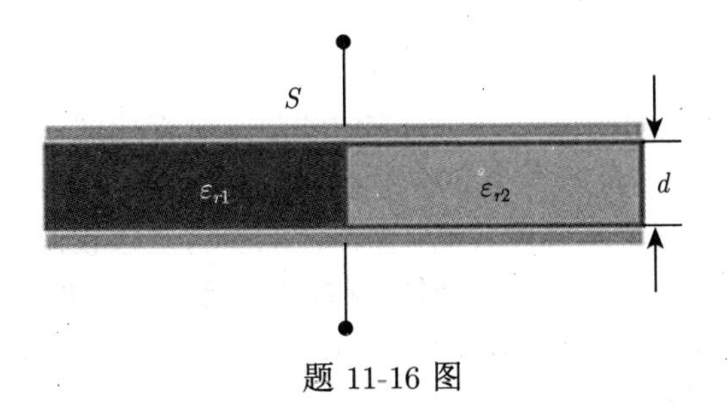

题 11-16 图

11-17　如图所示，在平行板电容器的一半容积内充入相对电容率为 ε_r 的电介质。试求在有电介质部分和无电介质部分极板上自由电荷面密度的比值。

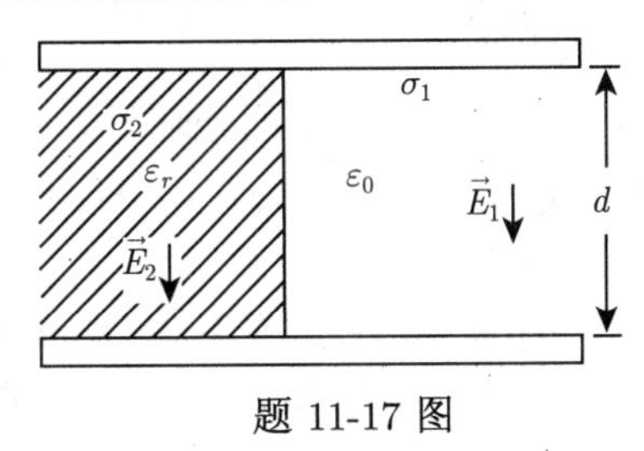

题 11-17 图

11-18　试求习题 11-14 中圆筒内单位长度的电场能量。

11-19　一空气电容器的电容为 8μF，现充电至 400 V，断开电源后将其浸入煤油中，已知煤油的相对电容率 $\varepsilon_r = 2$。求：(1) 浸入煤油中电容器的能量损失为多少？(2) 电压改变为多少？

11-20　球形电容器带电荷量 q，内外半径分别为 R_1 和 R_2，极板间充满电容率为 ε 的电介质。计算电场的能量。

11-21　大气层可看成一个球形电容器，地球表面是球形电容器的一个极板，带有 5×10^5C 的负电荷，高度为 60km 的电离层为导体另一极板，带正电荷。试求：(1) 这个球形电容器的电容；(2) 这个球形电容器的能量。

气象物语 F　大气静电场

F.1　大气静电场

由于大气中存在大气离子，因此大气中存在着静电场。观测表明，晴天的低层大气中存在着垂直向下的静电场。这表明大气相对于大地表面带有正电荷，而地面带有负电荷。大气和地面所带的异种电荷是大气电场形成的原因。

大气离子在大气电场中运动，使晴天大气存在传导电流，不断中和大气、大地所带的电荷。当有云层时，云中大气电过程所产生的带电降水形成降水电流，也不断中和大气、大地所带的电荷，这些过程使大气电场不断减弱。那么，是什么原因维持恒定的大气电场呢？其原因是大气中存在雷暴过程，伴随着雷暴活动的放电，起到恢复和维持大气电场的作用。

大气中的电场分布状况较为复杂，受地理条件、大气中的水汽、大气的污染状况等因素的影响，大气电场随时间、高度而变化。

1. 大气电场强度

晴天时，全球各处大气电场强度 E_z 的方向和数量级都相同，其数值在地面 $(z=0)$ 有极大值。就全球平均而言，大气电场强度的数值为 120 N·C^{-1}，而在海洋上为 130 N·C^{-1}，大陆上污染严重的工业区大气电场强度较高，而洁净的乡村地区较低，例如，我国新疆伊宁大气电场强度的平均值仅为 56 N·C^{-1}。根据探测资料统计，对于低层大气 $(z \leqslant 10 \sim 30\text{km})$，晴天大气电场强度值随高度的增加呈指数规律下降，并随纬度递增。大气电场强度随高度的变化关系可由以下经验公式给出

$$\begin{cases} E(z)=E(0)\mathrm{e}^{(-az+bz^3)} & (0 \leqslant z \leqslant 10\text{km}) \\ E(z)=E(10)\mathrm{e}^{-cz} & (10 \leqslant z \leqslant 30\text{km}) \end{cases} \tag{F-1}$$

式中，$E(z)$ 和 z 的单位分别是 N·C^{-1} 和 km。海平面处晴天大气电场强度取 $E(0)=130\text{N}\cdot\text{C}^{-1}$，$E(10)=16.6\text{N}\cdot\text{C}^{-1}$，系数 $a=0.591$、$b=0.0261$、$c=0.124$。经验公式描述的平均结果，不同时刻、不同地区大气电场强度会有偏差。

晴天大气电场强度的日变化规律受两种机制的影响。一是全球性变化机制，它与全球雷暴活动的日变化规律有关，即晴天大气电场强度出现极大值的时间，正是全球雷暴活动最强的时间。观测数据显示，大陆地面的大气电场强度在世界时间 18 ~ 19 时出现极大值、3 ~ 4 时出现极小值。在海洋上和两极地区，大气电场强度都具有这种简单而有规律的、几乎常年一样的单峰、单谷型的日变化规律。二是地方性局地变化机制，它与局地大气状况日变化所导致的大气电导率和大气体电荷等大气电学量的变化密切相关。因为大气轻离子的迁移率比大气重离子约大两个数量级，故大气性能主要由大气轻离子决定。当大气污染严重时，大量大气轻离子与气溶胶粒子结合成为大气重离子，大气传导电流减小，大气电场强度增强。

晴天大气电场强度还具有年变化规律。平均而言，大气电场强度的峰值都出现在北半球的冬季，谷值都出现在夏季，其变化幅度值平均值为 30% 左右。

2. 大气电场的等电势面

如图 F-1 所示，晴天大气电场的等电势面和地面平行，等电势面的电势随高度的增加而升高。如果地面有起伏或有高耸地物时，如高山、树木、建筑等，临近处的等势面将发生相应的起伏和畸变。突出物的顶端等势面密集，电场强度大，存在水平分量。随着高度的增加，等势面的起伏和畸变逐渐减弱。

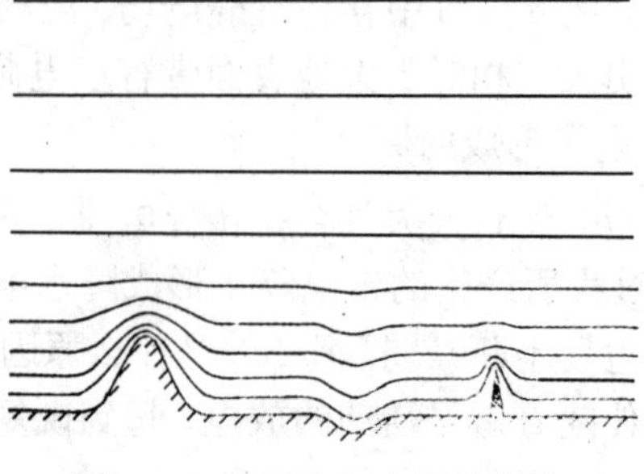

图 F-1　晴天大气电场的等势面

F.2　大气静电场的测量

电场强度和电位分别从两个不同角度引入用来描述静电场的物理量。电场强度是矢量，电位是标量。静电场对置于电场中的电荷有静电力作用，电场中任意一点、单位试探电荷所受的静电力为该点的电场强度；静电场中任意一点的电位则是从静电场中移动电荷过程中，保守静电场力做功的特性引入的，即任意一点的电位为将单位试探正电荷由该点移至电势零点过程中电场力做功的值。电场强度、电位之间存在积分、微分关系，若已知空间各点的电场强度的分布情况，则利用电位定义式 (10-34) 积分求得空间各点的电位；反之，若已知(或测得) 空间的电位分布情况，可利用电场强度与电位梯度的关系得到电场强度的分布。

我们生活的地球存在大气静电场，在气象观测上，对大气静电场电场强度的测量常常采用平板天线测量法和大气平均电场仪。

1. 平板天线测量法

地面大气静电场电场强度可以利用测量天线与大地之间的电压来确定。测量电场的感应器有平板型、球形、鞭状等。在地面主要测量大气电场的垂直分量时，感应器采用平板天线；若需测量大气电场三个分量时，感应天线采用球形天线。

平板天线由一块与地面平行的圆盘状导体以及与之相连接的测量装置构成。假定电场分布均匀，天线的有效面积为 S，离地面距离为 h，设其附近的电场强度为 E，则天线和大地之间的电位差是 Eh。当平板天线处出现电场变化时，测量装置可测得相应的电压变化。此测量装置的等效电路图如图 F-2 所示。

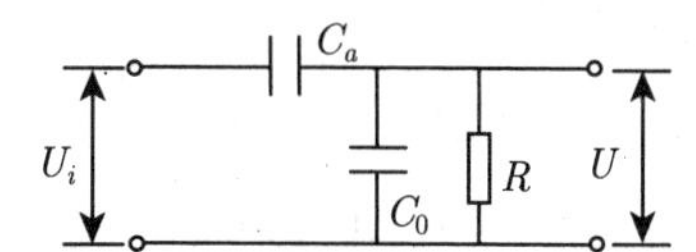

图 F-2　平板天线电场测量仪等效电路

其中 C_a 是天线电容，C_0 是电路电容，R 是测量设备的输入电阻，U_i 为电场变化引起的天线上的电压变化，U 为测量仪器记录的电压变化。当天线端的电场强度随时间变化时，由等效电路可知

$$U_i = Eh = U_{C_a} + U \tag{F-2}$$

式中，U_{C_a} 是天线电容 C_a 上的电压。式 (F-2) 两端微分后，得

$$\frac{\mathrm{d}U_{C_a}}{\mathrm{d}t} = h\frac{\mathrm{d}E}{\mathrm{d}t} - \frac{\mathrm{d}U}{\mathrm{d}t} \tag{F-3}$$

由电流的平衡关系 $i_{C_a} = i_{C_0} + i_R$，得

$$C_a\frac{\mathrm{d}U_{C_a}}{\mathrm{d}t} = C_0\frac{\mathrm{d}U}{\mathrm{d}t} + \frac{U}{R} \tag{F-4}$$

由式 (F-3)，并令 $C = C_0 + C_a$，式 (F-4) 可写成

$$\frac{\mathrm{d}U}{\mathrm{d}t} + \frac{U}{RC} = h\frac{C_a}{C}\frac{\mathrm{d}E}{\mathrm{d}t} \tag{F-5}$$

设电场强度的变化规律为下列指数形式

$$E = E_0(1 - \mathrm{e}^{-t/\tau}) \tag{F-6}$$

式中，E_0 为总电场强度变化；τ 为电场变化的时间常数。取测量电路的时间常数 $\tau_0 = RC$，求解微分方程 (F-5)，可得

$$U = C_a h E_0(\mathrm{e}^{-t/\tau_0} - \mathrm{e}^{-t/\tau})\left[C\left(1 - \tau/\tau_0\right)\right] \tag{F-7}$$

由式 (F-7) 求极值，得最大输出电压 U_{m}，然后令 $\tau_r = \tau/\tau_0$，$a = \ln\tau_r/(1-\tau_r)$，得

$$E_c = CU_{\mathrm{m}}\left(1 - \tau_r\right)/[C_a h(\mathrm{e}^{a\tau_r} - \mathrm{e}^{a})] \tag{F-8}$$

式 (F-8) 中，当 $\tau_r \to 0$ 时，$\mathrm{e}^{a\tau_r} \to \mathrm{e}^0 \to 1$；而当 $\tau_r = 0.01$ 时，$\mathrm{e}^{a\tau_r} = 1.05$。这意味着，若要使测量误差不超过 5%，测量电路的时间常数至少必须为电场变化时间常数的 100 倍。

由于电路的时间常数不同，平板型天线可分为：① 静电场计 (慢天线)：$RC = 4\mathrm{s}$，频率响应从直流到 20 kHz 以上，时间分辨率为几分之一毫秒；② 静电场变化计 (快天线)：时间常数 $RC = 70\mu\mathrm{s}$，频率上限超过 1 MHz，可以得到 10μs 的时间变化率。快、慢电场变化计被分别用于测量闪电产生的精细电场变化。

2. 大气平均电场仪

大气平均电场仪原理方框图如图 F-3 所示，感应器由上、下两片相互平行的，有一定间距，连接在一起的金属片组成。其中下面的金属片是定片，用来感应电荷，并与一接地电阻 R 相连。上面的金属片是动片，由马达驱动旋转，动片接地。当动片旋转时，若定片暴露于大气中的面积为 ΔS，定片上的感应电荷为

$$\Delta Q = \sigma\Delta S$$

式中，σ 为定片上的面电荷密度。由于两金属导体之间的场强和电荷密度 σ 有如下关系

$$E = \frac{\sigma}{\varepsilon_0}$$

则有

$$\Delta Q = \varepsilon_0 E\Delta S \tag{F-9}$$

当接地动片完全屏蔽定片时，定片上的电荷经电阻 R 流向大地；定片暴露于大气时，电荷由大地经电阻 R 流向定片。动片旋转使得定片交替地暴露在大气电场中，由此在 R 上产生交变电信号，信号的大小与大气电场强度成正比。经由相关电路处理、记录，即可得到大气平均电场。大气平均电场仪可以用于雷暴电场的连续监测，可反映雷暴整个过程的电场变化。

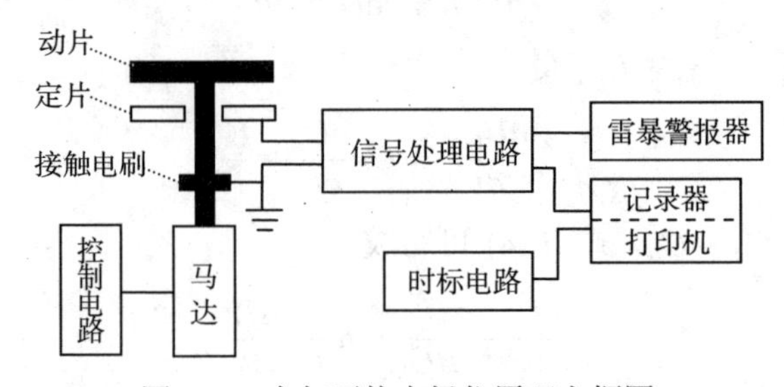

图 F-3　大气平均电场仪原理方框图

第 12 章　电流和恒定磁场

12.1　恒定电流条件和导电规律

12.1.1　电流强度和电流密度

在金属导体中存在大量可以自由运动的带电粒子，带电粒子的定向运动就形成电流，提供电流的带电粒子就称为**载流子**。在金属导体中载流子就是自由电子，在电解液中载流子就是正负离子，在电离气体中载流子是正负离子和电子，本章主要讨论金属导体的情况。

在一般导体中，在没有外电场作用时，载流子只做热运动，不形成电流。在受到电场作用时，载流子将做定向运动从而形成电流，不过这个电场不应是静电场，因为在静电场作用下，导体将处于静电平衡状态，导体内部电场将消失，电流只能维持一段较短的瞬间，关于如何将电场施于导体内部，将在本节的后面予以讨论。

为了描写电流的强弱，引入电流强度这个物理量，定义为单位时间内通过导体截面的电荷量，用符号 I 表示。**电流强度**简称电流。如图 12-1 所示，如果在 $\mathrm{d}t$ 时间内通过导体某截面的电荷量为 $\mathrm{d}q$，则通过该截面的电流强度为

$$I=\frac{\mathrm{d}q}{\mathrm{d}t} \tag{12-1}$$

在国际单位制中，电流的单位是安培 (A)，$1\mathrm{A}=1\mathrm{C}\cdot\mathrm{s}^{-1}$，它是物理学基本单位之一。

电流强度为标量，但电流有正负之分。我们规定正载流子的定向运动方向为电流方向。在一定的电场中，正负电荷总是沿着相反的方向运动，而正电荷沿某一方向的运动和等量的负电荷反方向运动所产生的电磁效应大部分相同 (霍尔效应等属于例外)。在复杂电路中，往往电流方向事先未知，这时可在回路中预先选择一个标定方向为电流方向。如果计算得到的电流强度为正，则实际电流方向与标定的方向相同；如果计算得到的电流强度为负，则实际电流方向与标定的方向相反。

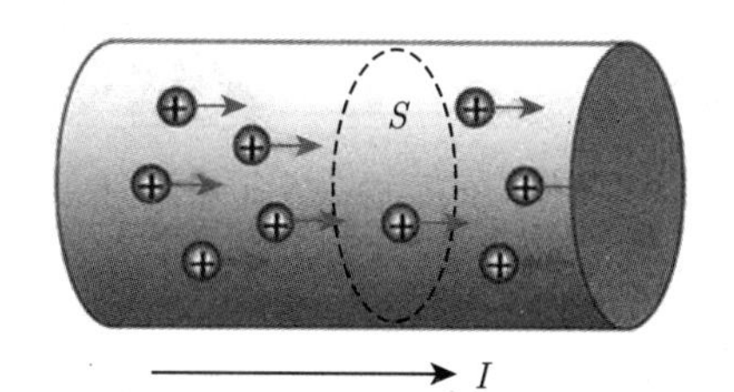

图 12-1　电流强度的定义

在实际中有时会遇到电流在大块导体中流动的情形，导体的不同部位电流大小和方向都不一样，形成一定的电流分布，如图 12-2 所示。因此还必须引入更加细致的描写电流的物理量 —— 电流密度。**电流密度**是一矢量，用符号 $\vec{j}$ 表示。导体中任意一点 $\vec{j}$ 的方向是在该点处正载流子定向运动方向，$\vec{j}$ 的大小等于通过垂直于载流子运动方向单位面积的电流强度，即

$$j=\frac{\mathrm{d}I}{\mathrm{dS}_{\perp}} \tag{12-2}$$

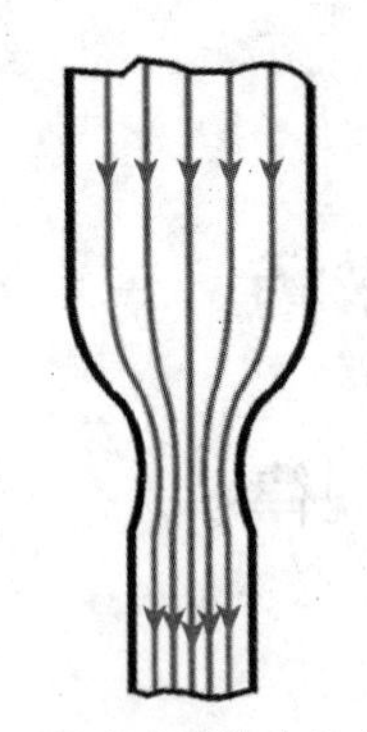

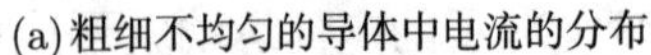

(a) 粗细不均匀的导体中电流的分布

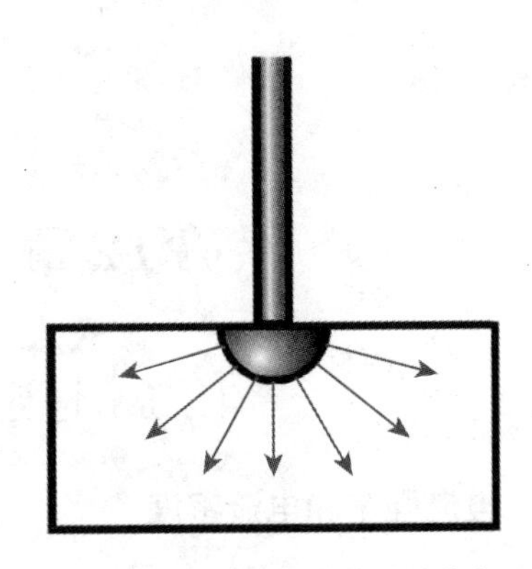

(b) 半球形接地电极附近电流分布

图 12-2　电流分布

如图 12-3 所示，在导体中取一面元 $\mathrm{d}\vec{S}$，该面元所在处电流密度矢量为 $\vec{j}$，两者之间夹角为 θ，在面元 $\mathrm{d}\vec{S}$ 处的电流强度为 $\mathrm{d}I$，假定电荷 q 的定向漂移速度为 $\vec{v}_{\mathrm{d}}$，单位体积电荷数为 n，则由电流强度的定义，有

$$\mathrm{d}I = qnv_{\mathrm{d}}\mathrm{d}S_{\perp} = qnv_{\mathrm{d}}\mathrm{d}S\cos\theta = qn\vec{v}_{\mathrm{d}}\cdot\mathrm{d}\vec{S} \tag{12-3}$$

因此，电流密度矢量为

$$\vec{j} = qn\vec{v}_{\mathrm{d}} \tag{12-4}$$

所以

$$\mathrm{d}I = \vec{j}\cdot\mathrm{d}\vec{S} \tag{12-5}$$

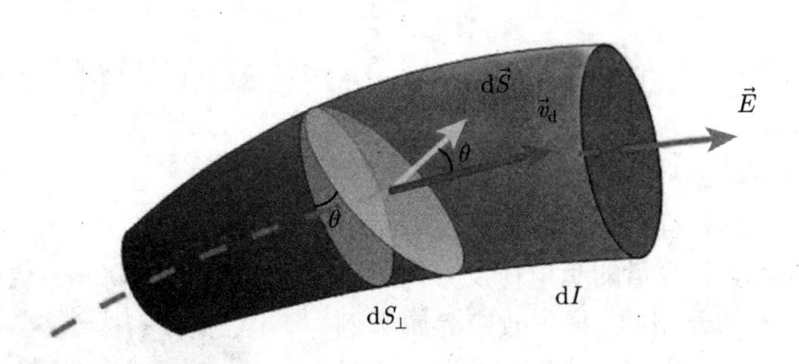

图 12-3　电流密度

在大块导体中各点 $\vec{j}$ 有不同的数值和方向，这就构成一个矢量场，即**电流场**。像电场分布可以用电场线来形象地描绘一样，电流场也可用电流线来描绘 (图 12-2)。**电流线**，就是这样一些有向曲线，其上任一点的切线方向都和该点 $\vec{j}$ 的方向一致，任一点处、单位垂直截面有向曲线的根数 (即有向曲线数密度 $\dfrac{\mathrm{d}N}{\mathrm{d}S_{\perp}}$) 等于该点 $\vec{j}$ 的大小。

通过导体中任意截面 S 的电流强度 I 和电流密度矢量 $\vec{j}$ 的关系为

$$I = \int_S \vec{j}\cdot\mathrm{d}\vec{S} \tag{12-6}$$

由此可见，电流密度矢量 $\vec{j}$ 和电流强度 I 的关系为矢量和它的通量的关系。从电流密度 $\vec{j}$ 的定义可以看出，其单位是 $\mathrm{A\cdot m^{-2}}$。

12.1.2　电流连续性方程　恒定电流

电流场一个重要的基本性质是**电流连续性方程**，其实质是电荷守恒定律。设想在导体中取一封闭曲面，如图 12-4(a) 所示，则式 (12-6) 的积分表示单位时间内通过闭合曲面向外流出的电荷，电荷是守恒的，因此，单位时间内通过闭合曲面向外流出的电荷应等于同一时间内闭合曲面里电荷的减少量，即

$$\oint_S \vec{j}\cdot\mathrm{d}\vec{S}=-\frac{\mathrm{d}Q_i}{\mathrm{d}t} \tag{12-7}$$

若闭合曲面 S 内的电荷不随时间而变化 (图 12-4(b))，有 $\dfrac{\mathrm{d}Q_i}{\mathrm{d}t}=0$，于是，形成**恒定电流**的条件为

$$\oint_S \vec{j}\cdot\mathrm{d}\vec{S}=0 \tag{12-8}$$

流出闭合曲面内的电流为正，流进闭合曲面的电流为负，由式 (12-6) 便可得到电流方程：

$$-I+I_1+I_2=0 \tag{12-9}$$

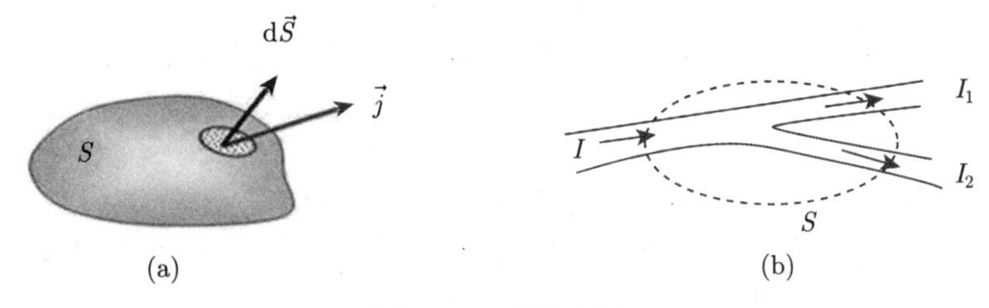

图 12-4　恒定电流

恒定电流的电流线为闭合曲线。在恒定电流情况下，导体中电荷分布不随时间变化，由不随时间变化的电荷激发的电场称为**恒定电场**。恒定电场与静电场具有相似的性质，同样满足高斯定理和环路定理，恒定电场可引入电势的概念。恒定电场的存在伴随能量的转换。

例 12-1　若每个铜原子贡献一个自由电子，求：(1) 铜导线中自由电子数密度为多少？(2) 家用线路电流最大值 15A，铜导线半径 0.81mm，此时电子漂移速率为多少？(3) 铜导线中电流密度均匀，电流密度值为多少？

解　(1) $n=\dfrac{N_\mathrm{A}\rho}{M}=8.48\times10^{28}$ 个 $\cdot\mathrm{m}^{-3}$；

式中，ρ 为铜的密度；N_A 为阿伏伽德罗常量；M 为铜的摩尔质量。

(2) $v_\mathrm{d}=\dfrac{I}{nSe}=5.36\times10^{-4}\mathrm{m\cdot s^{-1}}\approx2\mathrm{m\cdot h^{-1}}$。

(3) $j=\dfrac{I}{S}=\dfrac{15}{\pi\times(8.10\times10^{-4})^2}\mathrm{A\cdot m^{-2}}=7.28\times10^{6}\mathrm{A\cdot m^{-2}}$。

从计算结果可以看出，电子的漂移速率非常小，约为 $10^{-4}\mathrm{m\cdot s^{-1}}$ 量级，为什么几乎在接通电路的瞬时就形成电流呢？这是因为一旦接通电路，场源激发的电场以光速传播，几乎瞬时整个电路中建立起电场，几乎瞬时导体中的电子在电场作用下做定向漂移运动，因此导体中瞬时形成了电流。

12.1.3　恒定电场的建立

为了在导体内部形成恒定电流，必须在导体内建立一个恒定电场。如何在导体内建立恒定电场呢?

1. 非静电力电源

用一根导线将正极板 (带正电荷的导体) 和负极板 (带负电荷的导体) 连接起来，则在刚连接的瞬间，电荷在静电场力的作用下沿导线流动，但在两导体上的电荷重新分布之后，导线内的电场立即消失，电流也就停止了。因此，单靠静电场不能在导体中维持恒定的电流，必须有一种非静电力 (图 12-5)，能够把正电荷不断地从负极板搬到正极板，以此在导体两端维持恒定的电势差，从而在导体中维持恒定的电场及恒定的电流。提供非静电力的装置就是电源，如化学电池、硅 (硒) 太阳能电池、发电机等。实际上电源是把其他形式的能量转换为电能的装置。

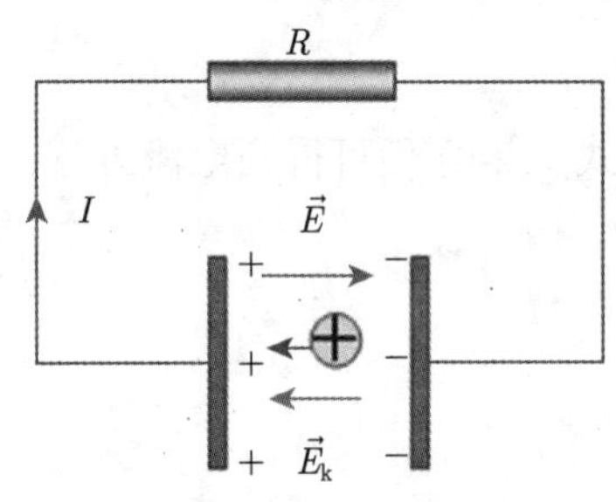

图 12-5　电源提供非静电力

电源内部电流从负极板流向正极板的电路叫作内电路，电源外部电流从正极板流向负极板的电流叫作外电路。静电力欲使正电荷从高电势移到低电势，非静电力欲使正电荷从低电势移到高电势。

2. 电动势

在电源内部，非静电力将正电荷从负极板移到正极板的过程中要克服静电力做功，使正电荷的电势能增加，这一做功过程是将其他形式能转化为电能的过程。为了定量描述电源的非静电力做功本领，引入电动势这一概念。电源内部单位正电荷所受非静电力称为非静电性电场强度，用 $\vec{E}_{\rm k}$ 表示。电源的电动势 ε 定义为

$$\varepsilon=\int_{-(\text{内})}^{+}\vec{E}_{\rm k}\cdot {\rm d}\vec{l} \tag{12-10}$$

电源的电动势在数值上等于把单位正电荷从负极板经内电路搬至正极板非静电场力所做的功。电动势为标量，但有正负之分，为了便于计算，规定由负极板经内电路指向正极板为电动势的正方向，即电源内部电势升高的方向。 电动势的单位和电势单位相同，也是伏特 (V)，1V=1 J·C^{-1}。

电动势 ε 越大表示电源将其他形式能量转换为电能的本领越大。其大小与电源结构有关，与外电路无关。

以上讨论的非静电性电场强度 $\vec{E}_{\rm k}$ 仅存在于电源内部，但有些情况下 $\vec{E}_{\rm k}$ 分布在整个电路中，这时电路中的电动势应表示为

$$\varepsilon=\oint_{l}\vec{E}_{\rm k}\cdot {\rm d}\vec{l} \tag{12-11}$$

积分遍及整个电路。式 (12-11) 更具有普遍性，显然，式 (12-10) 只是个特例。

12.1.4 欧姆定律的微分形式

处于正常条件下的导体都具有一定的电阻。如果在导体两端施加的电压为 U，导体中产生的电流为 I，把 U 与 I 之比定义为该段导体的电阻，表示为

$$R = \frac{U}{I} \tag{12-12}$$

式 (12-12) 是适用于一切导电物质的电阻的普遍定义。

1. 欧姆定律的微分形式

当导体内存在场强为 $\vec{E}$ 的电场时，可以自由移动的载流子在电场力 $q\vec{E}$ 作用下做定向漂移运动。载流子会与晶格离子、杂质原子等发生碰撞而失掉沿电场力方向上的速度。设载流子自由飞行的平均时间为 τ，则它的平均漂移速度为

$$\vec{v}_{\mathrm{d}} = \frac{q\vec{E}}{m}\tau \tag{12-13}$$

式中，m 是载流子的质量。将式 (12-13) 代入式 (12-4)，可得电流密度矢量为

$$\vec{j} = qn\vec{v}_{\mathrm{d}} = \frac{q^2 n\tau}{m}\vec{E} \tag{12-14}$$

令

$$\sigma = \frac{1}{\rho} = \frac{q^2 n\tau}{m} \tag{12-15}$$

σ 和 ρ 分别称为导体的电导率和电阻率，它们与材料的性质和温度有关。这样就有

$$\vec{j} = \sigma\vec{E} = \frac{\vec{E}}{\rho} \tag{12-16}$$

式 (12-16) 表示导体内部任一点的电场强度和电流密度之间的关系，称为欧姆定律的微分形式。

2. 欧姆定律的积分形式

在横截面为 S、长为 l 的均匀导线上通以电流强度为 I 的电流时，若导线两端的电势差为 U，则有

$$j = \frac{I}{S}, \quad E = \frac{U}{l} \tag{12-17}$$

将式 (12-17) 代入式 (12-16)，可得

$$I = \frac{U}{(\rho l/S)} = \frac{U}{R} \tag{12-18}$$

式中，

$$R = \rho\frac{l}{S} = \frac{l}{\sigma S} \tag{12-19}$$

R 称为导线的电阻。在国际单位制中，电阻的单位是欧姆 (Ω)，$1\Omega = 1\mathrm{V}\cdot\mathrm{A}^{-1}$。电阻率 ρ 的单位是欧姆 · 米 ($\Omega\cdot\mathrm{m}$)，电导率的单位是西门子 · 米 $^{-1}$($\mathrm{S}\cdot\mathrm{m}^{-1}$)。式 (12-19) 就是一段均匀导体的欧姆定律。

另外，将式 (12-17) 和式 (12-19) 代入式 (12-18)，可得

$$j=\frac{I}{S}=\frac{U}{RS}=\frac{El}{(\rho l/S)S}=\frac{E}{\rho}$$

考虑到 $\vec{j}$ 与 $\vec{E}$ 同方向，可得

$$\vec{j}=\frac{\vec{E}}{\rho}=\sigma\vec{E} \tag{12-20}$$

式 (12-20) 为欧姆定律的微分表达式。

3. 导体的电阻率

上面的电阻 R 只有当其是常数时才有意义。在某些情形，电阻 R 并不是常数，即 $U\sim I$ 曲线并不是直线。通常金属的电导率随温度升高而减小；电介质和半导体的电导率随温度升高而增大。例如，在 0℃附近、在温度变化不大的范围内，金属的电阻率与摄氏温度 t 的关系为

$$\rho=\rho_0(1+\alpha t) \tag{12-21}$$

式中，ρ_0 是金属在 0℃时的电阻率；α 是电阻温度系数。电阻温度计就是利用电阻与温度的关系制成的。

自从 1911 年荷兰物理学家昂纳斯发现超导现象以来，关于超导现象的研究及应用已有了重大进展。1986 年 4 月，IBM 实验室的贝德诺尔茨和缪勒教授宣布：BaLaCuO 系统可能具有超导电性，起始转变温度可达 35K。1987 年，中国科学院物理研究所赵忠贤宣布已研制成功起始转变温度为 107K、零电阻温度为 94.8K 的 YBaCuO 超导体。由于高转变温度超导材料研制上的突破，超导技术在电子、电力、能源等领域已出现了广泛的应用前景。

当热力学温度很低时，某些金属、合金以及化合物的电阻率会突然降到很小 (接近于零)，这种现象称为超导电现象。具有超导电性的物体称为超导体 (superconductor)。

大气具有微弱的导电性能，可以用大气电导率表示。晴天大气电导率定义为大气离子在单位电场作用下产生运动而形成的电流密度值。

大气电导率与大气电离率有关，并随纬度和高度增加而变化。晴天大气电导率不仅随地点而异，还具有日变化和年变化的特点。

12.1.5　电功率和焦耳定律

在恒定电流的情况下，在相同时间间隔 Δt 内，通过空间各点的电量 Δq 相同。电场力对导线中运动电荷做的功等于把电量 Δq 从 A 移到 B 所做的功，为

$$W_{AB}=\Delta q\int_A^B\vec{E}\cdot\mathrm{d}\vec{l}=\Delta q(U_A-U_B)=IU_{AB}\Delta t \tag{12-22}$$

式 (12-22) 称为电流的功。相应的功率为

$$P=\frac{W_{AB}}{\Delta t}=IU_{AB} \tag{12-23}$$

式 (12-23) 称为电流的功率的积分表达式。

电流的功是电源供给导体的能量的量度。对于电阻为 R 的纯电阻来说，电流做功的结果是使导体的温度 (内能) 升高。根据能量守恒定律，在时间 Δt 内从导体内放出的热量为

$$Q = I^2 R\Delta t \tag{12-24}$$

相应的热功率为

$$P = I^2 R \tag{12-25}$$

式 (12-25) 是焦耳和楞次两人各自在独立实验中得出的结论，故称为焦耳–楞次定律，简称**焦耳定律**。

将式 (12-18) 和式 (12-19) 代入式 (12-25)，可得

$$P = I^2 R = \frac{U^2}{R} = \frac{(El)^2}{l/\sigma S} = \sigma E^2 V \tag{12-26}$$

式中，V 是导体的体积。单位体积的热功率 (热功率密度) 为

$$P = \sigma E^2 \tag{12-27}$$

式 (12-27) 称为**焦耳定律**的微分表达式。

12.2 磁场 磁感应强度

12.2.1 基本磁现象

19 世纪 20 年代前，磁和电是独立发展的，丹麦物理学家奥斯特深受康德哲学关于 “自然力” 统一观点的影响，试图寻找电与磁之间的关系。1820 年 7 月，奥斯特做了图 12-6 所示的实验，奥斯特实验表明：长直载流导线使与之平行放置的磁针受力偏转 —— 电流的磁效应。磁针是在水平面内偏转的，说明受到了横向力，这一实验突破了非接触物体之间只存在有心力的观念，拓宽了作用力的类型，揭示了电现象与磁现象的联系，宣告电磁学作为一个统一学科的诞生，是一历史性的突破，此后迎来了电磁学蓬勃发展的高潮。安培写道：“奥斯特先生 ······ 已经永远把他的名字和一个新纪元联系在一起了。” 法拉第评论说：“它突然打开了科学中一个一直是黑暗的领域的大门，使其充满光明。”

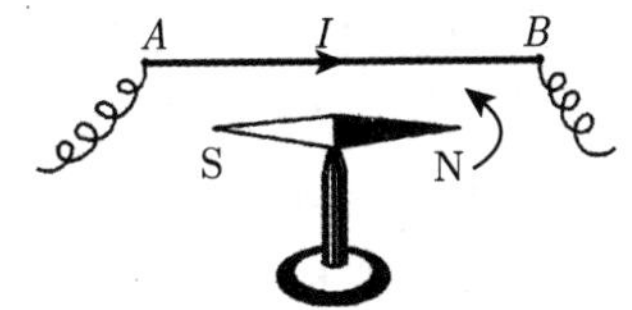

图 12-6 奥斯特实验

其后，科学家们又进行了相关的其他实验，包括 1820 年 9 月 18 日安培圆电流对磁针作用等。图 12-7 表明，两个通以同方向电流的平行导线互相吸引，两个通以反方向电流的平行导线互相排斥；图 12-8 表明了磁场对电流的作用；图 12-9 表明了磁体对通电螺线管的作用。

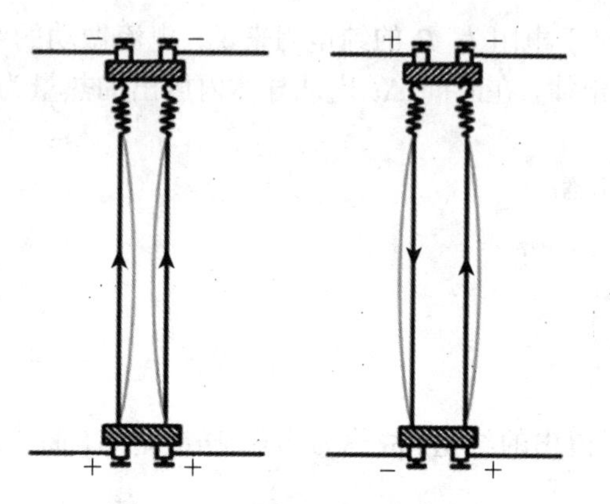

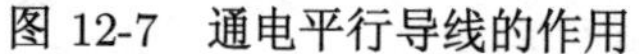
图 12-7　通电平行导线的作用

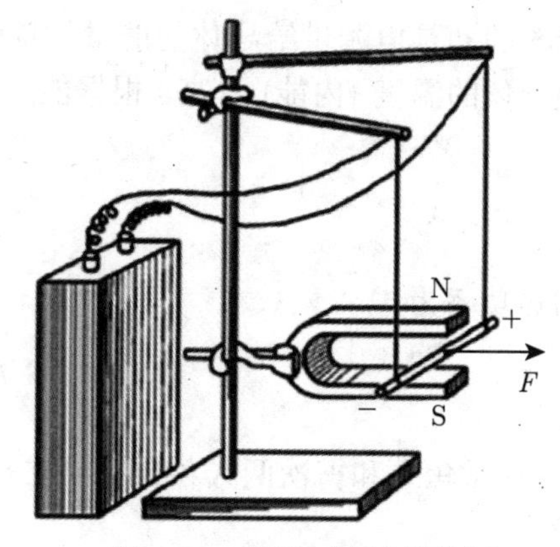

图 12-8　磁场对电流的作用

安培首先提出分子电流假说。安培认为，在物体内部存在许多分子电流，非磁性物质中，分子电流的排列是无序的，磁性物质中，分子电流的排列是有序的。值得提到的是，安培所说的“分子”只是物体中的一个宏观小的部分，因为当时还没发现真正的分子。从安培分子电流假说可以归纳得到磁现象的电本质，即所有磁现象都可概括为：运动的电荷产生磁，而磁又对运动着的电荷发生作用。图 12-10 很好地反映了运动的电荷 (电流) 和它所产生的磁之间的右手螺旋关系。

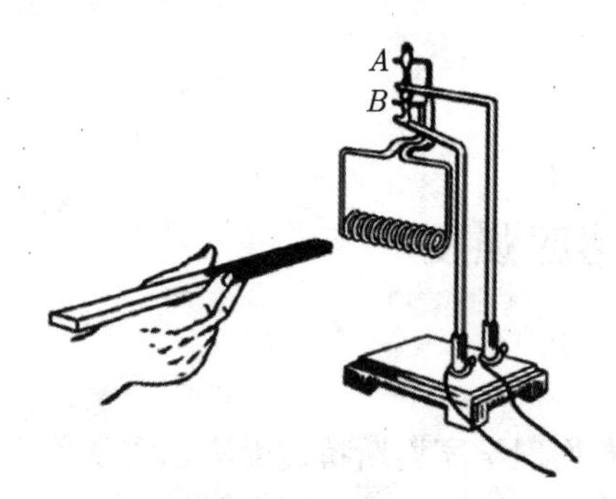

图 12-9　磁体对通电螺线管的作用

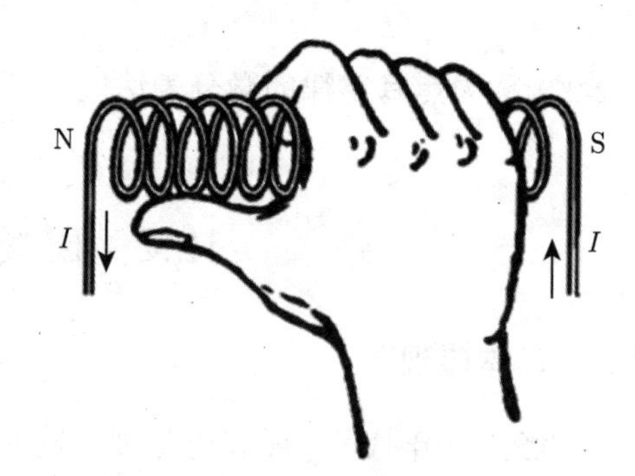

图 12-10　右手螺旋关系

12.2.2　磁感应强度

电现象的研究曾经指出，电荷之间的相互作用是通过电场实现的。同样，运动的电荷即电流将激发磁场，运动电荷间的作用是通过磁场来实现的。描述磁场性质的物理量是**磁感应强度**，用矢量 $\vec{B}$ 表示。

运动电荷在磁场中将受到磁场力作用，这种力称为洛伦兹力。实验指出，运动电荷在磁场中某处所受洛伦兹力不仅与电荷的电量、经过该处时的速度大小和方向有关，还与该处磁场的性质有关。因此，可以用运动电荷在磁场中所受的洛伦兹力来定义磁感应强度。

实验发现，运动电荷沿某特定方向通过磁场中 P 点时 (图 12-11(a))，电荷所受洛伦兹力始终为零，与电荷的电量 q 和运动速率 v 无关，因此，该方向定义为磁感应强度的方向。这个方向也就是小磁针在该处 N 极的指向。

当运动电荷沿垂直于该特定方向通过磁场中 P 点时 (图 12-11(b))，电荷所受洛伦兹力最大，洛伦兹力的方向与 $\vec{v}$、$\vec{B}$ 垂直，通过右手螺旋关系来确定 $\vec{B}$ 的指向。而且，洛伦兹力大小 $F_{\rm m}$ 与 q、v 成正比，其比值 $\dfrac{F_{\rm m}}{qv}$ 只与磁场的性质有关，与 q、v 无关。对于确定的场点 P 有唯一的量值，对不同的场点 P 有不同的量值，因此，这个比值代表了在该点处磁场的强弱，于是磁感应强度 $\vec{B}$ 的大小规定为

$$B = \frac{F_{\rm m}}{qv} \tag{12-28}$$

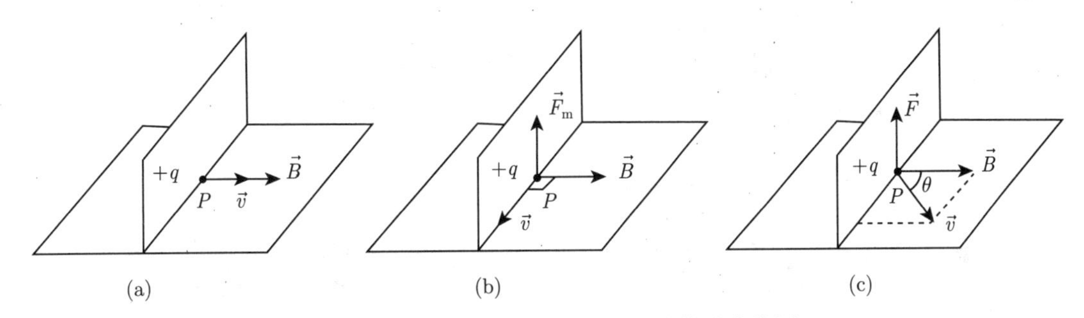

图 12-11 运动电荷在磁场中所受洛伦兹力作用

当电荷 q 以速度 $\vec{v}$ 沿任意方向运动时 (图 12-11(c))，可以将速度分解为沿 $\vec{B}$ 方向的分量和垂直于 $\vec{B}$ 方向的分量，其中沿 $\vec{B}$ 方向的运动不受力作用，此时，电荷所受洛伦兹力大小表示为

$$F = qvB\sin\theta \tag{12-29}$$

式中，θ 为 $\vec{v}$ 与 $\vec{B}$ 间的夹角。$\vec{F}$、$\vec{v}$、$\vec{B}$ 三者构成右手螺旋关系，$\vec{F}$ 总是垂直于 $\vec{v}$ 和 $\vec{B}$ 确定的平面，如图 12-11(c) 所示。写成矢量式表示为

$$\vec{F} = q\vec{v}\times\vec{B} \tag{12-30}$$

磁感应强度 $\vec{B}$ 的国际单位为特斯拉 (T)，$1{\rm T} = 1{\rm N\cdot A^{-1}\cdot m^{-1}}$。

12.2.3 磁感应线

对于磁场，也可以仿照电场线引入**磁感线**来形象地描绘磁场的分布。磁感线是一些有向曲线，线上任一点的切线方向代表该点的磁感应强度 $\vec{B}$ 的方向，而通过垂直于 $\vec{B}$ 的方向单位面积上的磁感应线数正比于该点 $\vec{B}$ 的大小。

在水平放置的玻璃板上，撒上铁屑，使长直导线垂直通过玻璃板并通上电流，铁屑在磁场的作用下变成小磁针，轻轻地敲击玻璃板，铁屑就会有规则地排列起来，从而描绘出磁场的磁感线分布 (图 12-12)。图 12-13 显示了圆电流和螺线管的磁感线分布。

磁感应线的环绕方向与电流方向满足右手螺旋关系。在图 12-12 中，以右手大拇指代表电流方向，则弯曲的四指即磁感应线环绕方向；在图 12-13 中，弯曲的四指代表电流方向，则大拇指的指向即磁感应线的方向。

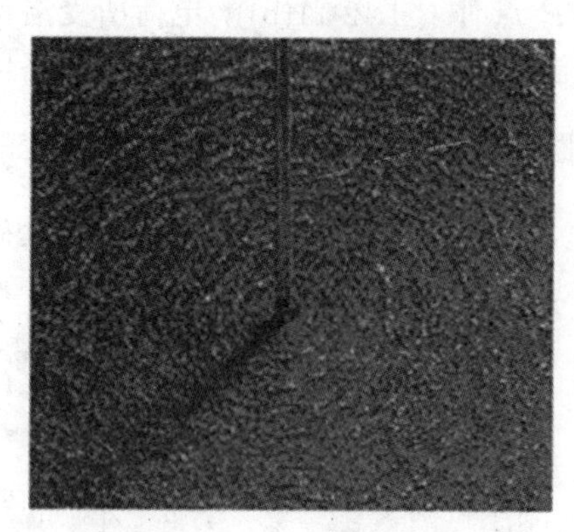

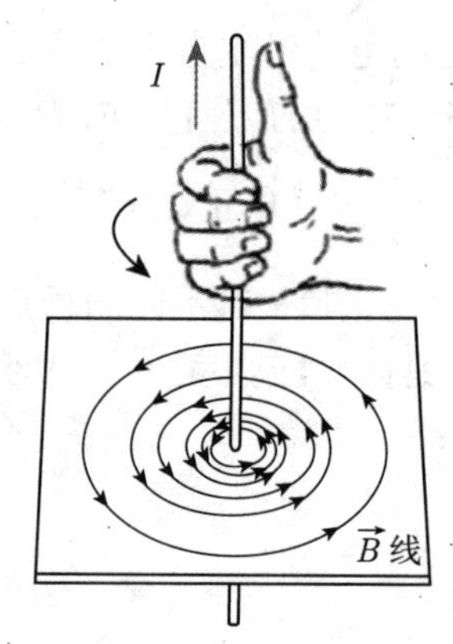

图 12-12　长直载流导线周围的磁感线分布

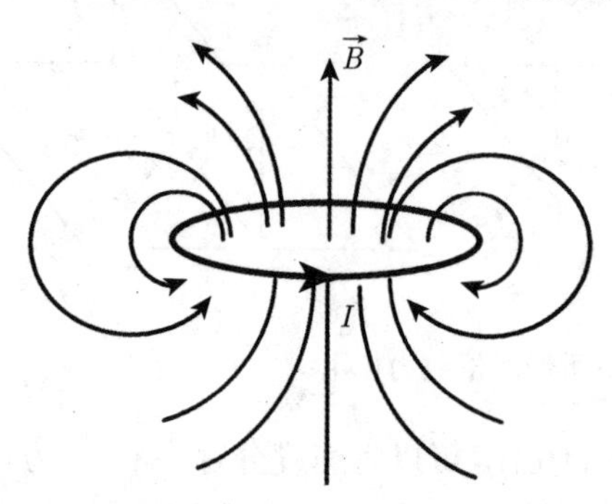

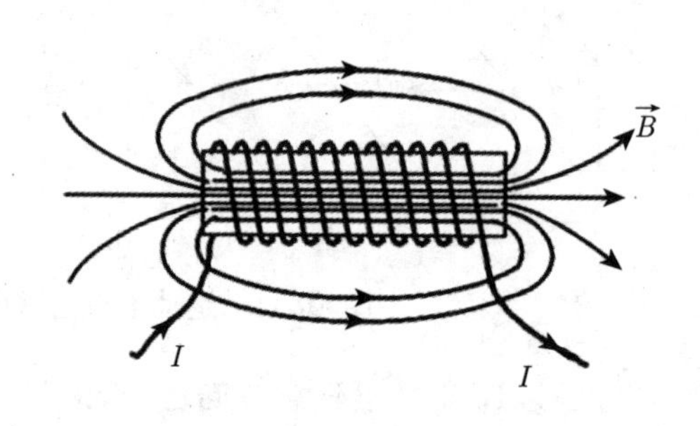

图 12-13　圆电流和螺线管的磁感线分布

从图 12-12 和图 12-13 可以看出，磁感应线有以下一些特点：① 磁感应线是连续的，不会相交。② 磁感应线是围绕电流的一组闭合曲线，没有起点，没有终点，因此磁场为涡旋场。③ 磁感应线密集处，磁感应强度量值大；磁感应线稀疏处，磁感应强度量值小。

12.3　毕奥–萨伐尔定律与应用

12.3.1　毕奥–萨伐尔定律

任意形状的载流导线总可以看成由许多电流元 $I\mathrm{d}\vec{l}$ 组成，如果知道每个电流元产生的磁场，就可以利用叠加原理求出任意形状载流导线产生的磁场。电流元 $I\mathrm{d}\vec{l}$ 就是电流强度 I 与沿电流方向取的有向线元 $\mathrm{d}\vec{l}$ 的乘积，它是一个矢量，如图 12-14 所示。

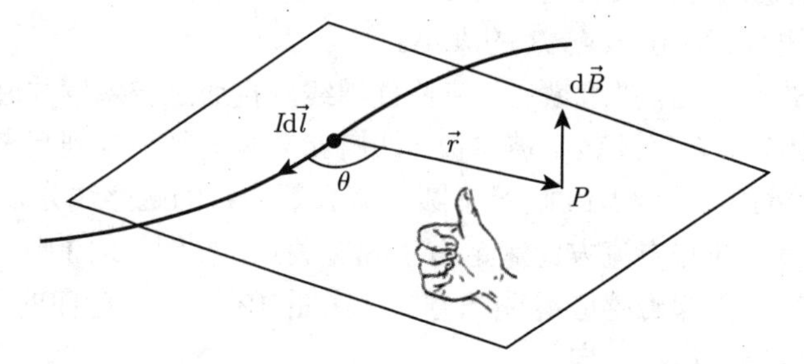

图 12-14　毕奥–萨伐尔定律

电流元 $Id\vec{l}$ 激发的磁场 $d\vec{B}$ 遵从毕奥–萨伐尔定律，该定律的表述为：电流元 $Id\vec{l}$ 在空间任一点 P 激发的磁感应强度 $d\vec{B}$ 的大小与电流元 $Id\vec{l}$ 大小成正比，与电流元 $Id\vec{l}$ 到场点 P 的位矢之间的夹角 θ 的正弦成正比，与电流元到场点 P 的距离 r 的平方成反比，$d\vec{B}$ 的方向与 $Id\vec{l}\times\vec{e}_r$ 方向一致。数学式表示为

$$d\vec{B}=\frac{\mu_0}{4\pi}\frac{Id\vec{l}\times\vec{e}_r}{r^2} \tag{12-31}$$

式中，$\mu_0=4\pi\times10^{-7}\ \mathrm{T\cdot m\cdot A^{-1}}$，称为真空磁导率；$\vec{e}_r$ 为电流元 $Id\vec{l}$ 到场点 P 的位矢的单位矢量。

任意形状的线电流在场点处的磁感应强度 $\vec{B}$ 等于构成线电流的所有电流元单独存在时在该点的磁感应强度的矢量和

$$\vec{B}=\int d\vec{B}=\frac{\mu_0}{4\pi}\int_L\frac{Id\vec{l}\times\vec{e}_r}{r^2} \tag{12-32}$$

毕奥–萨伐尔定律是法国物理学家毕奥和萨伐尔根据电流磁力作用的实验结果分析总结得到电流元产生磁场的规律。

12.3.2 毕奥–萨伐尔定律的应用

利用毕奥–萨伐尔定律，原则上可以计算任意电流激发的磁感应强度。

1. 直线电流产生的磁场

图 12-15 为一载流直导线，其电流强度为 I，计算空间距导线为 r_0 的场点 P 处磁感应强度。如图 12-15 所示，取 P 点到导线的垂足为坐标原点 O，沿电流方向建立 x 轴。任取一电流元 Idx，它在 P 点产生的磁感应强度的大小为

$$dB=\frac{\mu_0}{4\pi}\frac{Idx\sin\theta}{r^2}$$

方向垂直页面向外。

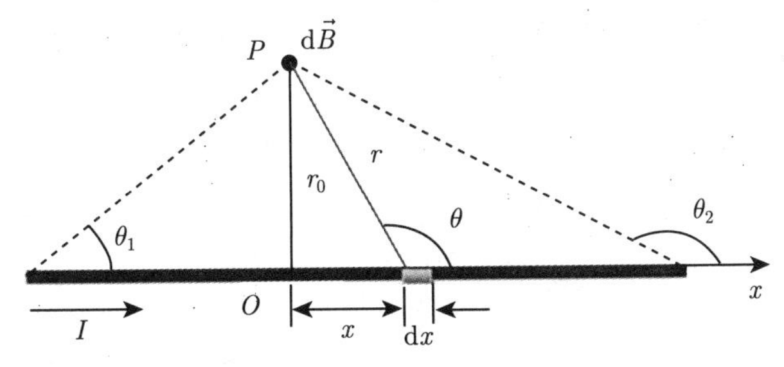

图 12-15 载流直导线激发的磁场

所有电流元在 P 点产生的 $d\vec{B}$ 方向都相同，故式 (12-32) 积分可简化为标量积分。直线电流在 P 点的磁感应强度大小为

$$B=\int dB=\int\frac{\mu_0}{4\pi}\frac{Idx\sin\theta}{r^2}$$

利用图中的几何关系可以得到

$$r = r_0/\sin\theta, \quad x = -r_0\cot\theta$$

对 x 微分，有

$$\mathrm{d}x = r_0\csc^2\theta\mathrm{d}\theta$$

将 r、$\mathrm{d}x$ 代入，并积分可得

$$B = \frac{\mu_0 I}{4\pi r_0}\int_{\theta_1}^{\theta_2}\sin\theta\,\mathrm{d}\theta = \frac{\mu_0 I}{4\pi r_0}(\cos\theta_1 - \cos\theta_2) \tag{12-33}$$

式中，θ_1、θ_2 分别为 P 点到直导线两端的连线与 x 轴之间的夹角。

载流直导线在空间的磁场方向与电流方向符合右手螺旋关系，如图 12-16 所示。

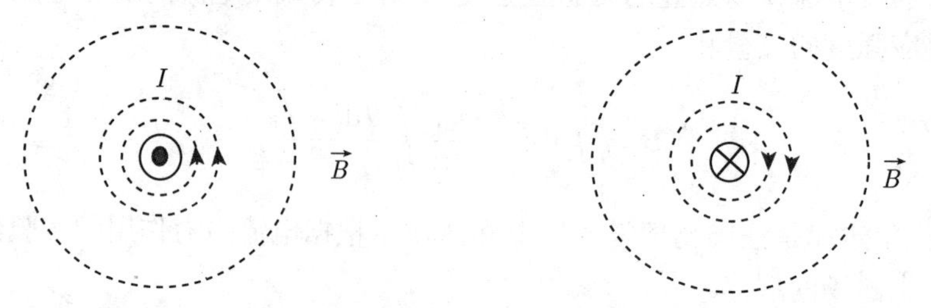

图 12-16　载流直导线在空间的磁场方向与电流方向的关系

讨论：(1) 当 $\theta_1 \to 0$，$\theta_2 \to \pi$ 时，即无限长载流直导线，可得

$$B = \frac{\mu_0 I}{2\pi r_0} \tag{12-34}$$

(2) 当 $\theta_1 \to 0$，$\theta_2 \to \pi/2$ 时，即半无限长载流直导线，可得

$$B = \frac{\mu_0 I}{4\pi r_0} \tag{12-35}$$

(3) 如果场点 P 在载流直导线上或其延长线上，有 $B = 0$。

2. 圆形电流在轴线上产生的磁场

图 12-17 为真空中载流圆形线圈，其半径为 R，电流强度为 I，现计算它在轴线上任意一点 P 的磁感应强度。圆形电流上任一电流元 $I\mathrm{d}\vec{l}$ 在 P 点的磁感应强度 $\mathrm{d}\vec{B}$ 大小为

$$\mathrm{d}B = \frac{\mu_0}{4\pi}\frac{I\mathrm{d}l\sin 90°}{r^2} = \frac{\mu_0}{4\pi}\frac{I\mathrm{d}l}{r^2}$$

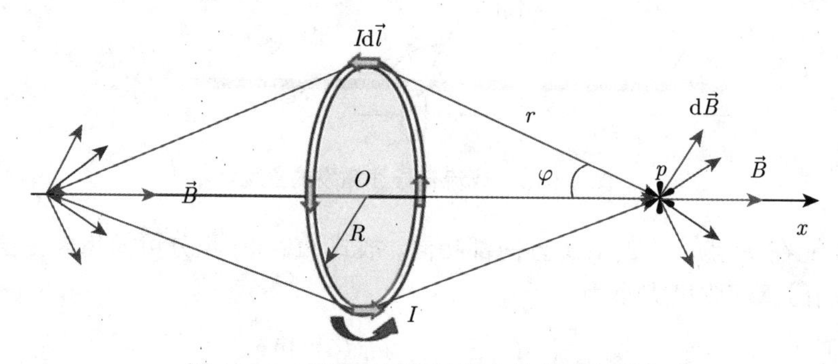

图 12-17　圆形电流在轴线上的磁感应强度

圆形电流上各个电流元 $I\mathrm{d}\vec{l}$ 在 P 点产生的磁感应强度 $\mathrm{d}\vec{B}$，分布在以 P 点为顶点的圆锥面上。根据对称性分析，圆形电流上的所有电流元产生的各个 $\mathrm{d}\vec{B}$ 在垂直于 x 轴方向的所有分量逐一抵消，$\vec{B}$ 只有沿着 x 方向的分量。

$$B=B_x=\int \mathrm{d}B\sin\varphi$$

$$\sin\varphi=R/r$$

$$r^2=R^2+x^2$$

$$B=\frac{\mu_0 I}{4\pi}\int_l \frac{\sin\varphi \mathrm{d}l}{r^2}=\frac{\mu_0 I R^2}{2(x^2+R^2)^{3/2}} \tag{12-36}$$

讨论：(1) 若线圈有 N 匝，则 $B=\dfrac{N\mu_0 I R^2}{2(x^2+R^2)^{3/2}}$；

(2) 若 $x<0$，$\vec{B}$ 的方向不变 (I 和 $\vec{B}$ 成右螺旋关系)；

(3) 若 $x=0$，$B=\dfrac{\mu_0 I}{2R}$；

(4) 若 $x\gg R$，$B=\dfrac{\mu_0 I R^2}{2x^3}=\dfrac{\mu_0 I S}{2\pi x^3}$。

3. 载流密绕长直螺线管内部轴线上的磁场

用导线均匀密绕制成的螺旋线圈，称为螺线管。如图 12-18 所示，长直螺线管的半径为 R，单位长度上的匝数为 n，线圈中通有电流 I，计算螺线管内部在其轴线上任一点的磁感应强度。

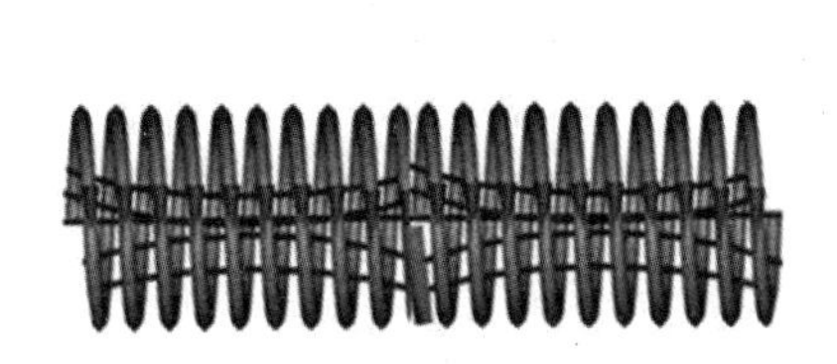

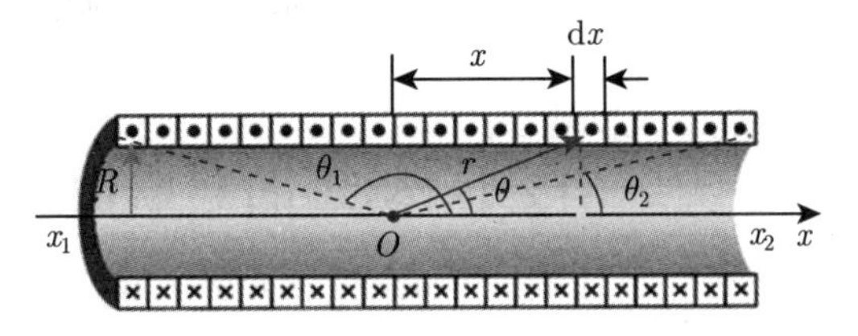

图 12-18 螺线管在轴线上的磁感应强度

以螺线管轴线上任一点 O 为 x 轴原点，设螺线管两端的坐标分别为 x_1 和 x_2，到原点距离为 x 的长度为 $\mathrm{d}x$ 的一无限小间隔中共有 $n\mathrm{d}x$ 匝线圈，将它看成电流为 $nI\mathrm{d}x$ 的圆形电流，则由式 (12-36) 得到这个圆电流产生的磁感应强度 $\mathrm{d}\vec{B}$ 的大小为

$$\mathrm{d}B=\frac{\mu_0}{2}\frac{R^2 In\mathrm{d}x}{(R^2+x^2)^{3/2}}$$

$\mathrm{d}\vec{B}$ 的方向沿着轴线，且所有的圆电流产生的 $\mathrm{d}\vec{B}$ 方向都相同。因此螺线管轴线上任一点 O 的磁感应强度的大小为

$$B=\int \mathrm{d}B=\frac{\mu_0 nI}{2}\int_{x_1}^{x_2}\frac{R^2\mathrm{d}x}{(R^2+x^2)^{3/2}}$$

$$x = R\cot\theta;\quad \mathrm{d}x = -R\csc^2\theta\mathrm{d}\theta;\quad R^2 + x^2 = R^2\csc^2\theta$$

$$B = -\frac{\mu_0 nI}{2}\int_{\theta_1}^{\theta_2}\frac{R^3\csc^2\theta\mathrm{d}\theta}{R^3\csc^3\theta\mathrm{d}\theta} = -\frac{\mu_0 nI}{2}\int_{\theta_1}^{\theta_2}\sin\theta d\theta$$

积分得

$$B = \frac{\mu_0 nI}{2}(\cos\theta_2 - \cos\theta_1) \tag{12-37}$$

式中，θ_1、θ_2 分别为 O 点到螺线管两端的连线与 x 轴之间的夹角。

讨论：(1) 对于无限长螺线管，$\theta_1 \to \pi$，$\theta_2 \to 0$，则有

$$B = \mu_0 nI \tag{12-38}$$

(2) 对于半无限长螺线管端点处，$\theta_1 = \dfrac{\pi}{2}, \theta_2 = 0$，则有

$$B = \frac{1}{2}\mu_0 nI \tag{12-39}$$

图 12-19 为载流长直螺线管轴线上的磁感应强度分布曲线。

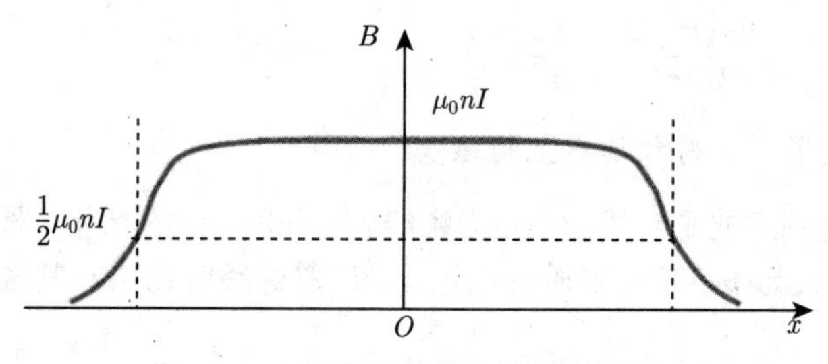

图 12-19　螺线管轴线上的磁感应强度

12.4　磁场的高斯定理　安培环路定理

12.4.1　磁通量

与电场中引入电通量的方法类似，磁通量可以形象表述为通过磁场中某一曲面的磁感应线条数。如图 12-20 所示，设空间存在磁感应强度为 $\vec{B}$ 的任意磁场，通过任意曲面 S 上任意面元 $\mathrm{d}\vec{S}$ 的磁通量定义为

$$\mathrm{d}\varPhi_{\mathrm{m}} = \vec{B}\cdot\mathrm{d}\vec{S} = B\mathrm{d}S\cos\theta \tag{12-40}$$

式中，矢量面元 $\mathrm{d}\vec{S} = \mathrm{d}S\vec{e}_n$，$\vec{e}_n$ 为面元法向单位矢量；θ 为 $\vec{e}_n$ 与 $\vec{B}$ 的夹角。因此，通过任意曲面 S 的磁通量为

$$\varPhi_{\mathrm{m}} = \int_S \vec{B}\cdot\mathrm{d}\vec{S} \tag{12-41}$$

磁通量为标量，但磁通量可取正、负值和零值，在图 12-21 中，对面元 $\mathrm{d}\vec{S}_1$ 有 $\mathrm{d}\varPhi_1 = \vec{B}_1\cdot\mathrm{d}\vec{S}_1 > 0$，对面元 $\mathrm{d}\vec{S}_2$ 有 $\mathrm{d}\varPhi_2 = \vec{B}_2\cdot\mathrm{d}\vec{S}_2 < 0$。

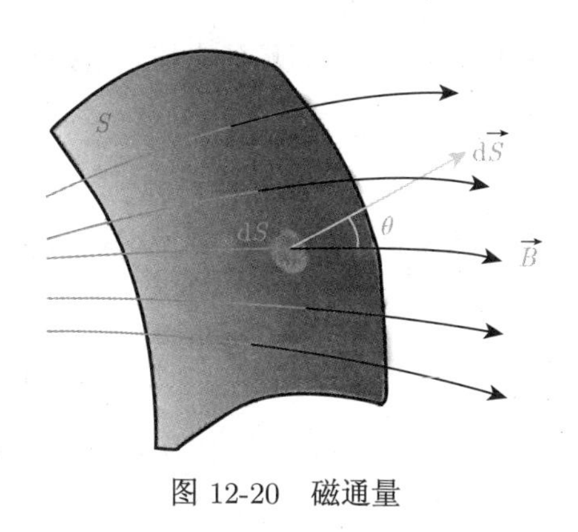

图 12-20　磁通量

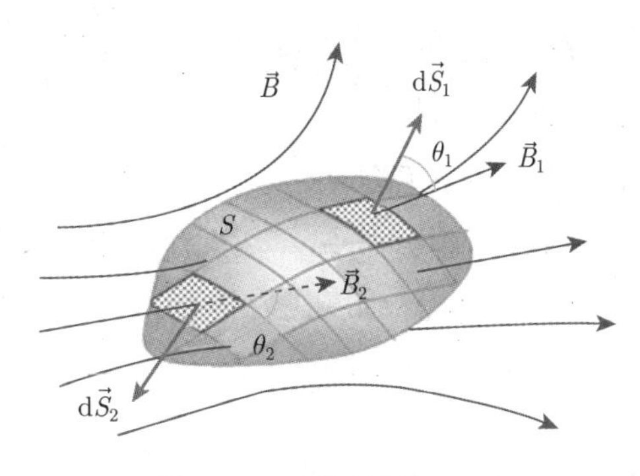

图 12-21　磁通量的正、负

在 S1 中，磁通量的单位是韦伯 (Wb)，$1\text{Wb} = 1\text{T} \times 1\text{m}^2$。

例 12-2　如例 12-2 图所示，载流长直导线的电流为 I, 试求通过矩形面积的磁通量。

解　对非均匀磁场先求出 $\text{d}\varPhi_\text{m}$，后积分求出 $\varPhi_m$，直电流的磁场分布规律 $B = \dfrac{\mu_0 I}{2\pi x}$，且 $\vec{B} \parallel \vec{S}$，从而

$$\text{d}\varPhi_\text{m} = \vec{B}\cdot\text{d}\vec{S} = \frac{\mu_0 I}{2\pi x}l\text{d}x$$

$$\varPhi_\text{m} = \int_S \vec{B}\cdot\text{d}\vec{S} = \frac{\mu_0 Il}{2\pi}\int_{d_1}^{d_2}\frac{\text{d}x}{x} = \frac{\mu_0 Il}{2\pi}\ln\frac{d_2}{d_1}$$

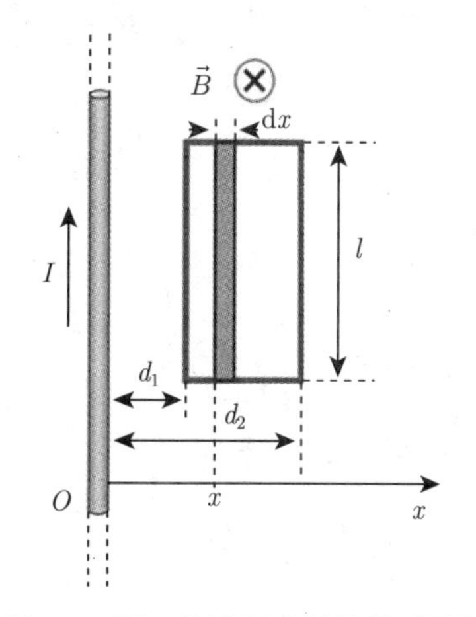

例 12-2 图　载流长直导线的磁通量

12.4.2　磁场的高斯定理

由电流元与磁场的关系 (毕奥–萨伐尔定律) 可知，电流元的磁感应线都是圆心在电流元轴线上的同心圆。磁感应线是无头无尾的闭合曲线。

对一封闭曲面来说，一般取向外的指向为正法线的指向 (图 12-21)。这样从闭合面穿出的磁通量为正，穿入的磁通量为负。由于磁感线是闭合线，那么穿过任一封闭曲面的磁通量一定为零。

磁场的高斯定理表述为，磁场中通过任一封闭曲面的磁通量一定为零，即

$$\oint_S \vec{B}\cdot\text{d}\vec{S} = 0 \tag{12-42}$$

将式 (12-42) 与电场的高斯定律比较，可以知道自然界中没有与电荷相对应的“磁荷”(或磁单极子) 存在。但是，1931 年英国物理学家狄拉克曾从理论上预言，可能存在磁单极子 (magnetic monopole)，并且磁单极子的磁荷同电荷一样也是量子化的。近几十年来，从月球岩石到深海沉积物，从高能加速器到宇宙射线，人们一直在捕捉磁单极子的踪迹。然而迄今为止，人们还没有发现可以确定磁单极子存在的实验证据。如果实验上找到了磁单极子，那么不仅磁场的高斯定律以至整个电磁理论都将作重大修改，而且将深刻影响有关基本粒子

的构造、相互作用的“大统一理论”、宇宙的演化等重大理论问题。磁场的高斯定理揭示了磁场为无源场这一特性。

12.4.3　安培环路定理

安培环路定理表述为：在恒定磁场中，磁感应强度 $\vec{B}$ 沿任意闭合环路 L 的线积分，等于穿过环路所有电流强度代数和的 μ_0 倍，其数学表达式为

$$\oint_L \vec{B}\cdot \mathrm{d}\vec{l}=\mu_0\sum I_i \tag{12-43}$$

电流强度 I_i 的符号规定：穿过环路 L 的电流方向与 L 的绕行方向服从右手螺旋关系的 I_i 为正，否则为负。另外，式 (12-43) 右边的电流求和不计穿过回路边界的电流；不计不穿过回路的电流。例如，将安培环路定理应用于图 12-22 中，可得到

$$\oint_L \vec{B}\cdot\mathrm{d}\vec{l}=\mu_0(-I_1+I_1-I_1-I_2)$$

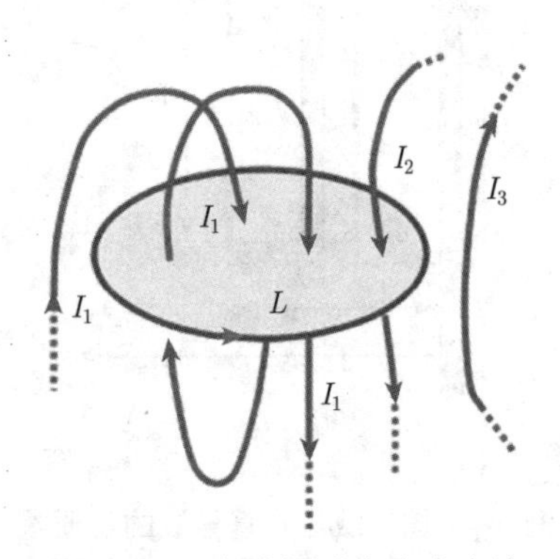

图 12-22　闭合回路包含多电流

静电场 $\vec{E}$ 的环路积分为零，说明静电场是保守力场，并由此引入电势的概念。安培环路定理表明，恒定磁场的 $\vec{B}$ 矢量的环路积分不为零，这反映了磁场的一种不同于静电场的基本属性。$\vec{B}$ 的环路积分显然不是磁场力的功，安培环路定理表明磁场是涡旋场，而电流是磁场涡旋的中心。在恒定磁场中不能引入磁势的概念，因此，磁场是无源有旋场。

下面用无限长直线电流的磁场来验证安培环路定理。

如图 12-23(a) 所示，设无限长直线电流 I 围有一任意形状的闭合回路 L，回路 L 在垂直于电流的平面上。磁感应强度沿回路 L 的环路积分为

$$\begin{aligned}\oint_L \vec{B}\cdot\mathrm{d}\vec{l}&=\oint_L B\cos\theta\,\mathrm{d}l\\&=\oint_L\frac{\mu_0 I}{2\pi r}\cdot r\mathrm{d}\varphi=\frac{\mu_0 I}{2\pi}\int_0^{2\pi}\mathrm{d}\varphi=\mu_0 I\end{aligned} \tag{12-44}$$

如果长直电流 I 没有穿过闭合回路 L，如图 12-23(b) 所示，则磁感应强度沿回路 L 的环路积分为

$$\begin{aligned}\oint_L \vec{B}\cdot\mathrm{d}\vec{l}&=\int_{L_1}\vec{B}\cdot\mathrm{d}\vec{l}+\int_{L_2}\vec{B}\cdot\mathrm{d}\vec{l}\\&=\frac{\mu_0 I}{2\pi}\left(\int_{L_1}\mathrm{d}\varphi+\int_{L_2}\mathrm{d}\varphi\right)\\&=\frac{\mu_0 I}{2\pi}[\varphi+(-\varphi)]\\&=0\end{aligned} \tag{12-45}$$

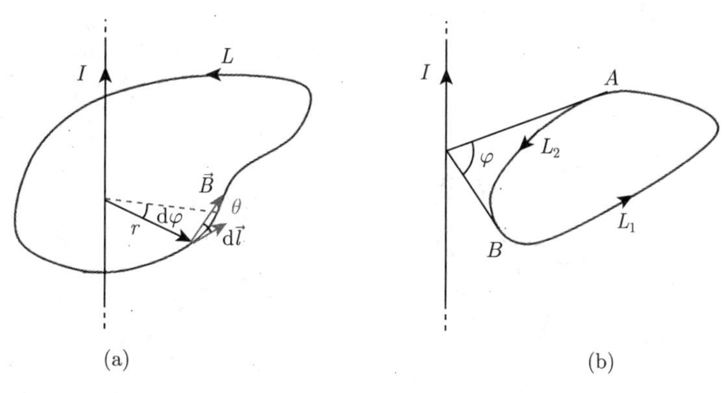

图 12-23 安培环路定理的验证

如果空间有 n 个载流导线，其中电流 I_1，I_2，$\cdots$，I_m 穿过闭合回路 L，而电流 I_{m+1}，I_{m+2}，$\cdots$，I_n 未穿过闭合回路。根据磁场的叠加原理，$\vec{B}$ 沿回路 L 的环路积分为

$$\begin{aligned}\oint_L \vec{B}\cdot\mathrm{d}\vec{l} &= \oint_L \left(\vec{B}_1+\vec{B}_2+\cdots+\vec{B}_n\right)\cdot\mathrm{d}\vec{l}\\ &= \oint_L \vec{B}_1\cdot\mathrm{d}\vec{l}+\oint_L \vec{B}_2\cdot\mathrm{d}\vec{l}+\cdots+\oint_L \vec{B}_n\cdot\mathrm{d}\vec{l}\\ &=\mu_0 I_1+\mu_0 I_2+\cdots+\mu_0 I_m=\mu_0\sum_{i=1}^{m} I_i\end{aligned}$$

几点说明：

(1) 定理虽然是从无限长直线电流这一特例验证得出，但对任意形状的恒定电流，安培环路定理都成立。

(2) 磁感应强度 $\vec{B}$ 的环路积分虽然仅与所穿过的电流有关，但 $\vec{B}$ 却是空间所有电流产生的磁场的磁感应强度的矢量和。

(3) 安培环路定理仅仅适用于恒定电流产生的恒定磁场，恒定电流本身总是闭合的，因此安培环路定理仅仅适用于闭合的载流导线。

(4) 静电场的高斯定理说明静电场为有源场，环路定理又说明静电场无旋；恒定磁场的环路定理反映恒定磁场有旋，高斯定理又反映恒定磁场无源。

12.4.4 安培环路定理的应用

在电流分布具有某种对称性时，应用安培环路定理可以很方便地计算电流产生的磁场的磁感强度。

1. *载流螺绕环内的磁场*

如图 12-24 所示，设环上线圈的总匝数为 N，电流为 I，内外半径分别为 r_1 和 r_2，线圈的截面尺寸远小于内外半径。

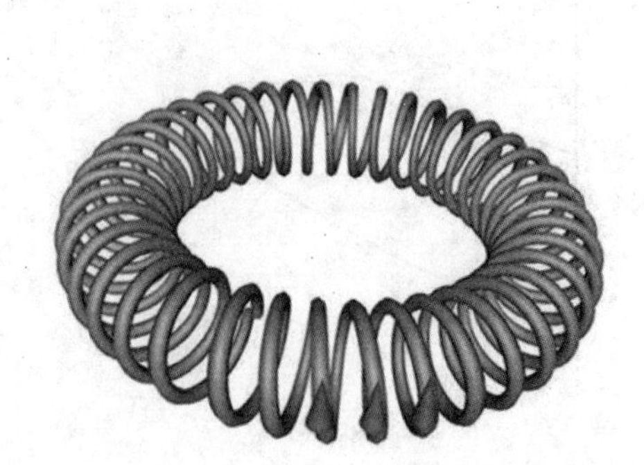

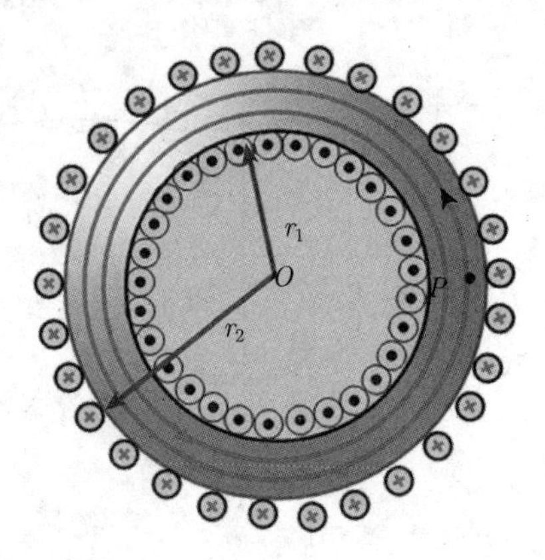

图 12-24　载流螺绕环内的磁场

在环管内部，作半径为 r 的同心圆周为闭合回路 L。由对称分析可知，圆周上各点磁感应强度大小相等，方向沿圆周的切线方向。根据安培环路定理，有

$$\oint_L \vec{B}\cdot \mathrm{d}\vec{l} = B\oint_L \mathrm{d}l = B\cdot 2\pi r = \mu_0 NI$$

由此可得

$$B = \frac{\mu_0 NI}{2\pi r} \tag{12-46}$$

如果环管截面半径远小于环的半径，式 (12-46) 中的 r 变化不大，可以用平均半径 R 代替，则环管内磁感应强度为

$$B = \frac{\mu_0 NI}{2\pi R} = \mu_0 nI$$

式中，$n = \dfrac{N}{2\pi R}$ 为螺绕环单位长度的匝数。载流螺绕环产生的磁场全部集中在环管内部。

2. 无限长圆柱体电流的磁场

半径为 R 的无限长圆柱电流 I，电流在横截面上分布均匀 (图 12-25)。由电流分布的对称性知，在场点到轴线的距离为 r 的圆周上各点的磁感应强度大小相等，方向沿圆周切线方向，与电流方向构成右手螺旋关系。

在圆柱体外部，$r > R$，则有

$$\oint_L \vec{B}\cdot \mathrm{d}\vec{l} = B\cdot 2\pi r = \mu_0 I$$

由此得

$$B = \frac{\mu_0 I}{2\pi r} \tag{12-47}$$

在圆柱体内部，$r < R$，积分回路包围的电流为 $I' = \dfrac{I}{\pi R^2}\cdot \pi r^2 = \dfrac{r^2}{R^2}I$，则有

$$\oint_L \vec{B}\cdot \mathrm{d}\vec{l} = B\cdot 2\pi r = \mu_0 \frac{r^2}{R^2}I$$

由此得

$$B = \frac{\mu_0 I}{2\pi R^2}r \tag{12-48}$$

圆柱体内部的磁感应强度与场点到轴线的距离 r 成正比，而圆柱体外部的则与 r 成反比。

3. 长直载流螺线管内的磁场

如图 12-26 所示，长直螺线管线圈的半径为 R，长度为 L，当 $L \gg R$ 时，管内中间部分的磁场为均匀磁场，方向平行于轴线。设螺线管单位长度上的匝数为 n，线圈中通有电流 I。取如图 12-26 所示的矩形回路 $abcda$，磁感应强度沿此回路的环路积分为

$$\oint_L \vec{B} \cdot \mathrm{d}\vec{l} = \int_a^b \vec{B} \cdot \mathrm{d}\vec{l} + \int_b^c \vec{B} \cdot \mathrm{d}\vec{l} + \int_c^d \vec{B} \cdot \mathrm{d}\vec{l} + \int_d^a \vec{B} \cdot \mathrm{d}\vec{l}$$

bc、da 路径与磁感应强度 $\vec{B}$ 垂直，所以，$\int_b^c \vec{B} \cdot \mathrm{d}\vec{l} = \int_d^a \vec{B} \cdot \mathrm{d}\vec{l} = 0$。$cd$ 路径在管外，当螺线管长度远大于其半径时，管外中间部分的磁场等于零，$\int_c^d \vec{B} \cdot \mathrm{d}\vec{l} = 0$ 。磁感应强度沿 $abcda$ 环路积分为

$$\oint_L \vec{B} \cdot \mathrm{d}\vec{l} = B \cdot \overline{ab}$$

根据安培环路定理，有

$$B \cdot \overline{ab} = \mu_0 n \overline{ab} I$$

由此得到管内磁感应强度大小为

$$B = \mu_0 n I \tag{12-49}$$

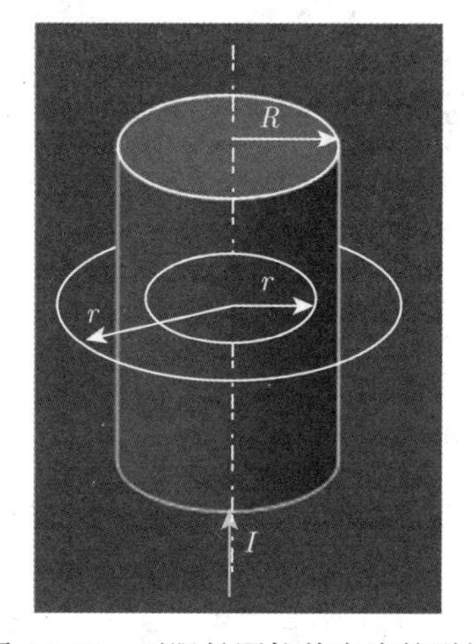

图 12-25 无限长圆柱体电流的磁场

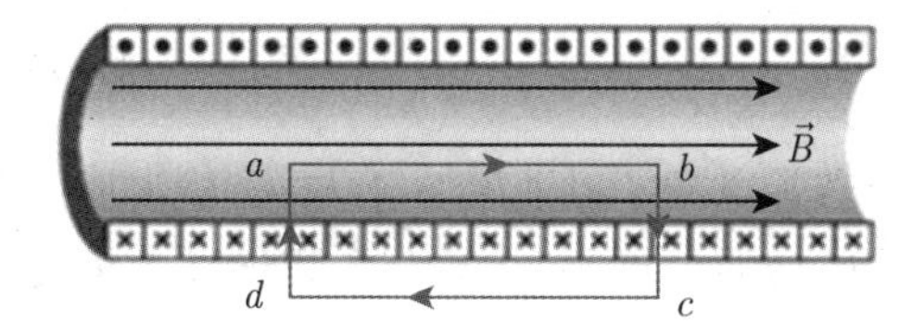

图 12-26 长直螺线管内的磁感应强度

12.5 磁场对运动电荷的作用

12.5.1 带电粒子在磁场中的运动

1. 带电粒子在磁场中的运动

在 12.2 节中，带电粒子在磁场中运动将受到洛仑兹力 $\vec{F}$，曾由下式给出

$$\vec{F} = q\vec{v} \times \vec{B}$$

这里强调: ① 洛伦兹力 $\vec{F}$ 的方向垂直于 $\vec{v}$ 和 $\vec{B}$ 所确定的平面; ② 洛伦兹力 $\vec{F}$ 不能改变带电粒子速度 $\vec{v}$ 的大小, 只能改变其运动方向。

若电荷为 q 的带电粒子以速度 $\vec{v}$ 垂直进入磁感应强度为 $\vec{B}$ 的均匀磁场中, 粒子在洛伦兹力作用下做匀速圆周运动, 如图 12-27 所示。其运动方程为

$$qvB = m\frac{v^2}{R} \tag{12-50}$$

做圆周运动的轨道半径为

$$R = \frac{mv}{qB} \tag{12-51}$$

粒子在匀强磁场中回旋一周的时间, 即回旋周期为

$$T = \frac{2\pi R}{v} = \frac{2\pi m}{qB} \tag{12-52}$$

单位时间回旋次数, 即回旋频率为

$$\nu = \frac{1}{T} = \frac{qB}{2\pi m} \tag{12-53}$$

式 (12-52) 和式 (12-53) 表明, 带电粒子做匀速圆周运动的回旋周期和回旋频率与粒子速度 $\vec{v}$ 无关。

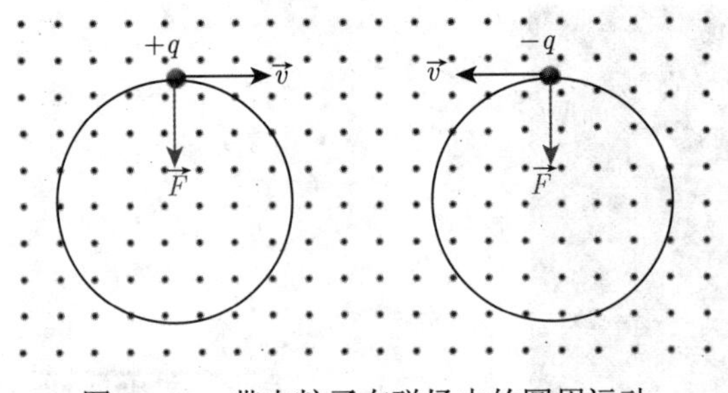

图 12-27　带电粒子在磁场中的圆周运动

若带电粒子以速度 $\vec{v}$ 沿与 $\vec{B}$ 成 θ 角进入磁场中 (图 12-28), 此时, 可以将 $\vec{v}$ 分解为垂直于磁场的分量 $v_\perp = v\sin\theta$ 和平行于磁场的分量 $v_{//} = v\cos\theta$, 但洛伦兹力始终垂直于 $\vec{B}$, 没有平行分量。因此, 粒子一方面沿平行于 $\vec{B}$ 的方向做匀速直线运动, 另一方面在垂直于 $\vec{B}$ 的平面内做匀速圆周运动, 实际运动为两种运动的叠加, 带电粒子将在均匀磁场中做螺旋线运动, 如图 12-28 所示。

圆周运动半径为

$$R = \frac{mv_\perp}{qB} = \frac{mv\sin\theta}{qB} \tag{12-54}$$

式 (12-54) 表明, 匀速圆周运动的半径仅与速度的垂直分量有关, 运动周期和频率仍为式 (12-52) 和式 (12-53)。

在一个周期内, 带电粒子在磁场方向上前进的距离, 称为螺旋线的螺距, 它为

$$h = v_{//}T = \frac{2\pi m}{qB}v\cos\theta \tag{12-55}$$

图 12-29 是一个高能电子在液氢气泡室中的踪迹，带电粒子在磁场中做圆周运动，粒子能量减少时曲率半径随着减少。初始能量为 27 MeV 的电子在 1.8 T 的磁场中的最大半径约 5 cm。

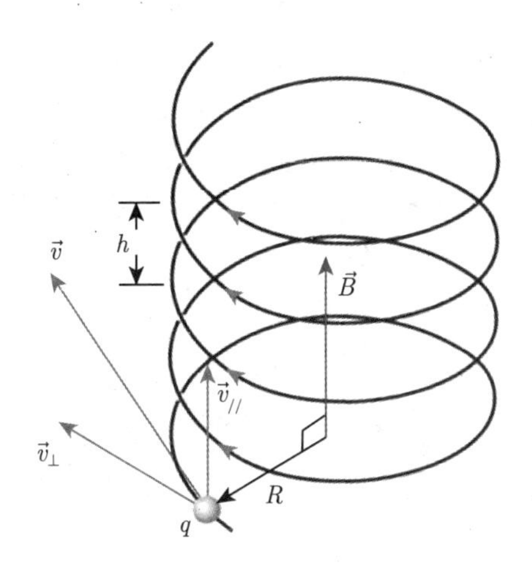

图 12-28 带电粒子在磁场中的螺旋线运动

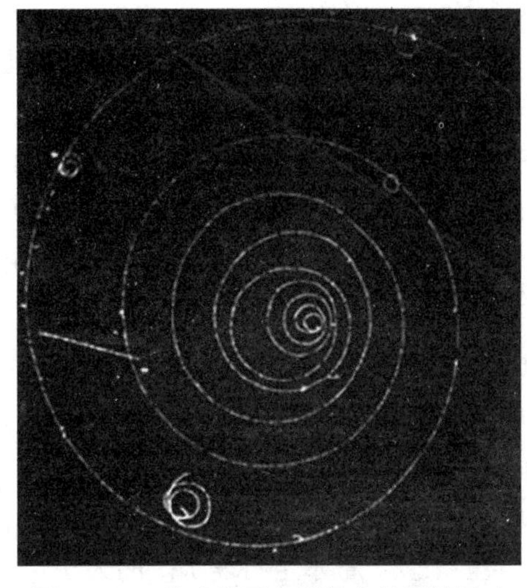

图 12-29 带电粒子在磁场中的螺旋运动

一束发散角不大的带电粒子束，当它们在磁场 $\vec{B}$ 的方向上具有大致相同的速度分量时，它们有相同的螺距。经过一个周期它们将重新会聚在另一点，这种发散粒子束会聚到一点的现象与透镜将光束聚焦现象十分相似，因此叫磁聚焦，磁聚焦广泛应用于电真空器件中如电子显微镜中，它具有了光学仪器中的透镜类似的作用。图 12-30 为显像管中电子束的磁聚焦装置示意。

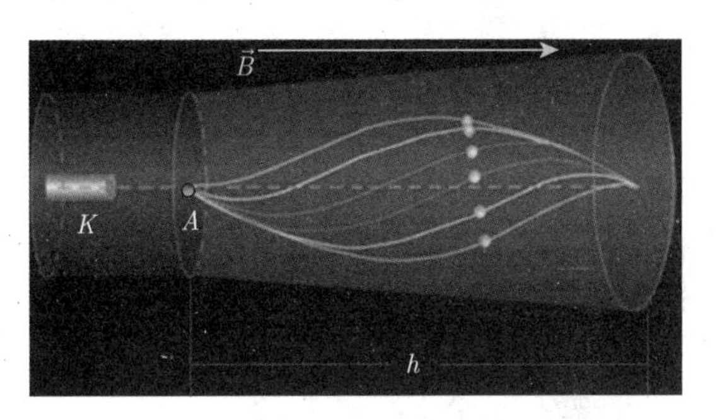

图 12-30 显像管中电子束的磁聚焦装置示意

2. *磁约束*

带电粒子在非均匀磁场中的运动比较复杂，这里只做定性讨论。如图 12-31 所示，非均

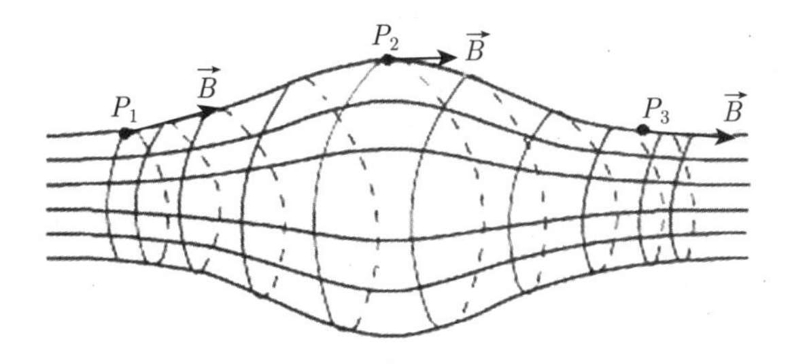

图 12-31 带电粒子在非均匀磁场中的运动

匀磁场具有轴对称分布，中间区域的磁场较弱，两端的磁场较强。因为带电粒子能被束缚在这类磁场中，这种磁场有时称为磁束，它可以用两个通电的平面线圈来产生。

假设带正电的粒子以垂直于页面向里的速度 $\vec{v}$ 进入图中的 P_1 点，由于此处 $\vec{B}$ 的轴向分量，带电粒子将做圆周运动。$\vec{B}$ 还有一个不大的径向分量，此分量使做回旋运动的带电粒子受到一指向右边的力，从而使带电粒子向右运动，进入较弱的磁场区。由于这里的磁场较弱，因而带电粒子的回旋半径增大。在 P_2 点处，$\vec{B}$ 没有径向分量，故在这里做回旋运动的粒子不再获得向右的加速度，但由于粒子具有向右的速度，它仍能继续向右运动而进入右端较强的磁场区。在右端磁场区中 (如 P_3 点)，带电粒子也将受到轴向和径向磁场的作用，但右端磁场的径向分量的指向与左端磁场的径向分量的指向正好相反，因此这时带电粒子受到的轴向磁场力方向向左。对带负电的粒子也可做类似的分析。

12.5.2　霍尔效应

1879 年，年仅 24 岁的霍尔发现，把一载流导体放在磁场中时，如果磁场方向与电流方向垂直，则在与磁场和电流两者垂直的方向上出现横向电势差 (图 12-32 中 M、N 两侧)。这一现象称为**霍尔效应**，这电势差称为霍尔电势差。

实验表明，霍尔电势差 U_{H} 的大小，与电流 I 及磁感强度 $\vec{B}$ 的大小成正比，而与导体的厚度 d 成反比。即

$$U_{\mathrm{H}} = R_{\mathrm{H}}\frac{IB}{d} \tag{12-56}$$

式中，R_{H} 称为霍尔系数。

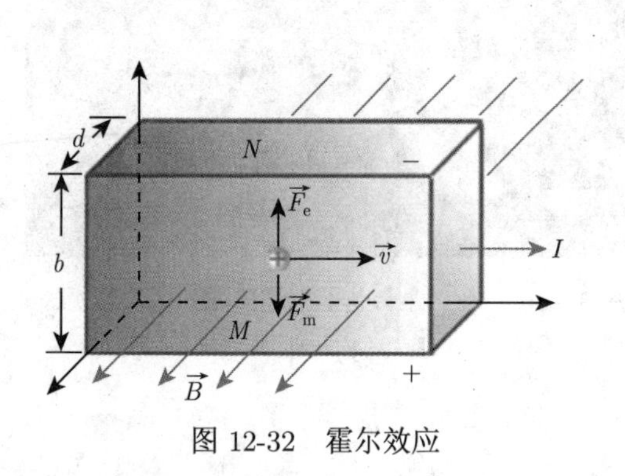

图 12-32　霍尔效应

霍尔效应可用磁场中的载流子受到的洛伦兹力作用来解释。如图 12-32 所示，设载流子的电荷为 q，载流子的数密度为 n，载流子的平均漂移速度为 $\vec{v}$，它们在洛伦兹力 $\vec{F}_{\mathrm{m}} = q\vec{v}\times\vec{B}$ 作用下向导体的 M 侧聚集，从而使得在 M、N 两侧出现等量异号电荷，进而在导体内建立起不断增加的横向电场 $\vec{E}_{\mathrm{H}}$，称为霍尔电场。作用在载流子上的电场力 $\vec{F}_{\mathrm{e}} = q\vec{E}_{\mathrm{H}}$，其方向与 $\vec{F}_{\mathrm{m}}$ 相反，起到了阻止载流子向 M 侧聚集的作用。当二力达到平衡时，载流子不再做侧向运动，两侧的电荷不再聚集，从而导体内形成了恒定的横向霍尔电场。由 $F_{\mathrm{m}} = F_{\mathrm{e}}$，可以得到霍尔电场的大小为

$$E_{\mathrm{H}} = vB$$

设板的侧向宽度为 b，则霍尔电势差为

$$U_{\mathrm{H}} = U_M - U_N = E_{\mathrm{H}}b = vBb$$

而电流 $I = qnvS = qnvbd$，代入上式，可得霍尔电势差为

$$U_{\mathrm{H}} = \frac{1}{nq}\frac{IB}{d} \tag{12-57}$$

与式 (12-56) 比较，可得霍尔系数为

$$R_{\mathrm{H}} = \frac{1}{nq} \tag{12-58}$$

由式 (12-58) 可以看出，霍尔系数 R_{H} 与载流子密度 n 成反比，带正电的载流子 $R_{\mathrm{H}} > 0$，带负电的载流子 $R_{\mathrm{H}} < 0$。在金属中，由于载流子数密度 n 很大，因此霍尔系数很小，相应的霍尔效应也很弱。而在一般半导体中，载流子数密度 n 较小，因此霍尔效应较明显。因为半导体的载流子数密度远小于金属电子的数密度且容易受温度、杂质的影响，所以霍尔系数是研究半导体的重要方法之一。利用半导体的霍尔效应制成的霍尔器件被广泛地应用于电子技术中。利用霍尔效应还可以测量载流子的类型和数密度以及测量磁场。

1980 年德国物理学家克利青在低温 (1.5K) 和强磁场 (19T) 条件下，发现式 (12-57) 中的霍尔电势差与电流的关系，不再是线性的，而是台阶式的非线性关系

$$R_{\mathrm{H}} = \frac{h}{me^2} \quad (m = 2, 3, 4, \cdots) \tag{12-59}$$

式中，h 为普朗克常数。这就是量子霍尔效应。量子霍尔效应与低温系统的性质、高温超导体的性质存在联系。另外，量子霍尔效应给电阻提供了一个新的测量基准，其精度可达 10^{-10}。1985 年克利青因量子霍尔效应的发现获诺贝尔奖。崔琦、劳夫林、斯特默因研究在更强磁场下的量子霍尔效应而于 1998 年获诺贝尔奖。

12.6 磁场对载流导线的作用

12.6.1 安培力

实验指出，载流导线在磁场中将受到磁场力的作用，这种力通常称为安培力。我们知道，电流是大量电荷做定向运动形成的。载流导线处在磁场中，做定向运动的自由电子受到洛伦兹力作用，这种作用通过碰撞最终传递给金属晶格，宏观上就表现为磁场对载流导线的作用。下面我们就从定向运动的自由电子受到洛伦兹力出发，来推导一段载流导线在磁场中受到的安培力。

通有电流 I 的载流导线放置在磁场中。图 12-33 为在导线上截取的一段长为 $\mathrm{d}l$ 的电流元 $I\mathrm{d}l$，其截面积为 S。电流元所在位置的磁感应强度为 $\vec{B}$，可视为均匀磁场。设电流元中自由电子定向漂移速度为 $\vec{v}$，每个自由电子受到的洛伦兹力为 $\vec{F}_{\mathrm{L}} = -\mathrm{e}\vec{v} \times \vec{B}$。假设导体中自由电子数密度为 n，电流元中电子总数为 $\mathrm{d}N = nS\mathrm{d}l$，那么，作用在这段电流元上的磁场力为

$$\begin{aligned} \mathrm{d}\vec{F} &= \vec{F}_{\mathrm{L}} \cdot \mathrm{d}N = -(\mathrm{e}\vec{v} \times \vec{B}) \cdot nS\mathrm{d}l \\ &= \mathrm{e}nvS \cdot \mathrm{d}\vec{l} \times \vec{B} \end{aligned} \tag{12-60}$$

式中，最后一步考虑了自由电子定向运动方向与电流元方向相反，并注意到电流 $I = \mathrm{e}nvS$。由此可得，这段电流元在磁场中受到的安培力为

$$\mathrm{d}\vec{F} = I\mathrm{d}\vec{l} \times \vec{B} \tag{12-61}$$

式 (12-61) 称为安培力公式。安培力的大小为

$$\mathrm{d}F = I\mathrm{d}lB\sin\theta$$

方向垂直于 $I\mathrm{d}\vec{l}$ 和 $\vec{B}$ 所在的平面，由右手螺旋关系确定，如图 12-34 所示。

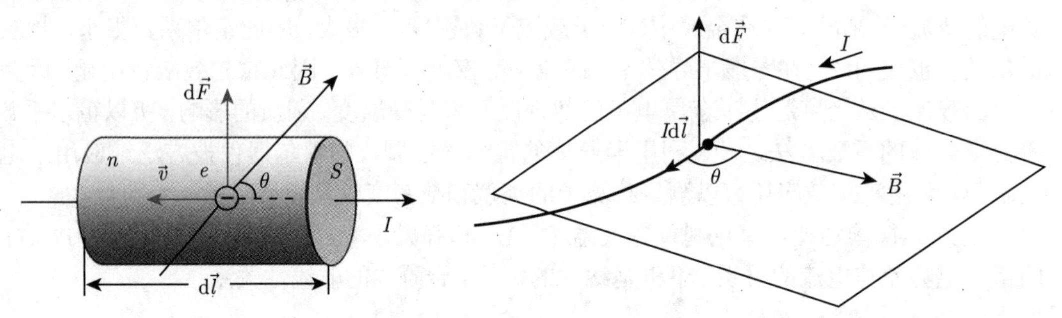

图 12-33　电流元在磁场中受安培力的推导　　图 12-34　电流元在磁场中所受的安培力

由力的叠加原理，原则上可以计算任意形状的载流导线在磁场中所受的安培力，即

$$\vec{F} = \int_L I\mathrm{d}\vec{l} \times \vec{B} \tag{12-62}$$

这就是安培力的基本计算公式。一般情况下，各电流元所受力的大小和方向有所不同，应在坐标系下先化为分量式，然后再积分计算。

对于长为 l，电流为 I 的载流直导线在均匀磁场 $\vec{B}$ 中，受到的安培力为

$$\vec{F} = \int_l I\mathrm{d}\vec{l} \times \vec{B} = I\vec{l} \times \vec{B}$$

安培力的大小为 $F = IlB\sin\theta$，这正是中学所讲的安培力公式，其中 θ 为电流流向与磁场方向的夹角。力的方向由右手螺旋关系确定：首先四指指向电流流向，然后小于 π 转动磁场方向，大拇指指向为安培力的方向。

例 12-3　如例 12-3 图所示，一无限长的载流直导线通有电流 I_1，在同一平面内有长为 L 的载流直导线，通有电流 I_2，两者互相垂直。求长为 L 的导线所受的磁场力。

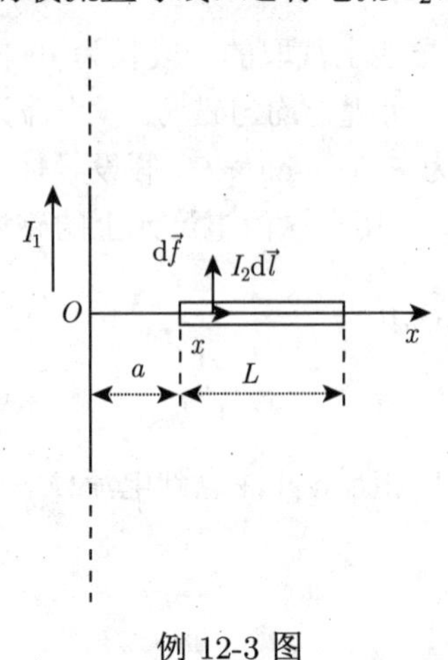

例 12-3 图

解　建立如图所示的坐标系，在 x 处取电流元 $I_2\mathrm{d}\vec{l} = I_2\mathrm{d}x\hat{i}$，无限长载流直导线在此处的磁感应强度大小为 $B = \dfrac{\mu_0 I_1}{2\pi x}$，方向垂直于页面向里。电流元所受安培力大小为

$$\mathrm{d}F = I_2\mathrm{d}xB = \frac{\mu_0 I_1 I_2 \mathrm{d}x}{2\pi x}$$

方向向上。各电流元受力方向相同，所以，长为 L 的载流导线所受安培力为

$$F = \int \mathrm{d}F = \int_a^{a+L} \frac{\mu_0 I_1 I_2}{2\pi x}\mathrm{d}x = \frac{\mu_0 I_1 I_2}{2\pi}\ln\frac{a+L}{a}$$

12.6.2 两平行载流长直导线的相互作用

假设两导线相距 a，通有电流分别为 I_1 和 I_2，如图 12-35 所示，电流元 $I_2\mathrm{d}\vec{l}_2$ 所受的安培力 $\mathrm{d}\vec{F}_{21}$ 的大小为

$$\mathrm{d}F_{21}=I_2B_1\mathrm{d}l_2=\frac{\mu_0 I_1}{2\pi a}I_2\mathrm{d}l_2 \tag{12-63}$$

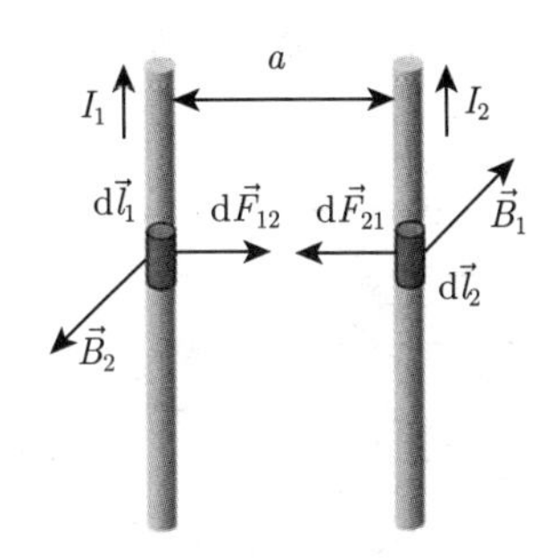

图 12-35 两载流平行长直导线的相互作用

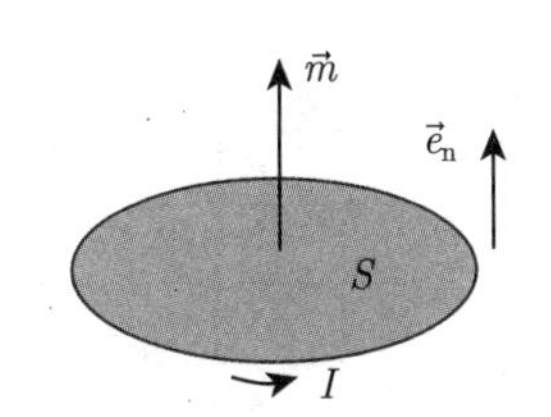

图 12-36 载流线圈的磁矩

导线 2 单位长度上所受的安培力为

$$\frac{\mathrm{d}F_{21}}{\mathrm{d}l_2}=\frac{\mu_0 I_1 I_2}{2\pi a} \tag{12-64}$$

同理，导线 1 单位长度上所受的安培力为

$$\frac{\mathrm{d}F_{12}}{\mathrm{d}l_1}=\frac{\mu_0 I_1 I_2}{2\pi a} \tag{12-65}$$

由式 (12-61) 可知，两导线通过同向电流时相吸；两导线通过反向电流时则相斥。

设 $a=1\mathrm{m}$，$I_1=I_2=1\mathrm{A}$，单位长度导线受到的安培力为

$$\frac{\mathrm{d}F}{\mathrm{d}l}=\frac{\mu_0 I_1 I_2}{2\pi a}=\frac{4\pi\times10^{-7}\times1\times1}{2\pi\times1}=2\times10^{-7}\mathrm{N}\cdot\mathrm{m}^{-1}$$

在国际单位制中，电流强度是基本物理量，其基本单位是安培 (A)，安培单位是这样定义的：在真空中，相距 1m 的两根平行长直导线，通以相等的恒定电流，使得两导线单位长度上受到的安培力恰好为 $2\times10^{-7}\mathrm{N}$，这时每根导线上所通的电流就定义为 1A。

12.6.3 磁场对载流线圈的作用

1. 载流线圈的磁矩

载流平面线圈的磁矩定义为

$$\vec{m}=IS\vec{e}_\mathrm{n} \tag{12-66}$$

式中，S 为线圈的面积；I 为线圈通过的电流；$\vec{e}_\mathrm{n}$ 为线圈平面的法向，也是磁矩的方向，$\vec{e}_\mathrm{n}$ 与电流环绕方向构成右手螺旋关系，注意载流线圈不一定是圆形，如图 12-36 所示。

2. 载流线圈受到的磁力矩

在磁感应强度为 $\vec{B}$ 的均匀磁场中，有一刚性矩形平面载流线圈，边长分别为 l_1 和 l_2，通有电流 I，如图 12-37 所示。设线圈平面的法向单位矢量 $\vec{e}_n$ 与磁场方向的夹角为 φ，并且 ab 边与 cd 边均与磁场方向垂直。导线 bc 和 ad 所受的安培力 $\vec{F}_1$、$\vec{F}_1'$ 大小相等，方向相反，且作用在同一直线上，故相互抵消。

导线 ab 和 cd 所受的安培力分别为 $\vec{F}_2$、$\vec{F}_2'$，并且有 $F_2 = F_2' = BIl_2$，但这两个力不在

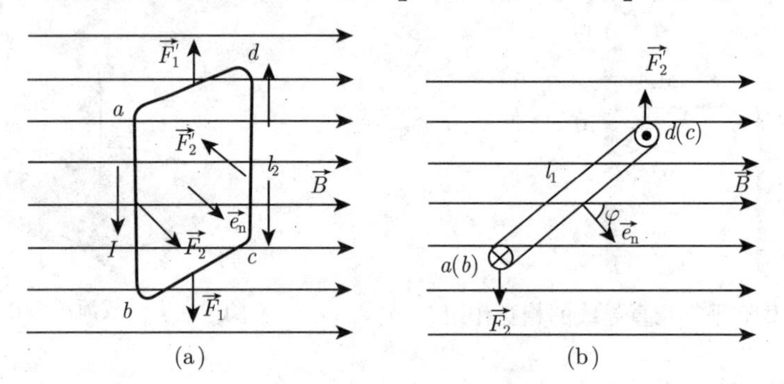

图 12-37　载流线圈受到的磁力矩

同一直线，因此形成一力偶 (图 12-37(b))。所以磁场作用在线圈上的力矩为

$$M = F_2 l_1 \sin\varphi = BIS\sin\varphi \tag{12-67}$$

由线圈磁矩的定义，式 (12-67) 可写成矢量式

$$\vec{M} = \vec{m} \times \vec{B} \tag{12-68}$$

这就是载流线圈在均匀磁场中受到的磁力矩。当 $\vec{e}_n$ 与 $\vec{B}$ 平行时，磁力矩为零；当 $\vec{e}_n$ 与 $\vec{B}$ 垂直时，磁力矩最大；当 $\vec{e}_n$ 与 $\vec{B}$ 之间有夹角 φ 时，磁场平行于线圈法向的分量对线圈无任何影响，磁场垂直于线圈法向的分量对线圈作用有力矩作用。

若刚性平面载流线圈处于不均匀磁场 $\vec{B}$ 中，则用积分求出磁力矩

$$\vec{M} = \int \mathrm{d}\vec{M} = \int \mathrm{d}\vec{m} \times \vec{B} \tag{12-69}$$

在非均匀磁场中，载流线圈除受到磁力矩外，还受到磁力的作用。磁力的方向指向强磁场区域，因此载流小线圈总是被磁极吸引。

载流线圈在磁场中的状态和 $\vec{e}_n$ 与 $\vec{B}$ 的夹角 φ 有关。当 $\varphi = 0$ 时，相应 $M = 0$，这时线圈处于平衡。此时如果给线圈一微扰，线圈会回到原来位置，这种平衡称为稳定平衡。这时线圈处于稳定平衡状态 (图 12-38)。

当 $\varphi = \pi$ 时，相应 $M = 0$，这时线圈也处于平衡。但如果线圈受到一微扰，线圈不会回到原来位置，这种平衡称为不稳定平衡。这时线圈处于不稳定平衡状态 (图 12-39)。

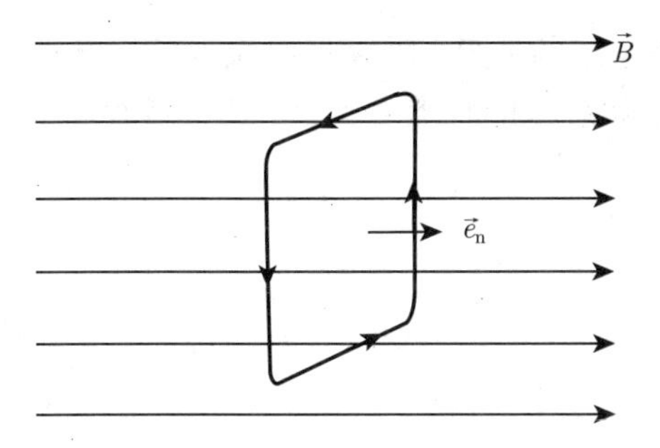

图 12-38 载流线圈在磁场中的稳定平衡状态

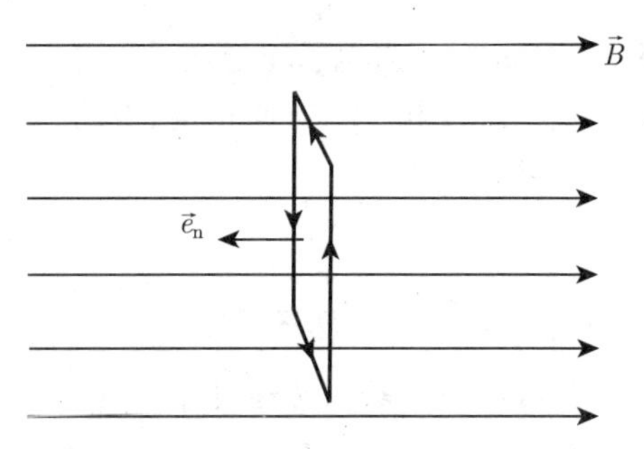

图 12-39 载流线圈在磁场中的不稳定平衡状态

12.7 磁介质的磁化

凡是处于磁场中能够对磁场发生影响的物质都属于磁介质。实验表明，一切由原子、分子组成的物质都能对磁场发生影响，它们都属于磁介质。当一块介质放在外磁场中将会与磁场发生相互作用，产生一种“磁化”的现象，磁化过程使介质中出现附加磁场，不同的磁介质产生不同的附加磁场。

12.7.1 顺磁性和抗磁性

假设磁介质置于磁感强度为 $\vec{B}_0$ 的外磁场中，介质磁化后的附加磁场的磁感强度为 $\vec{B}'$，则磁介质中的磁感应强度为

$$\vec{B} = \vec{B}_0 + \vec{B}' \tag{12-70}$$

实验发现，如果在载流导线周围充满某种各向同性的磁介质，则磁介质中的磁感强度 $\vec{B}$ 与真空时的磁感强度 $\vec{B}_0$ 存在以下的关系：

$$\vec{B} = \mu_r \vec{B}_0 \tag{12-71}$$

式中，μ_r 称为磁介质的相对磁导率。按 μ_r 的大小不同，可将磁介质分为以下几种类型：① 顺磁质，$\mu_r > 1$，介质磁化后呈弱磁性，附加磁场 $\vec{B}'$ 与外场 $\vec{B}_0$ 同向，如氧、铝、钨、铂、铬等；② 抗磁质，$\mu_r < 1$，介质磁化后呈弱磁性，附加磁场 $\vec{B}'$ 与外场 $\vec{B}_0$ 反向，如氮、水、铜、银、金、铋等；③ 铁磁质，$\mu_r \gg 1$，介质磁化后呈强磁性，附加磁场 $\vec{B}'$ 与外场 $\vec{B}_0$ 同向，如铁、钴、镍等。

12.7.2 原子中电子的磁矩

1. *原子中电子的磁矩*

按照原子中电子的经典模型，电子绕原子核做圆周运动，相当于一个闭合圆形电流。设电子绕原子核运动速度为 v，轨道半径为 r，其等效电流为 $I = \dfrac{ve}{2\pi r}$。参照图 12-36，电子绕原子核运动的轨道磁矩为

$$\vec{P}_m = IS\vec{e}_n = -\frac{evr}{2}\vec{e}_n = -\frac{e}{2m}\vec{L} \tag{12-72}$$

式中，$\vec{L}=mvr\vec{e}_{\mathrm{n}}$ 为电子轨道运动的角动量；m 为电子的质量。因圆形电流方向与电子运动方向相反，故 $\vec{L}$ 和 $\vec{P}_m$ 方向相反。原子中电子除了做绕核的轨道运动外，还有自旋运动，相应的自旋磁矩为

$$\vec{P}_S=-\frac{\mathrm{e}}{m}\vec{S} \tag{12-73}$$

式中，$\vec{S}$ 为电子的自旋角动量。

2. 顺磁性和抗磁性的起因

类似电介质的讨论，从物质电结构来说明磁性的起源，介质的分子 (原子) 中的所有电子的轨道磁矩和自旋磁矩的矢量和，称为分子磁矩 (图 12-40)。

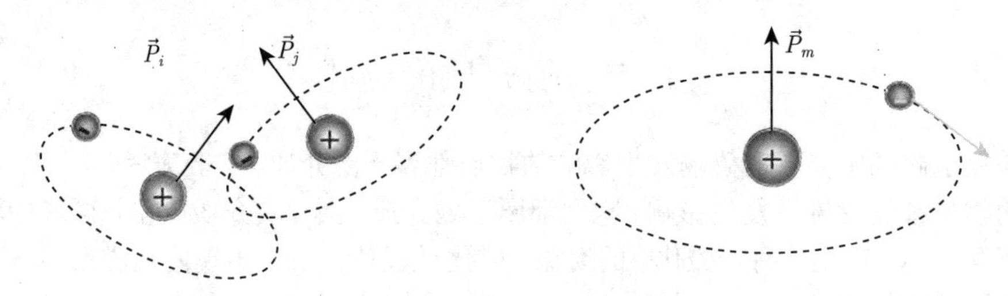

图 12-40　分子中所有电荷磁矩的矢量和构成分子磁矩

分子的磁效应可用分子磁矩来表示，并可用具有相同磁矩的圆电流来替代分子。设分子电流的电流强度为 I，圆面积为 S，对应的分子磁矩为

$$\vec{P}_m=IS\vec{e}_{\mathrm{n}} \tag{12-74}$$

式中，$\vec{e}_{\mathrm{n}}$ 为圆电流平面法向单位矢量，它与电流方向成右手螺旋关系，参照图 12-36。

1) 抗磁质

磁介质的分子磁矩为零，在外磁场中，各个分子中的电子都因拉莫尔进动而产生感应磁矩 (详见原子物理学相关文献)。

感应磁矩的方向与外磁场方向相反，相应的附加磁场 $\vec{B}'$ 的方向也与外磁场 $\vec{B}_0$ 方向相反，使介质中的磁感强度 $\vec{B}$ 减弱。抗磁质在外磁场中的磁化过程称为感应磁化。

2) 顺磁质

磁介质的分子磁矩不为零，在无外磁场 $\vec{B}_0$ 时，各个分子磁矩的方向完全无规则，宏观上不产生磁效应。

有外磁场 $\vec{B}_0$ 时，各个分子磁矩将转向外磁场方向。达到平衡时，分子磁矩将不同程度地沿外磁场方向排列起来，在宏观上呈现出附加磁场，附加磁场 $\vec{B}'$ 的方向与外磁场 $\vec{B}_0$ 方向相同，使介质中的磁感应强度 $\vec{B}$ 增加。

顺磁质在外磁场中也会出现感应磁矩，但它比分子磁矩约小 5 个数量级，因此完全可以忽略。顺磁场在外磁场中的磁化过程称为取向磁化。

12.7.3　磁化强度和磁化电流

1. 磁化强度矢量

按照安培假说，附加磁场 $\vec{B}'$ 是由分子电流产生的，而分子电流产生分子磁矩。以非铁

磁介质为例，磁化前，单位体积磁介质中磁矩的矢量和为零，磁化后，单位体积磁介质中磁矩的矢量和为非零，磁化越甚，这种变化越甚。为了表征物质的磁化程度，同电介质的极化类似，磁化强度矢量 $\vec{M}$ 定义为

$$\vec{M}=\lim_{\Delta V\to 0}\frac{\sum\limits_{i}\vec{m}_i}{\Delta V} \tag{12-75}$$

式中，$\vec{m}_i$ 表示体元 ΔV 内任一分子的磁矩，求和遍及 ΔV 内所有分子，取 $\Delta V\to 0$ 的极限是为了使极化强度矢量描写 ΔV 所包围的宏观点。磁化强度的单位：安培 · 米 $^{-1}$($\mathrm{A{\cdot}m^{-1}}$)。

2. 磁化电流

磁介质的磁化，也可用磁化电流来表示。磁化电流与电介质极化时在电介质上产生的极化电荷相当。极化电荷产生附加电场，磁化电流产生附加磁场。

考虑一载流长直螺线管，管内充满各向同性的均匀磁介质。对于各向同性的均匀介质，在匀强磁场中被磁化后，各分子电流平面转到与磁场的方向垂直。介质内部任一点总有两个方向相反的分子电流通过，各分子电流相互抵消，而在介质表面，各分子电流相互叠加，在磁化圆柱的表面出现一层电流，好像一个载流螺线管 (图 12-41)，称为**磁化面电流**。

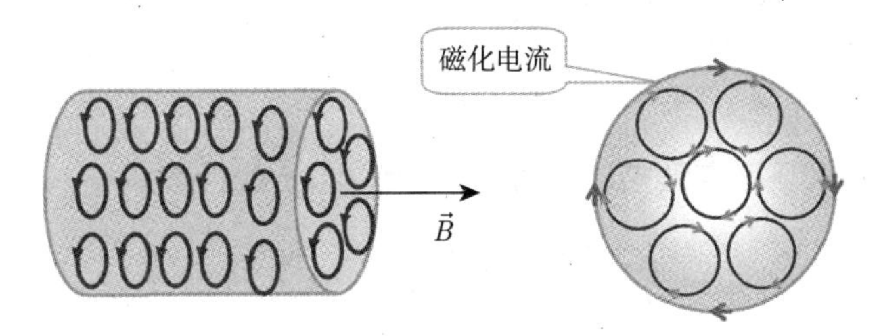

图 12-41 分子电流导致的磁化面电流

对于抗磁质，磁化面电流 I' 和螺线管上导线中的电流 I 方向相反，使磁介质内的磁场减弱。对于顺磁质，磁化面电流 I' 和螺线管上导线中的电流 I 方向相同，使磁介质内的磁场增强 (图 12-42)。

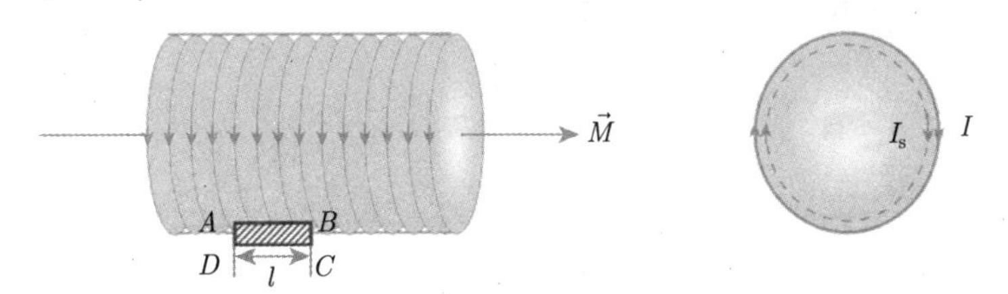

图 12-42 磁化面电流与磁化强度的关系

设介质表面沿轴线方向单位长度上的磁化电流大小为 α_s，则长为 l 的一段介质上的磁化电流强度 I_s 为

$$I_s=\alpha_s l \tag{12-76}$$

在长度为 l，截面积为 S 的磁介质内的总磁矩大小为

$$\left|\sum\vec{m}_{分子}\right|=I_s\cdot S=\alpha_s Sl=\alpha_s V$$

磁化强度大小为

$$M = \frac{\left|\sum \vec{m}_{分子}\right|}{\Delta V} = \frac{\alpha_s Sl}{Sl} = \alpha_s$$

上式表明，磁介质表面某处磁化强度的大小等于此处单位长度的磁化面电流。用矢量形式可表示为

$$\vec{\alpha}_s = \vec{M} \times \vec{n} \tag{12-77}$$

式中，$\vec{n}$ 为磁介质表面某处的法向单位矢量；$\vec{\alpha}_s$ 为面磁化电流密度矢量。

如图 12-42 所示，取矩形闭合回路 $ABCDA$，沿圆柱形磁介质内外边缘，AB 边在磁介质内部，与圆柱形轴线平行，并设长为 l。磁化强度 $\vec{M}$ 对此闭合回路的积分为

$$\oint_l \vec{M} \cdot \mathrm{d}\vec{l} = \alpha_s l = I_s \tag{12-78}$$

12.7.4　磁介质中的磁场

在磁介质中，空间各点的磁感应强度 $\vec{B}$ 应是传导电流 I 产生的磁感应强度 $\vec{B}_0$ 和磁化电流 I_s 产生的磁感应强度 $\vec{B}'$ 的矢量和

$$\vec{B} = \vec{B}_0 + \vec{B}' \tag{12-79}$$

真空中恒定电流的安培环路定理推广到有介质的情形，应表示为

$$\oint_l \vec{B} \cdot \mathrm{d}\vec{l} = \mu_0 \sum I + \mu_0 \sum I_s \tag{12-80}$$

式中，右边两项分别表示闭合回路 L 所包围的传导电流和磁化电荷的代数和。将式 (12-78) 代入式 (12-80)，整理后，得

$$\oint_l \left(\frac{\vec{B}}{\mu_0} - \vec{M}\right) \cdot \mathrm{d}\vec{l} = \sum I \tag{12-81}$$

引入辅助物理量 $\vec{H}$，称为**磁场强度**，定义为

$$\vec{H} = \frac{\vec{B}}{\mu_0} - \vec{M} \tag{12-82}$$

则有

$$\oint_l \vec{H} \cdot \mathrm{d}\vec{l} = \sum I \tag{12-83}$$

这就是有磁介质存在时的安培环路定理。它表明，沿任一闭合路径磁场强度的环路积分等于该闭合路径所包围的自由电流的代数和。$\vec{H}$ 的环路积分仅与传导电流有关，与介质无关。因此用它求场量 $\vec{H}$ 要比用式 (12-80) 计算 $\vec{B}$ 简便得多。$\vec{H}$ 与在有电介质的静电场中引入的电位移 $\vec{D}$ 相似，它们都是辅助物理量。磁场强度 $\vec{H}$ 的单位是安培 · 米$^{-1}$($\mathrm{A{\cdot}m^{-1}}$)。

实验证明，对于各向同性磁介质 (顺磁质和抗磁质)，在磁介质中任意一点磁化强度和磁场强度成正比，即

$$\vec{M} = \chi_m \vec{H} \tag{12-84}$$

式中，χ_{m} 只与磁介质的性质有关，称为磁介质的磁化率，是一个无量纲的纯数。如果磁介质是均匀的，它是一个常数；如果磁介质是不均匀的，它是空间位置的函数。对于顺磁质，$\chi_{\mathrm{m}}>0$；对于抗磁质，$\chi_{\mathrm{m}}<0$。将式 (12-84) 代入式 (12-82)，可得

$$\vec{B}=\mu_0(1+\chi_{\mathrm{m}})\vec{H}=\mu_0\mu_r\vec{H}=\mu\vec{H} \tag{12-85}$$

式中，$\mu_r=1+\chi_{\mathrm{m}}$ 为磁介质的相对磁导率。所有顺磁质和抗磁质的磁导率都很小，其相对磁导率几乎等于 1，它们对电流的磁场只产生微弱的影响。

值得注意的是，$\vec{H}$ 只是为研究磁介质中的磁场方便而引入的辅助物理量，反映磁场性质的基本物理量是磁感应强度 $\vec{B}$。

例 12-4 设螺绕环上线圈的总匝数为 N，通有电流为 I，环内外半径分别为 r_1 和 r_2，其间充满相对磁导率为 μ_r 的磁介质，线圈的截面尺寸远小于内外半径，试求其环管内磁场。

解 参考图 12-24，由对称分析可知，在环内，半径为 r 的同心圆周上，磁感应强度大小相同，方向沿圆周切向。

因为

$$\oint_l \vec{H}\cdot\mathrm{d}\vec{l}=\sum I$$

而

$$\vec{H}=\frac{\vec{B}}{\mu_0\mu_r}$$

所以

$$\oint_l \vec{B}\cdot\mathrm{d}\vec{l}=\mu_0\mu_r\sum I$$

即

$$\oint_l \vec{B}\cdot\mathrm{d}\vec{l}=2\pi rB=\mu_0\mu_r NI$$

解得

$$B=\frac{\mu_0\mu_r NI}{2\pi r}=\mu_0\mu_r nI$$

例 12-5 如图 12-25 所示，半径为 R 的无限长圆柱体，体内充满相对磁导率为 μ_r 的磁介质，电流 I 在横截面上分布均匀，试求其内外磁场的分布规律。

解 由电流分布的对称性可知，在场点到轴的距离为 r 的圆周上各点的磁感应强度大小相同，方向按右手螺旋关系沿圆周切向。

1) 圆柱体外部 $(r>R)$ 任意一点的磁感应强度

由有介质的安培环路定理，可得

$$\oint_l \vec{H}\cdot\mathrm{d}\vec{l}=2\pi rH=I$$

而

$$\vec{B}=\mu_0\mu_r\vec{H}$$

所以

$$B=\frac{\mu_0\mu_r I}{2\pi r}$$

2) 圆柱体内部 ($r < R$) 任意一点的磁感应强度

积分回路包围的电流为 $I' = \dfrac{I}{\pi R^2} \cdot \pi r^2 = \dfrac{r^2}{R^2} I$，则有

$$\oint_l \vec{H} \cdot \mathrm{d}\vec{l} = 2\pi r H = \frac{r^2}{R^2} I$$

解得

$$B = \frac{\mu_0 \mu_r I}{2\pi R^2} r$$

习　　题

12-1　两个截面不同的铜杆串联在一起，两端加上电压 U，设通过细杆 1 和粗杆 2 的电流、电流密度大小、杆内的电场强度大小分别为 I_1、j_1、E_1 与 I_2、j_2、E_2，则 (　　)

A. $I_1 = I_2$、$j_1 > j_2$、$E_1 > E_2$　　B. $I_1 = I_2$、$j_1 < j_2$、$E_1 < E_2$

C. $I_1 < I_2$、$j_1 > j_2$、$E_1 > E_2$　　D. $I_1 < I_2$、$j_1 < j_2$、$E_1 < E_2$

12-2　如图所示，载流导线由半径为 R 的半圆形和两半无限长直线组成，流过的电流为 I，则圆心 O 处的磁感应强度大小为 (　　)

A. $\dfrac{\mu_0 I}{2R}\left(1 + \dfrac{1}{\pi}\right)$　　B. $\dfrac{\mu_0 I}{2R}\left(1 - \dfrac{1}{\pi}\right)$　　C. $\dfrac{\mu_0 I}{4R}\left(1 + \dfrac{1}{\pi}\right)$　　D. $\dfrac{\mu_0 I}{4R}\left(1 - \dfrac{1}{\pi}\right)$

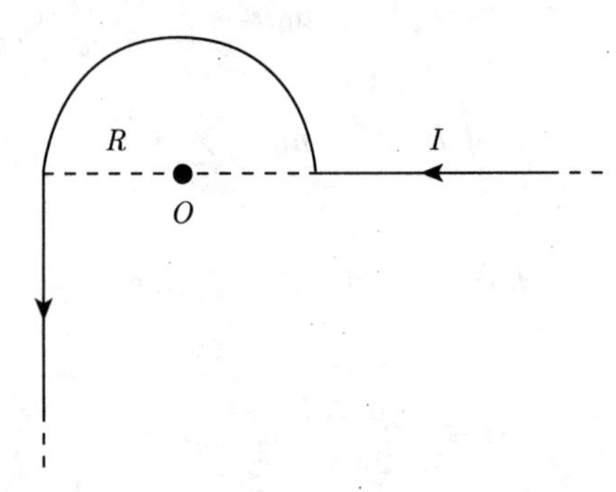

题 12-2 图

12-3　磁感应强度为 $\vec{B}$ 的均匀磁场垂直于半径为 r 的圆面。今以该圆周为边线，作一半球面 S，则穿过 S 面的磁通量大小为 (　　)

A. $2\pi r^2 B$　　B. $\pi r^2 B$　　C. 0　　D. 无法确定

12-4　下列关于安培环路定理 $\oint_L \vec{B} \cdot \mathrm{d}\vec{l} = \mu_0 \sum I_i$ 的说法中，正确的是 (　　)

A. 安培环路中的 $\vec{B}$ 完全是由公式中的 $\sum I_i$ 所产生

B. 如果 $\sum I_i = 0$，安培环路上各点的 $\vec{B}$ 一定为零

C. 如果在安培环路上各点的 $\vec{B}$ 处处为零，一定有 $\sum I_i = 0$

D. 利用安培环路定理一定可以求出磁场中各点的 $\vec{B}$

12-5　细长直螺线管通有电流 I，若导线均匀密绕，单位长度匝数为 n，已知螺线管中部磁感强度大小为 $\mu_0 n I$，则下列说法正确的是 (　　)

A. 边缘处磁场大小仍为 $\mu_0 n I$，因磁感应线不能中断

B. 边缘处磁场大小为 $\mu_0 n I$，但方向与内部相反

C. 边缘处磁场大小为 $\mu_0 nI/2$，说明磁感应线在边缘处不连续

D. 边缘处磁场大小为 $\mu_0 nI/2$，但磁感应线连续

12-6　一段半径为 R 的半圆形导线，通有电流 I，放置在磁感应强度为 $\vec{B}$ 的均匀磁场中，磁场与导线平面垂直，如图所示，则磁场作用在半圆形导线上的安培力为（　　）

A. IBR　　B. $2IBR$　　C. πIBR　　D. $2\pi IBR$

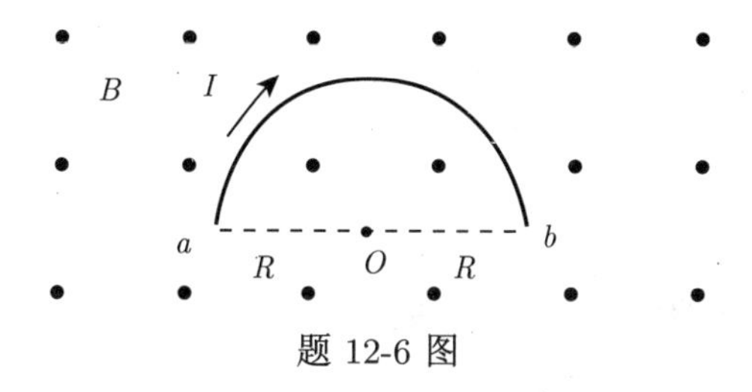

题 12-6 图

12-7　北京正负电子对撞机的储存环是周长为 240m 的近似圆形轨道。求当环中电子的电流强度为 8mA 时，在整个环中有多少电子在运行？已知电子的速率接近光速。

12-8　一用电阻率为 ρ 的物质制成的空心半球壳，其内、外半径分别为 R_1 和 R_2。试计算其两表面之间的电阻。

12-9　大气中由于存在少量的自由电子和正离子而具有微弱的导电性。地表面附近，晴天时大气平均电场强度约为 $120\text{V}\cdot\text{m}^{-1}$，大气中的平均电流密度约为 $4\times10^{12}\text{A}\cdot\text{m}^{-2}$。问：(1) 大气的电阻率是多大?(2) 若电离层和地表面之间的电势差为 $4\times10^5\text{V}$，大气中的总电阻是多大?

12-10　如图所示，一内、外半径分别为 R_1 和 R_2 的金属圆筒，长度为 l，其电阻率为 ρ，若筒内外电势差为 U，且筒内缘电势高，圆柱体中径向的电流强度为多少？

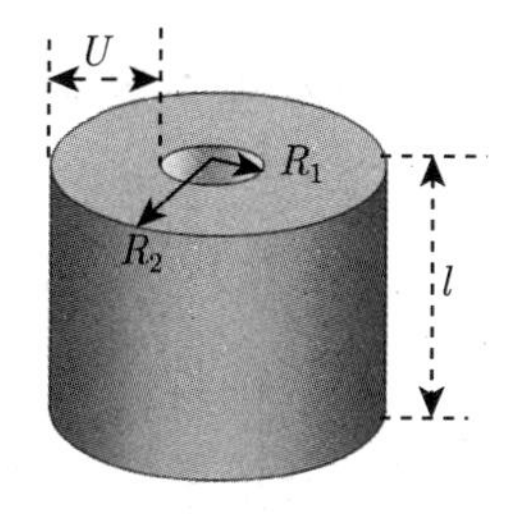

题 12-10 图

12-11　一铜导线横截面积为 4mm^2，20s 内有 80C 的电量通过该导线的某一横截面。已知铜内自由电子的数密度为 $8.5\times10^{22}/\text{m}^{-3}$，求电子的平均定向漂移速率。

12-12　一根无限长导线完成如图所示形状，设导线都处于同一平面内，其中第二段是半径为 R 的 1/4 圆弧，其余部分为直线，导线中通有电流 I，求图中 O 点处的磁感应强度。

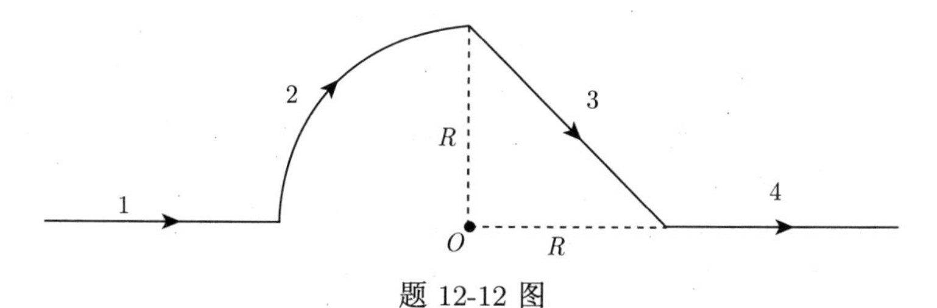

题 12-12 图

12-13　一无限长载有电流 I 的直导线在一处折成直角，P 点位于导线所在平面内，距一条折线的延长线和另一条导线的距离都为 a，如图所示。求 P 点的磁感应强度。

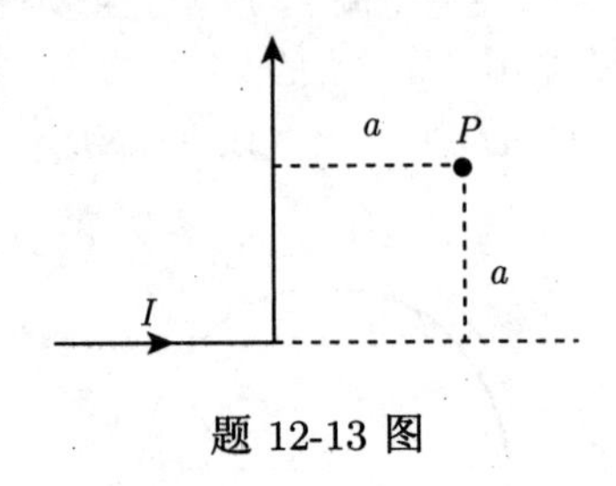

题 12-13 图

12-14　如图所示，有两根导线沿半径方向接触铁环的 a、b 两点，并与很远处的电源相接。求环心 O 的磁感应强度。

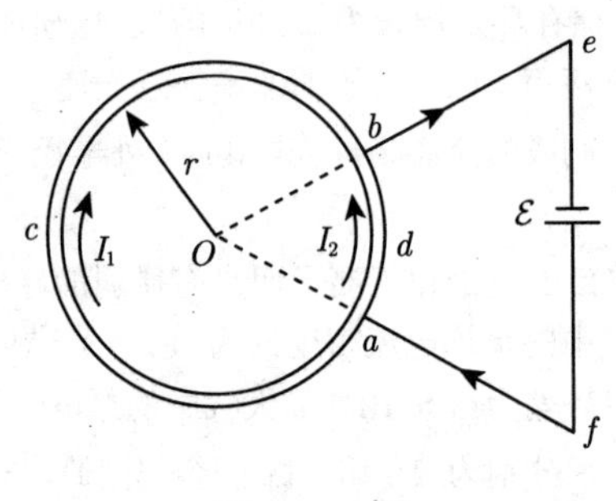

题 12-14 图

12-15　一半径为 R 的薄圆盘，其电荷面密度为 σ，设圆盘以角速率 ω 绕通过盘心垂直盘面的轴 AA' 转动，求圆盘中心的磁感应强度。

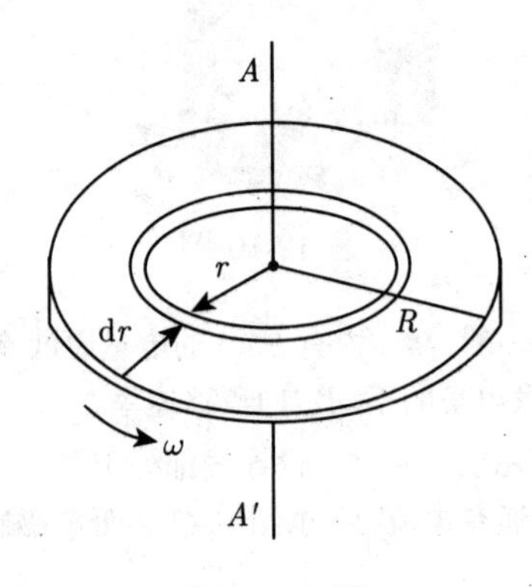

题 12-15 图

12-16　在半径 $R = 1\text{cm}$ 的 “无限长” 半圆柱形金属片中，有电流 $I = 5\text{A}$ 从下而上地通过，如图所示，试求圆柱轴线上一点 P 的磁感应强度。

12-17　一长直圆柱面导体，半径为 R，其中通有电流 I，并且电流在圆柱面上沿轴线方向均匀分布。求圆柱面内、外磁感应强度的分布。

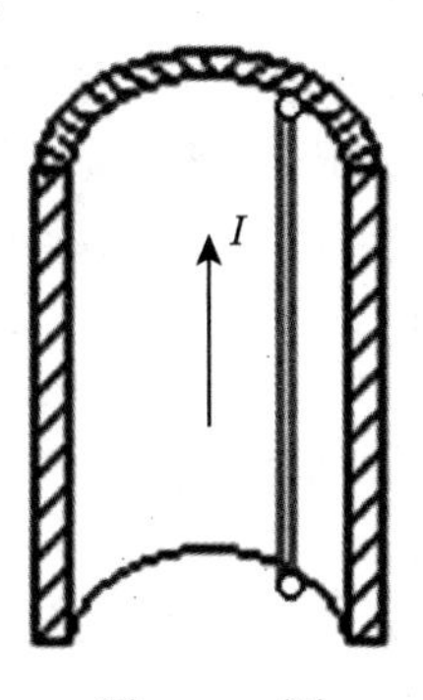

题 12-16 图

12-18　有一同轴电缆，其尺寸如图所示。两导体中的电流均为 I，但电流的流向相反，导体的磁性可不考虑。试计算以下各处的磁感应强度：(1) $r < R_1$；(2) $R_1 < r < R_2$；(3) $R_2 < r < R_3$；(4)$r > R_3$。

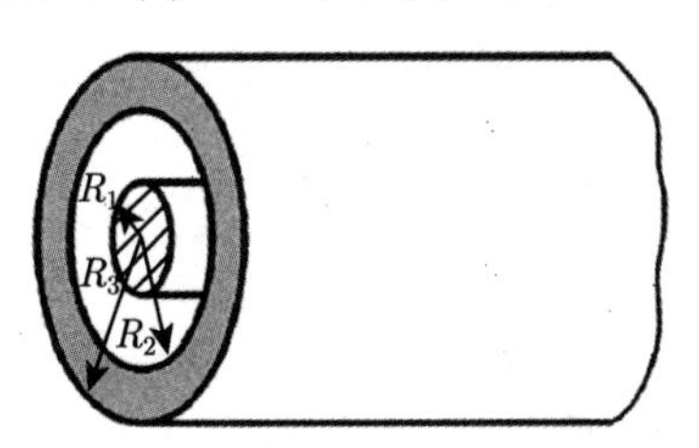

题 12-18 图

12-19　如图所示，载流长直导线的电流为 I，试求通过矩形面积的磁通量。

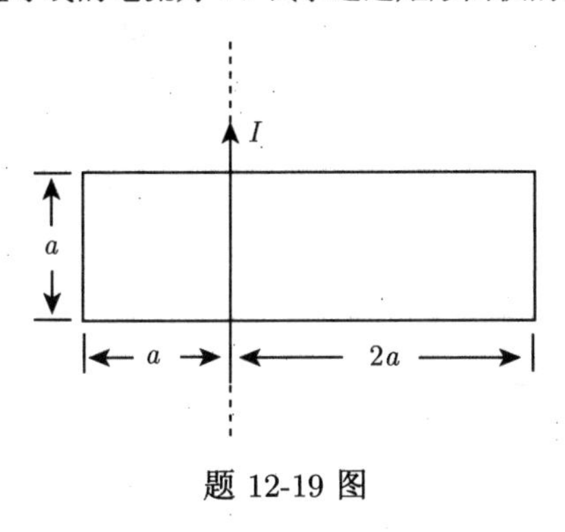

题 12-19 图

12-20　电流 I 均匀地流过半径为 R 的圆形长直导线，试计算单位长度导线内的磁场通过图中所示剖面的磁通量.

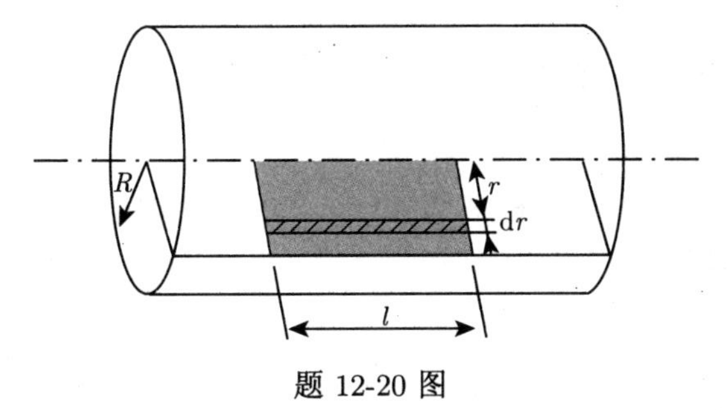

题 12-20 图

12-21 电子在匀强磁场中做圆周运动，周期为 $T = 1.0 \times 10^{-8}$s。(1) 求磁感应强度的大小；(2) 如果电子在进入磁场时所具有的能量为 3.0×10^3eV，求圆周的半径。

12-22 如图所示，在无限长载流直导线 I_1 旁，垂直放置另一长为 L 的载流直导线 I_2，I_2 导线左端距 I_1 为 a，求导线 I_2 所受到的安培力。

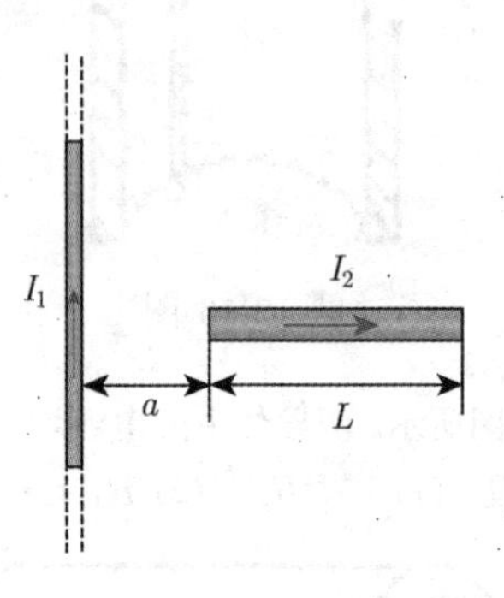

题 12-22 图

12-23 如图 (a) 所示，一根长直导线载有电流 $I_1 = 30$A，矩形回路载有电流 $I_2 = 20$A。试计算作用在回路上的合力。已知 $d = 1.0$cm，$b = 8.0$cm，$l = 12.0$cm。

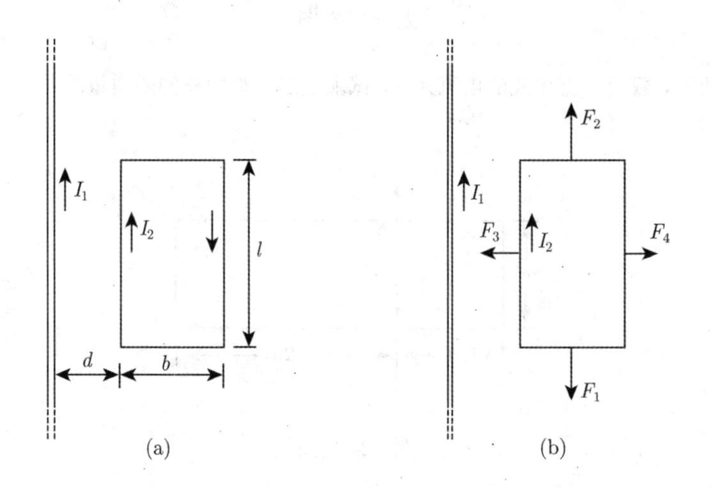

题 12-23 图

12-24 一正方形线圈边长为 150mm，由外皮绝缘的细导线绕成，共绕有 200 匝 (在同一平面内)，放在磁感应强度 $B = 4.0$T 的外磁场中，当导线中通有 I=8.0A 的电流时，求：(1) 线圈磁矩 $\vec{m}$ 的大小；(2) 作用在线圈上的磁力矩的最大值。

12-25 半径为 R 的绝缘环均匀带电，带电量为 q，当它绕通过圆心并垂直于环面的轴以角速度 ω 转动时，求：(1) 轴线上与圆心相距为 R 处的磁感应强度；(2) 该环形电流的磁矩。

12-26 一半径为 R 的薄圆盘，放在磁感应强度为 $\vec{B}$ 的均匀磁场中，$\vec{B}$ 的方向与盘面平行，如图所示，圆盘表面的电荷面密度为 σ，若圆盘以角速度 ω 绕其轴线转动，试求作用在圆盘上的磁力矩。

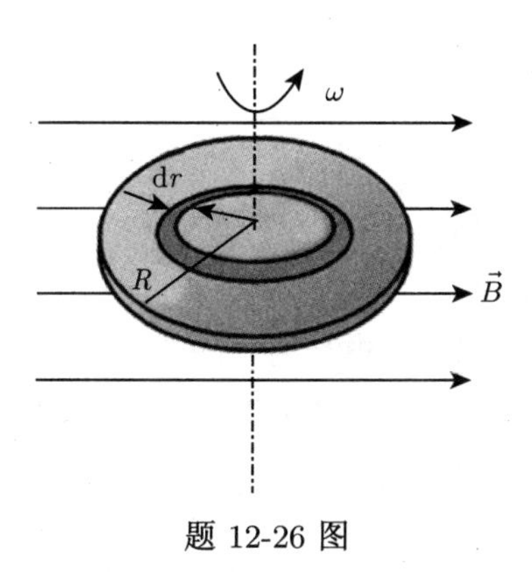

题 12-26 图

12-27 一直流变电站将电压为 500kV 的直流电，通过两条截面不计的平行输电线输向远方。已知两输电导线间单位长度的电容为 $3.0 \times 10^{-11}\mathrm{F \cdot m^{-1}}$，若导线间的静电力与安培力正好抵消。求：(1) 通过输电线的电流；(2) 输送的功率。

12-28 螺绕环中心周长为 10cm，环上均匀密绕线圈 200 匝，线圈中通有电流 0.10A。试求：(1) 若管内充满相对磁导率为 $\mu_r = 4200$ 的磁介质，则管内的 H 和 B 各是多少?(2) 磁介质中由导线中的传导电流产生的 B_0 和由磁化电流产生的 B' 各是多少?

第 13 章　电磁感应　电磁场

电磁感应现象的发现，不仅揭示了电与磁之间的相互联系，推动了电磁理论的发展，而且在生产技术领域具有重大意义，成为现代电力工业、电工和电子技术得以建立和发展的基础。

麦克斯韦在总结已有的理论和实验基础上提出了涡旋电场和位移电流的假设，得到了描述电磁场基本规律的麦克斯韦方程组，从而建立了完整的电磁场理论。这一理论不仅成功地预言了电磁波的存在，揭示了光的电磁本性，而且为后来的无线电通信、无线电广播、电视以及信息化、互联网技术奠定了基础。

13.1　电磁感应的基本定律

13.1.1　电磁感应现象

自 1820 年奥斯特发现了电流的磁效应后不久，法拉第就提出了“磁能否产生电”的想法。法拉第是英国伟大的物理学家和化学家，也是著名的自学成才的科学家。他出生在一个贫苦的铁匠家庭，兄妹 10 人。由于贫困，法拉第幼年时没有受过正规的教育，只上了两年小学。迫于生计，他当过报童，当过书店装订工。法拉第有着强烈的求知欲望，如饥似渴地阅读了各类书籍，汲取了许多自然科学方面的知识。20 岁时他成了戴维 (英国化学家) 的实验助手。1821 年法拉第受聘为皇家研究所实验室主任，开始电磁学的研究，总共持续工作四十年。1831 年发现了电磁感应现象，后又相继发现电解定律，物质的抗磁性和顺磁性，以及光的偏振面在磁场中的旋转。他创造性地提出场的思想，磁场这一名称是法拉第最早引入的。他是电磁理论的创始人之一。

1822~1831 年，法拉第总结出以下几种磁产生电的实验情况，这些实验概括在图 13-1 中。如图 13-1(a) 和 13-1(b) 所示，当条形磁铁或通电线圈与另一与检流计相连的线圈发生相对运动时，电流计的指针发生了偏转，表明与检流计相连的线圈中产生了电流，并且改变两者相对运动方向，检流计的指针偏转方向也改变，说明电流的流向与两者相对运动的方向有关；如果通电线圈和与检流计相连的线圈保持相对静止，这时线圈中不产生电流，当改变通电线圈中的电流时，与检流计相连的线圈中产生了电流，如图 13-1(c) 所示；当闭合回路的一部分导体在磁场中切割磁感应线时，此时回路中也产生了电流，如图 13-1(d) 所示。

从上述几种产生电流的典型实验中，法拉第归纳总结出如下结论：当穿过闭合导体回路所包围面积的磁通量发生变化时，不管这种变化是由什么原因产生的，回路中就产生电流。这种现象称为**电磁感应现象**，在电磁感应现象中产生的电流，称为**感应电流**。回路中出现电流，表明回路中必然存在电动势。这种在回路中由电磁感应现象产生的电动势，称为**感应电动势**。

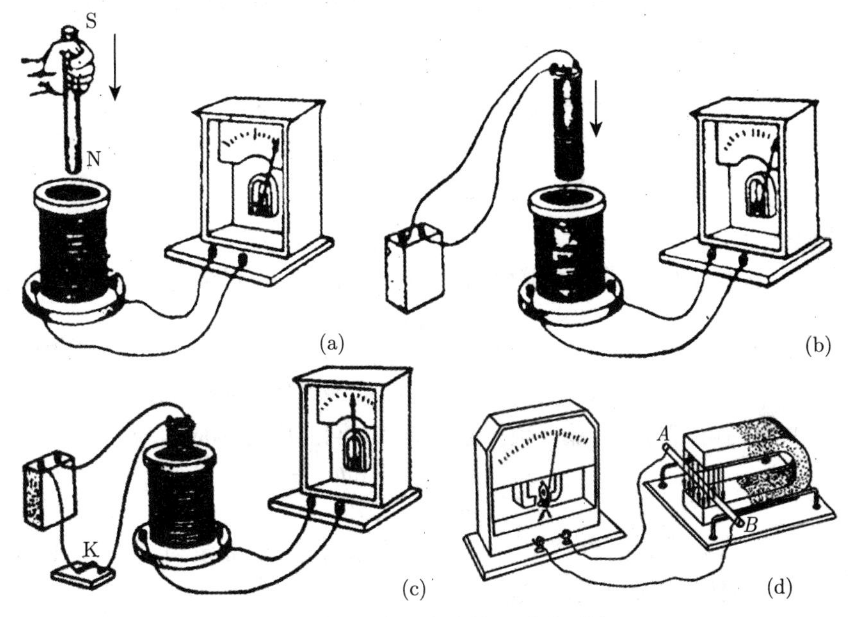

图 13-1 产生感应电流的几种典型情况

13.1.2 法拉第电磁感应定律

法拉第电磁感应定律表述为：当穿过回路所包围面积的磁通量发生变化时，回路中产生的感应电动势与磁通量对时间变化率的负值成正比。用数学形式表示为

$$\varepsilon_{\mathrm{i}}=-\frac{\mathrm{d}\Phi}{\mathrm{d}t} \tag{13-1}$$

在 S1 中，感应电动势 ε_{i} 的单位为伏特 (V)，磁通量 Φ 的单位为韦伯 (Wb)，时间 t 的单位为秒 (s)。

式 (13-1) 中的负号反映了产生感应电动势的方向。为便于判断感应电动势的方向，作如下的规定：①对回路任取一绕行方向，选取回路所包围面积的法线方向 $\vec{e}_{\mathrm{n}}$，与绕行方向构成右手螺旋关系，如图 13-2 所示；②当回路中的磁感线方向与法线方向 $\vec{e}_{\mathrm{n}}$ 一致时，穿过回路所包围面积的磁通量为正，反之为负；③回路中的感应电动势方向凡与绕行方向一致时为正，反之为负。

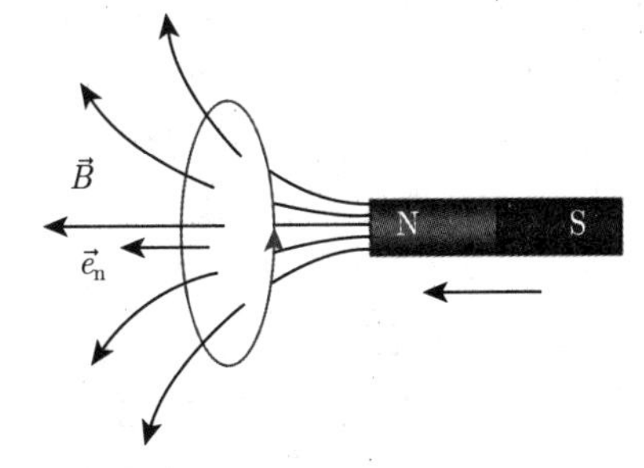

图 13-2 感应电动势方向的判断

例如，为判断磁铁插入线圈过程中感应电动势的方向，取如图 13-2 所示的逆时针方向为绕行方向，由右手螺旋关系，线圈回路的法线方向 $\vec{e}_{\mathrm{n}}$ 应该指向左，与磁感应强度 $\vec{B}$ 的方向相同，那么穿过线圈回路所包围面积的磁通量为正，即 $\Phi>0$。当磁铁插入线圈时，穿过线圈的磁通量增加，$\mathrm{d}\Phi/\mathrm{d}t>0$。由式 (13-1) 可知，$\varepsilon_{\mathrm{i}}<0$，即线圈回路中的感应电动势方向与回路绕行方向相反，沿顺时针方向。回路中感应电流的方向也是顺时针的，与感应电动势方向一致。

式 (13-1) 适用于单匝线圈组成的回路，如果回路由 N 匝线圈组成，穿过各匝回路的磁通量分别为 Φ_1，Φ_2，$\cdots$，Φ_N，则

$$\begin{aligned}\varepsilon_{\mathrm{i}} &= -\frac{\mathrm{d}}{\mathrm{d}t}(\Phi_1+\Phi_2+\cdots+\Phi_N)\\ &= -\frac{\mathrm{d}}{\mathrm{d}t}\left(\sum_{i=1}^{N}\Phi_i\right) = -\frac{\mathrm{d}\Psi}{\mathrm{d}t}\end{aligned} \tag{13-2}$$

式中，$\Psi=\sum\limits_{i=1}^{N}\Phi_i$ 称为全磁通或磁通链数 (磁链)。若每匝线圈回路的磁通量都相同，均为 Φ，则式 (13-2) 表示为

$$\varepsilon_{\mathrm{i}} = -N\frac{\mathrm{d}\Phi}{\mathrm{d}t} \tag{13-3}$$

如果闭合回路的电阻为 R，那么根据欧姆定律，回路中的感应电流为

$$I_{\mathrm{i}} = \frac{\varepsilon_{\mathrm{i}}}{R} = -\frac{1}{R}\frac{\mathrm{d}\Phi}{\mathrm{d}t} \tag{13-4}$$

设 t_1 时刻，穿过回路的磁通量为 Φ_1，t_2 时刻，穿过回路的磁通量为 Φ_2。则在 $\Delta t=t_2-t_1$ 时间内，通过回路中任一截面的感应电量为

$$q=\int_{t_1}^{t_2} I_{\mathrm{i}}\mathrm{d}t = -\frac{1}{R}\int_{\Phi_1}^{\Phi_2}\mathrm{d}\Phi = \frac{1}{R}(\Phi_1-\Phi_2) \tag{13-5}$$

式 (13-5) 表明，在 t_1 到 t_2 时间内感应电荷量仅与线圈回路中磁通量的变化量成正比，而与磁通量变化的快慢无关。

13.1.3 楞次定律

关于在电磁感应现象中所产生感应电流方向的问题，早在 1833 年俄国物理学家楞次就给出了判定方法，该方法实质上是能量守恒定律的一种表现。

楞次定律表述为：在发生电磁感应时，导体回路中感应电流的方向，总是使它自己激发的磁场穿过回路面积的磁通量阻碍引起感应电流的磁通量的变化。在图 13-3(a) 中，当磁铁插入线圈回路时，穿过回路面积的磁通量增加，按照楞次定律，感应电流激发的磁场阻碍引起感应电流的磁通量的增加，此时，感应电流激发的磁场与 $\vec{B}$ 的方向相反，如图 13-3(b) 所示。由右手螺旋关系可以判断，线圈回路中的感应电流的方向为顺时针方向。当磁铁从线圈回路中拔出时 (图 13-3(c))，穿过回路面积的磁通量减少，感应电流激发的磁场与 $\vec{B}$ 的方向相同，结果线圈回路中的感应电流方向为逆时针方向 (图 13-3(d))。

楞次定律的另一种表述为：感应电流的效果总是反抗引起感应电流的原因。这里 “效果” 可以理解为感应电流激发的磁场，也可以理解为因感应电流出现而引起的机械作用。“原因” 既可以指磁通量的变化，也可指引起磁通量变化的相对运动或回路的形变等。在图 13-3(b) 中，引起感应电流的原因是磁铁插入线圈回路，使穿过回路面积的磁通量增加。由右手螺旋关系，感应电流的效果是它激发的磁场的右侧相当于 N 极，以此反抗磁铁 N 极的插入；同理，在图 13-3(d) 中，感应电流激发的磁场的右侧相当于 S 极，以此反抗磁铁 N 极的拔出。在图 13-4 中，当导体棒 ab 在导轨上向左运动时，感应电流的安培力方向应该向右，以此反抗棒向左运动。由安培力公式可以判断，感应电流在导体棒中由 a 流向 b。

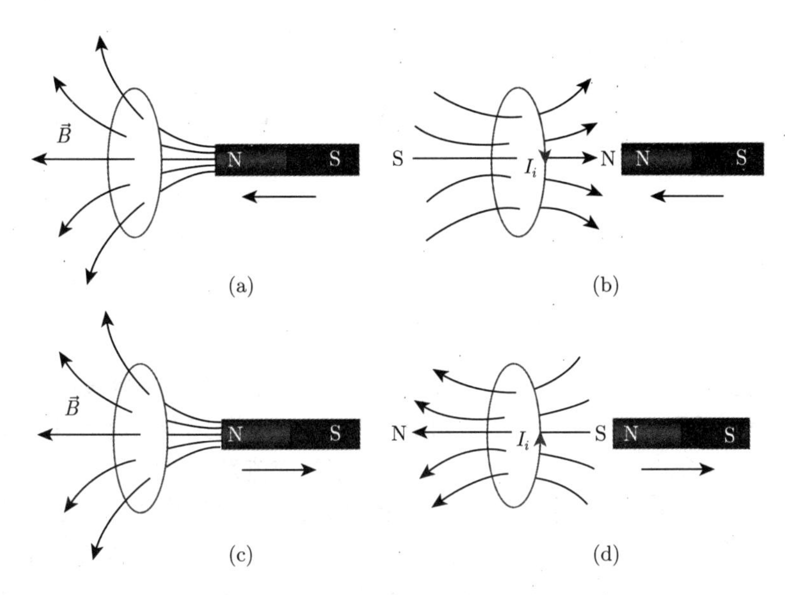

图 13-3 用楞次定律判定感应电流的方向

楞次定律中的“阻碍”或“反抗”是能量守恒和转化的必然结果。当磁铁插入线圈回路时，感应电流的磁场阻碍磁铁的继续插入，如果要继续插入则外力必须克服磁场力做功。线圈中的感应电流所产生的焦耳热，正是由插入磁铁所消耗的机械能转化而来。

例 13-1 在匀强磁场 $\vec{B}$ 中，置有面积为 S 的可绕 OO' 轴转动的 N 匝线圈。若线圈以角速度 ω 做匀速转动，求线圈中的感应电动势。

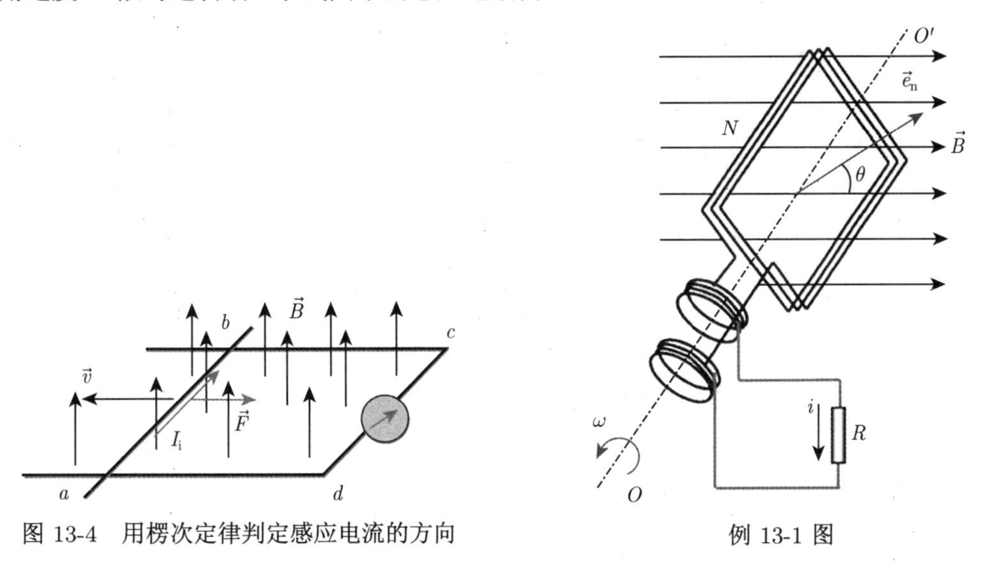

图 13-4 用楞次定律判定感应电流的方向

例 13-1 图

解 设 $t=0$ 时，线圈平面的法线方向 $\vec{e}_n$ 与磁感应强度 $\vec{B}$ 的方向一致，在 t 时刻 $\vec{e}_n$ 与 $\vec{B}$ 的夹角为 $\theta=\omega t$。此时，穿过每匝线圈的磁通量为

$$\Phi = BS\cos\omega t$$

根据式 (13-3)，线圈中的感应电动势为

$$\varepsilon=-N\frac{\mathrm{d}\Phi}{\mathrm{d}t}=NBS\omega\sin\ \omega t$$

令 $\varepsilon_{\mathrm{m}}=NBS\omega$，上式为

$$\varepsilon=\varepsilon_{\mathrm{m}}\sin\omega t$$

回路中的感应电流为

$$i=\frac{\varepsilon_{\mathrm{m}}}{R}\sin\omega t=I_{\mathrm{m}}\sin\omega t$$

式中，$I_{\mathrm{m}}=\varepsilon_{\mathrm{m}}/R$。在匀强磁场中，匀速转动的线圈中的感应电动势和感应电流随时间按正弦函数变化。这是正弦交流发电机的基本工作原理。

例 13-2 由导线绕成的空心螺绕环，单位长度上的匝数 n=5000，截面 S=2.0×10^{-3} m^2。导线两端和电源以及可变电阻器串联成一闭合回路。螺绕环上绕一线圈 A，其匝数 N=5，电阻为 R=2.0Ω，如图所示。调节可变电阻使通过螺绕环的电流每秒降低 20 A。求：(1) 线圈 A 中的感应电动势和感应电流；(2) 在 2.0s 内通过线圈 A 的感应电量。

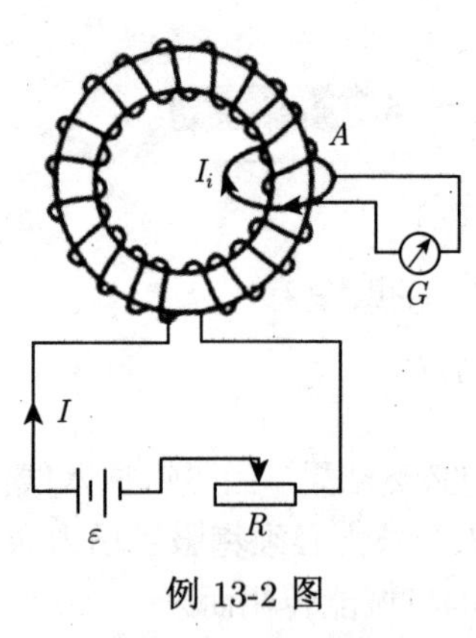

例 13-2 图

解 (1) 螺绕环内的磁感应强度为

$$B=\mu_0 nI$$

穿过线圈 A 的磁通量为

$$\Phi=BS=\mu_0 nIS$$

根据式 (13-3)，线圈 A 中的感应电动势大小为

$$\begin{aligned}\varepsilon&=\left|-N\frac{\mathrm{d}\Phi}{\mathrm{d}t}\right|=\mu_0 nNS\left|\frac{\mathrm{d}I}{\mathrm{d}t}\right|\\&=4\pi\times10^{-7}\times5000\times5\times2.0\times10^{-3}\times20\mathrm{V}\\&=4\pi\times10^{-7}\times5000\times5\times2.0\times10^{-3}\times20\mathrm{V}\\&=1.26\times10^{-3}\mathrm{V}\end{aligned}$$

线圈 A 中的感应电流大小为

$$I=\frac{\varepsilon}{R}=\frac{1.26\times10^{-3}}{2.0}\mathrm{A}=6.30\times10^{-4}\mathrm{A}$$

(2) 在 2.0s 内通过线圈 A 的感应电量为

$$\begin{aligned}q&=\int_{t_1}^{t_2}I\mathrm{d}t\\&=6.30\times10^{-4}\times2.0\mathrm{C}=1.26\times10^{-3}\mathrm{C}\end{aligned}$$

13.2 动生电动势

由法拉第电磁感应定律可知，只要穿过回路所包围面积的磁通量发生变化，回路中就会产生感应电动势。使磁通量发生变化可归纳为两类情况：一类是磁场保持不变，回路中的导体或一部分导体在磁场中运动，由此产生的感应电动势称为**动生电动势**；另一类是导体回路不动，磁场发生变化，由此产生的感应电动势称为**感生电动势**。当然，由于运动本身的相对性，动生电动势和感生电动势只是一个相对概念。

13.2.1 动生电动势

在 12.1 节中，电源的电动势定义为

$$\varepsilon=\int_{-(\text{内})}^{+}\vec{E}_{\mathrm{k}}\cdot\mathrm{d}\vec{l} \tag{13-6}$$

式中，$\vec{E}_{\mathrm{k}}$ 为非静电性电场强度。电源的电动势是把单位正电荷从负极板经电源内部移到正极板过程中非静电力所做的功。电动势的方向由负极板经电源内部指向正极板 (图 13-5(a))。

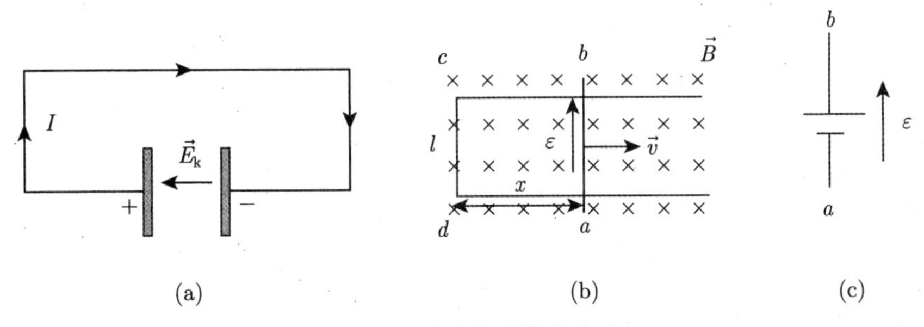

图 13-5 动生电动势的产生

如图 13-5(b) 所示，在磁感应强度为 $\vec{B}$ 的磁场中，当导体 ab 沿着金属导轨以速度 $\vec{v}$ 运动时，由于穿过面积 $adcba$ 的磁通量发生变化，故导体 ab 将产生动生电动势。由楞次定律可以判断，导体 ab 中的动生电动势的方向如图 13-5(c) 所示。产生动生电动势的非静电力是运动的导体内自由电子在磁场中受到洛伦兹力作用的结果，各个自由电子受到的洛伦兹力为

$$\vec{F}_{\mathrm{L}}=-\mathrm{e}(\vec{v}\times\vec{B}) \tag{13-7}$$

单位正电荷受到的非静电力，即非静电性电场强度为

$$\vec{E}_{\mathrm{k}}=\frac{\vec{F}_{L}}{-\mathrm{e}}=\vec{v}\times\vec{B} \tag{13-8}$$

将式 (13-8) 代入式 (13-6) 得到

$$\varepsilon_{\mathrm{i}} = \int_a^b (\vec{v} \times \vec{B}) \cdot \mathrm{d}\vec{l} \tag{13-9}$$

这就是计算动生电动势的一般公式。关于动生电动势有以下几点说明：

(1) 导体在磁场中只有运动才可能产生动生电动势，运动是产生动生电动势的必要条件；

(2) 要产生动生电动势，$\vec{v}$ 的方向与 $\vec{B}$ 的方向不能平行，且 $\vec{v} \times \vec{B}$ 的方向不能垂直于导体线元 $\mathrm{d}\vec{l}$，即导体在磁场中运动要切割磁感应线；

(3) 在磁感应强度为 $\vec{B}$ 的匀强磁场中，长为 l 的直导体以速度 $\vec{v}$ 平动 (图 13-6(a))，线元 $\mathrm{d}\vec{l}$ 产生的动生电动势为

$$\mathrm{d}\varepsilon_{\mathrm{i}} = (\vec{v} \times \vec{B}) \cdot \mathrm{d}\vec{l} = v \sin 90^\circ B\cos(90^\circ - \theta)\mathrm{d}l = vB\sin\theta\mathrm{d}l$$

整个直导体的动生电动势为

$$\varepsilon_{\mathrm{i}} = \int \mathrm{d}\varepsilon_{\mathrm{i}} = vB\sin\theta \int_0^l \mathrm{d}l = Blv\sin\theta \tag{13-10}$$

这就是中学所讨论的结果。如果是曲线导体在匀强磁场中平动 (图 13-6(b))，其动生电动势与连接两端的直线导体 $\overline{ab}$ 产生的电动势相同。

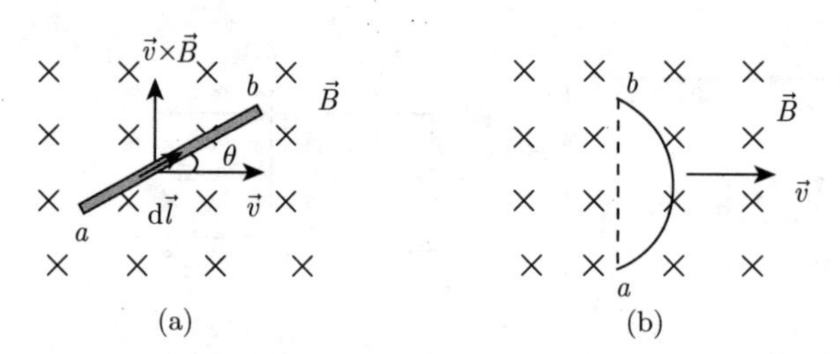

图 13-6　导体在匀强磁场中运动产生的动生电动势

13.2.2　洛伦兹力传递能量

非静电力做功，能将其他形式的能转化成电能，产生动生电动势的非静电力为洛伦兹力。我们知道，洛伦兹力并不做功，这岂不是发生了矛盾？下面对这一 “矛盾” 进行简要分析。

当导线 ab 以速度 $\vec{v}$ 运动时，导线 ab 内的自由电子受到的洛伦兹力为 $\vec{f} = -\mathrm{e}\vec{v} \times \vec{B}$。电子除了有随导体一起运动的速度 $\vec{v}$，还有沿导体运动的相对速度 $\vec{v}'$(图 13-7)，因此还受到另一洛伦兹力 $\vec{f}' = -\mathrm{e}\vec{v}' \times \vec{B}$。电子受到的洛伦兹力合力为 $\vec{F} = \vec{f} + \vec{f}'$，其运动的合速度为 $\vec{V} = \vec{v} + \vec{v}'$。电子受到的洛伦兹力合力 $\vec{F}$ 做功的功率为

$$\begin{aligned} P =& \vec{F} \cdot \vec{V} = (\vec{f} + \vec{f}') \cdot (\vec{v} + \vec{v}') \\ =& \vec{f} \cdot \vec{v}' + \vec{f}' \cdot \vec{v} \\ =& -\mathrm{e}vBv' + \mathrm{e}v'Bv = 0 \end{aligned}$$

即总洛伦兹力的功率为零，表明洛伦兹力确实不做功。洛伦兹力不做功，并不意味着洛伦兹力的任何分力也不做功。从上面的讨论中清楚地看到，在单位时间内，洛伦兹力的一个分力 $\vec{f}$ 使电子沿导体运动所做的功为 $\vec{f}\cdot\vec{v}'$，宏观上就是动生电动势驱动电流做的功；在单位时间内，外力 $\vec{f}_{\text{ext}}$ 反抗洛伦兹力的另一个分力 $\vec{f}'$ 做的功为 $\vec{f}_{\text{ext}}\cdot\vec{v}$，宏观上就是外力拉动导体做的功。洛伦兹力做功为零，实质上是能量转换与守恒的体现。洛伦兹力在这里起了一个能量转换者的角色，一方面接受外力做的功，同时驱动电荷运动做功。

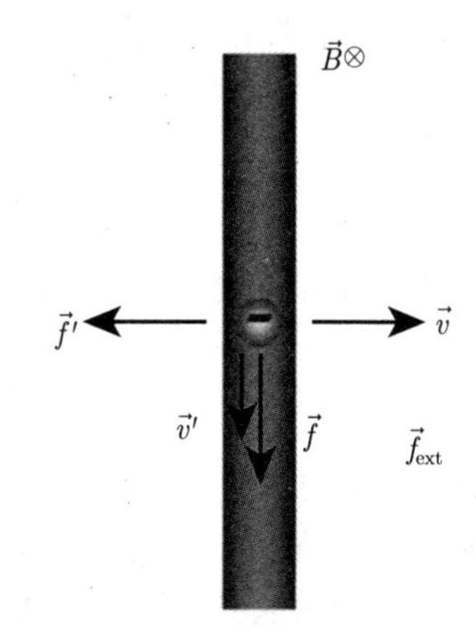

图 13-7 在洛伦兹力作用下导线中电子的运动

例 13-3 一根长为 L 的铜棒，在磁感应强度为 $\vec{B}$ 的匀强磁场中以角速度 ω 在与磁场方向垂直的平面上绕 O 轴做匀速转动，如例 13-3(a) 图所示。求：棒的两端之间的感应电动势。

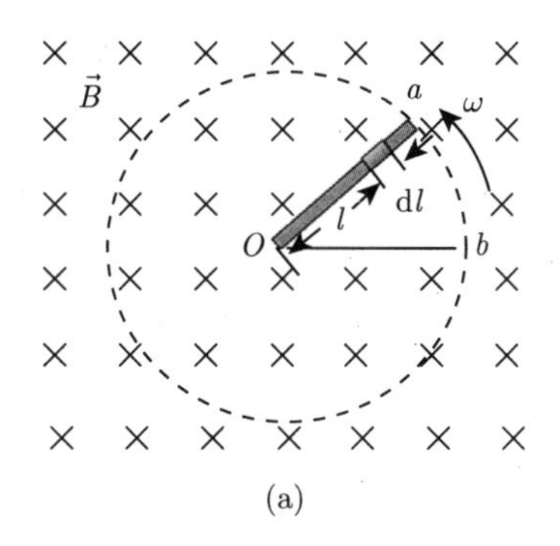

(a)

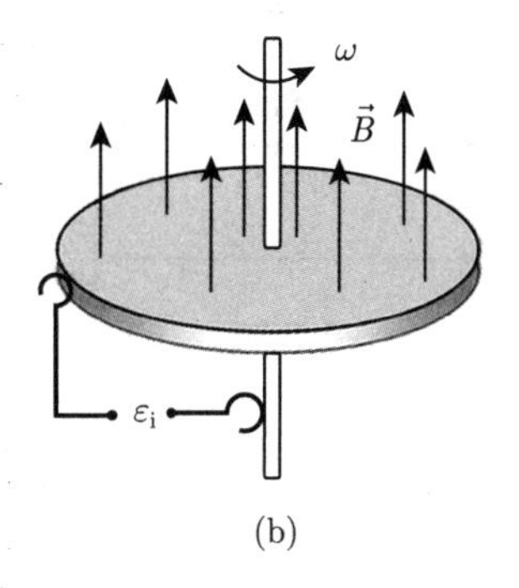

(b)

例 13-3 图

解 沿 O 到 a 方向，在铜棒上距 O 点为 l 处取线元 $\mathrm{d}\vec{l}$，其速度 $\vec{v}$ 与 $\vec{B}$ 垂直，$\vec{v}\times\vec{B}$ 与 $\mathrm{d}\vec{l}$ 反向。因此，线元 $\mathrm{d}\vec{l}$ 中的动生电动势为

$$\mathrm{d}\varepsilon_{\mathrm{i}} = (\vec{v}\times\vec{B})\cdot\mathrm{d}\vec{l} = -vB\mathrm{d}l$$

考虑到 $v=\omega l$，磁场为匀强场，所以整个铜棒中的动生电动势为

$$\begin{aligned}\varepsilon_{\mathrm{i}} &= \int \mathrm{d}\varepsilon_{\mathrm{i}} = -\int_0^L vB\mathrm{d}l \\ &= -\int_0^L B\omega\, l\mathrm{d}l \\ &= -\frac{1}{2}B\omega\, L^2\end{aligned}$$

式中的“−(负号)”表示电动势的方向与积分路径方向相反，实际动生电动势方向由 a 指向 O。

该问题也可以直接由法拉第电磁感应定律来求。设想铜棒与导体 $\widehat{ab}$ 弧及 Ob 组成扇形闭合回路 $OabO$，t 时刻穿过该回路面积的磁通量为

$$\Phi = BS = B \cdot \frac{L^2}{2}\theta$$

根据式 (13-1)，该回路的感应电动势为

$$\varepsilon_{\mathrm{i}} = -\frac{\mathrm{d}\Phi}{\mathrm{d}t} = -\frac{1}{2}BL^2\frac{\mathrm{d}\theta}{\mathrm{d}t} = -\frac{1}{2}B\omega L^2$$

导体 $\widehat{ab}$ 弧和导体 Ob 由于不动，不产生电动势。ε_{i} 就是铜棒中的动生电动势。

将铜棒改成半径为 L 的铜盘 (例 13-3(b) 图)，铜盘可以看成由无数根并联的铜棒组成。盘中心与边缘之间的电势差等于棒两端的电动势。法拉第用这种圆盘实验装置演示了感应电动势的产生，这个装置称为世界上第一台发电机。

例 13-4　如图所示，一长直导线中通电流 I，有一长为 l 的金属棒与导线垂直共面。当棒以速度 $\vec{v}$ 平行于长直导线匀速运动时，求棒中产生的动生电动势。

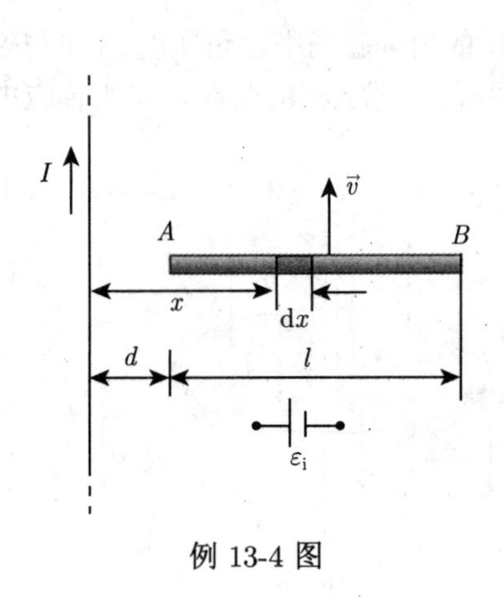

例 13-4 图

解　无限长直导线在离它距离为 x 处产生磁场的磁感应强度大小为

$$B = \frac{\mu_0 I}{2\pi x}$$

方向垂直页面向里，棒中长为 $\mathrm{d}x$ 的线元 $\mathrm{d}\vec{x} = \mathrm{d}x\hat{i}$ 的动生电动势为

$$\mathrm{d}\varepsilon_{\mathrm{i}} = (\vec{v} \times \vec{B}) \cdot \mathrm{d}\vec{x} = -Bv\mathrm{d}x = -\frac{\mu_0 I v}{2\pi x}\mathrm{d}x$$

式中，$(\vec{v} \times \vec{B})$ 的方向沿 x 轴负方向，与 $\mathrm{d}\vec{x}$ 方向相反。

整个金属棒中的动生电动势为

$$\begin{aligned}\varepsilon_{\mathrm{i}} &= -\int_d^{d+l} \frac{\mu_0 I v}{2\pi x}\mathrm{d}x \\ &= -\frac{\mu_0 I v}{2\pi}\ln\frac{d+l}{d}\end{aligned}$$

ε_{i} 的指向是从 B 到 A，也就是 A 点的电势比 B 点高。

13.3　感生电动势　感生电场

13.3.1　感生电场

当导体回路不动时，如果磁场变化引起回路面积的磁通量发生变化，从而回路中产生感应电动势，这种电动势称为**感生电动势**。产生动生电动势的非静电力是洛伦兹力，那么产生感生电动势的非静电力是什么呢？首先不可能是洛伦兹力，因为导体不动。其次也不可能是

库仑力。1861 年，麦克斯韦以敏锐的洞察力预言，这种非静电力场必是一种电场。他大胆假设：即使不存在导体回路，变化的磁场总是在其周围激发一种电场，这种电场与静电场不同，称为**感生电场**，用 $\vec{E}_{\rm k}$ 表示其电场强度。当闭合导体处于这种电场中时，感生电场作用于导体中的自由电荷，从而在导体中产生**感生电动势**和**感生电流**。

感生电场与静电场的共同之处在于都对电荷存在作用力，两者的区别如下：

(1) 静电场由静止电荷激发，是有源场，其电场线起始于正电荷，终止于负电荷。而感应电场由变化的磁场激发，是无源场，其电场线是无头无尾的闭合曲线，因此，感生电场是**涡旋电场**。

(2) 静电场是保守场，其电场强度的环路积分等于零，可以引入电势的概念。而感生电场是非保守场，$\vec{E}_{\rm k}$ 的环路积分不等于零，引入电势是无意义的。

13.3.2 感生电动势

感生电场在导体回路中产生的感生电动势表示为

$$\varepsilon_{\rm i}=\oint_l \vec{E}_{\rm k}\cdot {\rm d}\vec{l} \tag{13-11}$$

根据法拉第电磁感应定律，感应电动势 $\varepsilon_{\rm i}$ 又等于穿过回路面积的磁通量的变化率，因此

$$\varepsilon_{\rm i}=-\frac{{\rm d}\varPhi}{{\rm d}t}=-\frac{\rm d}{{\rm d}t}\int_S \vec{B}\cdot {\rm d}\vec{S} \tag{13-12}$$

式 (13-11) 和式 (13-12) 比较，得

$$\varepsilon_{\rm i}=\oint_l \vec{E}_{\rm k}\cdot {\rm d}\vec{l}=-\frac{\rm d}{{\rm d}t}\int_S \vec{B}\cdot {\rm d}\vec{S}=-\int_S \frac{\partial \vec{B}}{\partial t}\cdot {\rm d}\vec{S} \tag{13-13}$$

式中的负号表示感生电场与磁场增量的方向构成右手螺旋关系。式 (13-13) 表示了变化的磁场与它激发的感生电场之间的关系，是电磁场的基本方程之一。

例 13-5 半径为 R 的圆柱形空间区域，充满着均匀磁场，如图所示。磁感应强度大小随时间均匀增加，即 ${\rm d}B/{\rm d}t=k$ 为一常量。求感生电场的分布。

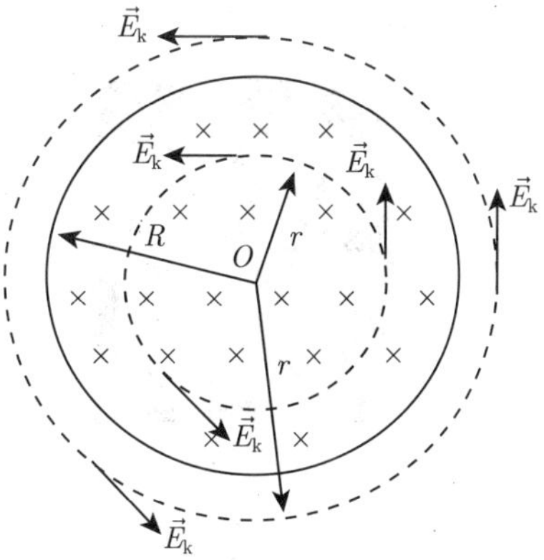

例 13-5 图

解 取顺时针为绕行方向，则磁场垂直于页面向里时穿过回路面积的磁通量为正。在 $r<R$ 区域，作半径为 r 的圆形回路，穿过该回路面积的磁通量为

$$\varPhi=BS=\pi r^2B$$

由于

$$\oint_l \vec{E}_k\cdot {\rm d}\vec{l}=-\frac{{\rm d}\varPhi}{{\rm d}t}$$

由对称性可知，圆形回路上各点的 $\vec{E}_{\rm k}$ 大小都相同，方向沿圆周的切线方向。上式化为

$$2\pi rE_{\rm k}=-\pi r^2\frac{{\rm d}B}{{\rm d}t}$$

此处的 E_{k} 为 $\vec{E}_{\mathrm{k}}$ 在 $\mathrm{d}\vec{l}$ 方向 (即圆周切向) 的投影。解得

$$E_{\mathrm{k}} = -\frac{1}{2}kr$$

式中，“−(负号)” 表示感生电场实际方向为逆时针方向。

在 $r > R$ 区域，作半径为 r 的圆形回路，穿过该回路面积的磁通量为

$$\Phi = BS = \pi R^2 B$$

代入式 (13-13) 后得到

$$2\pi r E_{\mathrm{k}} = -\pi R^2 \frac{\mathrm{d}B}{\mathrm{d}t}$$

解得

$$E_{\mathrm{k}} = -\frac{1}{2}\frac{kR^2}{r}$$

方向也沿逆时针。磁场虽只限于圆柱形区域，但变化的磁场激发的感生电场分布于全空间。

13.3.3　涡电流

当大块导体放在变化的磁场中时，在导体内部会产生感生电流，由于这种电流在导体内自成闭合回路，故称为**涡电流**(图 13-8)。因为大块导体的电阻很小，所以涡电流强度很大。涡电流有许多重要的应用。

涡电流会在导体中产生大量的焦耳热，这就是**感应加热**的原理。所产生的焦耳热与外加电流的频率的平方成正比。当交变电流频率高达几百赫兹甚至几十千赫兹时，导体中的涡电流将产生大量焦耳热。如图 13-9 所示的涡电流冶炼金属就是它的应用之一。此外，在电动阻尼器、电磁炉、电磁感应加热抽真空等方面，涡电流也得到了应用。

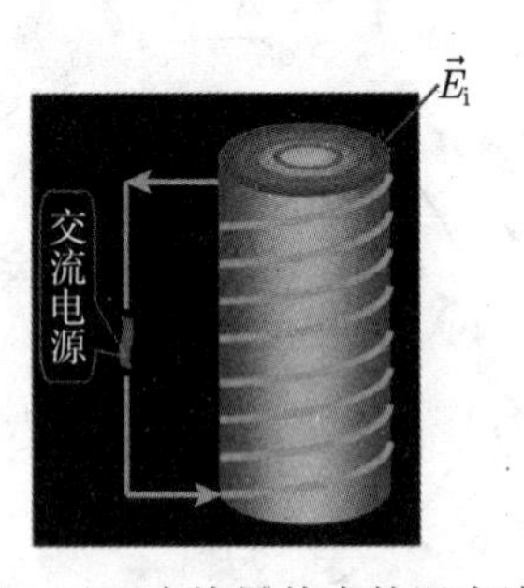

图 13-8　大块导体中的涡电流

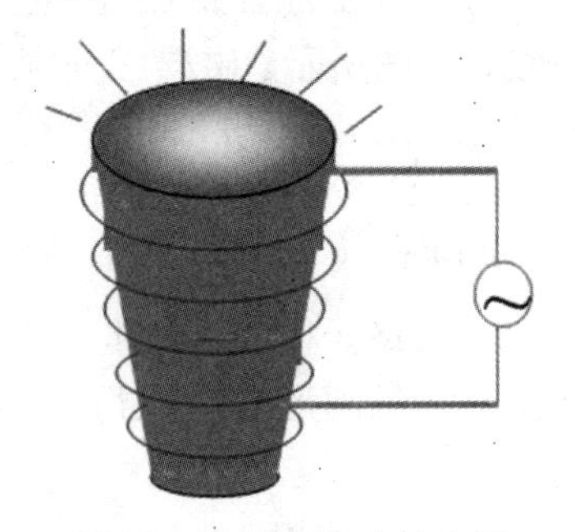

图 13-9　涡电流冶炼金属

涡电流在导体中产生的焦耳热有时非常有害。在电机和变压器中都使用铁芯，以此增大磁感应强度。当线圈通有交变电流时，在铁芯中产生很大的涡电流，造成能量的白白损失(图 13-10(a))。为减少能量的损耗，常将电机和变压器的铁芯做成层状，用薄层绝缘材料把各层隔开 (图 13-10(b))，以减小涡电流的产生，从而有效地减少能量的损耗。

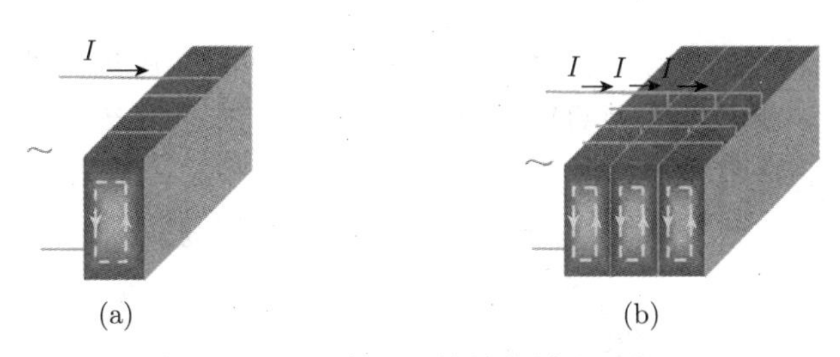

图 13-10 变压器的铁芯做成层状

13.4 自感与互感

13.4.1 自感

当通过回路中的电流发生变化时，引起穿过自身回路面积的磁通量发生变化，从而在回路自身产生感生电动势的现象称为**自感现象**，所产生的电动势称为**自感电动势**。

如图 13-11 所示，设回路通有电流 I，电流在空间任意一点产生的磁感应强度 $\vec{B}$ 大小与电流 I 成正比，穿过自身回路的磁通量 Φ 也与电流 I 成正比，用等式表示为

$$\Phi = LI \tag{13-14}$$

式中，比例系数 L 称为回路的自感系数，简称**自感**。

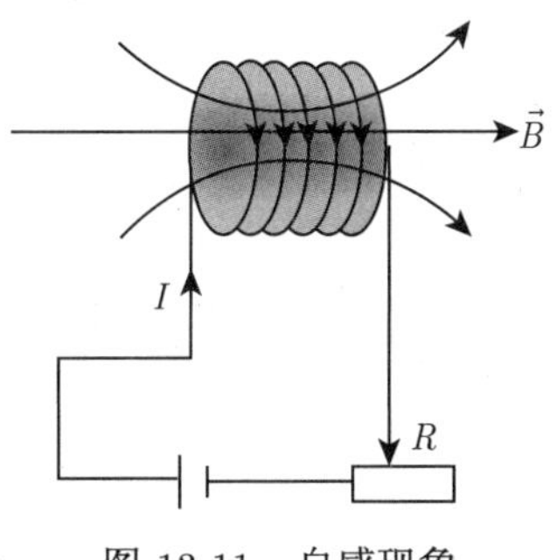

图 13-11 自感现象

实验表明，自感系数 L 取决于回路的几何形状、大小以及周围磁介质的磁导率等，与回路中的电流无关。在国际单位制中，自感系数的单位为亨利 (H)，$1\mathrm{H} = 1\mathrm{Wb{\cdot}A^{-1}}$。在实际应用中，还常用单位 mH 和 μH，它们之间的换算关系为

$$1\mathrm{H} = 10^3\mathrm{mH} = 10^6\mathrm{\mu H}$$

当回路中的电流变化时，根据法拉第电磁感应定律，此时回路中产生的自感电动势为

$$\varepsilon_L = -\frac{\mathrm{d}\Phi}{\mathrm{d}t} = -\frac{\mathrm{d}(LI)}{\mathrm{d}t} = -L\frac{\mathrm{d}I}{\mathrm{d}t} \tag{13-15}$$

式中，“−(负号)” 表示自感电动势的方向总是阻碍自身回路电流的变化。如果回路中的电流在增大，即 $\mathrm{d}I/\mathrm{d}t > 0$，则 $\varepsilon_L < 0$，表明自感电动势 ε_L 的方向与电流 I 方向相反；如果回路中的电流在减小，$\mathrm{d}I/\mathrm{d}t < 0$，则 $\varepsilon_L > 0$，表明自感电动势 ε_L 的方向与电流 I 方向相同。从式 (13-15) 还可以看出，当 $\mathrm{d}I/\mathrm{d}t$ 取一个单位时，回路中的自感系数在数值上等于回路中产生自感电动势的大小。这是工程上测量自感系数常用的实验方法。

自感现象在电子、电工等技术中有广泛的应用。高频扼流圈、日光灯中的镇流器等都是利用自感线圈具有阻碍电流改变的特性的应用实例。利用自感线圈和电容器的组合，可以构

成振荡电路或滤波电路。自感现象有时也会带来危害，应设法避免。例如，当突然切断电器设备电源时，在线圈中将产生很大的自感电动势，会使电建之间产生火花，甚至击穿空气隙而导电，产生电弧损坏电器设备。

例 13-6　长为 l 的长直螺线管，横截面积为 S，线圈总匝数为 N，管中无铁芯。求此螺旋管的自感系数。

解　设螺线管通有电流 I，其内部的磁场可以认为是匀强场。则磁感应强度为

$$B = \mu_0 nI = \mu_0 \frac{N}{l} I$$

穿过螺线管的总磁通量为

$$\Phi = NBS = \mu_0 \frac{N^2}{l} IS$$

则此螺线管的自感系数为

$$L = \frac{\Phi}{I} = \mu_0 \frac{N^2}{l} S$$

螺线管的体积为 $V = Sl$，单位长度的匝数为 $n = N/l$，则自感系数可化为

$$L = \mu_0 n^2 V$$

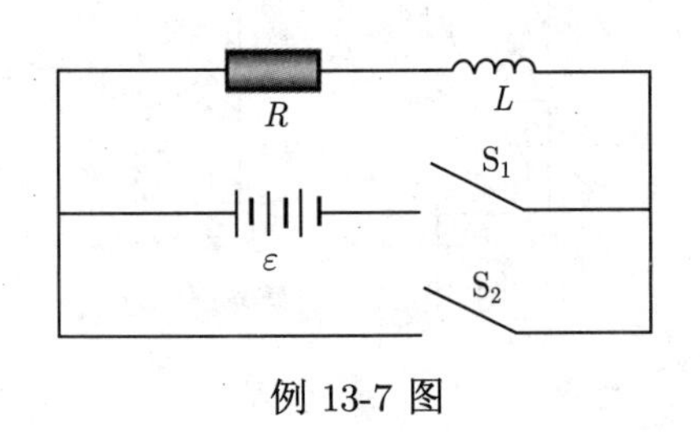

例 13-7 图

例 13-7　如图所示的电路中，试分析 (1) 当接通 S_1 而断开 S_2 时，RL 电路由于接通电源，在自感作用下，电流随时间的变化规律；(2) 当接通 S_1 达到恒定电流后迅速闭合 S_2 而断开 S_1 时，在自感作用下，电流随时间的变化规律。

解　(1) 当接通 S_1，而 S_2 处于断开时，线圈中的自感电动势方向与回路电流的方向相反，回路中的电流将逐渐增加。线圈的自感电动势为

$$\varepsilon_L = -L\frac{\mathrm{d}I}{\mathrm{d}t}$$

由闭合电路欧姆定律，回路方程为

$$\varepsilon + \varepsilon_L = RI$$

即

$$\varepsilon - L\frac{\mathrm{d}I}{\mathrm{d}t} = RI$$

将上式改写成

$$\frac{\mathrm{d}I}{I - \dfrac{\varepsilon}{R}} = -\frac{R}{L}\mathrm{d}t$$

当 $t = 0$ 时，$I = 0$，积分上式，可得

$$I = \frac{\varepsilon}{R}(1 - \mathrm{e}^{-\frac{R}{L}t})$$

(2) 当接通 S_1 达到恒定电流后迅速闭合 S_2 而断开 S_1 时，回路方程为

$$\varepsilon_L = RI$$

即

$$-L\frac{\mathrm{d}I}{\mathrm{d}t} = RI$$

上式化为

$$\frac{\mathrm{d}I}{I} = -\frac{R}{L}\mathrm{d}t$$

当 $t=0$ 时，$I=\varepsilon/R$，积分后可得

$$I = \frac{\varepsilon}{R}\mathrm{e}^{-\frac{R}{L}t}$$

由于线圈中自感的存在，当电路中电流变化时，电路中会产生自感电动势。根据楞次定律，自感电动势总是要反抗电路中电流的变化。即自感现象具有使电路中保持原有电流不变的特性，它使电路在接通和断开时，电路中的电流不能突变，要经历一个暂态的过程才能达到稳定。

13.4.2 互感

由于一个回路中电流发生变化而引起邻近的另一回路中产生感应电动势的现象称为**互感现象**，所产生的电动势称为**互感电动势**。

如图 13-12 所示，设有两个彼此靠近的线圈，线圈 1 通有电流 I_1，该电流产生的磁场穿过线圈 2 的磁通量为 Φ_{21}。线圈 1 中的电流 I_1 的磁场在空间任意一点的磁感应强度都与 I_1 成正比。因此，穿过线圈 2 的磁通量 Φ_{21} 也必然与 I_1 成正比，用等式表示为

$$\Phi_{21} = M_{21}I_1 \tag{13-16}$$

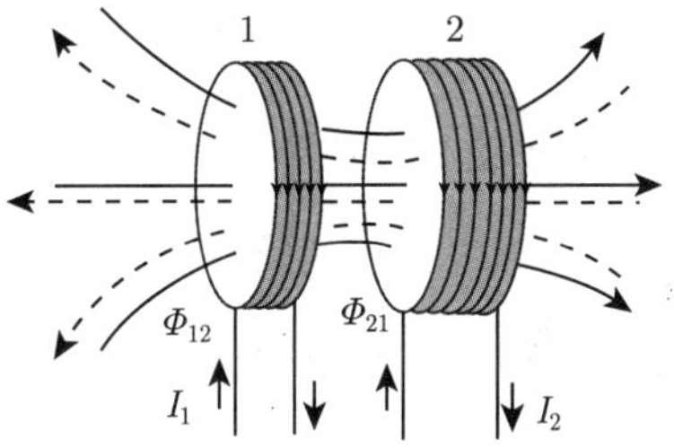

图 13-12 互感现象

同理，线圈 2 中的电流 I_2 产生的磁场穿过线圈 1 的磁通量 Φ_{12} 与 I_2 成正比，用等式表示为

$$\Phi_{12} = M_{12}I_2 \tag{13-17}$$

式中，M_{21} 和 M_{12} 为比例系数。

比例系数 M_{21} 和 M_{12} 取决于线圈的几何形状、大小、匝数、两线圈的相对位置以及周围的磁介质，而与线圈中的电流无关。它们称为两线圈的**互感系数**，简称互感。理论和实验都可证明

$$M_{12} = M_{21} = M$$

如果两线圈自身的性质、相对位置及周围的磁介质保持不变，则 M 为常量。在国际单位制中，互感系数的单位与自感系数的单位相同，都为亨利 (H)。

当线圈 1 中的电流 I_1 发生变化时，根据法拉第电磁感应定律，在线圈 2 中产生的互感电动势为

$$\varepsilon_{21} = -\frac{\mathrm{d}\Phi_{21}}{\mathrm{d}t} = -M\frac{\mathrm{d}I_1}{\mathrm{d}t} \tag{13-18}$$

同理，当线圈 2 中的电流 I_2 发生变化时，在线圈 1 中产生的互感电动势为

$$\varepsilon_{12} = -\frac{\mathrm{d}\Phi_{12}}{\mathrm{d}t} = -M\frac{\mathrm{d}I_2}{\mathrm{d}t} \tag{13-19}$$

式中，“−(负号)” 表示在一个线圈回路中引起的互感电动势要反抗另一个回路中的电流变化。从式 (13-18) 和式 (13-19) 可以看出，互感系数在数值上等于当一个线圈中电流随时间的变化率为一个单位时，在另一个线圈中引起互感电动势的大小。当一个线圈中电流随时间的变化率一定时，互感系数越大，在另一个线圈中引起的互感电动势就越大；反之，互感系数越小，在另一个线圈中引起的互感电动势也越小。因此，互感系数 M 表示两线圈回路相互耦合程度的物理量。

互感现象在电工、无线电技术和电磁测量中得到广泛应用。各种变压器、互感器、感应圈等都是利用互感现象制成的。在有些问题中互感往往是有害的。电路之间由于互感而相互干扰，为避免干扰，常采用磁屏蔽方法将有些器件保护起来。

例 13-8　如例 13-8 图所示，均匀密绕 N_1 匝线圈的长直螺线管长为 l，横截面积为 S，在螺线管中部再密绕 N_2 匝线圈。求两线圈的互感系数。

解　设线圈 1 中通有电流 I，则在螺线管内部产生的磁感应强度为

$$B = \mu_0 \frac{N_1}{l} I$$

穿过线圈 2 的总磁通量为

$$\Phi_2 = N_2 BS = \mu_0 \frac{N_1 N_2}{l} IS$$

则两线圈的互感系数为

$$M = \frac{\Phi_2}{I} = \mu_0 \frac{N_1 N_2}{l} S$$

例 13-9　在磁导率为 μ 的均匀无限大的磁介质中，有一无限长直导线，与一边长分别为 b 和 l 的矩形线圈在同一平面内，如例 13-9 图所示，求它们的互感系数。

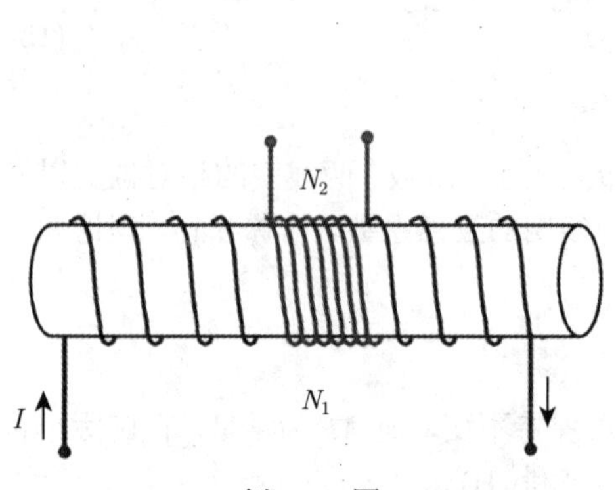

例 13-8 图

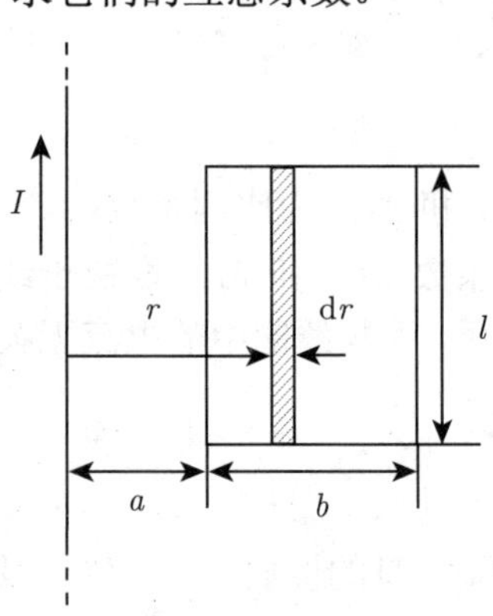

例 13-9 图

解 设长直导线通有电流 I，在离它距离为 r 处产生磁场的磁感应强度为

$$B=\frac{\mu I}{2\pi r}$$

穿过矩形线圈的磁通量为

$$\Phi=\int_S \vec{B}\cdot \mathrm{d}\vec{S}=\int_a^{a+b}\frac{\mu Il}{2\pi r}\mathrm{d}r=\frac{\mu Il}{2\pi}\ln\frac{a+b}{a}$$

则它们的互感系数为

$$M=\frac{\Phi}{I}=\frac{\mu l}{2\pi}\ln\frac{a+b}{a}$$

13.5 磁场的能量 磁场能量密度

当回路中通有电流时，由于各回路的自感和互感的作用，回路中的电流要经历一个从零到稳定值的变化过程。在这个过程中，电源必须提供能量来克服自感电动势及互感电动势做功，使电能转化为载流回路的能量和各回路电流之间的相互作用能，这就是磁场能量。

13.5.1 自感磁能

图 13-13 是一个由自感系数为 L 的线圈和电阻值为 R 的电阻构成的 RL 电路。设电源的电动势为 ε，接通电源后某瞬时回路中的电流为 I，线圈中的自感电动势为$\varepsilon_L=-L\dfrac{\mathrm{d}I}{\mathrm{d}t}$。由闭合电路的欧姆定律，可得回路方程为

$$\varepsilon-L\frac{\mathrm{d}I}{\mathrm{d}t}=RI \tag{13-20}$$

式 (13-20) 两边同乘以 $I\mathrm{d}t$，则有

$$\varepsilon I\mathrm{d}t-LI\mathrm{d}I=RI^2\mathrm{d}t \tag{13-21}$$

考虑到，当 $t=0$ 时，$I=0$，某 t 时刻电流增加到 I 的稳定值。于是积分式 (13-21)，可得

$$\int_0^t \varepsilon I\mathrm{d}t=\frac{1}{2}LI^2+\int_0^t RI^2\mathrm{d}t \tag{13-22}$$

式 (13-22) 中各项表示的物理意义：$\int_0^t \varepsilon I\mathrm{d}t$ 表示电源电动势所做的功，$\int_0^t RI^2\mathrm{d}t$ 为消耗在电阻上的焦耳热，$\frac{1}{2}LI^2$ 表示电源反抗自感电动势所做的功，这部分功转化为载流线圈的能量，并以磁场能的形式储存在线圈中。因此，线圈中所储存的磁能表示为

$$W_\mathrm{m}=\frac{1}{2}LI^2 \tag{13-23}$$

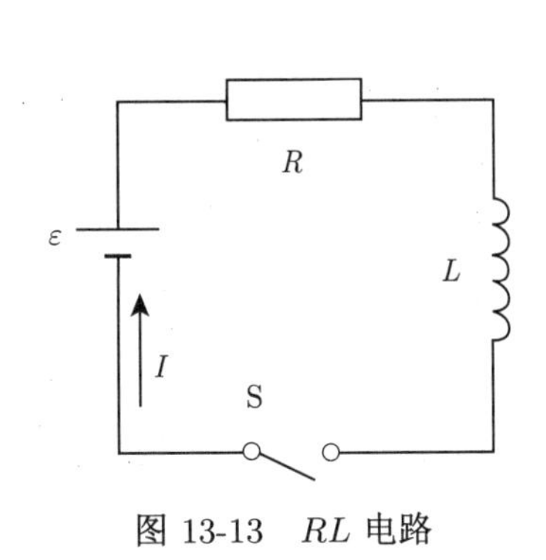

图 13-13 RL 电路

W_{m} 称为线圈的**自感磁能**。当电流一定时，线圈的自感系数越大，线圈所储存的自感磁能越多。这与电容器所储存的电场能 $W_{\mathrm{e}}=\dfrac{1}{2}CU^2$类似，当电容器两端电势差一定时，电容越大，电容器储存的电场能越多。电容 C 表征了电容器储存电荷或电场能本领的物理量，同样，自感系数 L 表征了线圈储存磁能本领的物理量。

13.5.2　磁场的能量　磁场能量密度

与电能定域在电场中相似，磁能定域在磁场中。下面以充满各向同性均匀磁介质的长直螺线管为例，将式 (13-23) 用描述磁场本身的物理量 $\vec{B}$ 和 $\vec{H}$ 表述出来。

当长直螺线管通有电流 I 时，忽略边缘效应，管内为匀强磁场，磁感应强度为 $B=\mu nI$。由例 13-6 可知，长直螺线管的自感系数为 $L=\mu n^2V$，将它们代入式 (13-23)，得

$$W_{\mathrm{m}}=\frac{1}{2}LI^2=\frac{1}{2}\mu n^2V\left(\frac{B}{\mu n}\right)^2=\frac{1}{2}\frac{B^2}{\mu}V \tag{13-24}$$

式中，V 为长直螺线管的体积。由于螺线管内为匀强磁场，磁场的能量应在管内均匀分布，单位体积的磁场能，即磁场能量密度为

$$w_{\mathrm{m}}=\frac{W_{\mathrm{m}}}{V}=\frac{1}{2}\frac{B^2}{\mu}=\frac{1}{2}BH=\frac{1}{2}\mu H^2 \tag{13-25}$$

虽然式 (13-25) 虽由特例导出，但对一般的磁场都适用。对于任意磁场，无论是否均匀，在体积元 $\mathrm{d}V$ 内的磁场能量为

$$\mathrm{d}W_{\mathrm{m}}=w_{\mathrm{m}}\mathrm{d}V$$

整个磁场空间的能量为

$$W_{\mathrm{m}}=\int_V w_{\mathrm{m}}\mathrm{d}V=\int_V\frac{B^2}{2\mu}\mathrm{d}V \tag{13-26}$$

电场能量与磁场能量颇为相似，现列在表 13-1 中。

表 13-1　电场能量与磁场能量的比较

电场能量	磁场能量
电容器能量 $W_{\mathrm{e}}=\dfrac{1}{2}CU^2$	自感磁能 $W_{\mathrm{m}}=\dfrac{1}{2}LI^2$
电场能量密度 $w_{\mathrm{e}}=\dfrac{1}{2}\varepsilon E^2=\dfrac{1}{2}DE=\dfrac{1}{2}\dfrac{D^2}{\varepsilon}$	磁场能量密度 $w_{\mathrm{m}}=\dfrac{1}{2}\mu H^2=\dfrac{1}{2}BH=\dfrac{1}{2}\dfrac{B^2}{\mu}$
一般电场能量求法 $W_{\mathrm{e}}=\int_V w_{\mathrm{e}}\mathrm{d}V=\int_V\dfrac{1}{2}\varepsilon E^2\mathrm{d}V$	一般磁场能量求法 $W_{\mathrm{m}}=\int_V w_{\mathrm{m}}\mathrm{d}V=\int_V\dfrac{B^2}{2\mu}\mathrm{d}V$
用能量法可求 C	用能量法可求 L

例 13-10　截面为矩形的螺绕环共有 N 匝线圈，如例 13-10 图所示，在螺绕环的轴线上有一无限长直导线。若在螺绕环的线圈中通以电流 I。求：(1) 螺绕环的自感系数 L；(2) 螺绕环与长直导线之间的互感系数 M；(3) 螺绕环内储存的自感磁能。

解 (1) 螺绕环线圈中的电流 I 激发的磁场只集中在环管内。由对称性可知，在管内，以螺绕环中心为圆心，半径为 r 的圆形环路上的各点磁感应强度 $\vec{B}$ 大小都相同，方向沿切线方向。由安培环路定理，可得

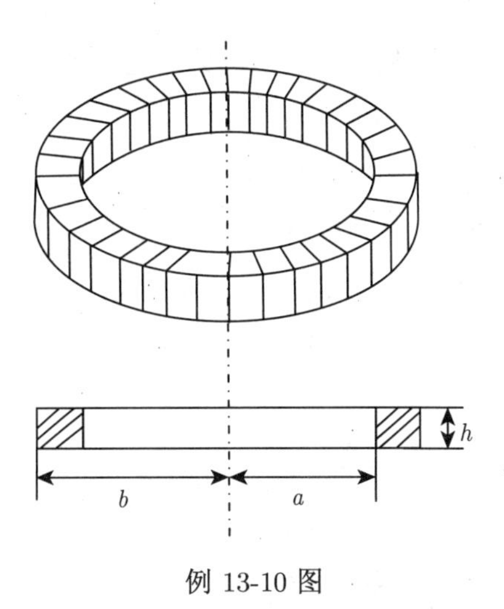

例 13-10 图

$$\oint_L \vec{B}\cdot \mathrm{d}\vec{l} = 2\pi rB = \mu_0 NI$$

求得

$$B = \frac{\mu_0 NI}{2\pi r}$$

穿过螺绕环单匝线圈截面的磁通量为

$$\begin{aligned}\Phi &= \int_S \vec{B}\cdot \mathrm{d}\vec{S} = \int_a^b Bh\mathrm{d}r\\ &= \frac{\mu_0 NIh}{2\pi}\int_a^b \frac{\mathrm{d}r}{r} = \frac{\mu_0 NIh}{2\pi}\ln\frac{b}{a}\end{aligned}$$

则螺绕环的自感系数为

$$L = \frac{N\Phi}{I} = \frac{\mu_0 N^2 h}{2\pi}\ln\frac{b}{a}$$

(2) 设长直导线中通有电流 I_1，距长直导线 r 处磁感应强度的大小为

$$B = \frac{\mu_0 I_1}{2\pi r}$$

穿过螺绕环的磁通匝链数为

$$\psi = N\int_S \vec{B}\cdot \mathrm{d}\vec{S} = \frac{\mu_0 I_1 Nh}{2\pi}\int_a^b \frac{\mathrm{d}r}{r} = \frac{\mu_0 I_1 Nh}{2\pi}\ln\frac{b}{a}$$

它们的互感系数为

$$M = \frac{\psi}{I_1} = \frac{\mu_0 Nh}{2\pi}\ln\frac{b}{a}$$

(3) 螺绕环内储存的自感磁能为

$$W_\mathrm{m} = \frac{1}{2}LI^2 = \frac{\mu_0 N^2 h}{4\pi}I^2\ln\frac{b}{a}$$

13.6 位移电流 电磁场理论

麦克斯韦是英国物理学家、数学家，经典电磁理论的奠基人，气体动理论创始人之一。1831 年 6 月 13 日出生时，是法拉第发现电磁感应后 2 个多月。麦克斯韦 15 岁在“爱丁堡皇家学报”发表论文，1854 年从剑桥大学毕业，任卡文迪什实验室首任主任。

麦克斯韦一生虽然只有短短的 48 年，但却发表了 100 多篇有价值的论文，是一位可以与牛顿、爱因斯坦相提并论的科学家，尤其是在当今的信息时代，更体现了麦克斯韦不朽的学术贡献。

13.6.1　位移电流

如图 13-14 所示，在由电阻、自感线圈组成的 RL 电路中，电流是连续的，但含有电容器的电路，电流是不连续的。

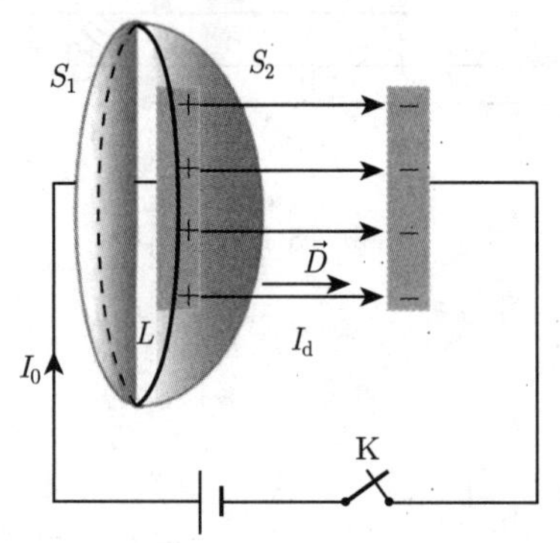

图 13-14　在非恒定电流情况下安培环路定理出现的矛盾

在给电容器充电过程中，导线中存在传导电流 I_0，但在电容器极板上电流中断了。如果将恒定电流条件下的安培环路定理应用于该电路，则对以回路 L 为边界的 S_1 曲面来说，导线与 S_1 相交，电流 I_0 穿过该曲面，因此有

$$\oint_L \vec{H} \cdot \mathrm{d}\vec{l} = I_0 \tag{13-27}$$

但对以回路 L 为边界的 S_2 曲面来说，导线不与 S_2 相交，电流没有穿过该曲面，因此又有

$$\oint_L \vec{H} \cdot \mathrm{d}\vec{l} = 0 \tag{13-28}$$

式 (13-27) 与式 (13-28) 发生了矛盾，表明安培环路定理不适用非恒定电流的情况。

为解决上述矛盾，麦克斯韦提出了位移电流的假设，对安培环路定理做了修正，使之也适用于非恒定电流的情况。

虽然电流在电容器极板处出现中断，但极板上的电荷 q 随时间不断变化。按照电流的定义，导线中的传导电流为

$$I_0 = \frac{\mathrm{d}q}{\mathrm{d}t} \tag{13-29}$$

在平行板电容器中，电位移 $D = \sigma$，σ 为极板上电荷面密度。极板之间电位移通量为

$$\varPhi_D = \int_S \vec{D} \cdot \mathrm{d}\vec{S} = DS = \sigma S = q \tag{13-30}$$

式中，S 为电容器极板的面积。电位移的通量随时间的变化率为

$$\frac{\mathrm{d}\varPhi_D}{\mathrm{d}t} = \frac{\mathrm{d}q}{\mathrm{d}t} = I_0 \tag{13-31}$$

式 (13-31) 表明，电位移通量的变化率等于导线中的传导电流。导线中的传导电流虽然在电容器极板上中断了，但是在电容器内部却存在着与传导电流相等的电位移通量的变化率 $\dfrac{\mathrm{d}\varPhi_D}{\mathrm{d}t}$。如果将 $\dfrac{\mathrm{d}\varPhi_D}{\mathrm{d}t}$ 看成一种电流的话，那么整个回路就能保持电流的连续性，前面出现的矛盾随之解决。为此，麦克斯韦大胆地引入了**位移电流**的概念，并定义

$$I_\mathrm{d} = \frac{\mathrm{d}\varPhi_D}{\mathrm{d}t} \tag{13-32}$$

即通过电场中某一截面的位移电流等于通过该截面电位移通量对时间的变化率。

将电位移通量的一般定义式代入式 (13-32)，可得

$$I_{\mathrm{d}}=\frac{\mathrm{d}\Phi_D}{\mathrm{d}t}=\frac{\mathrm{d}}{\mathrm{d}t}\int_S\vec{D}\cdot\mathrm{d}\vec{S}=\int_S\frac{\partial\vec{D}}{\partial t}\cdot\mathrm{d}\vec{S} \tag{13-33}$$

一般情况下，电流强度和电流密度关系为

$$I=\int_S\vec{j}\cdot\mathrm{d}\vec{S}$$

式 (13-33) 与上式比较，可知

$$\vec{j}_{\mathrm{d}}=\frac{\partial\vec{D}}{\partial t} \tag{13-34}$$

$\vec{j}_{\mathrm{d}}$ 称为位移电流密度，即电场中某一点位移电流密度等于该点电位移矢量对时间的变化率。

13.6.2 全电流安培环路定理

在有电容器的电路中，电容器极板上被中断的传导电流 I_0，可以由位移电流 I_{d} 接替下去，从而保证了电流的连续性。一般情况下，在电路中可能同时存在传导电流和位移电流，因此，麦克斯韦引入了全电流的概念，它们等于传导电流与位移电流之和。即

$$I=I_0+I_{\mathrm{d}} \tag{13-35}$$

于是，安培环路定理表示为

$$\oint_L\vec{H}\cdot\mathrm{d}\vec{l}=I_0+I_{\mathrm{d}}=\int_S\vec{j}\cdot\mathrm{d}\vec{S}+\int_S\frac{\partial\vec{D}}{\partial t}\cdot\mathrm{d}\vec{S} \tag{13-36}$$

式 (13-36) 称为全电流安培环路定理。它表示，磁场强度沿任意闭合回路的环路积分等于穿过此回路所包围曲面的全电流。式 (13-36) 是恒定电流的磁场中安培环路定理的修正，修正后对非恒定电流的情况也适用。

和传导电流一样，位移电流也能激发磁场。位移电流的引入深刻地揭示了电场和磁场的内在联系，反映了自然界对称性的美。法拉第电磁感应定律表明了变化磁场能够产生涡旋电场，位移电流假设的实质则表明变化电场能够产生涡旋磁场。变化的电场和变化的磁场互相联系，相互激发，形成统一的电磁场。位移电流已经为无线电波的发现及其广泛的实际应用所证实。

位移电流与传导电流的共同之处是都能激发磁场。区别在于：

(1) 传导电流是由自由电荷运动引起的，而位移电流的本质是变化的电场；

(2) 传导电流通过导体时要产生焦耳热，而位移电流不产生焦耳热。

例 13-11 半径为 $R=0.1\mathrm{m}$ 的两块圆板，构成平板电容器。现均匀充电，使电容器两极板间的电场变化率为 $\mathrm{d}E/\mathrm{d}t=1.0\times10^{13}\mathrm{V\cdot m^{-1}\cdot s^{-1}}$。求极板间的位移电流以及距轴线 R 处的磁感应强度。

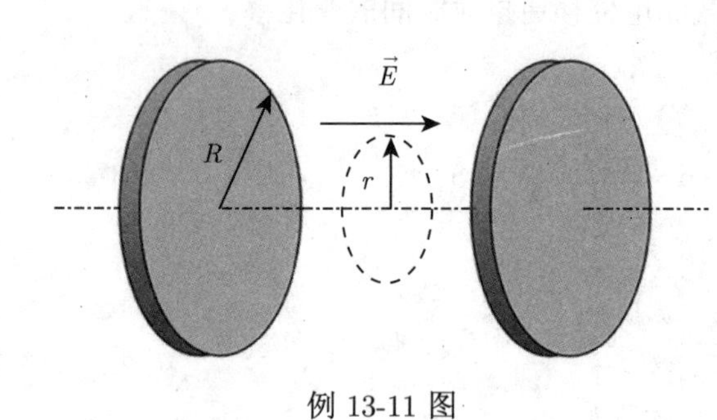

例 13-11 图

解　两极板间的电场可视为均匀电场，穿过板间的电位移通量为

$$\Phi_D = DS = \varepsilon_0 E \cdot \pi R^2$$

极板间的位移电流为

$$\begin{aligned} I_\mathrm{d} &= \frac{\mathrm{d}\Phi_D}{\mathrm{d}t} = \pi\varepsilon_0 R^2 \frac{\mathrm{d}E}{\mathrm{d}t} \\ &= 3.14 \times 8.85 \times 10^{-12} \times 0.1^2 \times 1.0 \times 10^{13}\mathrm{A} \\ &= 2.8\mathrm{A} \end{aligned}$$

由全电流安培环路定理有

$$\oint_L \vec{H} \cdot \mathrm{d}\vec{l} = \frac{\mathrm{d}\Phi_D}{\mathrm{d}t}$$

由于极板间磁场强度 $\vec{H}$ 关于轴线对称，故圆形回路上各点的 $\vec{H}$ 都相同，方向沿环路的切向。于是，上式的环路积分为

$$H \cdot 2\pi r = \int_S \frac{\partial \vec{D}}{\partial t} \cdot \mathrm{d}\vec{S}$$

因为

$$H = \frac{B}{\mu_0}, \quad D = \varepsilon_0 E$$

所以

$$\frac{B}{\mu_0} \cdot 2\pi r = \varepsilon_0 \int_S \frac{\partial \vec{E}}{\partial t} \cdot \mathrm{d}\vec{S} = \varepsilon_0 \frac{\mathrm{d}E}{\mathrm{d}t} \pi r^2$$

化简后，得到

$$B = \frac{\mu_0 \varepsilon_0}{2} r \frac{\mathrm{d}E}{\mathrm{d}t}$$

当 $r = R$ 时，磁感应强度为

$$\begin{aligned} B &= \frac{\mu_0 \varepsilon_0}{2} R \frac{\mathrm{d}E}{\mathrm{d}t} \\ &= \frac{1}{2} \times 4\pi \times 10^{-7} \times 8.85 \times 10^{-12} \times 0.1 \times 1.0 \times 10^{13}\mathrm{T} \\ &= 5.6 \times 10^{-6}\mathrm{T} \end{aligned}$$

13.6.3　麦克斯韦方程组

麦克斯韦提出的涡旋电场和位移电流两个假设表明，变化的磁场要激发电场，变化的电场要激发磁场。变化的电场与磁场相互联系，相互依存，不可分割，形成统一的电磁场。这就是麦克斯韦电磁场理论的基本概念。

前面几章曾分别讨论得出了关于静电场和恒定电流的磁场的一些基本规律，可以归纳为四个基本方程，即

(1) 静电场的高斯定理

$$\oint_S \vec{D} \cdot \mathrm{d}\vec{S} = \sum q = \int_V \rho \, \mathrm{d}V$$

(2) 静电场的环路定理

$$\oint_L \vec{E}\cdot \mathrm{d}\vec{l}=0$$

(3) 恒定磁场的高斯定理

$$\oint_S \vec{B}\cdot \mathrm{d}\vec{S}=0$$

(4) 恒定磁场的安培环路定理

$$\oint_L \vec{H}\cdot \mathrm{d}\vec{l}=I_0$$

麦克斯韦总结了电磁场的规律，并引入涡旋电场和位移电流两个重要概念，将静电场环路定理和安培环路定理分别修正为

$$\oint_L \vec{E}\cdot \mathrm{d}\vec{l}=-\frac{\mathrm{d}\varPhi}{\mathrm{d}t}=-\int_S \frac{\partial \vec{B}}{\partial t}\cdot \mathrm{d}\vec{S}$$

及

$$\oint_L \vec{H}\cdot \mathrm{d}\vec{l}=I_0+I_{\mathrm{d}}=\int_S \vec{j}\cdot \mathrm{d}\vec{S}+\int_S \frac{\partial \vec{D}}{\partial t}\cdot \mathrm{d}\vec{S}$$

使它们适用于一般的电磁场。麦克斯韦还假设，静电场的高斯定理和磁场的高斯定理也适用于一般的电磁场。这样，电磁场理论可归纳为四个基本方程，即

$$\oint_S \vec{D}\cdot \mathrm{d}\vec{S}=\sum q=\int_V \rho\,\mathrm{d}V \tag{13-37}$$

$$\oint_L \vec{E}\cdot \mathrm{d}\vec{l}=-\int_S \frac{\partial \vec{B}}{\partial t}\cdot \mathrm{d}\vec{S} \tag{13-38}$$

$$\oint_S \vec{B}\cdot \mathrm{d}\vec{S}=0 \tag{13-39}$$

$$\oint_L \vec{H}\cdot \mathrm{d}\vec{l}=\int_S \vec{j}\cdot \mathrm{d}\vec{S}+\int_S \frac{\partial \vec{D}}{\partial t}\cdot \mathrm{d}\vec{S} \tag{13-40}$$

以上四个方程就是**麦克斯韦方程组**的积分形式。

麦克斯韦方程组的形式简洁而优美，全面、系统地总结了电磁场基本规律，阐明了电场和磁场之间的相互联系。麦克斯韦方程组不仅能够说明所有的电磁现象，而且还成功地预言了电磁波的存在，并推测光是一定频率范围内的电磁波。麦克斯韦的这一成就是 19 世纪物理学发展史上最重要的理论成果。

习　题

13-1　两个闭合的金属环，穿在一光滑的绝缘杆上，如图所示，当条形磁铁 N 极自右向左插向圆环时，两圆环的运动是 (　　)

A. 边向左移边分开　　　　B. 边向左移边合拢

C. 边向右移边合拢　　　　D. 同时同向移动

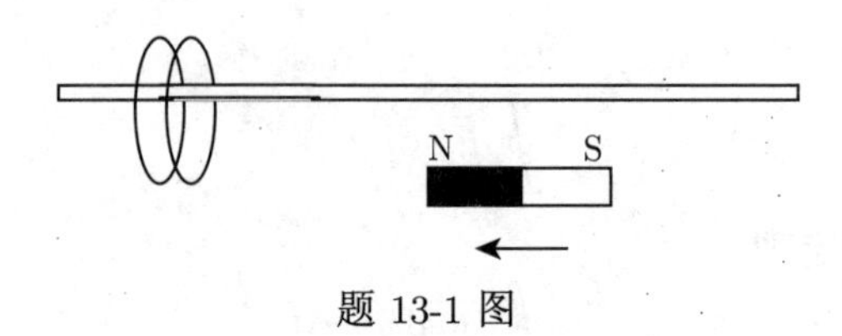

题 13-1 图

13-2　如图所示，一正方形闭合线圈放在均匀磁场中，绕通过其中心且与一边平行的转轴 OO' 转动，转轴与磁场方向垂直，转动角速度为 ω，用下述哪一种办法可以使线圈中感应电流的幅值增加到原来的两倍 (导线的电阻不能忽略)(　　)

A. 把线圈的匝数增加到原来的两倍

B. 把线圈的面积增加到原来的两倍，而形状不变

C. 把线圈切割磁感应线的两条边增长到原来的两倍

D. 把线圈的角速度 ω 增大到原来的两倍

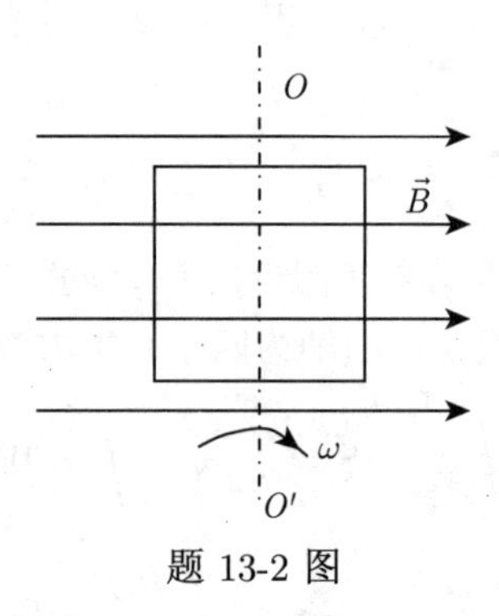

题 13-2 图

13-3　将一根导线弯折成半径为 R 的 3/4 圆弧 $abcd$，置于均匀磁场 $\vec{B}$ 中，$\vec{B}$ 垂直于导线平面，如图所示。当导线沿角 aOd 的角平分线方向以速度 $\vec{v}$ 向右运动时，导线中产生的感应电动势 $\varepsilon_{\rm i}$ 为 (　　)

A. 0　　B. vRB　　C. $\sqrt{2}vRB$　　D. $\dfrac{\sqrt{2}}{2}vRB$

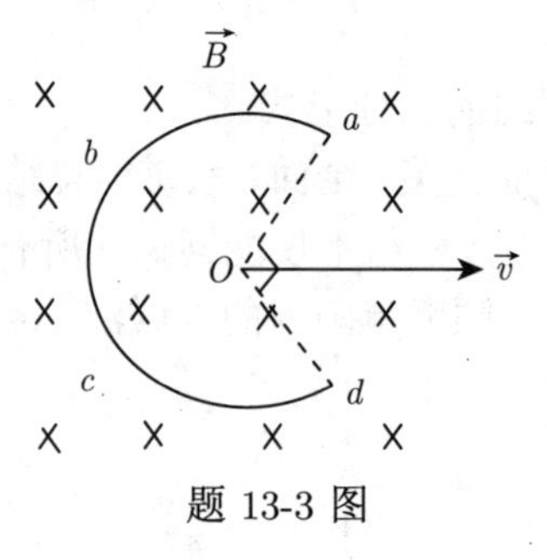

题 13-3 图

13-4　下列概念正确的是 (　　)

A. 感生电场是保守场

B. 感生电场的电场线是一组闭合曲线

C. 线圈的自感系数与回路的电流成反比

D. $\Phi_{\rm m} = LI$，回路的磁通量越大，回路的自感系数也一定大

13-5　有两个线圈，线圈 1 对线圈 2 的互感系数为M_{21}，而线圈 2 对线圈 1 的互感系数为 M_{12}。若

它们分别流过 i_1 和 i_2 的变化电流，且 $\left|\frac{\mathrm{d}i_1}{\mathrm{d}t}\right| < \left|\frac{\mathrm{d}i_2}{\mathrm{d}t}\right|$，并设由 i_2 变化在线圈 1 中产生的互感电动势为 ε_{12}，由 i_1 变化在线圈 2 中产生的互感电动势为 ε_{21}，下述论断正确的是（　　）

A. $M_{12} = M_{21}$，　$\varepsilon_{21} = \varepsilon_{12}$

B. $M_{12} \neq M_{21}$，　$\varepsilon_{21} \neq \varepsilon_{12}$

C. $M_{12} = M_{21}$，　$\varepsilon_{21} < \varepsilon_{12}$

D. $M_{12} = M_{21}$，　$\varepsilon_{21} > \varepsilon_{12}$

13-6　对位移电流，下列说法正确的是（　　）

A. 位移电流的实质是变化的电场

B. 位移电流和传导电流一样是定向运动的电荷

C. 位移电流服从传导电流遵循的所有定律

D. 位移电流的磁效应不服从安培环路定理

13-7　载流长直导线中的电流以 $\frac{\mathrm{d}I}{\mathrm{d}t}$ 的变化率增长。若有一边长为 d 的正方形线圈与两导线处于同一平面内，如图所示。求线圈中的感应电动势。

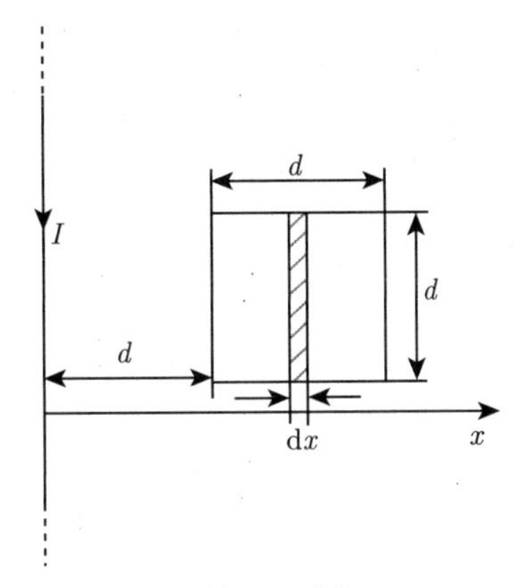

题 13-7 图

13-8　一闭合导电回路由半径 $r = 0.20\mathrm{m}$ 的半圆和三个直线段组成，如图所示，回路平面置于方向指向页面外部的均匀磁场中，磁感应强度的大小随时间按 $B = kt^2$ 变化，其中 $k = 4.0\mathrm{T \cdot s^{-2}}$ 。回路中串联了电动势 $\varepsilon_\mathrm{b} = 2.0\mathrm{V}$ 的理想电池。求 t=10s 时回路中总电动势的大小和方向。

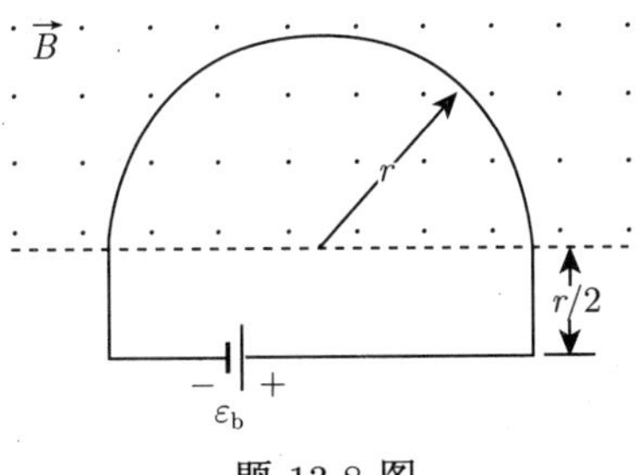

题 13-8 图

13-9　如图所示，把一半径为 R 的半圆形导线 OP 置于磁感强度为 $\vec{B}$ 的均匀磁场中，当导线以速率 $\vec{v}$ 水平向右平动时，求导线中感应电动势的大小，哪一端电势较高？

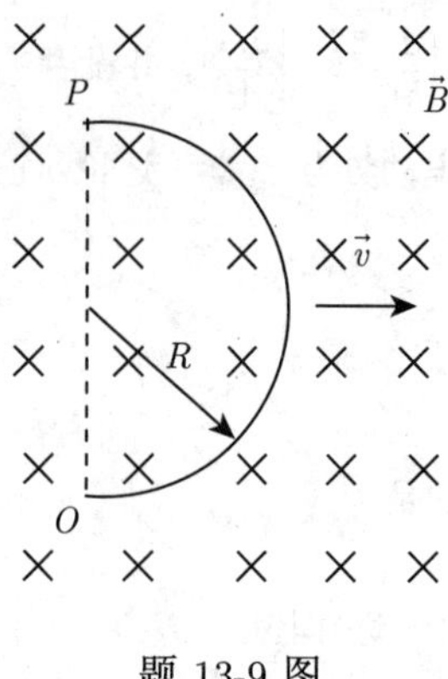

题 13-9 图

13-10　匀强磁场与金属框架平面垂直，如图所示。磁感应强度随时间按 $B = kt^2/2$ 变化，k 为大于零的常量，金属棒 ab 沿宽度为 L 的框架以速度 $\vec{v}$ 无摩擦地向右滑动。设 $t = 0$ 时金属处于框架的最左端，求任意时刻回路中感应电动势的大小和方向。

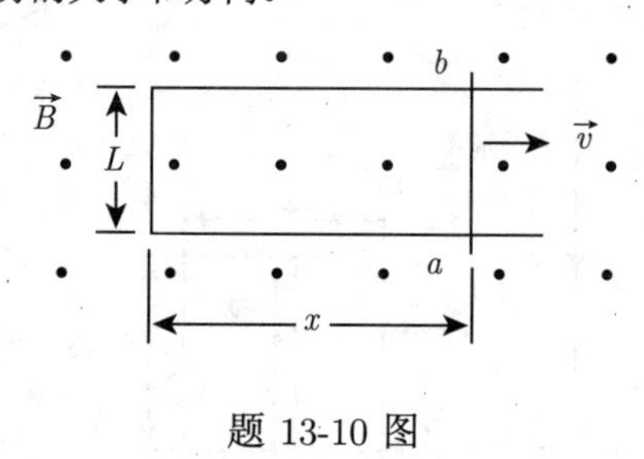

题 13-10 图

13-11　一金属棒 OA 在均匀磁场中绕通过 O 点的垂直轴 Oz 做锥形匀角速旋转，棒 OA 长 l_0，与 Oz 轴夹角为 θ，旋转角速度为 ω，磁感应强度为 $\vec{B}$，方向与 Oz 轴一致，如图所示。试求棒中动生电动势。

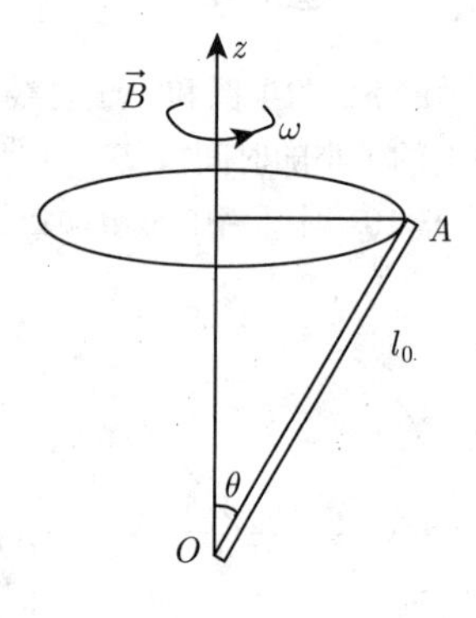

题 13-11 图

13-12　一导线矩形框的平面与磁感强度为 $\vec{B}$ 的均匀磁场相垂直，在此矩形框上有一质量为 m、长为 l 的可移动的细导体棒 MN; 矩形框还接有一个电阻 R，其值较之导线的电阻值要大很多。若开始时细导体棒以速度 $\vec{v}_0$ 沿如图所示的矩形框运动，试求棒的速率随时间变化的函数关系。

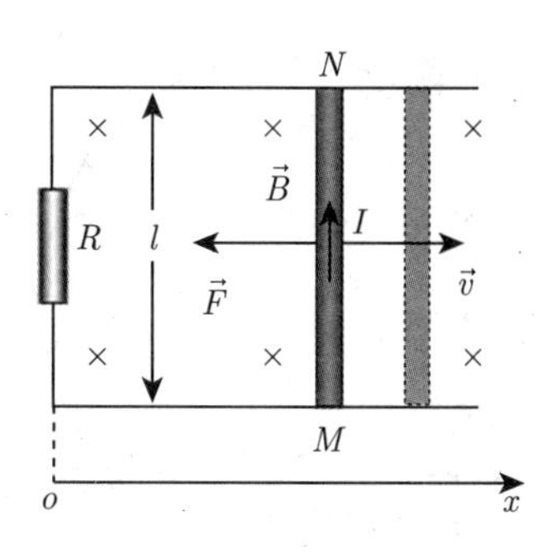

题 13-12 图

13-13　如图所示，金属杆 AB 以匀速 $v = 2.0\text{m}\cdot\text{s}^{-1}$ 平行于一长直导线移动，此导线通有电流 $I = 40\text{A}$。求杆中的感应电动势，杆的哪一端电势较高？

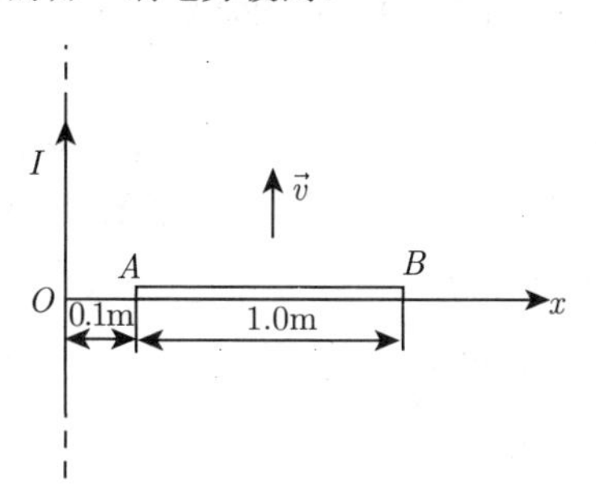

题 13-13 图

13-14　如图所示，在“无限长”直载流导线的近旁，放置一个矩形导体线框，该线框在垂直于导线方向上以匀速度 $\vec{v}$ 向右移动，求在图示位置处，线框中感应电动势的大小和方向。

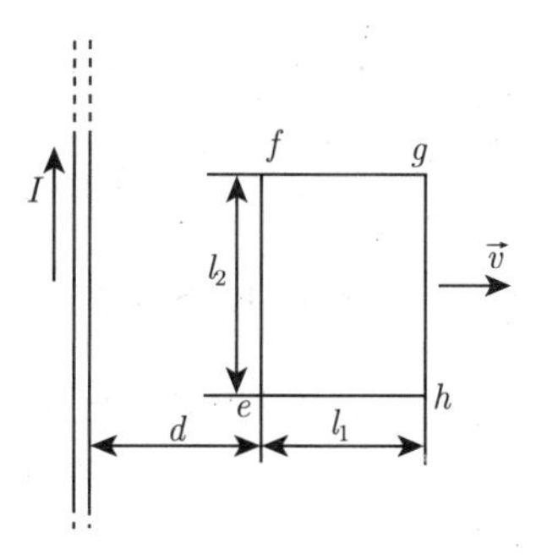

题 13-14 图

13-15　在半径为 R 的圆柱形空间中存在着均匀磁场，磁场的方向与柱的轴线平行。如图所示，有一长为 l 的金属棒放在磁场中，设磁感应强度 B 随时间的变化率 $\dfrac{\mathrm{d}B}{\mathrm{d}t}$ 为常量。试证：棒上感应电动势的大小为 $\dfrac{\mathrm{d}B}{\mathrm{d}t}\dfrac{l}{2}\sqrt{R^2-\left(\dfrac{l}{2}\right)^2}$。

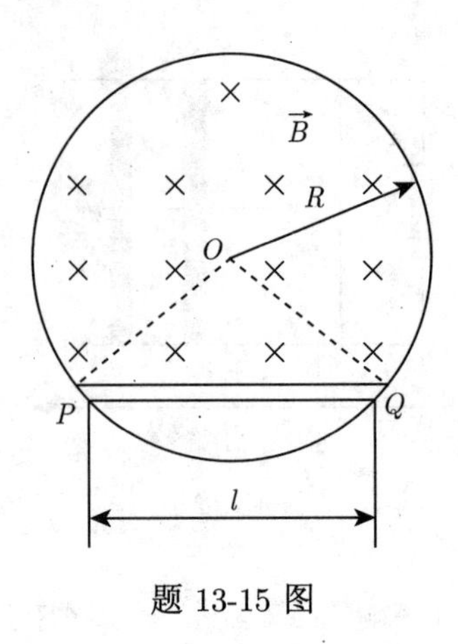

题 13-15 图

13-16　一螺绕环的平均半径为 $r=1.2\times10^{-2}\text{m}$，截面积为 $S=5.6\times10^{-4}\text{m}^2$，线圈匝数为 $N=1500$，求螺绕环的自感系数。

13-17　无限长直导线载有电流 I，一个边长为 d 的正方形线圈位于导线平面内与导线相距 d(题 13-17 图)。求：(1) 直导线与正方形线圈之间的互感系数；(2) 若直导线中电流以变化率 $\lambda=\mathrm{d}I/\mathrm{d}t$ 均匀增加，求正方形线圈中的互感电动势大小和方向。

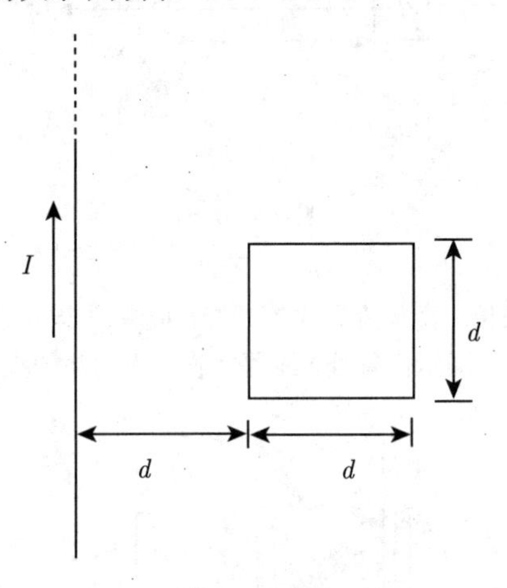

题 13-17 图

13-18　无限长直导线中通有电流 I，有一绝缘的矩形框与直导线共面，导线置于线框中央，如图所示。(1) 求直导线与线框的互感系数；(2) 将直导线平移 $a/2$，求直导线与线框的互感系数。

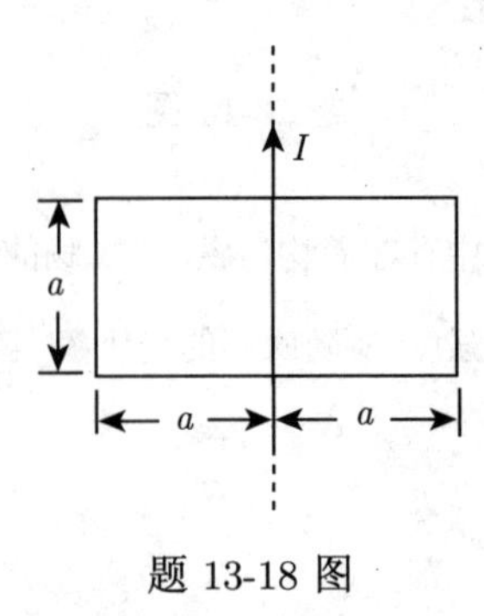

题 13-18 图

13-19　如图所示，一面积为 4.0 cm^2 共 50 匝的小圆形线圈 A，放在半径为 20 cm 共 100 匝的大圆形线圈 B 的正中央，此两线圈同心且同平面。设线圈 A 内各点的磁感强度可看作是相同的。求：(1) 两线圈的互感；(2) 当线圈 B 中电流的变化率为 $-50\mathrm{A}\cdot\mathrm{s}^{-1}$ 时，线圈 A 中感应电动势的大小和方向。

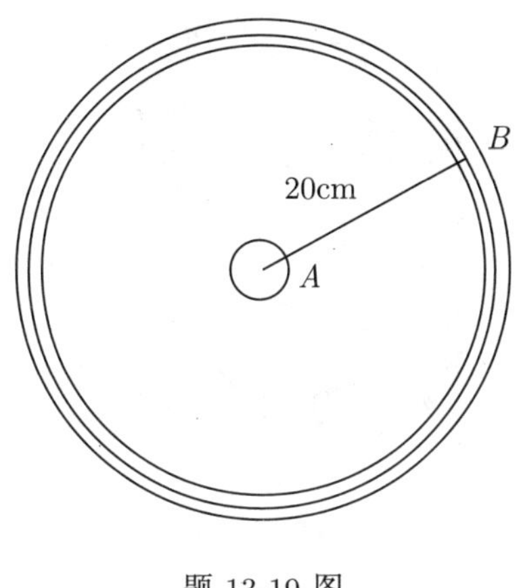

题 13-19 图

13-20　如图所示，螺绕环 A 中充满了铁磁质，管的截面积 S 为 2.0 cm^2，沿环每厘米绕有 100 匝线圈，通有电流 $I_1 = 4.0 \times 10^{-2}$ A，在环上再绕一线圈 C，共 10 匝，其电阻为 0.10 Ω，今将开关S突然开启，测得线圈 C 中的感应电荷为 2.0×10^{-3} C。求：当螺绕环中通有电流 I_1 时，铁磁质中的 B 和铁磁质的相对磁导率 μ_r。

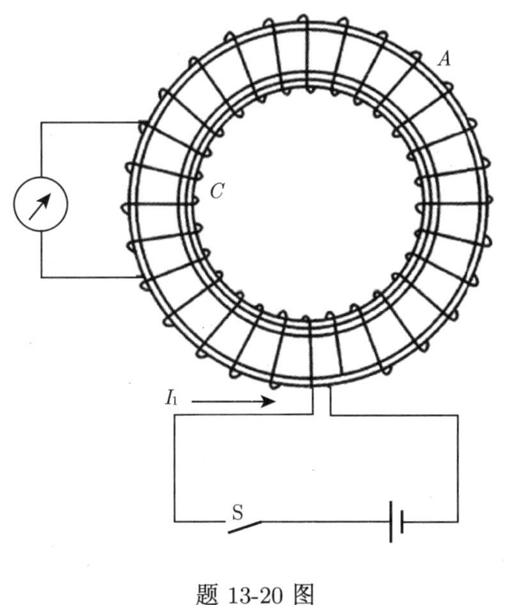

题 13-20 图

13-21　一根长直同轴电缆，由半径为 R_1 和 R_2 的两同心圆柱组成，电缆中有恒定电流 I，经内层流进外层流出形成回路。试计算长为 l 的一段电缆内的磁场能量以及自感系数。

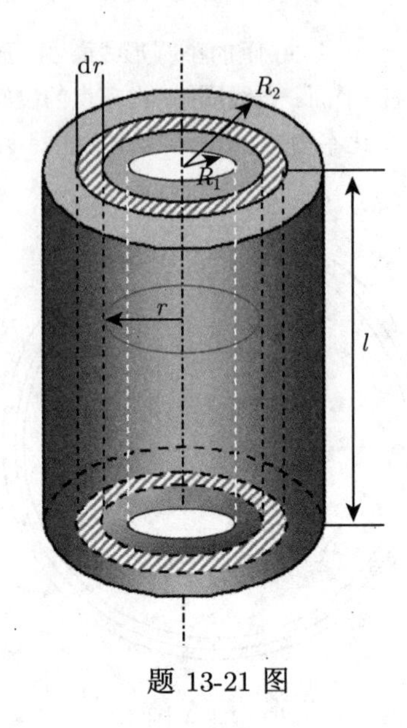

题 13-21 图

13-22　一无限长直导线，截面各处的电流密度相等，总电流为 I。试求导线内部单位长度上所储存的磁能。

第6部分

光　　学

人类感官接收到外部世界的总信息量中至少有 90% 是通过眼睛的，光的重要性可见一斑。光学是研究光现象的基本规律及其应用的学科，光学的发展大致可以划分为五个时期。

一、公元前 500 年 ~ 公元 1500 年大约 2000 年的萌芽时期，面镜、眼镜和幻灯等光学元件已相继出现。

二、公元 1500 年 ~ 公元 1800 年大约 300 年几何光学时期，建立了光的反射定律和折射定律，奠定了几何光学的基础，研制出了望远镜和显微镜等光学仪器。以牛顿为代表的微粒说占据统治地位。

三、公元 1800 年 ~ 公元 1900 年近 100 年的波动光学时期，杨氏利用实验成功地解释了光的干涉现象，惠更斯–菲涅耳原理成功地解释了光的衍射现象，菲涅耳公式成功地解释了光的偏振现象，麦克斯韦的电磁理论证明光是电磁波，傅科的实验证实光在水中传播的速度小于在空气中的传播速度，波动光学的理论体系已经形成，光的波动说战胜了光的微粒说。

四、公元 1900 年 ~ 公元 1950 年近 50 年的量子光学时期，1900 年普朗克提出了量子假说，成功地解释了黑体辐射问题，爱因斯坦提出了光子假说，成功地解释了光电效应问题，光在传播中像经典的 “波动”，在与物质相互作用中却像经典的 “粒子”，以此提出光具有 “波粒二象性”。

五、从 1950 年至今的现代光学时期，这期间全息术、光学传递函数和激光的问世是经典光学向现代光学过渡的标志，光学以空前的规模和速度飞速发展，在智能光学仪器、全息术、光纤通信、光计算机、激光光谱学的实验方法、大气光学等方面均取得了骄人的成就。

光学既是物理学中最古老的一门学科，又是当前科学领域中最活跃的前沿阵地之一，具有强大的生命力和不可估量的发展前途。依据光学的发展史，人们通常把光学分为几何光学、波动光学、量子光学和现代光学四大部分。

第 14 章　几何光学简介

夏天，在平静无风的海面上，向远方望去，有时能看到山峰、船舶、楼台、亭阁、集市、庙宇等出现在远方的空中。古人不明白产生这种景象的原因，对它做了不科学的解释，认为是海中蛟龙 (即蜃) 的吐气结成的，因而叫作 “海市蜃楼 (图 14-1)”。那么，这一现象的科学解释究竟如何呢？通过对本章几何光学的学习，希望大家可以找到答案。

图 14-1　海市蜃楼

光是电磁波大家族的一员，广义的光学是研究从微波、红外线、可见光、紫外线直到 X 射线的宽广波段范围内的电磁辐射的发生、传播、接收和显示，以及光与物质相互作用的科学，它是物理学的一个重要组成部分，同时也与其他应用技术紧密相关。

通常所说的**可见光**，波长范围是 390 ~780 nm，仅是光学研究的一个重要波段。毫无疑问，光作为一种电磁波 (横波)，可用电场强度和磁场强度来描述。在光波中，因为产生感光效应和生理作用的主要是电场强度矢量，所以电场强度矢量称为**光矢量**，其振动称为光振动。有时也提到单色光，它是指谱宽极窄，可视为单一波长的光波，而复色光则是由几种单色光波混合而成的光，如太阳光。

几何光学研究光在不同媒质界面的反射、折射等问题，目的是处理光的成像，它是一种唯象的理论，几何光学理论不涉及光的本质，仅用 “光线” 这一简单模型来研究光的直线传播、反射、折射规律。由于不涉及光的波动性和量子性，所以几何光学无法给出 “波长”“波速” 等物理量。但这些物理量在几何光学中也是重要的。例如，几何光学中同样要面对色散问题，研究该问题就必须借用一下波长这一物理量，可见，几何光学具有一定的局限性。

因为几何光学对光现象的研究不涉及光的物理本性，仅以基本实验定律为基础，应用几何学的方法，用光线来研究光的传播和成像规律，在光学仪器和光学系统设计等方面都显得十分方便和实用，所以作为波动光学极限的几何光学在许多场合获得了广泛的应用。

14.1 几何光学的基本定律

在均匀各向同性介质中，若不涉及强光，在光的传播方向上，若障碍物的限度 D 远大于光波的波长 λ，即 $D \gg \lambda$，可用几何光学描述光现象。

14.1.1 光波和光线

1. 光波

光本质上是一种电磁波，光的波动性将在后续的波动光学中给予详细介绍，包括光的干涉、光的衍射、光的偏振现象等。

2. 光速与介质对光的折射率

研究表明，在真空中，光以等速度 $c = 3 \times 10^8\ \mathrm{m \cdot s^{-1}}$ 传播着，该速度与光的频率 (或颜色) 无关。在介质中，光的传播速度总是小于真空中的光速，若以 n 表示介质对光的折射率，则光在介质中的传播速度为

$$v = \frac{c}{n} \tag{14-1}$$

介质的折射率与介质材料和光的频率有关，同一种介质对长波的折射率小，对短波的折射率大，其值一般由实验测定。表 14-1 列出了常见几种介质对钠黄光 (波长 $\lambda = 589.3$ nm) 的折射率。

表 14-1 几种介质对钠黄光的折射率

介质	折射率	介质	折射率
金刚石	2.42	水	1.33
玻璃	$1.50 \sim 1.75$	酒精	1.36
水晶	$1.54 \sim 1.56$	乙醚	1.35
岩盐	1.54	水蒸气	1.026
冰	1.31	空气	1.0003

注：真空的折射率约等于 1，因此对于湿度不大的空气，可以将其近似视为真空。

3. 光线

光的传播伴随着光能量的传播，用一根没有直径、没有体积的细线表达光能流，细线指向能流的方向，该细线即**光线**，显然光线是一**理想模型**。

4. 光束

光束是同一光源发出的许多光线的集合。若光束中的所有光线实际交于一点 (或其延长线交于一点)，该光束称为**会聚光束**；若光束中的所有光线从实际点发出 (或其反向延长线通过一点)，称为**发散光束**。

会聚光束可在屏上接收到亮点，发散光束不可在屏上接收到亮点，但却可被人眼所观察。如果光源在无限远处，它所发出的光束可以视为由许多平行光线构成，这样的光束称为**平行光束**，例如，地面上的太阳光就是平行光束。

14.1.2 基本定律

1. 光的直线传播定律

经过长期的观察实践发现，光在同一种各向同性的均匀介质中总是沿直线传播。这是几何光学最基本的规律之一，称为**光的直线传播定律**。

当光照射物体时，一般在物体后面会产生阴影，这是光直线传播的实例。常规的光学仪器，如照相机、显微镜、望远镜等都是利用光直线传播的规律设计制造的。

日常生活中光的直线传播现象随处可见。当然，在均匀各向同性介质中，非强光情况下，只有当障碍物或小孔的几何尺寸远远大于光波波长 (约 10^{-7} m) 时，光才遵循直线传播的规律，如果障碍物或小孔的几何线度非常小 ($\leqslant 10^{-4}$ m) 时，必须考虑光的波动性，光通过障碍物或小孔时，会传到障碍物的几何阴影区，发生衍射现象，光的传播将不遵循直线传播规律。

2. 光的独立传播定律

两束光在传播过程中相遇时互不干扰，即每一束光的传播方向及其他性质 (如频率、波长、偏振状态等) 都不因另一束光的存在而发生改变，这就是**光的独立传播定律**。

3. 光的反射定律

在传播过程中，当光入射到透明、均匀和各向同性的两种介质的分界面时，一般情况下，一部分光从界面上反射，形成反射线，另一部分光则进入另一层介质成为折射线，如图 14-2 所示。入射光线与界面法线所决定的平面称为入射面，反射光线与界面法线所决定的平面称为反射面，折射光线与界面法线所决定的平面称为折射面。当界面光滑时，反射光束中的各条光线相互平行，沿同一方向传播，称为镜面反射。当界面粗糙时，反射光线可以有各种不同的传播方向，称为漫反射。

通过对反射现象的研究，反射光线满足**反射定律**，具体为：反射光线总是位于入射面内，与入射光线分居在法线的两侧，且反射角等于入射角，即 $i'=i$。

4. 光的折射定律

通过对折射现象的研究，折射光线满足**折射定律**，具体为：折射光线总是位于入射面内，并且与入射光线分居在法线的两侧，入射角 i 的正弦与折射角 γ 的正弦之比为一个常数。

$$n_{21}=\frac{\sin i}{\sin\gamma}=\frac{v_1}{v_2} \tag{14-2}$$

折射定律也称 Snell 定律 (1621 年)。式中 n_{21} 为第二种介质相对第一种介质的相对折射率，v_1、v_2 分别是光在介质 1、介质 2 中传播速率。通常将光在真空中的传播速率 c 与在介质中传播速率 v 之比称为介质对光的绝对折射率 (简称折射率)，于是，两种介质的绝对折射率和相对折射率可分别表示为

$$n_1=\frac{c}{v_1},\quad n_2=\frac{c}{v_2},\quad n_{21}=\frac{v_1}{v_2}=\frac{n_2}{n_1}$$

式 (14-2) 可改写为

$$n_1\sin i=n_2\sin\gamma \tag{14-3}$$

式中，n_1 和 n_2 分别为第一种介质和第二种介质的折射率；通常将折射率较大的介质称为光密介质，折射率较小的介质称为光疏介质。

前面提到的海市蜃楼就是一种光的折射现象，多发生在夏天的海面上。当较热的空气笼罩海面时，因海水较凉，海平面附近的气温比高处低。地平线以外远处的物体的一些射向空中的光线，由于不同高度空气的疏密不同而逐渐弯向地面，进入观察者的眼睛。逆着光线看去，就看到了远处的物体 (图 14-3)。

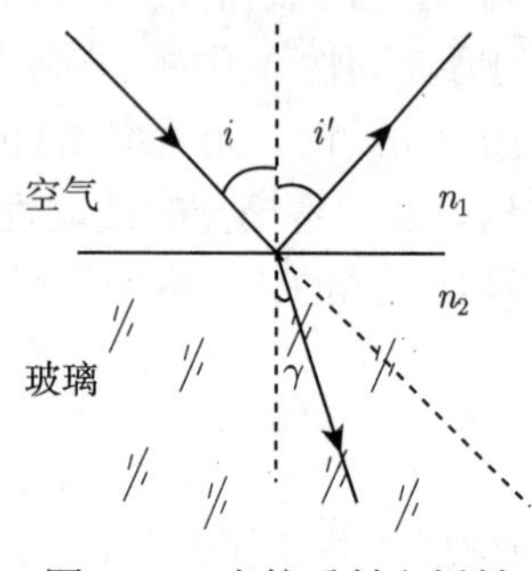

图 14-2　光的反射和折射

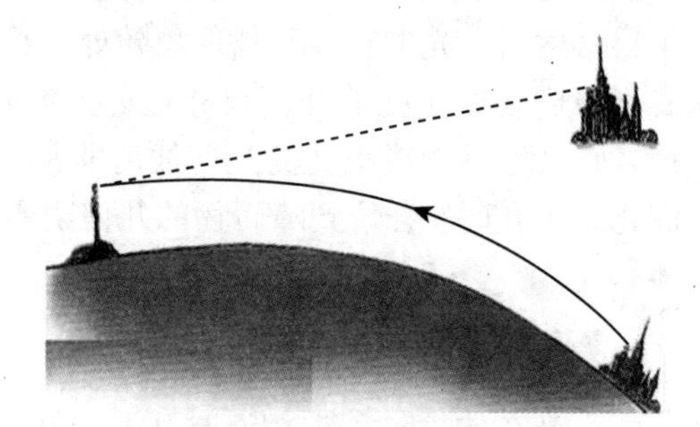
图 14-3　海市蜃楼的成因

5. 光路可逆性原理

根据光的反射定律和折射定律，如果光线逆着原反射光的方向入射，则其反射光必沿原入射光线的逆方向传播；如果光沿着原折射光线的逆向入射，则其折射光线必沿原入射光线的逆向传播。这一规律称为**光路可逆性原理**，一般在讨论光学仪器的成像问题时会用到。

6. 费马原理 (极值光程定律)

1657 年法国数学家费马首次提出了光程的概念，1662 年用光程概念把几何光学的基本定律归结为一个统一的基本原理，即**费马原理**。费马原理高度概括了直线传播定律、折射定律、反射定律。

(1) 光程

光程 L 是指光在介质中传播的几何路程 l 与该介质折射率 n 的乘积，即

$$L = nl \tag{14-4a}$$

若光经过 m 层均匀介质，则总的光程 L 可写为

$$L = \sum_{i=1}^{m} n_i l_i \tag{14-4b}$$

若光经过的是非均匀介质，则 n 是一个位置变量，这时折射定律不再适用，光所走过的路径是一条曲线，总的光程 L 可以表示为

$$L = \int_A^B n\mathrm{d}l \tag{14-5}$$

(2) 费马原理

光经多次反射和折射，从一点传播到另一点，两点间光的实际路径，是光程平稳的路径。平稳即取极值 (极大、极小) 或恒定值，即

$$\delta L = \delta \left[\int_A^B n\mathrm{d}l\right] = 0 \tag{14-6}$$

从费马原理出发，可导出几何光学的三大定律，限于篇幅，此处从略，有兴趣的读者可以参考其他光学专著。

7. 全反射

光从光密介质入射到光疏介质，当入射角大于某值 i_C 时，进入到光疏介质内的折射光消失，光全部返回到入射介质中，这种现象称为**全反射**，如图 14-4 所示。

当 $n_1 > n_2$ 时，有 $i < \gamma$，而当 $\gamma = \pi/2$ 时，对应入射角为 i_C，根据折射定律

$$i_C = \arcsin\frac{n_2}{n_1} \tag{14-7}$$

当 $i \geqslant i_C$ 时，将发生全反射，这里的 i_C 称为全反射**临界角**。全反射在光学仪器中有着十分重要的作用，如全反射棱镜、光纤 (导光管) 等，如图 14-5 和图 14-6 所示。

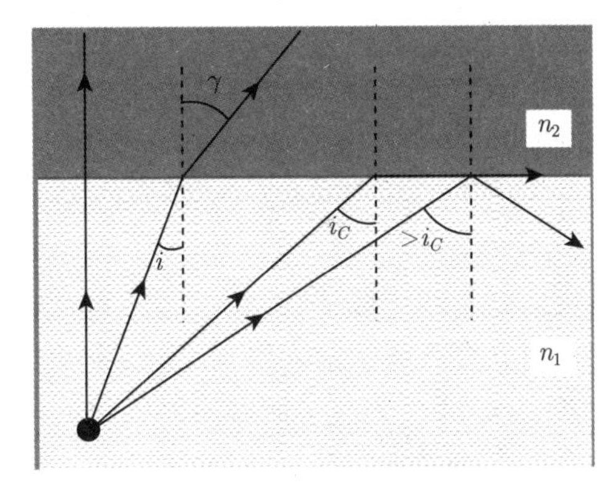

图 14-4　全反射光路图

图 14-5　全反射的应用 (变向观测目标)

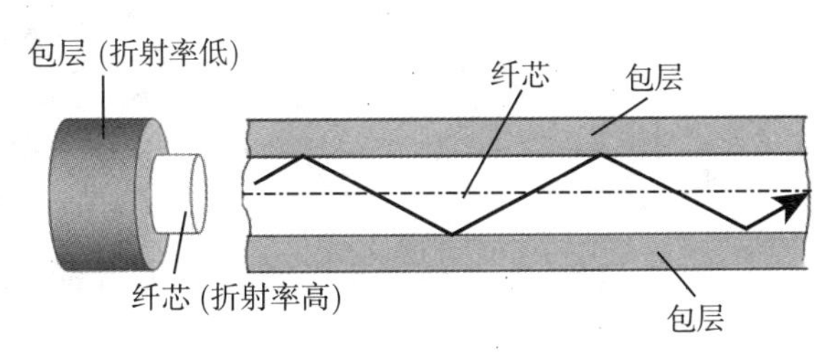

图 14-6　全反射的应用 (光导纤维)

14.2　光在平面上的反射和折射成像

14.2.1　平面反射成像

从点光源 S 发出的所有光线，不论其入射角的大小，经平面镜反射后，反射光线的反向延长线会交于一点 S'，从镜前观察，仿佛光线来自于 S'，因此，用平面镜可以获得点像 S'，S' 不是实际光线会聚而成的，称为“虚像”，如图 14-7 所示。根据作图，有 $\triangle SCA \cong \triangle S'CA$，$SC = S'C$，物距 (物点 S 到镜面的距离) 等于像距 (像点 S' 到镜面的距离)，因此，物体在平面镜中所成的虚像与物体本身的大小相等，物与像对称于平面镜。

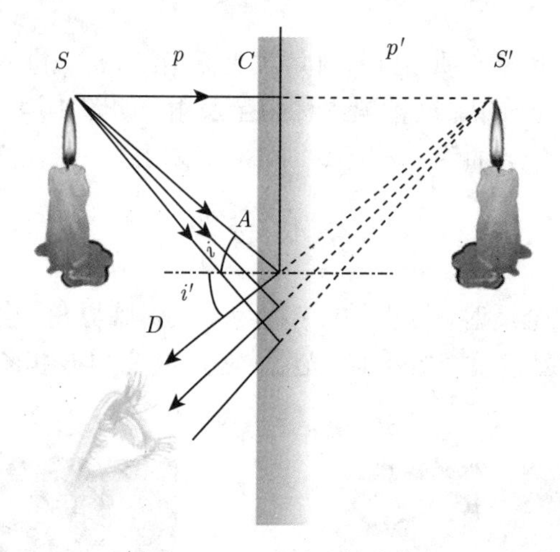

图 14-7　平面反射成像

14.2.2　平面折射成像

与平面反射光线成像不同，点光源的折射光的反向延长线一般不会交于一点，因此折射不能形成完美的点像。这是因为点光源不同方向的入射光线在界面的入射角不同，而折射光线的折射角随入射角不呈线性关系变化 (见折射定律)。试分析，为什么眼睛看到的鱼的像比鱼在水中的实际位置要高？插入水中的筷子为什么看起来不是直的？

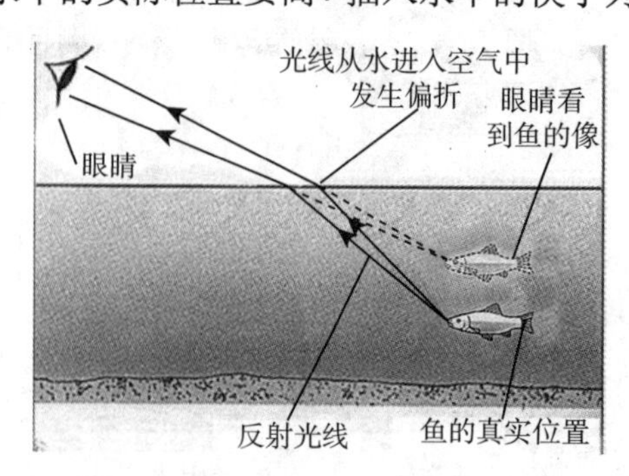

图 14-8　平面折射成像

14.3 光在球面上的反射和折射成像

14.3.1 球面镜反射成像

1. 球面镜反射成像公式

如图 14-9 所示，假设点光源 P 发出的光线从左向右入射到曲率中心为 C、顶点为 O、曲率半径为 R 的凹球面镜上，取 CO 为主光轴，当光线 PB 经球面镜反射后，将与主轴 PO 相交于 P' 点 (像点)。物点 P 到 O 点的距离称**物距**p，P' 点到 O 点的距离称为**像距**p'。可以证明，当物距 p 一定时，像距 p' 随光线对主轴的偏角 α 不同而变化，表明物点发出的单心光束经球面反射后不再保持单心性。但是对于 α 极小的**傍轴光线**，可视为每一物点对应一个确定的像点，凹球面镜可以**理想成像**。

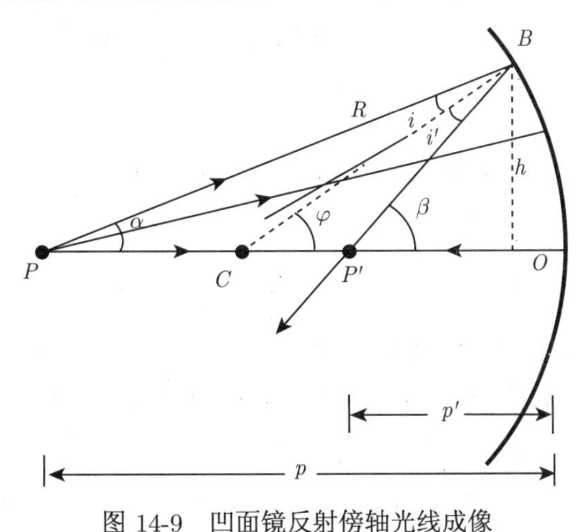

图 14-9 凹面镜反射傍轴光线成像

根据几何关系，$\varphi=\alpha+i$，$\beta=\varphi+i'$，依反射定律 $i'=i$，故

$$\alpha+\beta=2\varphi \tag{14-8}$$

傍轴光线满足傍轴近似条件，即 $\alpha\approx\tan\alpha\approx\dfrac{h}{p}$，$\beta\approx\tan\beta\approx\dfrac{h}{p'}$，$\varphi\approx\tan\varphi\approx\dfrac{h}{R}$，得物像关系

$$\frac{1}{p}+\frac{1}{p'}=\frac{2}{R} \tag{14-9}$$

物点 P 在主光轴上离球面镜无穷远时，可将入射光线看作傍轴的平行光线，该物点对应的像点称为球面镜的**焦点**，球面镜顶点到焦点的距离称为**焦距**(f)。由式 (14-9)，得**球面镜焦距**：

$$f=\frac{R}{2} \tag{14-10}$$

物像关系式：

$$\frac{1}{p}+\frac{1}{p'}=\frac{1}{f} \tag{14-11}$$

其中，物距 p、像距 p'、焦距 f 的符号规定如下：

(1) 物点在镜前时，物距为正；物点在镜后时，物距为负。

(2) 像点在镜前时，像距为正；像点在镜后时，像距为负。

(3) 凹面镜的曲率半径和焦距取正，凸面镜的曲率半径和焦距取负。

(4) 实像相距为正，虚像相距为负。

图 14-10 为傍轴光线球面镜反射成像的几种情况：① 发散光入射凹球面镜，$p < R/2$，成虚像；② 会聚光入射凹球面镜，物点位于凹镜背后为虚物，成实像；③ 发散光入射凸球面镜，像点在镜面背后，成虚像。

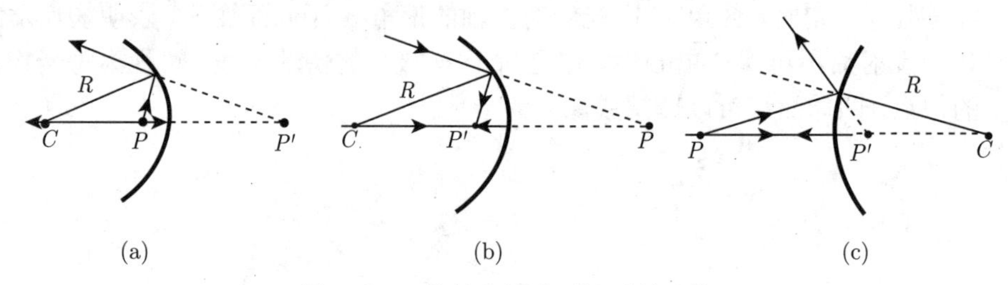

图 14-10 傍轴光线球面镜反射成像

2. 球面镜反射成像的作图法

球面镜成像的物像关系可以用作图法确定，这是因为在傍轴条件下球面镜成理想像，像点与物点一一对应，物体的像与物体相似，所以可以从物体上选择几个有代表性的点，从这些点出发，各引出两条光线，经球面镜反射后，反射线或反向延长线的交点即相应物点的像，从而也就确定整个像的位置和大小。

球面镜成像作图法的三条特殊光线分别如下：

(1) 平行于主光轴的傍轴入射光线，经球面镜反射后过焦点 F，或其反向延长线过焦点(根据焦点的定义)。

(2) 过焦点的入射光线经球面镜反射后，其反射光平行于主光轴 (根据光路可逆性原理)。

(3) 过球面曲率中心 C 的光线 (或延长线过曲率中心)，经球面镜反射后按原路返回。

图 14-11 给出了几种不同情况下球面镜成像光路图。

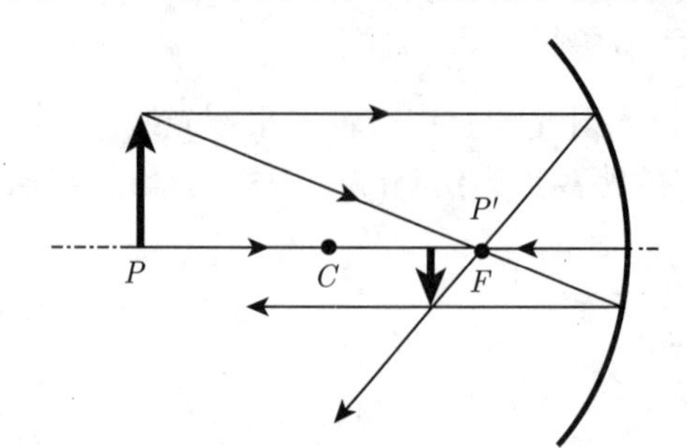

(a) 物距大于镜面曲率半径，经凹面镜成倒立缩小的实像

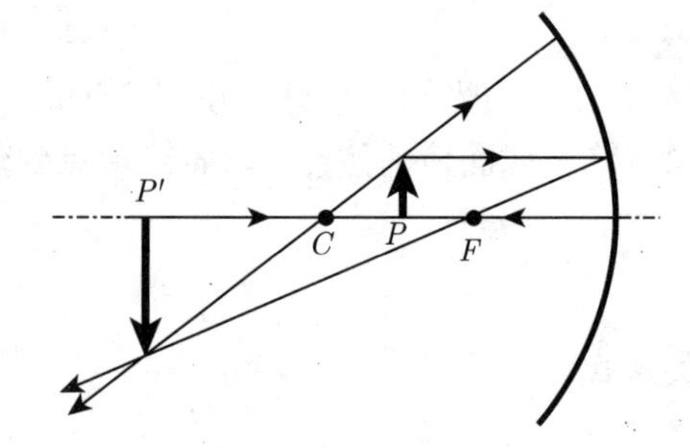

(b) 物距大于焦距，小于镜面曲率半径，经凹面镜成倒立放大的实像

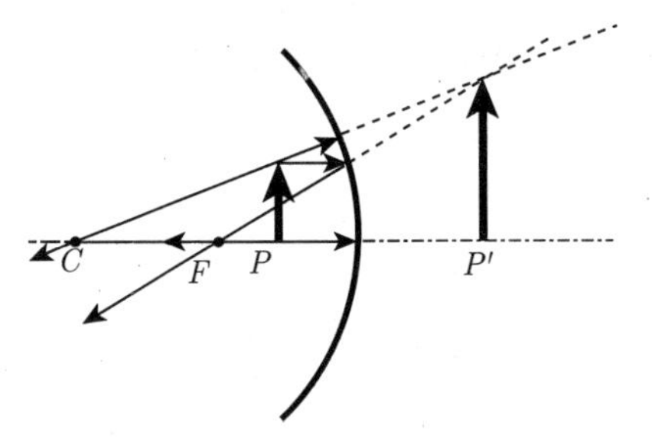

(c) 物距小于焦距，经凹面镜成正立放大的虚像

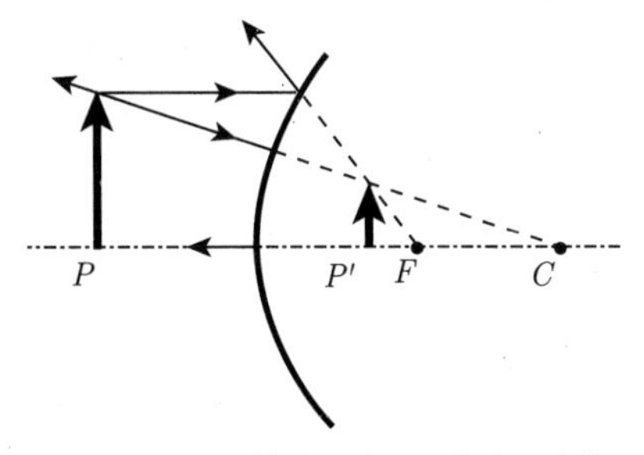

(d) 经凸面镜总是成正立缩小的虚像

图 14-11 几种不同情况下球面镜成像光路图

3. 球面镜反射成像的横向放大率

如图 14-12 所示，定义像高与物高之比为**横向放大率**，用符号 m 表示。考虑到像的正立和倒立，得球面反射可成像的横向放大率为

$$m=\frac{y'}{y}=-\frac{p'}{p}$$

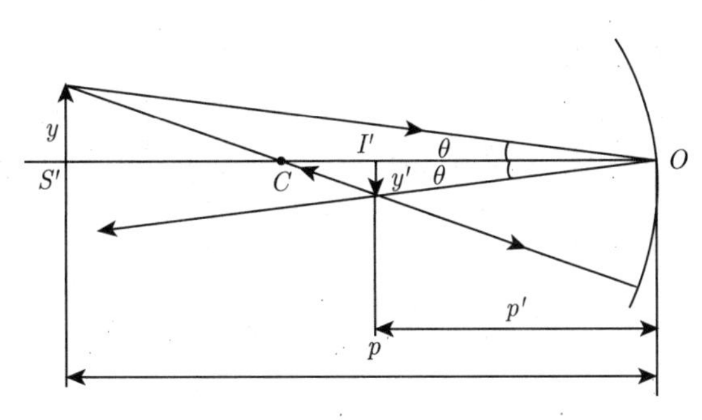

图 14-12 球面镜反射成像像高物高示意图

14.3.2 球面折射成像

1. 球面镜折射成像公式

图 14-13 是球面折射成像光路示意图。设有两种折射率分别为 n_1 和 n_2 的透明介质，分界面为一个半径为 R 的球面，物点 P 发出的光中一条入射于 O 点，入射角为零；另一条

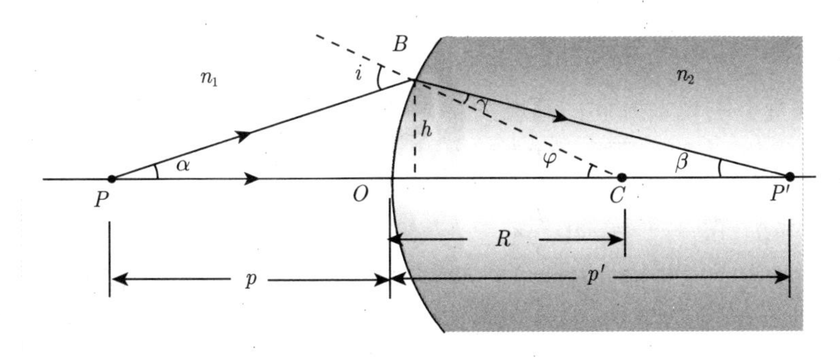

图 14-13 球面折射成像光路示意图

入射于 B 点，入射角为 i，并以折射角 γ 折射入另一种介质。两条折射光线相交于 P' 点，为物点 P 的像点。

根据折射定律，有

$$n_1 \sin i = n_2 \sin \gamma$$

当入射角 i 和折射角 γ 都很小时，可近似表示为 $n_1 i = n_2 \gamma$，利用三角形外角与内角的几何关系，有 $i = \alpha + \varphi$，$\varphi = \gamma + \beta$，消去 i 和 γ，可得

$$n_1 \alpha + n_2 \beta = (n_2 - n_1)\varphi \tag{14-12}$$

当 α、β 和 φ 很小时，有

$$\alpha \approx \tan\alpha \approx \frac{h}{p}, \quad \beta \approx \tan\beta \approx \frac{h}{p'}, \quad \varphi \approx \tan\varphi \approx \frac{h}{R}$$

代入式 (14-12)，可得

$$\frac{n_1}{p} + \frac{n_2}{p'} = \frac{n_2 - n_1}{R} \tag{14-13}$$

式 (14-13) 称为**球面折射成像物像公式**，它与 α 无关，表明由 P 点发出的所有傍轴光线都交于 P' 点。仿效球面反射的情形，当入射光线平行于主轴，即 $p = \infty$ 时，对应的像点 F' 称为像方焦点，对应的像距称为像方焦距 f'；当折射光线平行于主轴，即 $p' = \infty$ 时，对应的物点 F 称为物方焦点，对应的物距称为物方焦距 f。由式 (14-13)，可得

$$f = \frac{n_1 R}{n_2 - n_1}, \quad f' = \frac{n_2 R}{n_2 - n_1} \tag{14-14}$$

则式 (14-13) 也可表示为

$$\frac{f}{p} + \frac{f'}{p'} = 1 \tag{14-15}$$

符号法则：

(1) 物体面对凸面时，曲率半径 R 为正；物体面对凹面时，曲率半径 R 为负；

(2) 物距 p 和像距 p' 的正负可以由"实正虚负"来确定。

对于平面折射，可看成球面折射的一个特例，即 $R \to \infty$ 时，$p' = -\dfrac{n_2}{n_1}p$，平面折射成正立虚像。

2. 球面镜折射成像的横向放大率

设物体在垂直于主光轴方向的高度为 y(物高)，像在垂直于主光轴方向的高度为 y'(像高)，则有 $\tan i = \dfrac{y}{p}$，$\tan\gamma = \dfrac{-y'}{p'}$。在傍轴条件下有 $\tan i \approx \sin i$，$\tan\gamma \approx \sin\gamma$，代入折射定律 $n_1 \sin i = n_2 \sin\gamma$，得 $n_1 \dfrac{y}{p} = -n_2 \dfrac{y'}{p'}$。

定义像高与物高之比为横向放大率，用 m 表示，可得球面折射成像的横向放大率为

$$m = \frac{y'}{y} = -\frac{n_1 p'}{n_2 p} \tag{14-16}$$

3. 球面镜折射成像举例

例 14-1 点光源 P 位于一玻璃球心点左侧 25 cm 处。已知玻璃球半径是 10 cm，折射率为 1.5，空气折射率近似为 1，如图所示，求像点的位置。

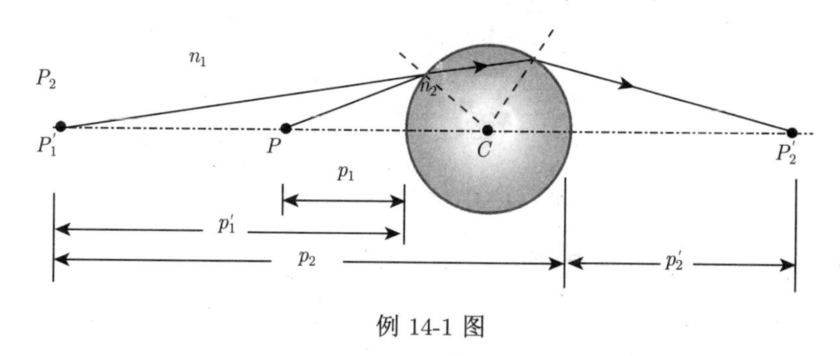

例 14-1 图

解 经左侧球面，物点 P 第一次折射成像，虚像为点 P_1'。物距 $p_1 = 15$ cm，$R = 10$ cm，$n_1 = 1$，$n_2 = 1.5$

$$\frac{n_1}{p_1} + \frac{n_2}{p_1'} = \frac{n_2 - n_1}{R}$$

$$\frac{1}{p_1'} = \frac{1}{1.5}\left(\frac{1.5 - 1.0}{10 \text{ cm}} - \frac{1.0}{15 \text{ cm}}\right) = -\frac{1}{90 \text{ cm}}$$

P 经左球面折射成虚像 P_1'，距离左球面顶点 90 cm。

虚像 P_1' 即二次折射成像 (经右球面) 物点 P_2，物距 $p_2 = 90 + 20 = 110$ cm

$$\frac{n_2}{p_2} + \frac{n_1}{p_2'} = \frac{n_1 - n_2}{R}$$

解得

$$p_2' = 27.5 \text{ cm}$$

最终的像点位于玻璃球右侧距球面右顶点 27.5 cm 处。

14.4 薄透镜成像

14.4.1 傍轴光线薄透镜成像公式

以两个折射曲面为界面组成的透明光具组称为透镜，如果透镜的厚度比两球面的曲率半径小得多，这样的透镜叫作**薄透镜**。在薄透镜中，两球面的主光轴重合，两顶点 O_1 和 O_2 可视为重合在一点 O，称为薄透镜的光心。可依次对薄透镜的两个面进行折射成像分析，从而得到薄透镜成像规律。设透镜的厚度为 t，折射率为 n_2，周围环境的折射率为 $n_1(n_1 < n_2)$，透镜左右两个表面的曲率半径分别为 R_1 和 R_2，物点 P 位于透镜的左侧，物距为 p_1，如图 14-14 所示。

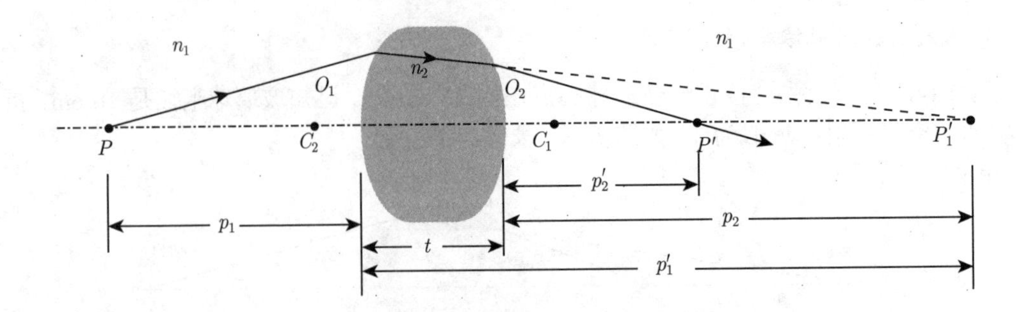

图 14-14　透镜成像光路图

物点 P 发出的一条光线首先在透镜的左表面折射，根据球面折射成像公式有

$$\frac{n_1}{p_1}+\frac{n_2}{p_1'}=\frac{n_2-n_1}{R_1}$$

折射光线在透镜内向右侧球面入射，从折射率为 n_2 的介质进入折射率为 n_1 的介质，则相应的折射物像公式为

$$\frac{n_2}{p_2}+\frac{n_1}{p_2'}=\frac{n_1-n_2}{R_2}$$

两式相加，可得

$$\frac{n_1}{p_1}+\frac{n_2}{p_1'}+\frac{n_2}{p_2}+\frac{n_1}{p_2'}=\frac{n_2-n_1}{R_1}+\frac{n_1-n_2}{R_2}$$

对于右侧球面的第二次折射，P_1' 看作入射于右侧球面光线的一个虚物点，其物距为负。同时考虑到薄透镜的厚度 t 可以忽略，所以应该有：$-p_2=p_1'-t\approx p_1'$，代入上式可得

$$\frac{n_1}{p_1}+\frac{n_1}{p_2'}=\frac{n_2-n_1}{R_1}+\frac{n_1-n_2}{R_2}$$

对于薄透镜，物距 p 和像距 p' 规定从透镜中心算起，由于忽略透镜厚度，上式中的 p_1 和 p_2' 分别由 p 和像距 p' 替代，整理后可得**薄透镜的物像公式**为

$$\frac{1}{p}+\frac{1}{p'}=\frac{n_2-n_1}{n_1}\left(\frac{1}{R_1}-\frac{1}{R_2}\right)\tag{14-17}$$

若薄透镜置于空气中，透镜折射率为 n，空气折射率近似为 1，由式 (14-17) 容易写出**空气中薄透镜的物像公式**为

$$\frac{1}{p}+\frac{1}{p'}=(n-1)\left(\frac{1}{R_1}-\frac{1}{R_2}\right)\tag{14-18}$$

14.4.2　横向放大率

透镜左侧球面折射成像的横向放大率为

$$m_1=\frac{y_1'}{y}=-\frac{n_1}{n_2}\frac{p_1'}{p_1}=-\frac{n_1}{n_2}\frac{p_1'}{p}$$

透镜右侧球面折射成像的横向放大率为

$$m_2=\frac{y'}{y_1'}=-\frac{n_2}{n_1}\frac{p_2'}{p_2}=-\frac{n_2}{n_1}\frac{p'}{(-p_1')}=\frac{n_2}{n_1}\frac{p'}{p_1'}$$

y' 为第二次折射成像的像高，因此，总的横向放大率 (即**薄透镜的横向放大率**) 为

$$m = m_1 \cdot m_2 = -\frac{p'}{p} \tag{14-19}$$

14.4.3　焦点和焦距

物点位于光轴上的无穷远处，可认为入射光是一束平行于光轴的傍轴光，经薄透镜折射后的会聚点或反向延长线的会聚点，就是薄透镜**焦点**。由于入射光可从透镜的左侧或右侧两个不同的方向入射，因此存在两个焦点，分别用 F 和 F' 表示。焦点位于主光轴上，焦点与薄透镜中心的距离称为焦距。由薄透镜的物像公式可得**焦距**的计算公式：

$$\frac{1}{f} = \frac{1}{f'} = \frac{n_2 - n_1}{n_1}\left(\frac{1}{R_1} - \frac{1}{R_2}\right) \tag{14-20}$$

凸透镜的焦距 f 为正 (实焦点)，凹透镜的焦距 f 为负 (虚焦点)。如图 14-15 所示，可用“实正虚负”来确定焦距的符号。

空气中薄透镜的焦距计算公式为

$$\frac{1}{f} = \frac{1}{f'} = (n-1)\left(\frac{1}{R_1} - \frac{1}{R_2}\right) \tag{14-21}$$

式中，$(1/R_1 - 1/R_2) > 0$，为凸透镜；$(1/R_1 - 1/R_2) < 0$，为凹透镜。

引入焦距的概念后，**空气中薄透镜的物像公式**可表示为

$$\frac{1}{p} + \frac{1}{p'} = \frac{1}{f} \tag{14-22}$$

与光轴成一定夹角的傍轴平行光，经透镜会聚于过焦点且垂直于光轴的平面，这个面称为**焦平面**。

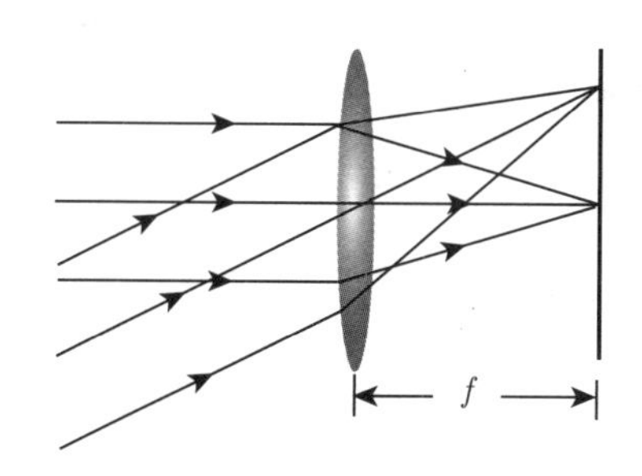

(a) 平行光入射，经凸透镜折射后会聚于焦点F，F为实焦点，f取正值

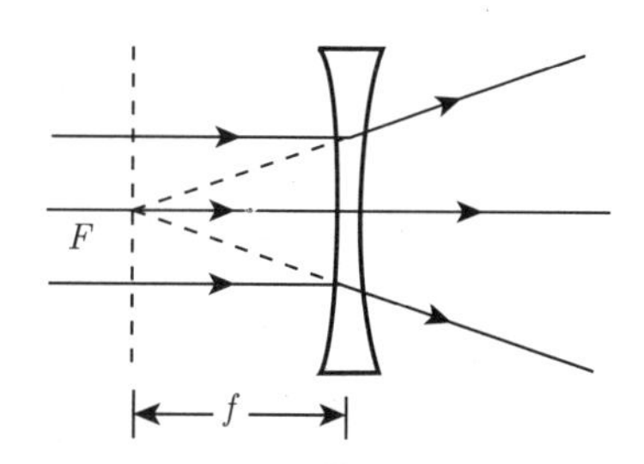

(b) 平行光入射，经凹透镜折射后光束发散，其反向延长线相交于焦点F，F为虚焦点，f取负值

图 14-15　平行光经薄透镜聚焦

除了焦距，描述透镜特征的另一个物理量称为**光焦度**，其定义为：$\Phi = \dfrac{n_1}{f}$，n_1 为透镜所处介质的折射率。光焦度单位为屈光度，用 D 表示，1D= 1 m^{-1}。薄透镜在空气中的光焦度是 $P = 1/f$，生活中常说的眼镜度数就是由屈光度乘以 100 得到的。

14.4.4　薄透镜成像作图法

薄透镜成像作图法的几条特殊光线如下。

(1) 与主光轴平行的入射光线，通过凸透镜后，折射光线过焦点；通过凹透镜后折射光线的反向延长线过焦点。

(2) 过焦点 (或延长线过焦点) 的入射光线，其折射光线与主光轴平行。

(3) 过薄透镜中心的入射光线，其折射光线无偏折地沿原方向出射。

(4) 与主光轴有一夹角的平行光线 (即与相应的副光轴平行的光线)，经透镜折射后交于副光轴与焦面的交点。

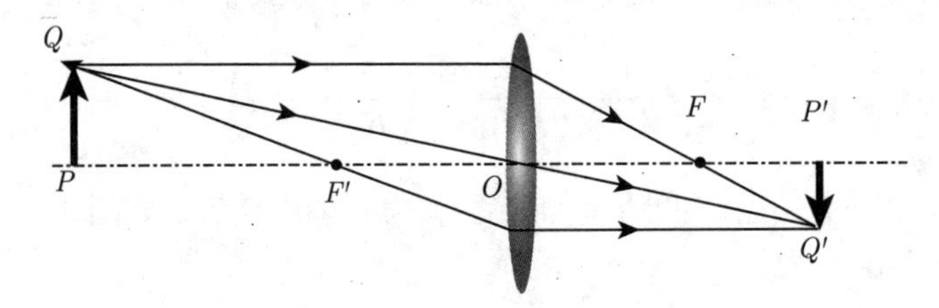

(a) 物体位于凸透镜的2倍焦距以外，成缩小的倒立实像

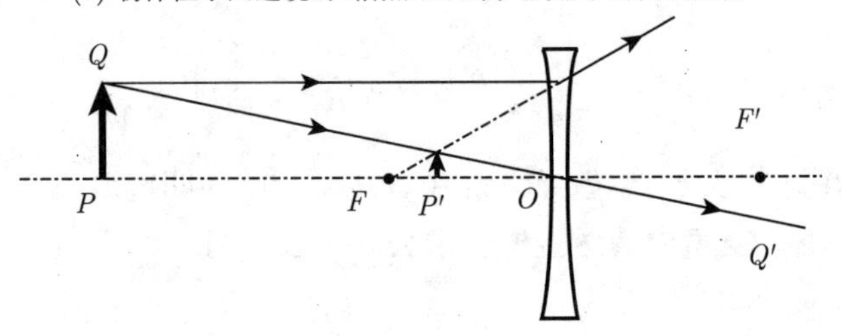

(b) 物体经凹透镜折射，成缩小的正立虚像

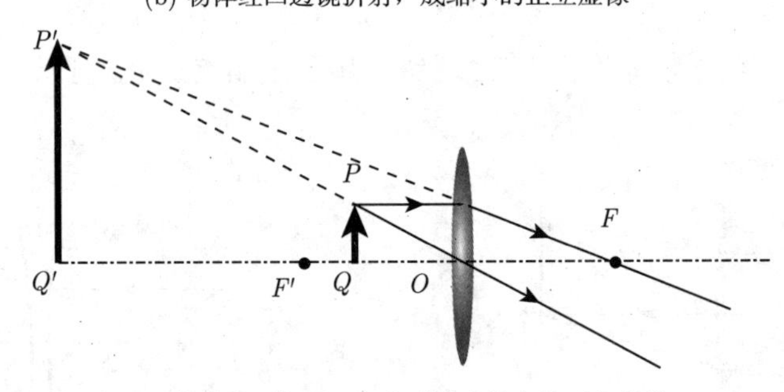

(c) 物体小于焦距，经凸透镜成放大的正立虚像

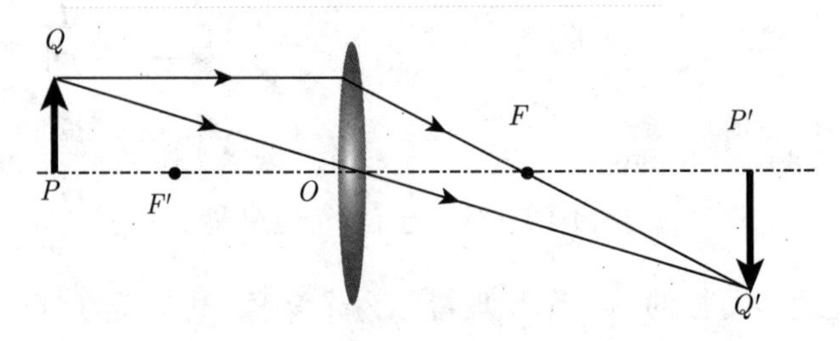

(d) 物距在2倍焦距以内、1倍焦距以外，经凸透镜成放大的倒立实像

图 14-16　四种情况下的薄透镜成像光路图

例 14-2 一凸透镜的焦距为 10.0 cm，试分别计算物距为：(1) 30.0 cm；(2) 5.00 cm 这两种情况下的像距，并确定成像性质。

解 由薄透镜的物像公式 $\dfrac{1}{p}+\dfrac{1}{p'}=\dfrac{1}{f}$，有

(1) 由 $\dfrac{1}{30.0\text{ cm}}+\dfrac{1}{p'}=\dfrac{1}{10.0\text{ cm}}$，得 $p'=15.0$ cm 实像。

$m=-\dfrac{p'}{p}=-\dfrac{15.0\text{ cm}}{30.0\text{ cm}}=-0.500$ (缩小倒立像)。

(2) 由 $\dfrac{1}{5.00\text{ cm}}+\dfrac{1}{p'}=\dfrac{1}{10.0\text{ cm}}$，得 $p'=-10.0$ cm 虚像。

$m=-\dfrac{p'}{p}=-\dfrac{-10.0\text{ cm}}{5.00\text{ cm}}=2.00$ (放大正立像)。

14.5 光学仪器

利用几何光学原理制造的各类成像光学仪器，其中主要有望远镜、显微镜、照相机等，由于任何光学仪器都是人眼功能的扩展，因而有必要首先了解人眼的构造。

14.5.1 眼睛

人眼的结构非常复杂，图 14-17 为人眼的生理结构示意图。为研究简便，常把人眼简化为一个单球系统，其中主要部分是晶状体，它的曲率通过睫状肌来调节。即眼睛通过调节睫状肌来改变晶状体的焦距，使物体的像总能形成在视网膜上。为了观察较近的物体，睫状肌压缩晶状体，使它的曲率增大，焦距缩短，因而眼睛有调焦的能力。睫状肌完全放松时能看清楚的点称为调焦范围的远点；睫状肌最紧张时能看清楚的点称为近点。正常眼睛看 25 cm 远处的物体能看得清楚，又能较长时间不感觉疲劳，定义 25 cm 为**明视距离**。

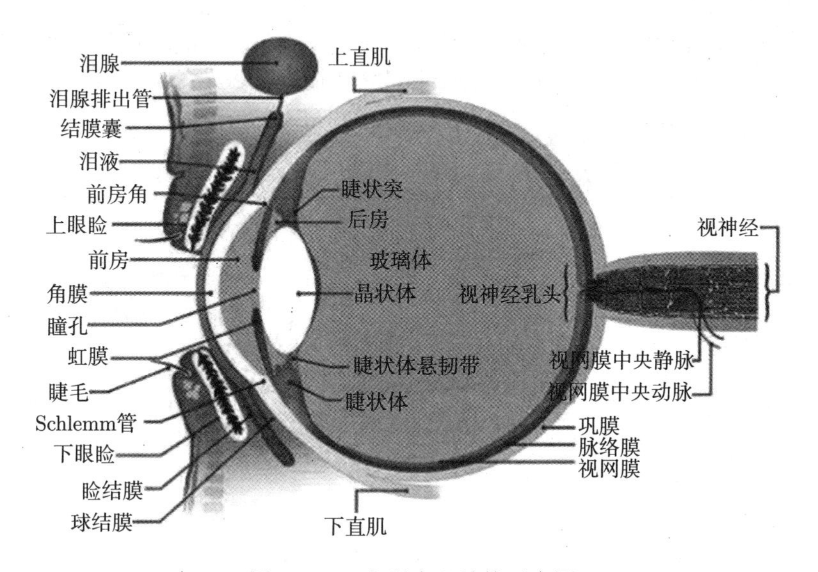

图 14-17 人眼生理结构示意图

眼睛这一光学系统最常见的缺陷是近视和远视。当睫状肌完全松弛时，无穷远处物体成像在视网膜之前，这时眼睛的远点在有限远位置，称为近视；矫正的方法是戴凹透镜的眼镜，其作用是将无限远处的物体先成一虚像在近视眼的远点处，然后由晶状体成像在视网膜上 (图 14-18(a))。患有远视眼的人，无限远处物体成像在视网膜之后，它的近点比正常眼的要远；矫正的方法是戴凸透镜的眼镜，凸透镜的作用是近点以内一定范围的物体先成一虚像在近处，然后由晶状体成像在视网膜上 (图 14-18(b))。

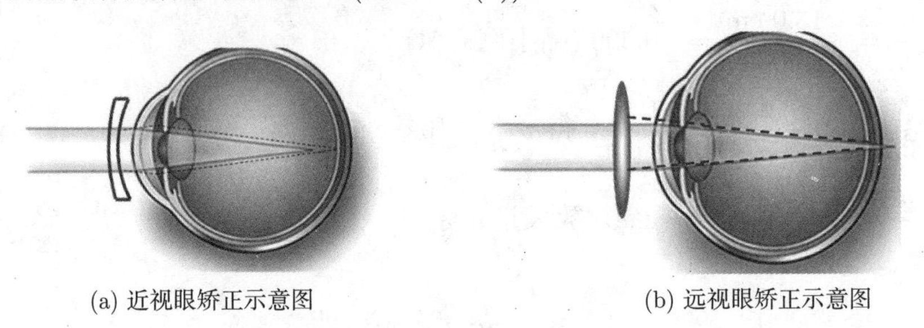

(a) 近视眼矫正示意图　　(b) 远视眼矫正示意图

图 14-18　人眼视力矫正示意图

14.5.2　放大镜

最简单的放大镜是一个焦距很短的会聚透镜，$f \leqslant l_0$ (明视距离)。物体放在明视距离处，眼睛直接观察时，视角 θ_0 近似等于：$\theta_0 \approx \dfrac{y}{l_0}$，$y$ 为物体的长度。如图 14-19 所示，使用放大镜时，物体放在薄透镜和物方焦点之间而靠近焦点处，则在明视距离附近成一正立、放大的虚像，此放大虚像对眼所张的视角为 θ，近似等于：$\theta \approx \dfrac{y}{f}$。

由于放大镜的作用是放大视角，所以引入**视角放大率**M 的概念，以区别于像的横向放大率，它定义为

$$M = \frac{\theta}{\theta_0} = \frac{l_0}{f} = \frac{25\ (\text{cm})}{f} \tag{14-23}$$

从式 (14-23) 可知，f 愈小，放大镜的视角放大率 M 愈大。但考虑到制造难度和像差，一般来说单个透镜的放大率只有几倍，要获得较高的放大倍数需要采用复合透镜结构。

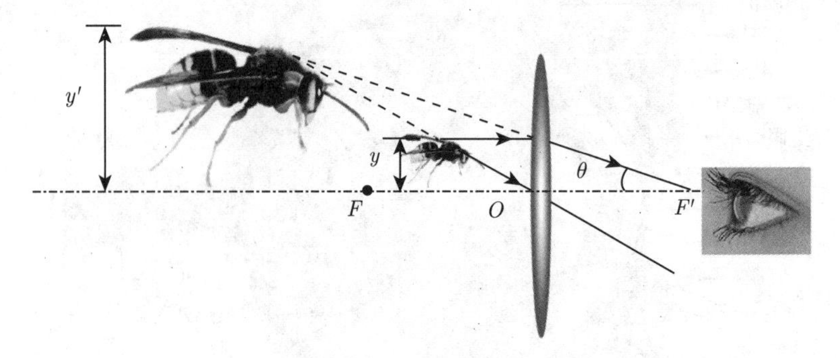

图 14-19　放大镜的视角放大示意图

14.5.3　显微镜

显微镜由目镜和物镜组成 (图 14-20)，其原理光路如图 14-21 所示。物镜为对着被观察

物体的一组透镜，焦距 f_1 很短；目镜为靠近观察者眼睛的一组透镜，焦距 f_2 稍长。物体放在物镜的物方焦点外侧附近，其所成的像位于目镜的物方焦点邻近并靠近目镜一侧，通过目镜最后成一放大倒立的虚像。显微镜放大率取决于两个因素，即物镜的横向放大率 M_1 和目镜的视角放大率 M_2，前者决定了实像的大小。物镜横向放大率为 $M_1=\frac{p_1'}{p_1}$，式中的 p_1 和 p_1' 分别是物镜成像的物距和像距。由于被观察物非常接近焦距很短的物镜焦点，有 $p_1\approx f_1$，因此，$M_1\approx\frac{p_1'}{f}$。至于目镜，为使最后的虚像尽可能的大，应使实像 p' 尽可能靠近目镜的焦点 F_2'。目镜的视角放大率为：$M_2=\frac{25}{f_2}$。显微镜的总放大率 (**视角放大率**) 为物镜的横向放大率和目镜的视角放大率之积，即

$$M=M_1M_2=-\frac{(25\ \mathrm{cm})p_1'}{f_1f_2} \tag{14-24}$$

负号表示显微镜成倒立虚像。

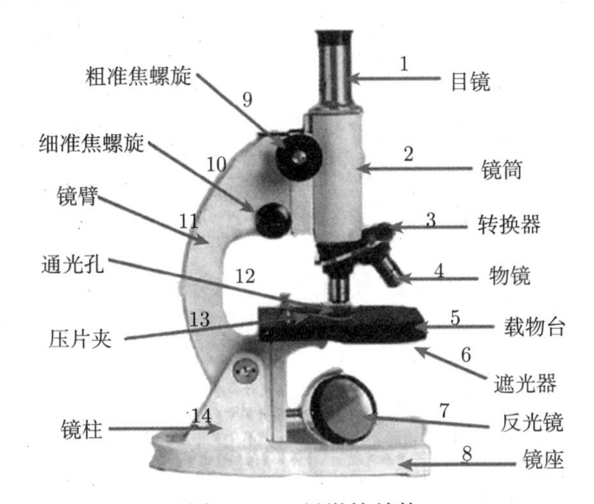

图 14-20 显微镜结构

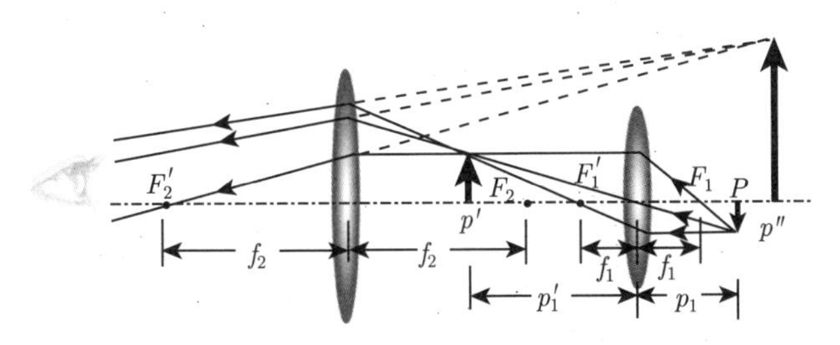

图 14-21 显微镜放大的原理光路示意图

因为 p' 靠近目镜焦点，而 f_2 其实也很短，所以 p' 可近似用目镜与物镜的间距 (镜筒长)L 替代，上式又可写成：$M=M_1M_2=-(25\ \mathrm{cm})L/f_1f_2$。由公式可知，物镜和目镜的焦距越短、光学筒长越长，显微镜的放大倍数越高。通常，在显微镜的物镜和目镜上分别刻上“10×”、“20×”等字样，由乘积得知显微镜的放大倍数。

14.5.4　望远镜

显微镜是用来观察近处物体放大像的观察系统，而望远镜则是用来观察远处物体放大像的光学系统。望远镜也由目镜和物镜组成，其中物镜具有较长的焦距。它的原理光路如图 14-22 所示，f_1 和 f_2 分别是物镜和目镜的焦距。

直接看远处物体的视角为 $\theta \approx -y'/f_1$，放大虚像的视角为 $\theta' \approx y'/f_2$，**望远镜的放大率**定义为最后像对目镜所张的视角 θ' 与物体本身对目镜所张视角 θ 之比，即

$$M = \frac{\theta'}{\theta} = -\frac{f_1}{f_2} \tag{14-25}$$

可见，物镜焦距越长、目镜焦距越短，视角放大率越高。一般民用望远镜的物镜直径不大于 25 mm，其放大率为 10 倍左右，哈勃望远镜的物镜直径为 5 m，其放大率可达 2000 倍以上。

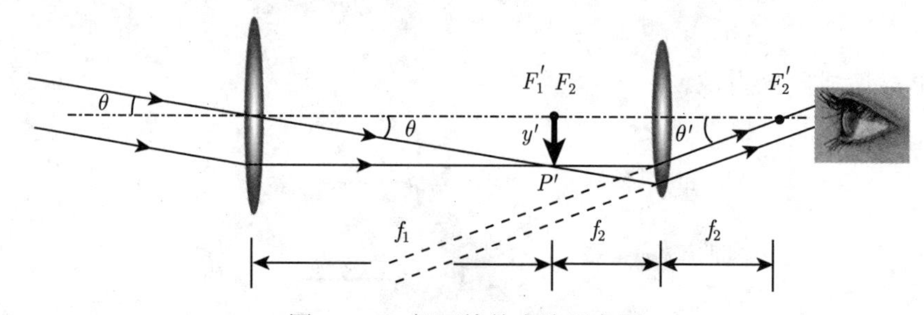

图 14-22　望远镜的光路示意图

习　题

14-1　如图所示，一储油圆桶，底面直径与桶高均为 d，当桶内无油时，从某点 A 恰能看到桶底的某点 B。当桶内油的深度等于桶高一半时，在 A 沿 AB 方向看去，看到桶底上的 C 点，C、B 相距 $\frac{d}{4}$。由此可得油的折射率和光在油中的传播速率为（　　）

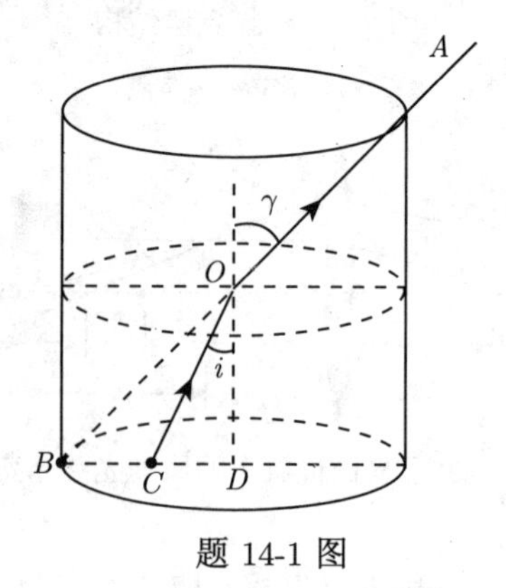

题 14-1 图

A. $\frac{2}{\sqrt{10}}, 6\sqrt{10} \times 10^7\ \mathrm{m \cdot s^{-1}}$　　B. $\frac{\sqrt{10}}{2}, 6\sqrt{10} \times 10^7\ \mathrm{m \cdot s^{-1}}$

C. $\frac{\sqrt{10}}{2}, 1.5\sqrt{10} \times 10^8\ \mathrm{m \cdot s^{-1}}$　　D. $\frac{2}{\sqrt{10}}, 1.5\sqrt{10} \times 10^8\ \mathrm{m \cdot s^{-1}}$

14-2　在水中的鱼看来，水面上和岸上的所有景物都出现在一倒立的圆锥里，该圆锥的顶角为（　　）

A. 48.8°　　B. 41.2°　　C. 97.6°　　D. 82.4°

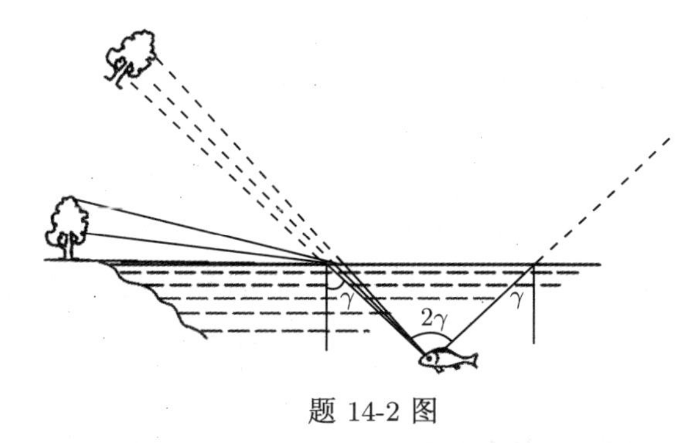

题 14-2 图

14-3　一远视眼的近点在 1 m 处，要看清楚眼前 10 cm 处的物体，应佩戴（　　）

A. 焦距为 10 cm 的凸透镜　　B. 焦距为 10 cm 的凹透镜

C. 焦距为 11 cm 的凸透镜　　D. 焦距为 11 cm 的凹透镜

14-4　将一根短金属丝放在焦距为 35 cm 的会聚透镜主轴上，使其离开透镜光心的距离为 50 cm，求金属丝的成像位置。

14-5　折射率为 1.50、直径为 10.0 cm 的长玻璃棒的端面，被磨成半径为 5.0 cm 的光滑凸状球面。现将一长为 1.0 mm 的细棒，垂直地放在玻璃棒的轴上，且距离端面 20 cm，试求出细棒像的位置和横向放大率。

14-6　将一个曲率半径为 20.0 cm 的凹面镜，先后放在空气 (折射率为 1.00) 和水 (折射率为 1.33) 中，试求这两种情况下凹面镜的焦距。

14-7　高度为 2.0 cm 的细棒，放在曲率半径为 16.0 cm 的凹面镜之前，如果细棒垂直地处于主光轴上，并分别离顶点 4.0 cm、16.0 cm 和 24 cm。

(1) 求在三种情况下像的位置、大小、正倒和虚实；(2) 用作图法求像。

14-8　假如一个身高为 1.70 m 的人，头顶到眼睛的距离是 0.1 m。如果此人能够从铅直放置的平面镜中看到自己的全身，这个平面镜应至少多高？它应放置在什么位置？

14-9　会聚透镜的焦距为 10.0 cm，当物点处于主光轴上并距光心分别为 20.0 cm 和 5.0 cm 时，试确定像的位置、大小、正倒和虚实。

14-10　有两个薄透镜相距 5.0 cm，组成共轴系统：第一个薄透镜是焦距为 10.0 cm 的会聚透镜，第二个薄透镜是焦距为 -10.0 cm 的发散透镜。现有一物点放于会聚透镜前方 20.0 cm 处，试确定像的位置和虚实。

第 15 章　光的干涉

“泉眼无声惜细流，树阴照水爱晴柔。小荷才露尖尖角，早有蜻蜓立上头。” 读者可曾观察过阳光下的蜻蜓？为什么蜻蜓的翅膀在阳光照射下会呈现出彩色条纹？还有，空中飞舞的彩蝶、肥皂泡、水面上的油膜等，在阳光的照射下都可以观察到彩色的条纹，这些都是在日常生活中观察到的光的干涉现象 (图 15-1)。对光的干涉现象的研究，无论在理论上还是在实践上都是非常重要的。

图 15-1　日常生活中的干涉现象

光的干涉及其应用是波动光学的一个重要研究内容，而波动是光本性属性之一。关于光的本性的研究贯穿于整个光学史，以牛顿为代表的 “微粒说” 把光看成是由微粒组成的，认为光微粒按力学规律沿直线飞行，因此光具有直线传播的性质。19 世纪以前，由于牛顿的巨大影响，“微粒说” 占据主导地位，但随着光学研究的不断深入，人们发现，像光的干涉、衍射等许多现象，不能用**直进性**给出合理的解释，但用光的**波动性**却能给出恰如其分的解释，于是光学的 “波动说” 又占了上风，但在光与物质相互作用的过程中 (如光电效应)，我们必须承认光的 “微粒性”，于是光具有波粒二象性。可以说，“微粒说” 与 “波动说” 之争，贯穿于整个光学发展史，构成了一道亮丽的风景！

15.1　光源和光的相干叠加

15.1.1　光源

能够发射光波的物体就是**光源**。由于各种光源的激发方式不同，有利用热能激发的，如白炽灯、弧光灯等；有利用电能激发引起发光的，例如，稀薄气体通电时发出的辉光及半导体发光二极管等；还有利用光激发引起发光的、化学反应发光的等。一般普通光源 (指非激光光源) 发光的机制，是处于激发态的原子 (或分子) 的自发辐射 (图 15-2)，即光源中的原子吸收了外界能量而处于激发态，这些激发态是极不稳定的，电子在激发态上存在的时间平均只有 $10^{-11} \sim 10^{-8}$ s，电子自发跃迁到低激发态或基态过程中向外发射电磁波 (光波)，所以每个原子的发光是间歇的，每次发光是随机的，且发光持续时间极短 (约为 10^{-8} s)。各个原子激发和辐射的光波参差不齐，光波的频率、振动方向和相位各自独立，即使同样原子在不同时刻所发出的波列，其振动方向、波的频率、振动初相也各不相同，因此，普通光源中原子发光是瞬息万变的。

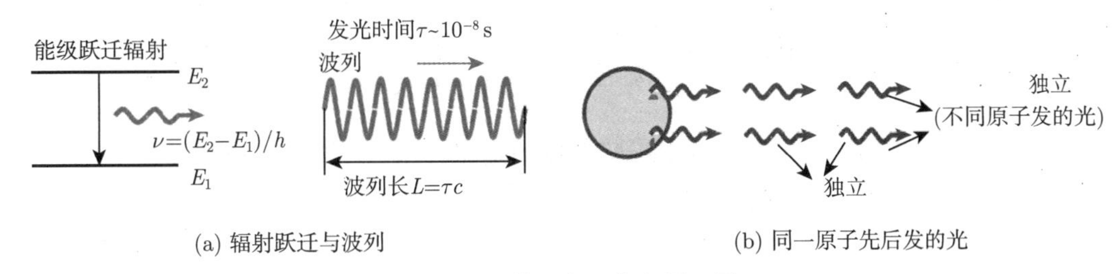

(a) 辐射跃迁与波列　　(b) 同一原子先后发的光

图 15-2　普通光源发光原理图

15.1.2　光的单色性

几何光学中已经述及，可见光是波长范围位于 390~780 nm(频率范围为 $7.5 \times 1014 \sim 4.1 \times 1014$ Hz) 的电磁波，它能引起人们的视觉。研究表明，纯粹的“单色光”或“具有单一频率的光”实际上是不存在的，任何光源所发出的光波都是具有一定的波长或频率范围 (谱宽) 的波列，在波列范围内各种频率或波长所对应的强度是不同的。“复色光”是指具有多种波长的光 (如太阳光、白炽灯等)。普通单色光源，如钠光灯、镉灯、汞灯等，谱宽的数量级为 $10^{-1} \sim 10^{-3}$ nm，激光的谱宽只有 10^{-9} nm，甚至更小。

15.1.3　相干光的获得

每一波列是一段有限长的、振动方向一定、振幅不变 (或缓慢变化) 的正弦波。同一原子不同时刻发出的波列，其振动方向及频率也不一定相同，位相无固定关系；不同原子同一时刻发射的波列也是这样。因此，两个独立的同频率的单色普通光源 (如钠光灯) 发出的光相遇叠加是不能得到干涉图样的。

若两光源所发出的两束光波叠加能产生干涉，则这两个光源称为**相干光源**，否则，称为非相干光源。

要实现光的相干叠加即干涉，就必须创造一些条件。实现光的相干叠加的基本方法，就是设法把光源上同一点发出的光分成满足相干条件的两部分，然后再使这两部分叠加起来。由于实际中获得的两束光，其相应部分大都来自于同一发光原子的同一次发光，即将一光波列分成两个频率相同、振动方向相同、相位差恒定的波列，因而这两部分光满足**相干条件**，是相干光。实践上，大多采用三种方法获得相干光：一是**分波阵面法**，即从同一点光源或线光源发出的光波波前上分离出两部分，如杨氏双缝实验；二是**分振幅法**，利用透明薄膜的上下两个表面对反射光进行反射，产生两束反射光或一束反射光与一束透射光，如薄膜干涉实验；三是**分振动面法**，利用某些晶体的双折射性质，可将一束光分解为振动面垂直的两束光。限于篇幅，本书对用分振动面方法获得相干光的干涉现象不作讨论。

15.1.4　相干叠加与非相干叠加

干涉问题的核心是求叠加后的合光强，但需注意，任何光学仪器观测的都是时间平均值，所以最后要给出的合光强是一个平均值。为此，研究叠加的一般程序是：先求波的叠加、再求叠加后的瞬时能流、最后求瞬时能流的平均值。定义：能产生干涉花样的叠加称为**相干叠加**，否则，称为非相干叠加。

设两同频率的单色光在空间某一点的光矢量 $\vec{E}_1$、$\vec{E}_2$ 复数表达式分别为

$$\begin{aligned}\vec{E}_1 &= \vec{E}_{10}\mathrm{e}^{\mathrm{i}(\vec{k}_1\cdot\vec{r}_1-\omega_1 t+\phi_{10})} = \vec{E}_{10}\mathrm{e}^{i\varphi_1}\\ \vec{E}_2 &= \vec{E}_{20}\mathrm{e}^{\mathrm{i}(\vec{k}_2\cdot\vec{r}_2-\omega_2 t+\phi_{20})} = \vec{E}_{20}\mathrm{e}^{i\varphi_2}\end{aligned},$$

叠加后合成的光矢量 $\vec{E}=\vec{E}_1+\vec{E}_2$，由于感兴趣的是相对光强，故**瞬时光强**为

$$\vec{E}\cdot\vec{E}^* = (\vec{E}_1+\vec{E}_2)\cdot(\vec{E}_1+\vec{E}_2)^* = \vec{E}_1\cdot\vec{E}_1^* + \vec{E}_2\cdot\vec{E}_2^* + 2\vec{E}_{10}\cdot\vec{E}_{20}\cos\Delta\varphi$$

式中，上标 “$*$” 表示取复共轭，其中

$$\Delta\varphi = \varphi_2-\varphi_1 = (\vec{k}_2\cdot\vec{r}_2-\vec{k}_1\cdot\vec{r}_1)-(\omega_2-\omega_1)t+(\phi_{20}-\phi_{10}) \tag{15-1}$$

取瞬时光强的平均值，得

$$<\vec{E}\cdot\vec{E}^*> = <\vec{E}_1\cdot\vec{E}_1^*> + <\vec{E}_2\cdot\vec{E}_2^*> + <2\vec{E}_{10}\cdot\vec{E}_{20}\cos\Delta\varphi> \tag{15-2}$$

式中，“$<\cdots>$”表示求取时间平均值。例如 $<\vec{E}_1\cdot\vec{E}_1^*> = \vec{E}_{10}\mathrm{e}^{i\varphi_1}\cdot\vec{E}_{10}^*\mathrm{e}^{-i\varphi_1} = E_{10}^2 = I_1$，代表第一列光波的光强，而 $<\vec{E}_2\cdot\vec{E}_2^*> = I_2$ 代表第二列光波的光强，$<\vec{E}\cdot\vec{E}^*> = E_0^2 = I$ 代表合成光波的光强。

若式 (15-2) 的第三项不为零，即相干叠加，否则为非相干叠加。显然，若 $\vec{E}_{10}\perp\vec{E}_{20}$，则该项为零，因此得到相干叠加的第一个条件是参与叠加的两列波光矢量不能垂直；另外，若 $(\omega_2-\omega_1)\neq 0$，则式 (15-2) 第三项的时间平均值为零，故得相干叠加的第二个条件是参与叠加的两列波频率相同；当 $\omega_2=\omega_1$ 时，$\left|\vec{k}_2\right| = \left|\vec{k}_1\right| = \left|\vec{k}\right| = \dfrac{2\pi}{\lambda}$，所以得到

$$\Delta\varphi = (\vec{k}_2\cdot\vec{r}_2-\vec{k}_1\cdot\vec{r}_1)+(\phi_{20}-\phi_{10}) \tag{15-3}$$

但它不能与时间有关，否则其平均值为零，这时要求相差恒定。

于是总结出，两列光波**相干叠加的条件**是：**振动方向不垂直，相同频率相同，相位差恒定**。

对相干光波，如果将合成波写成 $\vec{E}=\vec{E}_0\mathrm{e}^{\mathrm{i}(\vec{k}\cdot\vec{r}-\omega t+\phi_0)}$ 的形式，则**合成波振幅**为

$$E_0 = \sqrt{E_{10}^2+E_{20}^2+2E_{10}E_{20}\cos\Delta\varphi} \tag{15-4}$$

合成波振幅初相为

$$\phi_0 = \arctan\frac{E_{10}\sin\phi_{10}+E_{20}\sin\phi_{20}}{E_{10}\cos\phi_{10}+E_{20}\cos\phi_{20}} \tag{15-5}$$

合成波的光强为

$$I = I_1+I_2+2\sqrt{I_1 I_2}\cos\Delta\varphi \tag{15-6}$$

当 $\Delta\varphi=\pm 2k\pi\ (k=0,1,2,\cdots)$ 时

$$I = I_1 + I_2 + 2\sqrt{I_1 I_2} \tag{15-7a}$$

在这些位置的光强最大，称为**干涉相长**。

当 $\Delta\varphi = \pm(2k+1)\pi$ $(k = 0, 1, 2, \cdots)$ 时

$$I = I_1 + I_2 - 2\sqrt{I_1 I_2} \tag{15-7b}$$

在这些位置的光强最小，称为**干涉相消**。

如果 $I_1 = I_2 = I_0$，则合成后的光强为

$$I = 2I_0(1 + \cos\Delta\varphi) = 4I_0 \cos^2\frac{\Delta\varphi}{2}$$

$$\text{当 } \Delta\varphi = \begin{cases} \pm 2k\pi \\ \pm(2k+1)\pi \end{cases} \text{ 时，} I = \begin{cases} 4I_0 \\ 0 \end{cases}$$

光的干涉现象反映了在交叠区域内，光强进行了重新分配，但需注意，**能量守恒定律仍然成立**。

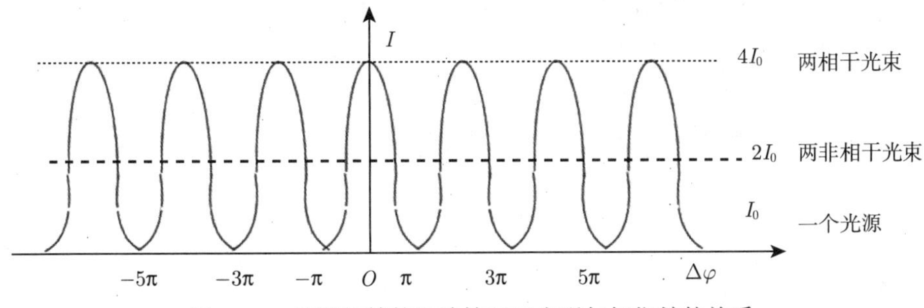

图 15-3 光强相等的干涉情况下光强与相位差的关系

两列光波干涉的实质是同一波列分离出来的两列波的干涉。由于激光的问世，光源的相干性大大提高；快速光电接收器件的出现，使接收器的响应时间由 0.1 s 缩短到小于 10^{-8} s(与原子发光的持续时间同数量级)。因此可以观察到比过去短暂得多的干涉现象。

15.2 分波前干涉 (双缝干涉)

15.2.1 杨氏双缝干涉

托马斯·杨在 1801 年首先发现光的干涉现象，并首次测量了光波的波长，下面介绍杨氏双缝干涉实验。

1. 定性分析

如图 15-4 所示，在单色平行光前放一狭缝 S，S 前又放有两条平行狭缝 S_1、S_2，它们与 S 平行并等距，由于 S_1、S_2 位于同一波面上，它们构成一对相干光源。从 S 发出的光经 S_1 和 S_2 形成两束相干的子波，子波从 S_1、S_2 传出后在重叠区相遇发生干涉，形成干涉图样。由于两相干光束来自于同一列波面的两部分，故这种方法产生的干涉称为**分波阵面法**。

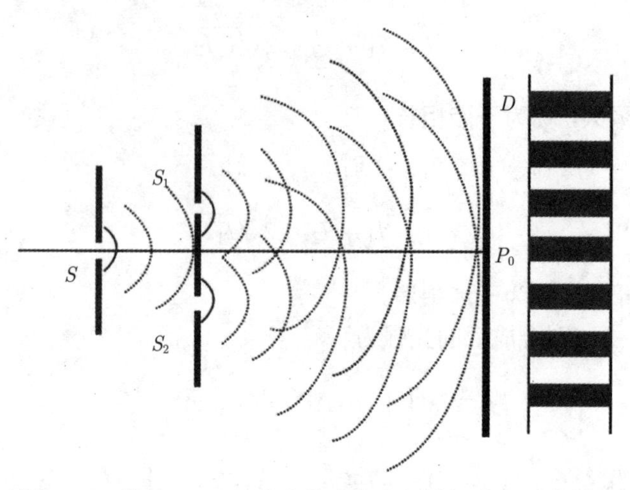

图 15-4　狭缝 S_1、S_2 发出的光在空间叠加产生干涉条纹

2. 干涉图样

如图 15-5 所示，S_1、S_2 为两缝，双缝间距为 d，E 是离双缝所在的屏距离为 D 的接像屏，O 为 S_1、S_2 连线的垂直平分线与 E 交点，P 为屏 E 上的一点，距 O 为 x，离 S_1、S_2 的距离分别为 r_1 和 r_2。

由 S_1、S_2 传出的光在 P 点相遇时，波程差为

$$\delta = r_2 - r_1 \tag{15-8}$$

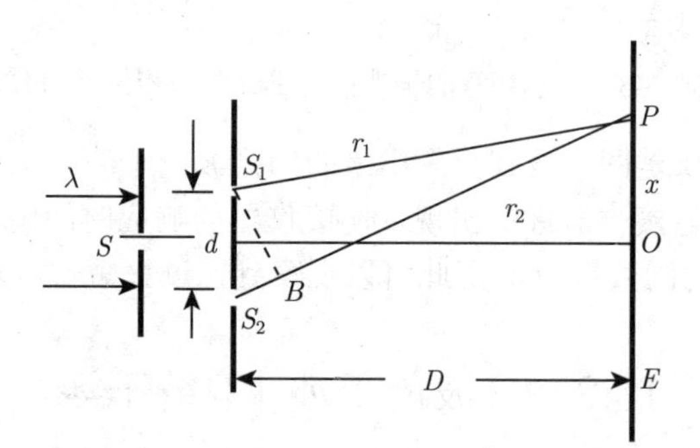

图 15-5　双缝干涉计算原理图

设 S_1、S_2 传出的两列光波的波方程分别为

$$\begin{cases} y_1 = E_0 \cos\left(\omega t - \dfrac{2\pi r_1}{\lambda}\right) \\ y_2 = E_0 \cos\left(\omega t - \dfrac{2\pi r_2}{\lambda}\right) \end{cases} \tag{15-9}$$

由于 $\vec{k}_2 \parallel \vec{r}_2$、$\vec{k}_1 \parallel \vec{r}_1$，故由式 (15-3) 得位相差为

$$\Delta\varphi = 2\pi(r_2 - r_1)/\lambda$$

将其表示为

$$\Delta\varphi = 2\pi\frac{\delta}{\lambda} \tag{15-10}$$

其中 $\delta = r_2 - r_1$ 为 S_1、S_2 传出的两列光波到达 P 点的波程差。在图 15-5 中，作 $S_1B \perp S_2P$，则波程差 $\delta = r_2 - r_1 = S_2B = d\sin\theta$，将其代入式 (15-10)，并考虑到 $D \gg d$ 且 θ 很小时：$\sin\theta \approx \tan\theta = \dfrac{x}{D}$，得

$$\delta = r_2 - r_1 = d\frac{x}{D}, \quad \Delta\varphi = \frac{2\pi}{\lambda}d\frac{x}{D} \tag{15-11}$$

1) 亮纹位置

当 $\Delta\varphi = 2\pi\dfrac{\delta}{\lambda} = \pm 2k\pi$，即 $\delta = \pm(2k)\dfrac{\lambda}{2}$ $(k = 0, 1, 2, \cdots)$ 时，位置 P 处出现亮纹，此时有 $d\dfrac{x}{D} = \pm k\lambda$，即亮纹位置在

$$x = \pm(2k)\frac{D\lambda}{2d} \quad (k = 0, 1, 2, \cdots) \tag{15-12}$$

其中 $k = 0$ 时，对应 O 点为中央明纹；$k = 1, 2, \cdots$ 时，依次为一级、二级 …… 明纹，明纹关于中央亮纹对称。

相邻明纹间距为

$$\Delta x = x_{k+1} - x_k = (k+1)\frac{D\lambda}{d} - k\frac{D\lambda}{d} = \frac{D\lambda}{d}$$

即

$$\Delta x = \frac{D\lambda}{d} \tag{15-13}$$

可见，相邻明纹的间距相等。

2) 暗纹位置

当 $\Delta\varphi = \pm(2k+1)\pi$ 时，即 $\delta = \pm(2k+1)\dfrac{\lambda}{2}$ 时，位置 P 处出现暗纹，此时有 $d\dfrac{x}{D} = \pm(2k+1)\dfrac{\lambda}{2}$，暗纹的位置：

$$x = \pm(2k+1)\frac{D\lambda}{2d} \quad (k = 0, 1, 2, \cdots) \tag{15-14}$$

暗纹关于 O 点呈对称分布，相邻暗纹间距为

$$\Delta x = x_{k+1} - x_k = [2(k+1) - 1]\frac{D\lambda}{2d} - (2k-1)\frac{D\lambda}{2d} = \frac{D\lambda}{d}$$

即

$$\Delta x = \frac{D\lambda}{d} \tag{15-15}$$

相邻明纹的间距也相等。由此可以概括出如下结论：

(1) 相邻明纹间距 = 相邻暗纹间距 $= \dfrac{D\lambda}{d}$。

(2) 干涉条纹是关于中央亮纹对称分布的明暗相间的干涉条纹，如图 15-6 所示。

(3) 对给定装置，$\lambda\uparrow\rightarrow\Delta x\uparrow$，$\lambda\downarrow\leftarrow\Delta x\downarrow$。条纹位置和波长有关，不同波长的同一级亮条纹位置不同；条纹间距与波长成正比，紫光的条纹间距要小于红光的条纹间距；用白光照射双缝时，则中央明纹 (白色) 的两侧将出现各级彩色明条纹；同一级条纹中，波长短的离中央明纹近，波长长的离中央明纹远，如图 15-7 所示。

图 15-6　红光入射的杨氏双缝干涉照片

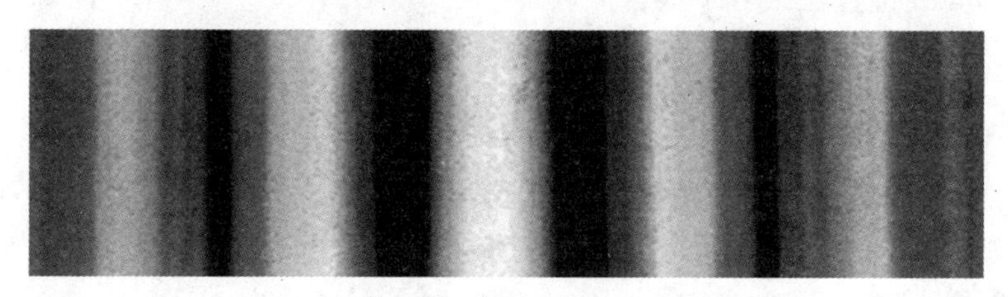

图 15-7　白光入射的杨氏双缝干涉照片

例 15-1　以单色光照射到相距为 0.2 mm 的双缝上，双缝至接像屏距离为 1 m。(1) 已知从第一级明纹到同侧第四级的明纹为 7.5 mm 时，求入射光波长；(2) 若入射光波长为 6000 Å，求相邻明纹间距离。

解　(1) 明纹坐标为 $x=\pm(2k)\dfrac{D\lambda}{2d}$，由题意有

$$x_4-x_1=4\frac{D\lambda}{d}-\frac{D\lambda}{d}=\frac{3D\lambda}{d}$$

$$\lambda=\frac{d}{3D}(x_4-x_1)$$

$$=\frac{0.2\times10^{-3}}{3\times1}\times7.5\times10^{-3}\ \text{m}=5000\ \text{Å}$$

(2) 当 $\lambda=6000$ Å 时，相邻明纹间距为

$$\Delta x=\frac{D\lambda}{d}=\frac{1\times6000\times10^{-10}}{0.2\times10^{-3}}=3\ \text{mm}$$

例 15-2　在双缝实验中，如图所示，用云母片将狭缝 S_2 遮盖，观察到中央亮纹移到原来的 -k 级条纹处，求云母片的厚度。

解　不加云母片时，来自双缝的两束光到中央亮纹处的光程差为 $\Delta=r_2-r_1=0$。现用云母片将狭缝 S_2 遮盖后，两束光到中央亮纹处的光程差为 $\Delta=h(n-1)+(r_2-r_1)=k\lambda$，所以有 $h(n-1)=k\lambda$，云母片厚度为

$$h=\frac{k\lambda}{n-1}$$

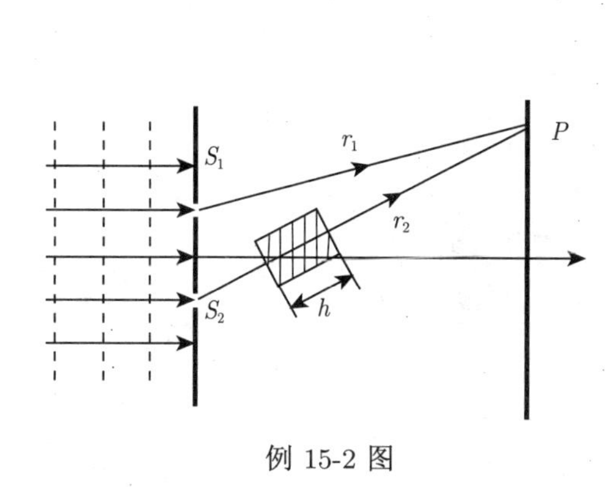

例 15-2 图

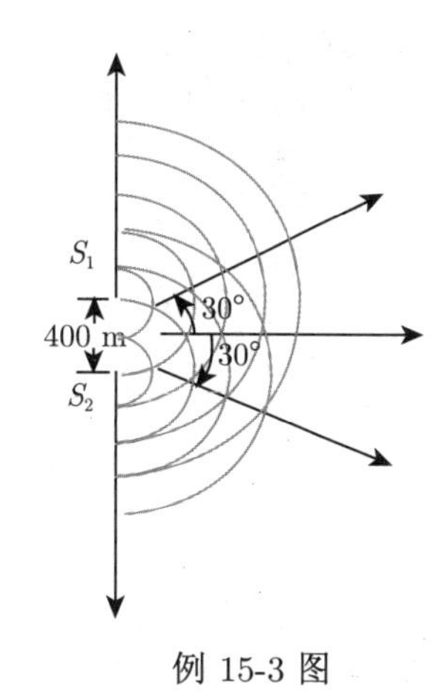

例 15-3 图

例 15-3 无线电发射台的工作频率为 1500 kHz，两根相同的垂直偶极天线相距 400 m，并以相同的位相做电振动 (如图所示)。试问：在距离远大于 400 m 的地方，什么方向可以接收到比较强的无线电信号？(这并不是一个假想的问题，实际中利用天线对或天线阵列的组合产生特定的辐射能分布，以满足人们的需要。)

解 天线位置如图所示，相当于杨氏双缝的两个光源 S_1 和 S_2。无线电波的波长为

$$\lambda=\frac{c}{\nu}=\frac{3\times10^8\ \mathrm{m\cdot s^{-1}}}{1.5\times10^6\ \mathrm{s^{-1}}}=200\ \mathrm{m}$$

根据相长干涉公式 $\delta=d\sin\theta=\pm(2k)\dfrac{\lambda}{2}$，对出辐射能量最大的方向，有

$$\sin\theta=\pm\frac{k\lambda}{d}=\frac{\pm k\cdot 200}{400}=\pm\frac{k}{2}$$

当取 $k=0,1,2$ 时, 可得干涉加强的方位角：$\theta=0,\pm30^\circ,\pm90^\circ$，即在这些方向电磁辐射的能量最大。

根据相消干涉公式 $\delta=\pm(2k+1)\dfrac{\lambda}{2}$，类似讨论可得辐射能量最小的方向满足

$$\sin\theta=\pm\frac{(2k-1)\lambda}{2d}=\pm\frac{(2k-1)\cdot 200}{2\cdot 400}=\pm\frac{2k-1}{4}\quad(k=1,2)$$

当取 $k=0,1,2$ 时, 得 $\theta=\pm14.5^\circ,\pm48.6^\circ$。

15.2.2* 其他分波前干涉装置

1. 菲涅耳双面镜实验

1) 定性分析

在杨氏双缝实验中，仅当缝 S、S_1、S_2 都很窄时，才能保证 S_1、S_2 处的振动有相同的位相，但这时通过狭缝的光强过弱，干涉条纹常常不够清晰。1818 年，菲涅耳进行了双镜实验，装置如图 15-8 所示。由狭缝光源 S 发出的光波，经平面镜 M_1、M_2 反射后 (分波阵面法)，分成两束相干光波，在交叠区形成干涉条纹。M_1 和 M_2 夹角 ε 很小，所以，S 在双镜

M_1、M_2 中所成的虚像 S_1、S_2 之间的距离很小。从 M_1、M_2 反射的两束光相干，可看作从 S_1、S_2 发出的，这相当于杨氏干涉。

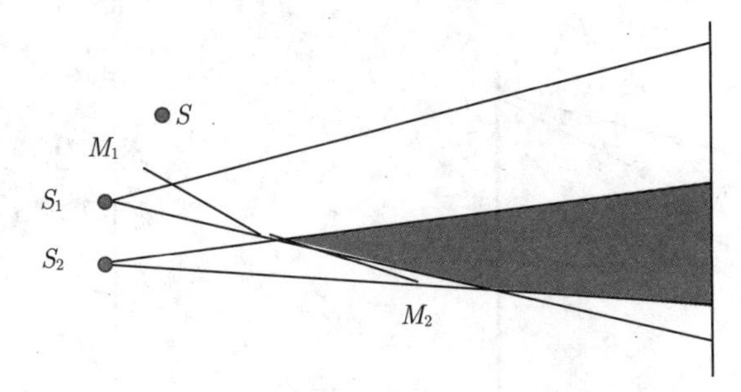

图 15-8　菲涅耳双面镜原理示意图

2) 明暗条纹位置

明纹位置：$x=\pm 2k\dfrac{D\lambda}{2d}\quad (k=0,1,2,\cdots)$；

暗纹位置：$x=\pm(2k+1)\dfrac{D\lambda}{2d}\quad (k=0,1,2,\cdots)$；

明 (暗) 条纹相邻间距：$\Delta x=\dfrac{D\lambda}{d}$。

设 $\angle S_1OS_2=2\theta$，镜 M_1 或 M_2 的长度为 r，L 为双面镜交点 O 到接收屏的距离。由几何关系可得

$$d=2r\sin\theta,\quad D=L+r\cos\theta$$

$\because S$、S_1、S_2 在同一圆周上，$\therefore \angle S_1SS_2=\theta$

$\because SS_1$ 沿 M_1 法向，SS_2 沿 M_2 法向

$\therefore SS_1$ 与 SS_2 夹角为 M_1 和 M_2 夹角 ε，即 $\theta=\varepsilon$ ，可得

$$d=2r\sin\varepsilon,\qquad D=L+r\cos\varepsilon$$

2. 劳埃德镜实验

1) 定性分析

劳埃德镜实验不但能显示光的干涉现象，而且还能显示光由光疏媒质 (折射率小的媒质) 射向光密媒质 (折射率较大的媒质) 时，反射回来的光有位相突变的现象。如图 15-9 所示，M 为一块涂黑的玻璃体，作为反射镜。从狭缝 S_1 射出的光一部分直接射到屏 P 上，另一部分经 M 反射后到达观察屏 P 上，反射光可看作是由虚光源 S_2 发出的，这样的两个光源 S_1、S_2 构成一对相干光源，在 P 上的光波相遇区发生干涉，出现明暗相间的条纹。从图中看出，这也类似于杨氏干涉实验装置，仍属于分波阵面法干涉。

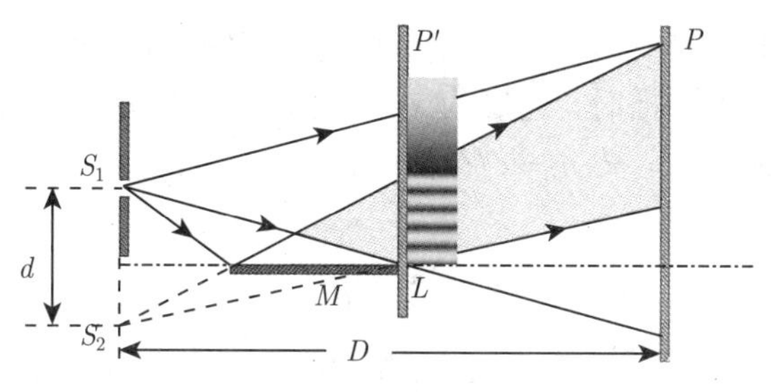

图 15-9 劳埃德镜实验示意图

若把 P 放在 P' 位置，在 L 与镜交点处似乎应出现明纹 (因为从 S_1、S_2 发出的光到交点 L 的波程相等)，但实际观察到的却是暗纹，这表明直接射到屏上的光与由镜反射的光在 L 处位相相反，即位相差为 π。因为直接射向的光不可能有位相突变，所以只能由空气经镜子反射的光才能有位相突变。由波动理论知道，位相差突变 π，相当于波多走了半个波长，所以这种现象称为**半波损失**。半波损失仅存在于当光从光疏介质射向光密介质时的反射光中，折射光没有半波损失；当光从光密介质射向光疏介质时, 反射光也没有半波损失。

2) 明暗纹位置

考虑到反射光有半波损失，所以劳埃德镜实验获得两相干光束的光程差为

$$\delta=\frac{dx}{D}+\frac{\lambda}{2}$$

明纹位置：$x=\left(k-\dfrac{1}{2}\right)\dfrac{D\lambda}{d}=(2k-1)\dfrac{D\lambda}{2d}\quad(k=0,\pm1,\pm2,\cdots)$；

暗纹位置：$x=2k\dfrac{D\lambda}{2d}\quad(k=0,\pm1,\pm2,\cdots)$；

相邻明 (暗) 纹间距 $\Delta x=\dfrac{D\lambda}{d}$。

15.2.3 干涉条纹可见度

为了定量描述干涉条纹的清晰程度，引入**可见度**，定义为

$$V=\frac{I_{\max}-I_{\min}}{I_{\max}+I_{\min}} \tag{15-16}$$

式中，$I_{\max}$ 和 $I_{\min}$ 分别表示干涉光强的极大值和极小值。

可见度也称衬比度或对比度。$0\leqslant V\leqslant1$，V 值越大，条纹亮暗对比越明显，清晰度越高。其中，一个极端情况是 $I_{\max}=I_{\min}$，则 $V=0$，即干涉场中光强均匀，干涉条纹消失；另一个极端情况是 $I_{\min}=0$，则 $V=1$，这时干涉极弱处完全消光，干涉条纹对比度最强。

15.3 光程与光程差

15.3.1 光程

在前面讨论的干涉现象中，两相干光束始终在同一介质 (空气) 中传播，它们到达某一点叠加时，两个光振动的位相差决定于两相干光束间的波程差。如果讨论一束光在几种不同的介质中传播时，引入光程的概念，对分析位相关系将带来很大的方便。单色光在不同

介质中振动频率是相同的，但速度是变化的。设光在真空中速度为 c，频率为 ν，波长为 λ。它在折射率为 n 的介质中传播时，速度为 u，波长为 λ_n(频率不变)，如图 15-10 所示。由 $u=\lambda_n\nu$，$c=\lambda\nu$ 和折射率的定义 $n=c/u$，可知

$$\lambda_n=\frac{\lambda}{n} \tag{15-17}$$

在图 15-11 中，当光从 S_1、S_2 传至 P 点相遇时，几何路程差为 $\Delta r=r_2-r_1$，位相差为

$$\Delta\varphi=2\pi\left(\frac{t}{T}-\frac{r_2}{\lambda'}\right)-2\pi\left(\frac{t}{T}-\frac{r_1}{\lambda}\right)=-2\pi\left(\frac{r_2}{\lambda'}-\frac{r_1}{\lambda}\right)=-2\pi\left(\frac{nr_2-r_1}{\lambda}\right)$$

在此引入**光程**概念，即介质折射率与光的几何路程之积，$L=nr$。其物理意义为将光在介质中通过的几何路程折算为相同时间光在真空中的路程。可见，$\Delta\varphi$ 不仅简单地取决于几何路程差 (r_2-r_1)，而且与介质折射率 n 有关。

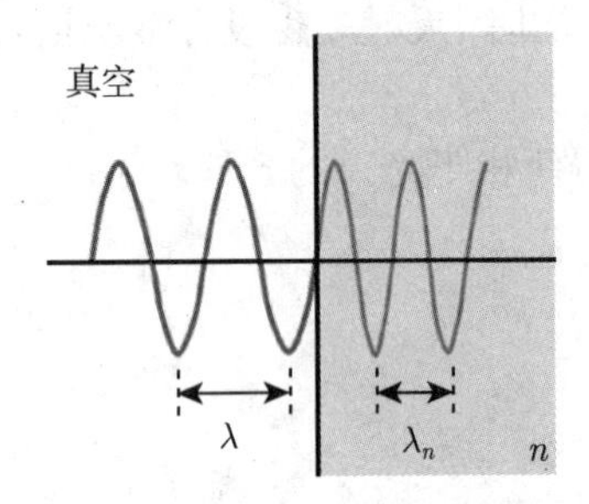

图 15-10　光经不同介质传播波长不同

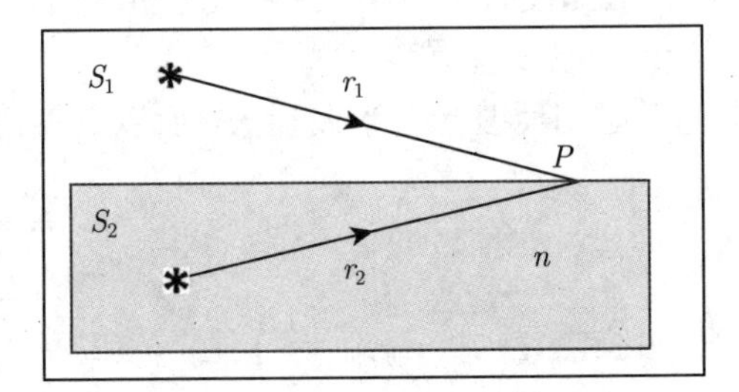

图 15-11　光经过不同介质传播

15.3.2　光程差

经不同介质的两束光在空间相遇而发生干涉的问题，可通过光程折算成光在真空中传播的干涉问题来解决，而位相差 $\Delta\varphi$ 取决于**光程差**$\delta=l_2-l_1=n_2r_2-n_1r_1$。因此，用光程差可将光的干涉概括为

$$\text{干涉加强：}\delta=\pm(2k)\frac{\lambda}{2}\quad(k=0,1,2,\cdots) \tag{15-18}$$

$$\text{干涉减弱：}\delta=\pm(2k+1)\frac{\lambda}{2}\quad(k=0,1,2,\cdots) \tag{15-19}$$

15.3.3　薄透镜不引起附加光程差

大多数干涉、衍射现象等都是利用透镜来进行观察的，在此简单说明光波通过薄透镜传播时的光程情况。根据光程情况，当光波的波阵面 ABC(图 15-12) 与某一光轴垂直时，平行于该光轴的近轴光线通过透镜会聚于一点 F，并在这点互相加强产生亮点。这些光线在 F 点互相加强表明，它们位相相同。可以证明，光线经过薄透镜 L 并**没有产生附加的光程差**，只是改变了光线方向。对于厚透镜，则可产生球差、慧差等，在此不作详细讨论。

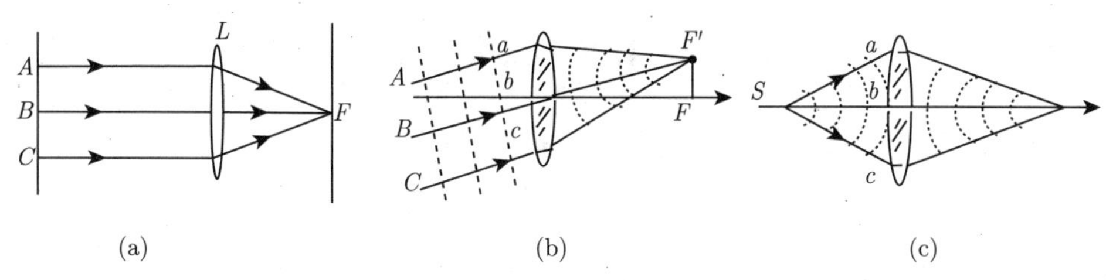

图 15-12 薄透镜成像时的波面

15.4 分振幅干涉 (薄膜干涉)

15.4.1 薄膜干涉

如图 15-13 所示，有一折射率为 n 的透明薄膜，放在折射率为 $n_1(n_1 < n)$ 的均匀介质中，薄膜厚度为 e，从面光源上某点发出的光线 1 以入射角 i 射到膜上 A 点，将分成两部分，即反射光 2 和折射光 AB，后者至薄膜中在下表面 B 点反射后经 C 折射到介质 n_1 中成为折射光线 3。显然 2 光和 3 光是平行的，经透镜 L 会聚在 P 点。因为 2 光和 3 光均来自于同一入射光 (同一波列分解得到)，因此，2 光和 3 光的振动方向相同、频率相同、在 P 点的位相差固定。所以，二者产生干涉。一束光经薄膜二表面反射和折射分开后，再相遇而产生的干涉称为**薄膜干涉**。因为 2 光和 3 光各为入射光的一部分，所以此种干涉称为**分振幅干涉**。

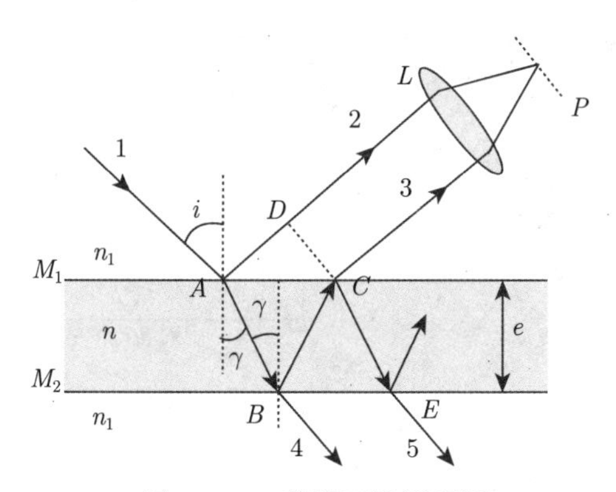

图 15-13 薄膜干涉原理图

从 2 光和 3 光在 P 点处的位相差入手分析。因为 2 光和 3 光在 A 点处位相相同，所以位相差仅由 2 光和 3 光从 A 点分开后到 P 点交汇过程中的光程差 δ 决定。作 $CD\perp 2$(垂足为 D)，由于透镜 L 不产生附加光程差，所以从 D、C 两点到 P 点的光程相等，2、3 两光到 P 点交汇时的光程差为

$$\begin{aligned}\delta &= n(\overline{AB}+\overline{BC})-(n_1\cdot\overline{AD})+\left(\frac{\lambda}{2}\right)\\ &= 2n\frac{e}{\cos r}-n_1\cdot\overline{AC}\sin i+\left(\frac{\lambda}{2}\right)\end{aligned}$$

$$= 2n\frac{e}{\cos r} - n_1 \cdot 2e \cdot \tan\gamma \cdot \sin i + \left(\frac{\lambda}{2}\right)$$
$$= \frac{2e}{\cos r}(n - n_1 \cdot \sin\gamma \cdot \sin i) + \left(\frac{\lambda}{2}\right)$$

考虑到 $n\sin\gamma = n_1 \sin i$，整理上式得

$$\delta = 2en\cos\gamma + \left(\frac{\lambda}{2}\right) = 2e\sqrt{n^2 - n_1^2 \sin^2 i} + \left(\frac{\lambda}{2}\right) \tag{15-20}$$

由位相差表示的干涉极大、极小条件判断：

$$\delta = 2e\sqrt{n^2 - n_1^2 \sin^2 i} + \left(\frac{\lambda}{2}\right) = \begin{cases} (2k)\dfrac{\lambda}{2} & (k = 1, 2, 3, \cdots) \quad (\text{明纹}) \\ (2k+1)\dfrac{\lambda}{2} & (k = 0, 1, 2, \cdots) \quad (\text{暗纹}) \end{cases} \tag{15-21}$$

解释：

(1) 为什么只讨论两束反射光的干涉？

如图 15-14 所示，设此入射角反射系数为 5%(一般透明介质反射系数都较小)，第一次入射光强记作 100，**经 A 点处反射后强度为 5**，在 A 点处折射光强度为 95，在 B 点处反射光强为 4.75，经 C 点处反射强度为 0.238，**经 C 点处折射光强为 0.451**，经 D 点处反射强度为 0.012，**经 E 点处折射光强为 0.011**。可知 1、2 反射光振幅 (强度 $\propto$ 振幅平方) 叠加后有明显的加强或减弱现象，故能看到明显的干涉现象。而 3 与 1、2 光比较，其振幅相差巨大，它们参与叠加后，对干涉无明显贡献，因此在此考虑两束反射光 1、2 的干涉即可。

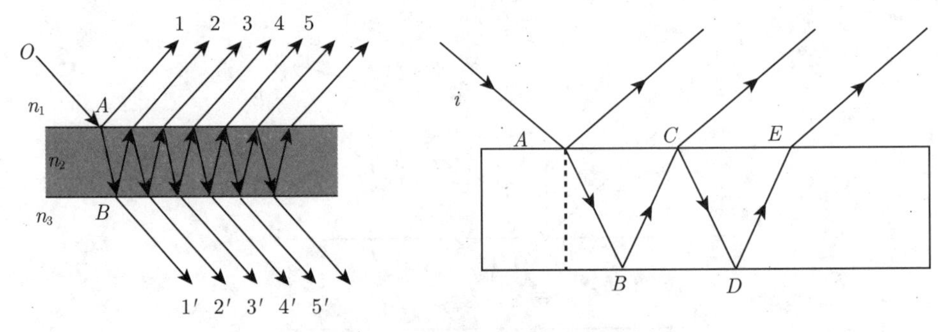

图 15-14　光在薄膜表面的反射和折射

(2) 为什么薄膜干涉要求膜很薄？

这是因为原子发出的波列有一定的长度，如果膜过厚，则 1、2 光到 P 点时不能相遇，就不能发生干涉。能看到干涉现象的最大光程差叫作**相干长度**，实际上它是波列的长度 (激光的相干长度可达几十米到几十公里)。我们说的薄膜的厚度是相对的，它取决于光的相干长度，如一块较厚的玻璃板，对普通光 (如灯光，日光等) 不能看作 “薄膜”，不能形成干涉，而对激光它却可以看作薄膜，能形成干涉。

(3) 附加光程差问题

在图 15-13 中，在 2、3 两束光中，若仅有一束反射光束有半波损失，则在 δ 中就加 $\lambda/2$ 项，若两束光均有或均没有半波损失，则 δ 中不加 $\lambda/2$ 项，要具体问题具体分析，所以，各式的 $\lambda/2$ 均加一括号，以示提醒！

(4) 采用复合光入射时，干涉条纹为彩色的。

(5) 透射光的干涉

图 15-13 中的 4、5 两束光是从 B 点分开后进入薄膜下表面以下的前两束光，它们也是相干的，其干涉为薄膜透射光的干涉。由于这两束光均无半波损失，类似对 1、2 的讨论可得，这两束光到达相遇点的光程差为

$$\delta = 2e\sqrt{n^2 - n_1^2 \sin^2 i} \tag{15-22}$$

可见，对于透射光与反射光，$\delta_{透}$ 与 $\delta_{反}$ 相差 $\lambda/2$，即反射光加强，透射光减弱；反射光减弱，透射光加强。透射光干涉极大、极小的判断条件可写为

$$\delta(i) = 2e\sqrt{n^2 - n_1^2 \sin^2 i} = \begin{cases} (2k)\dfrac{\lambda}{2} & (k = 0, 1, 2, \cdots) \quad (\text{明纹}) \\ (2k+1)\dfrac{\lambda}{2} & (k = 0, 1, 2, \cdots) \quad (\text{暗纹}) \end{cases} \tag{15-23}$$

注意：透射光和反射光干涉具有互补性，符合能量守恒定律。

15.4.2　等倾干涉 (膜上、下表面平行)

根据式 (15-21) 可知，对一定波长的入射光，当薄膜厚度 e 为常数时，光程差仅依赖于入射角，即 $\delta = f(i)$，也就是说，对入射角 i 相同的光线，其反射光具有相同的光程差，对应着同一级次的干涉条纹，称这种干涉为等倾角干涉，简称**等倾干涉**。

$$\delta = 2e\sqrt{n^2 - n_1^2 \sin^2 i} + \left(\frac{\lambda}{2}\right) = \begin{cases} (2k)\dfrac{\lambda}{2} & (k = 1, 2, 3, \cdots) \quad (\text{明纹}) \\ (2k+1)\dfrac{\lambda}{2} & (k = 0, 1, 2, \cdots) \quad (\text{暗纹}) \end{cases} \tag{15-24}$$

图 15-15 给出了实现等倾干涉的仪器设置图，P 是置于透镜 L_1 焦平面上的面光源，S_1 和 S_2 为其上任意两点，各自发出光束，经薄膜后分别会聚于 S_1' 和 S_2' 形成干涉点。由于众多的点发出的光束有不同的光程差，因而各汇聚点有不同的光强，若将光强相等的汇聚点连接起来，则在透镜 L_2 的焦平面上就会出现按强度分布的明暗条纹 (图 15-16)，那些具有不同入射角的光线形成了不同的封闭条纹 (不一定为圆形)。

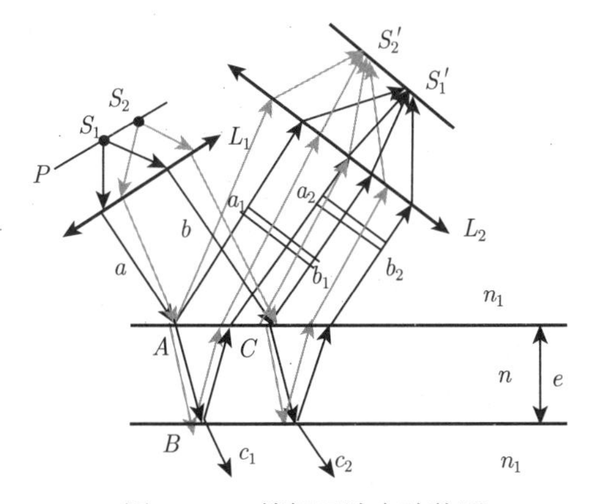

图 15-15　等倾干涉实验装置

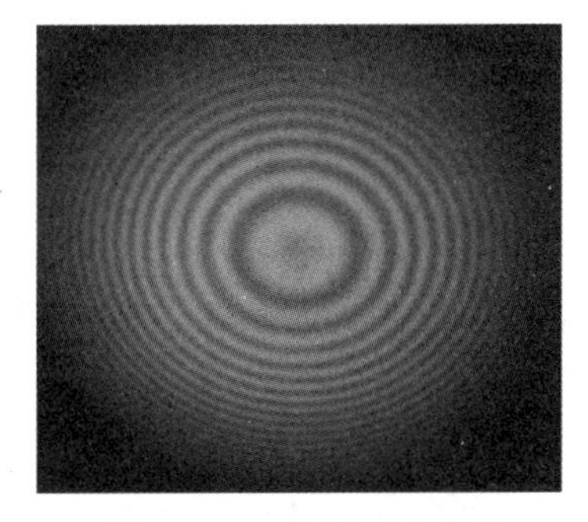

图 15-16　等倾干涉条纹

注意：

(1) 等倾干涉装置中，薄膜厚度不变 $e=\text{const}$，干涉条纹随倾角 i 变化；

(2) 对 λ 一定的单色光，入射角 i 值越大，干涉条纹级次 k 越小，干涉条纹越远离干涉图样的中心，就是说，远离干涉图样中心时，干涉级次 k 变小；

(3) 对垂直入射 $(i=0)$，式 (15-27) 改写为

$$\delta = 2en + \left(\frac{\lambda}{2}\right) = \begin{cases} (2k)\dfrac{\lambda}{2} & (k=1,2,3,\cdots) \quad (\text{明纹}) \\ (2k+1)\dfrac{\lambda}{2} & (k=0,1,2,\cdots) \quad (\text{暗纹}) \end{cases}$$

例 15-4　如图所示，白光垂直射到空气中一厚度为 3800 Å的肥皂水膜上。试问：(1) 肥皂水膜正面呈现何颜色？(2) 背面呈现何颜色？(肥皂水的折射率为 1.33)

解　垂直入射 $(i=0)$，白光被肥皂水膜的上下两个表面反射，第一个面有半波损失，第二个面没有，所以上下两个面的反射光的光程差可表示为

$$\delta = 2en + \left(\frac{\lambda}{2}\right)$$

(1) 膜呈现的颜色是由上、下膜面反射光干涉加强而体现的波色。对反射加强，有

$$2ne + \frac{\lambda}{2} = (2k)\frac{\lambda}{2} \quad (k=1,2,3,\cdots)$$

$$\begin{aligned} \lambda &= \frac{2ne}{k-\dfrac{1}{2}} = \frac{2\times 1.33\times 3800}{k-\dfrac{1}{2}} = \frac{10108}{k-\dfrac{1}{2}} \\ &= \begin{cases} 20216\ \text{Å} & (k=1) \\ 6739\ \text{Å} & (k=2) \\ 4043\ \text{Å} & (k=3) \\ 2888\ \text{Å} & (k=4) \end{cases} \end{aligned}$$

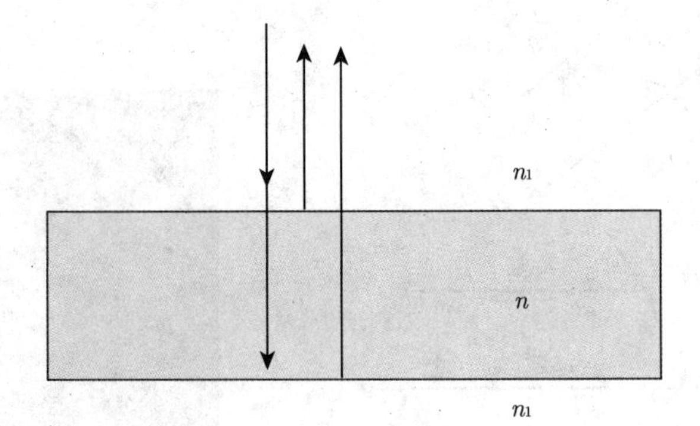

例 15-4 图

在可见光范围内为 $4000 \sim 7600$ Å，$\lambda_2 = 6739$ Å和 $\lambda_3 = 4043$ Å的光得到了加强，前者为红光，后者为紫光，即膜的正面呈红色和紫色。

(2) 薄膜背面是透射光，因为透射光最强时，反射光最弱，根据题意有

$$2ne + \frac{\lambda}{2} = (2k+1)\frac{\lambda}{2} \quad (k = 1, 2, 3, \cdots) \Rightarrow 2ne = k\lambda$$

此式即透射光加强条件，两束光的光程差为 $2ne$，根据干涉加强条件，有

$$\begin{aligned} \lambda &= \frac{2ne}{k} = \frac{10108}{k} \\ &= \begin{cases} 10108 \text{ Å} & (k=1) \\ 5054 \text{ Å} & (k=2) \\ 3369 \text{ Å} & (k=1) \end{cases} \end{aligned}$$

可知，透射光中 $\lambda_2 = 5054$ Å的光得到加强，此时光的颜色为绿光，即膜的背面呈现绿色。

例 15-5 借助于玻璃表面上涂 MgF_2 透明膜可减少玻璃表面的反射。已知 MgF_2 的折射率为 1.38，玻璃折射率为 1.60。若波长为 5000 Å的光从空气中垂直入射到 MgF_2 膜上，为了实现反射最小，求薄膜最小厚度。

解 依题意知，要使玻璃表面减少对入射光的反射，应使经 MgF_2 薄膜的上下两个表面反射的光干涉相消，由于膜上、下表面均有半波损失，它们之间则不存在附加的光程差，公式中不应有 $\lambda/2$ 项，对光线正入射 $(i = 0)$，这两束光的光程差为

$$\delta = 2ne$$

反射最小时：

$$2ne = (2k+1)\frac{\lambda}{2} \quad (k = 0, 1, 2, \cdots)$$

$$e = \frac{(2k+1)\lambda}{4n}$$

$$e_{\min} \xlongequal{k=0} \frac{\lambda}{4n} = \frac{5000}{4 \times 1.38} = 906 \text{ Å}$$

利用薄膜干涉，可以提高光学器件的透射率。例如，照相机镜头或其他光学元件常采用组合透镜方式构成，对于一个具有四个玻璃——空气界面的透镜组来说，由于反射损失的光能，约为入射光的 20%，随着界面数目的增多，因反射而损失的光能更多。为了减少这种反射损失，常在透镜表面上镀一层薄膜。高级照相机的镜头看起来大都呈现蓝紫色，这是因为在镜头前涂了一层厚度约为 100 nm 的氟化镁薄膜对黄绿光增透 (图 15-17)。另外，还有多层反射膜，即增加反射、减少透射，例如，He—Ne 激光器中的谐振腔的反射镜就是采用镀多层膜 (15~17 层) 的办法，使它对 6328 Å的激光的反射率达到 99%以上。(一般最多镀 15~17 层，因为考虑到吸收问题)

图 15-17　照相机镜头呈现蓝紫色

15.4.3　等厚干涉 (膜上、下表面不平行)

由 $\delta = 2e\sqrt{n^2 - n_1^2 \sin^2 i} + \dfrac{\lambda}{2}$ 知，当给定波长的平行光以同一入射角 i 射到厚度不均匀的薄膜上时，光程差 δ 仅与薄膜厚度 e 有关，即 $\delta = f(e)$，薄膜上同一厚度的各点对应的反射光形成同一级次的干涉条纹 (k 为同一值)，这种干涉称为**等厚干涉**。

$$\delta = 2e\sqrt{n^2 - n_1^2 \sin^2 i} + \frac{\lambda}{2} = \begin{cases} (2k)\dfrac{\lambda}{2} & (k = 1, 2, 3, \cdots) \quad (\text{明纹}) \\ (2k+1)\dfrac{\lambda}{2} & (k = 0, 1, 2, \cdots) \quad (\text{暗纹}) \end{cases}$$

1. 劈尖干涉

如图 15-18 所示，两片平板玻璃一端接触，一端被一直径为 e 的细丝隔开，两板间的夹角 θ 很小，于是在上板下表面与下板上表面间形成了一端薄一端厚的空气层 (也可以是其他层，如流体、固体层等)，此层称为劈尖，两玻璃板接触处为劈尖的棱边。

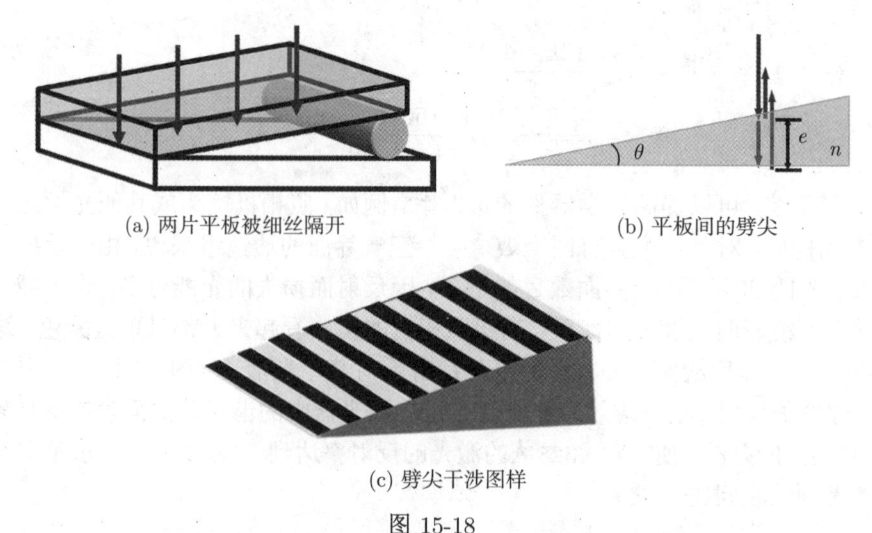

(a) 两片平板被细丝隔开　　(b) 平板间的劈尖

(c) 劈尖干涉图样

图 15-18

当平行光垂直入射到该劈尖时，空气劈尖上、下表面的反射光在上表面相遇，形成干涉条纹。因为厚度相同的点对应着同一干涉条纹，而空气层厚度相同的点在平行于棱边的直线段上，所以劈尖干涉条纹是一系列平行棱边的直条纹。

2. 干涉图样特点

(1) 劈尖干涉的图样是平行于棱边的一系列明暗相间的直条纹，这些条纹出现在劈尖上表面，其明暗情况由光程差确定，具体为

$$\delta = 2ne + \frac{\lambda}{2} = \begin{cases} 2k\dfrac{\lambda}{2} & (k = 1, 2, 3, \cdots) \quad (\text{明纹}) \\ (2k+1)\dfrac{\lambda}{2} & (k = 0, 1, 2, \cdots) \quad (\text{暗纹}) \end{cases} \tag{15-25}$$

(2) 离棱边的距离越远，k 则越大，即条纹的级次越大。

(3) 相邻明纹或相邻暗条纹对应的劈尖高度差为

$$\Delta e = e_{k+1} - e_k = \frac{1}{2n}\left[(k+1)\lambda - \frac{\lambda}{2}\right] - \frac{1}{2n}\left(k\lambda - \frac{1}{2}\right) = \frac{\lambda_n}{2} = \text{常数} \tag{15-26a}$$

(4) 相邻明 (暗) 纹间距为

$$b = \frac{\Delta e}{\sin\theta} = \frac{\lambda}{2n\sin\theta} \approx \frac{\lambda_n}{2\theta} \quad (\theta\text{很小}) \tag{15-26b}$$

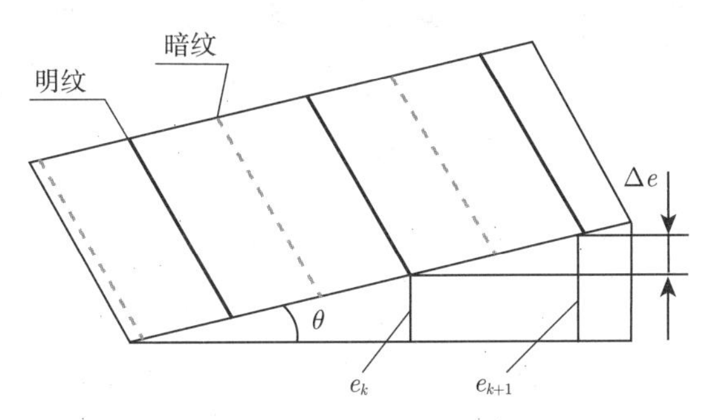

图 15-19 劈尖干涉示意图

(5) 棱边处 ($e = 0$) 为暗纹；若反射光 1、2 均有或均无半波损失，则 $e= 0$ 处为明纹。

例 15-6 制造半导体元件时，常要确定硅体上二氧化硅 (SiO_2) 薄膜的厚度 d，这可用化学方法把 SiO_2 薄膜的一部分腐蚀成劈尖形，如图所示。已知 SiO_2 的折射率为 1.5，Si 的折射率为 3.42，若用波长为 5893 Å的单色光垂直入射于该劈尖，在劈尖上观察到 7 条明纹，问 SiO_2 膜厚度是多少？

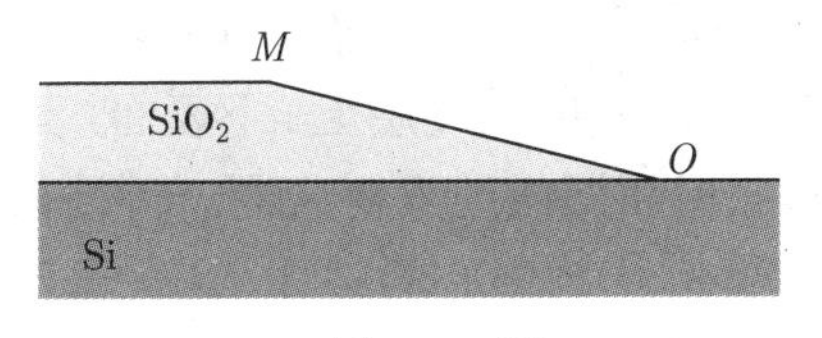

例 15-6 图

解　方法一

由题意知，由 SiO_2 上、下表面反射的光均有半波损失，所以光程差为

$$\delta = 2ne$$

反射加强时有

$$2ne_k = 2k\frac{\lambda}{2} \quad (k = 0, 1, 2, \cdots)$$

$$e_k = \frac{k\lambda}{2n} = \frac{6 \times 5893}{2 \times 1.5} = 11786\ \text{Å} = 1.1786 \times 10^{-6}\ \text{m}$$

方法二

$$e = N \cdot \Delta e = 6 \times \frac{\lambda}{2n} = \frac{3\lambda}{n} = 1.1786 \times 10^{-6}\ \text{m}$$

例 15-7　如图所示，劈尖的上面的玻璃板做如下运动，试指明干涉条纹如何移动及相邻条纹间距如何变化？

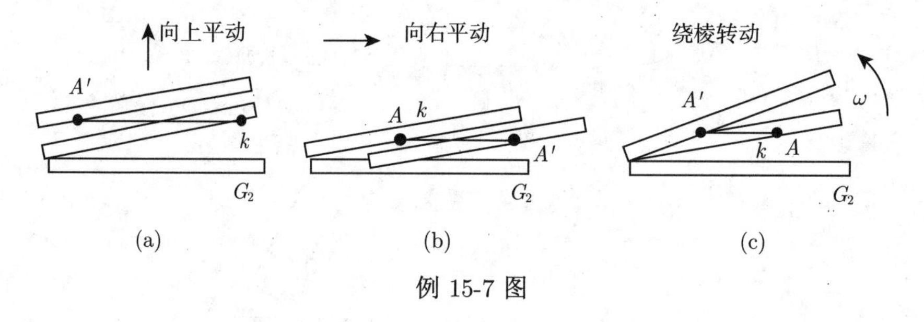

例 15-7 图

解　结果如下：

图号	条纹移动	相邻条纹间距 $\left(e = \dfrac{\lambda}{2n\sin\theta}\right)$
(a)	沿斜面向下	不变
(b)	随斜面向右	不变
(c)	沿斜面向下	变小

3. 牛顿环

如图 15-20 所示，将曲率半径很大的平凸透镜 L 放在平板玻璃 D 上，二者间形成空气层 (或其他介质)，点光源 S 发出的单色光经透镜准直后射向分束镜 M，经 M 反射的光垂直入射到平凸透镜 L 和平板玻璃 D 间的空气层上、下表面，其反射光相遇便产生干涉现象。根据等厚干涉的特点，空气膜厚度相同的地方对应同一干涉条纹，而空气层厚度相同的点，其轨迹是以球面和平板玻璃接触点 O 为中心的圆环，因此干涉条纹是以接触点 O 为中心的一系列同心圆环，称为**牛顿环**。

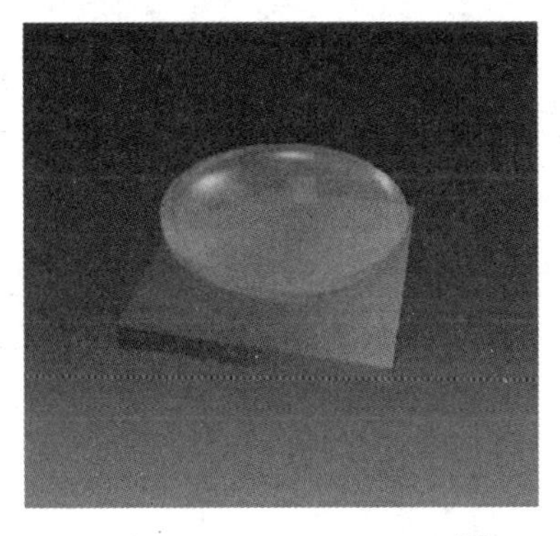

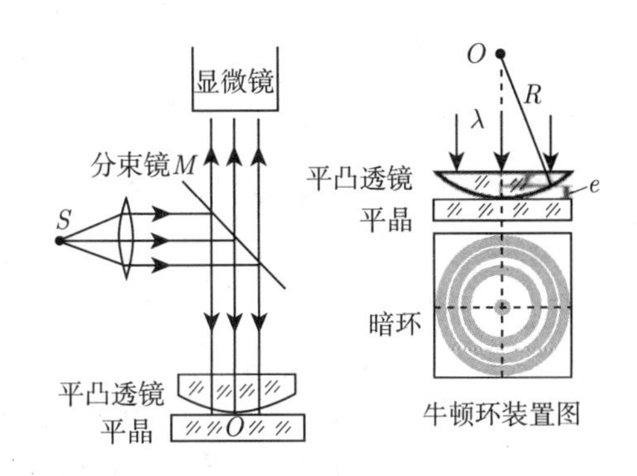

图 15-20　牛顿环装置示意图

4. 干涉图样特点

(1) 牛顿环是以接触点为中心的一系列明暗相间圆环，圆环出现在平凸透镜 L 和平板玻璃 D 夹层的上表面处，明、暗条纹条件为

$$\delta = 2ne + \frac{\lambda}{2} = \begin{cases} 2k\dfrac{\lambda}{2} & (k=1,2,3,\cdots) \quad (\text{明纹}) \\ (2k+1)\dfrac{\lambda}{2} & (k=0,1,2,\cdots) \quad (\text{暗纹}) \end{cases} \quad (\text{空气中}n=1)$$

(2) 离 O 点越远，则条纹级次 k 越大 (与等倾干涉相反)。

(3) 明暗半径。

如图 15-21 所示，设 C 为 L 中球面的球心，半径为 R，由直角三角形可写出

$$r^2 = R^2 - (R-e)^2 = 2Re - e^2 \approx 2Re(R \gg e) \Rightarrow e = \frac{r^2}{2R}$$

可有

$$\begin{cases} r = \sqrt{(2k-1)R\dfrac{\lambda}{2}} & (k=1,2,3,\cdots) \quad (\text{明纹}) \\ r = \sqrt{kR\lambda} & (k=0,1,2,\cdots) \quad (\text{暗纹}) \end{cases} \tag{15-27}$$

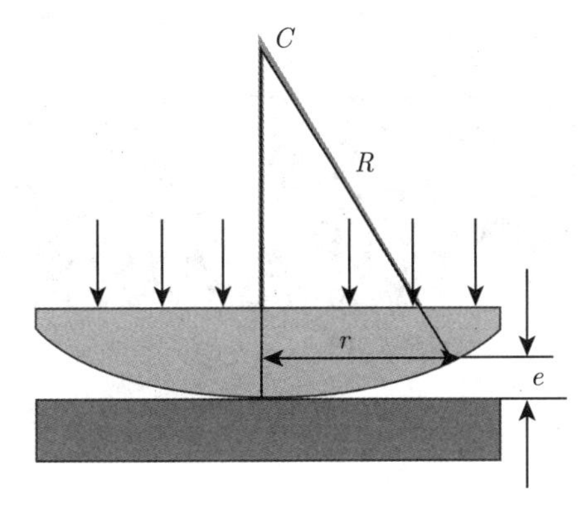

图 15-21　牛顿环半径的计算

(4) 相邻环的间距。

选择第 k 级暗环处、相邻暗环的间距 b_k 进行分析，由于 $b_k=\dfrac{\mathrm{d}r_k}{\mathrm{d}k}=\dfrac{1}{2}\sqrt{\dfrac{R\lambda}{k}}=\dfrac{R\lambda}{2r_k}\propto\dfrac{1}{\sqrt{k}}$，随着离 O 点越远，e 增大从而 k 变大，所以从中心向外，条纹越来越密。

(5) $e=0$ 时，即 O 点为暗点；若 1、2 光在 O 点均无或均有半波损失，则 O 点为亮点。

例 15-8　在空气牛顿环中，用波长为 6328 Å的单色光垂直入射，测得第 k 个暗环半径为 5.63 mm，第 $k+5$ 级暗环的半径为 7.96 mm，求平凸透镜的曲率半径 R。

解　根据公式，空气牛顿环第 k 个暗环半径为 $r_k=\sqrt{kR\lambda}$

第 $k+5$ 级暗环的半径为 $r_{k+5}=\sqrt{(k+5)R\lambda}$

$$r_{k+5}^2-r_k^2=5\lambda R$$

$$R=\frac{r_{k+5}^2-r_k^2}{5\lambda}=\frac{(7.96^2-5.63^2)\times10^{-6}}{5\times6328\times10^{-10}}=10\ \mathrm{m}$$

将 R 值代回原联立方程中的任意一个，可求得 k 的数值。

利用等厚干涉可以进行各种测量。例如，用等厚干涉中的劈尖干涉，可以测量细丝直径、物体的微小热膨胀、光学器件的平整程度。等厚干涉的牛顿环，可以测量凸凹透镜的平整程度，测量透镜曲率半径等。在光学车间里，用牛顿环来检测光学元件的表面质量 (图 15-22)，就是利用与牛顿环相类似的干涉条纹，这种条纹形成在样板表面和待检元件表面之间的空气层上，通常称为 “光圈”。根据光圈的形状、数目以及用手加压后条纹的移动，就可检验出元件的偏差。用一样板覆盖在待测件上，如果两者完全密合，即达到标准值要求，不出现牛顿环。如果被测件曲率半径小于或大于标准值，则产生牛顿环。圆环条数越多，误差越大；若条纹不圆，则说明被测件曲率半径不均匀。这样，通过现场检测，及时判断，再对不合格元件进行相应精加工研磨，直到合乎标准为止。

图 15-22　牛顿环应用——检测光学表面平整度

15.4.4　迈克耳孙干涉仪

1. 干涉仪光路

图 15-24 中，M_1、M_2 是精细磨光的平面反射镜，M_2 固定，M_1 借助于螺旋及导轨 (图

中未画出) 可沿光路方向做微小平移，G_1、G_2 是厚度相同、折射率相同的两块平面玻璃板且保持平行，并与 M_1 或 M_2 成 45° 角。G_1 的一个表面有镀银层，使其成为半透半反射膜。从扩展光源 S 发出的光线入射 G_1，折射光一部分被银层反射射向 M_2，记为光线 2，它经过 M_2 反射后再穿过 G_1 向 E 处传播，形成光线 2′。另一部分穿过 G_1 和 G_2 记为光线 1，经 M_1 反射后再穿过 G_2，经 G_1 的银层反射也向 E 处传播，形成光线 1′。显然，光线 1′ 和 2′ 是相干光，故可在 E 处看到干涉图样。若无 G_2，光线 2′ 经过 G_1 三次，而光线 1 经过 G_1 一次。为弥补光线 1′、2′ 的光程差，引进 G_2，使光线 1′ 也经过等厚的玻璃板三次，故称 G_2 为补偿板。基于以上分析可知，迈克耳孙干涉仪是利用分振幅法产生的双光束来实现干涉的仪器。

图 15-23 迈克耳孙干涉仪外观

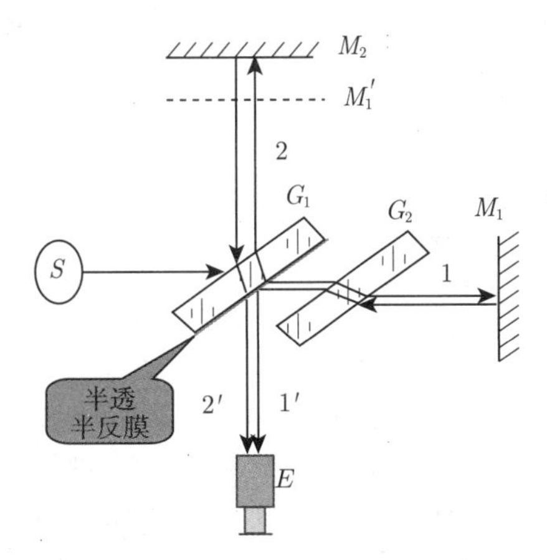

图 15-24 迈克耳孙干涉仪光路图

2. 干涉图样简析

图 15-24 中的 M_1' 是 M_1 关于 G_1 银层的反射镜像，故经 M_1 的反射光线可看作是由 M_1' 发出的，因此，光线 1′ 和 2′ 的干涉相当于薄膜干涉。

(1) 若 M_1、M_2 不严格垂直，则 M_1 与 M_2' 就不严格平行，在 M_1 与 M_2' 间形成一劈尖，从 M_1 与 M_2' 反射的光线 1′、2′ 类似于从劈尖两个表面上反射的光，所以在 E 上可看到互相平行的等间距的等厚干涉条纹，见图 15-25。

(2) 若 $M_1 \perp M_2$，从 M_2' 和 M_1 反射出来的光线 1′、2′，类似于从厚度均匀的薄膜二表面反射的光，所以在 E 处可看到呈球形的等倾干涉条纹，见图 15-25。

(3) 如果 M_2 前后移动 $\lambda/2$ 时，M_2' 相对 M_1 也移动 $\lambda/2$，则在视场中可看到一明纹 (或暗纹) 移动到与它相邻的另一明纹 (或暗纹) 上去。当 M_2 平移距离 d 时，M_2' 相对 M_1 也运动距离 d，此过程中，可看到移过某参考点的条纹数目为

$$N = d/(\lambda/2) \tag{15-28}$$

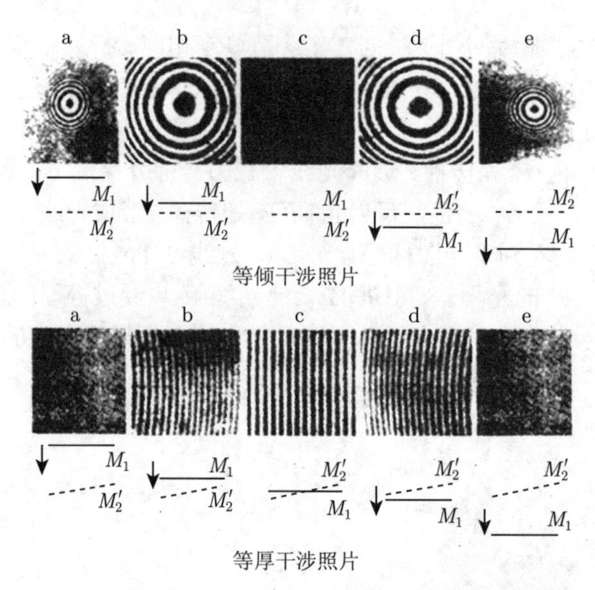

图 15-25　用迈克耳孙干涉仪观察等倾、等厚干涉的图样

习　　题

15-1　在双缝干涉实验中，若单色光源 S 到两缝 S_1、S_2 距离相等，则观察屏上中央明条纹位于题 15-1 图中 O 处，现将光源 S 向下移动到图中的 S' 位置，则（　　）

A. 中央明纹向上移动，且条纹间距增大

B. 中央明纹向上移动，且条纹间距不变

C. 中央明纹向下移动，且条纹间距增大

D. 中央明纹向下移动，且条纹间距不变

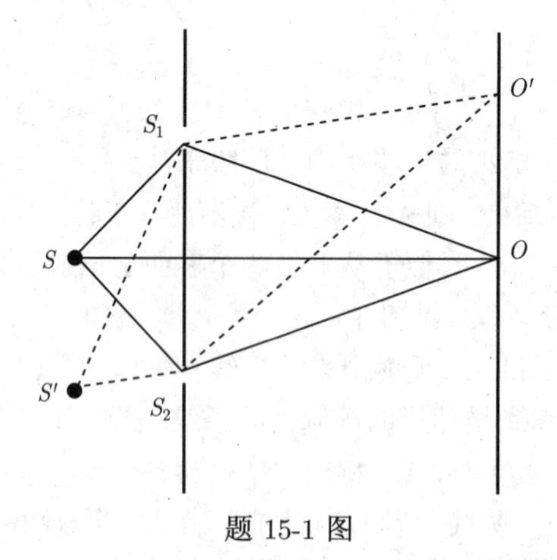

题 15-1 图

15-2　如题 15-2 图所示，折射率为 n_2，厚度为 e 的透明介质薄膜的上方和下方的透明介质的折射率分别为 n_1 和 n_3，且 $n_1 < n_2$，$n_2 > n_3$，若用波长为 λ 的单色平行光垂直入射到该薄膜上，则从薄膜上、下两表面反射的光束的光程差是（　　）

A. $2n_2e$　　B. $2n_2e-\dfrac{\lambda}{2}$　　C. $2n_2e-\lambda$　　D. $2n_2e-\dfrac{\lambda}{2n_2}$

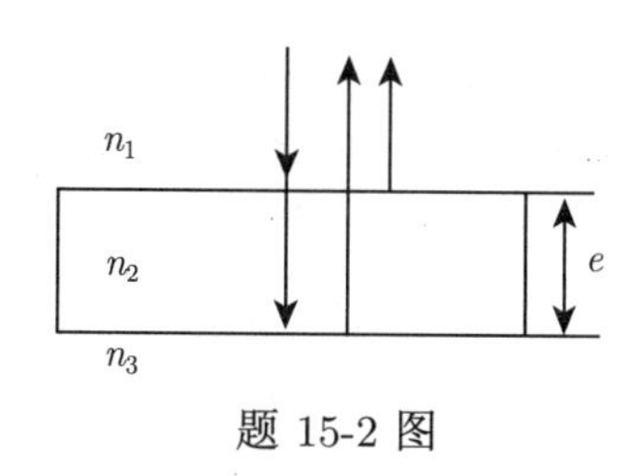

题 15-2 图

15-3　如题 15-3(a) 图所示，两个直径有微小差别的彼此平行的滚柱之间的距离为 L，夹在两块平面晶体的中间，形成空气劈形膜，当单色光垂直入射时，产生等厚干涉条纹，如果滚柱之间的距离 L 变小，则在 L 范围内干涉条纹的 (　　)

A. 数目减小，间距变大　　B. 数目减小，间距不变

C. 数目不变，间距变小　　D. 数目增加，间距变小

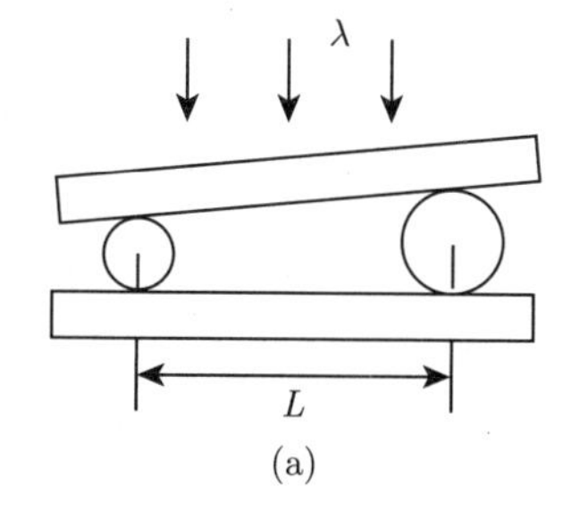

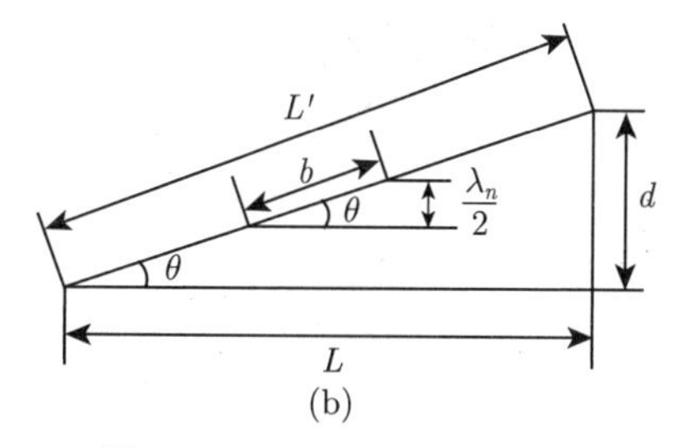

题 15-3 图

15-4　如题 15-4 图所示，将一折射率为 1.58 的云母片覆盖于杨氏双缝的一条缝上，使得屏上原中央极大的所在点 O 改变为第五级明纹。假定 $\lambda = 55$ nm，求：(1) 条纹如何移动？(2) 云母片厚度 t。

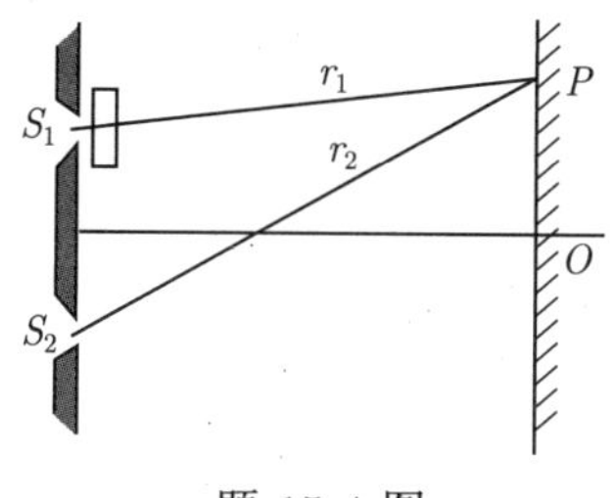

题 15-4 图

15-5　白光垂直照射到空气中一厚度为 380 nm 的肥皂膜上。设肥皂的折射率为 1.32。试问该膜的正面呈现什么颜色？

15-6　利用空气劈尖测细丝直径。如题 15-6 图所示，已知 λ=589.3 nm，L=2.888 $\times 10^{-2}$ m，测得 30 条条纹的总宽度为 4.259 $\times 10^{-3}$ m，求细丝直径 d。

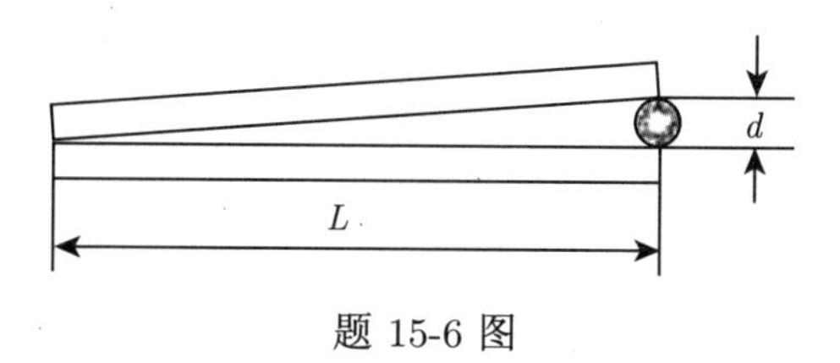

题 15-6 图

15-7　折射率为 1.60 的两块标准平面玻璃板之间形成一个劈形膜 (劈尖角 θ 很小)。用波长 $\lambda = 600$ nm 的单色光垂直入射，产生等厚干涉条纹。假如在劈形膜内充满 $n = 1.40$ 的液体时的相邻明纹间距比劈形膜内是空气时的间距缩小 $\Delta l = 0.5$ mm，那么劈尖角 θ 应是多少？

15-8　在利用牛顿环测未知单色光波长的实验中，当用已知波长为 589.3 nm 的钠黄光垂直照射时，测得第一和第四暗环的距离为 $\Delta r = 4.00 \times 10^{-3}$ m；当用波长未知的单色光垂直照射时，测得第一和第四暗环的距离为 $\Delta r' = 3.85 \times 10^{-3}$ m，求该单色光的波长。

15-9　若用波长为 589 nm 的钠光观察牛顿环，发现 k 级暗环的半径为 2.0 μm，而其外侧第 5 个暗环的半径为 3.0 μm。求透镜凸面的曲率半径和 k 的值。

15-10　一平凸透镜的凸面曲率半径为 1.2 m，将凸面朝下放在平玻璃板上，用波长为 650 nm 的红光观察牛顿环，求第三条暗环的直径。

第16章　光的衍射

图 16-1 中的剃须刀片，为什么边缘模糊不清？夜晚看远处的灯光时，为什么有美丽的星芒出现？这些都是光的衍射现象。

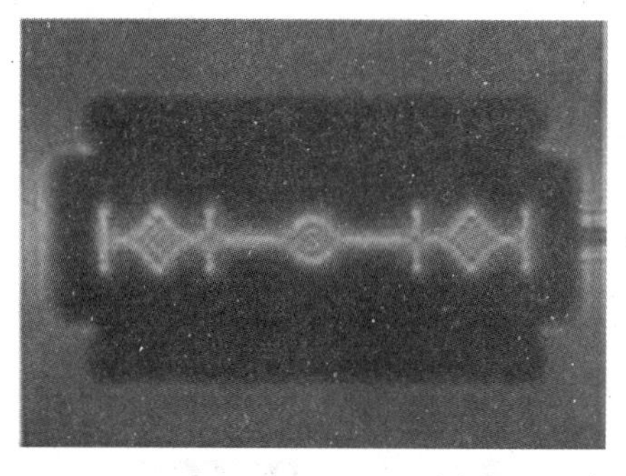

图 16-1　生活中光的衍射现象

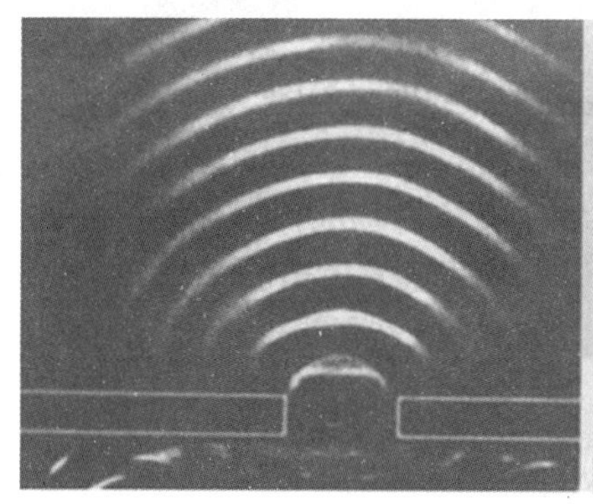
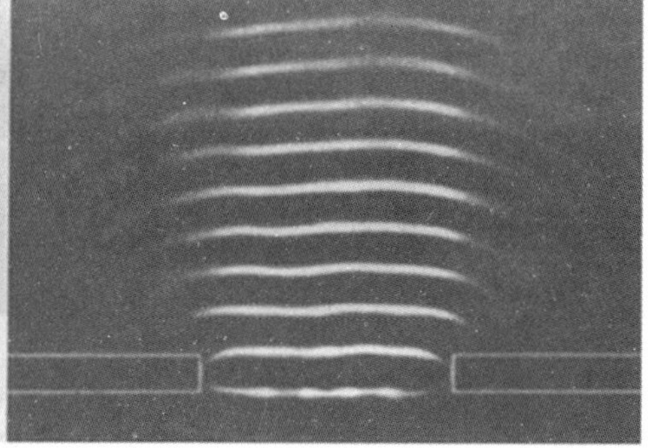

图 16-2　波长相同的水波通过宽度不同的狭缝

在日常生活中，水波和声波的衍射现象是较容易看到的，“隔墙有耳”就是对声波衍射现象的一种描述。但光的衍射现象却不易看到，这是因为相比于衍射物的几何线度，光波波长太小。如果障碍物尺度与光的波长可以比较，就能够观测到光衍射现象。

光的衍射现象是一种复杂的传播现象，索末菲将其定义为“不能用反射定律或折射定律来解释的波线对直线路径的任何偏离”。衍射现象是光的波动性的主要标志之一，衍射规律是光波传播的基本规律，它在物理学和工程学的各个分支学科中起着极其重要的作用。例如，在光学中，为了透彻了解光学成像系统和光学信息处理系统的特性，就要深入理解光的衍射规律。经典的标量衍射理论最初是由荷兰物理学家惠更斯于 1678 年提出的，他设想波动所到达的面上每一点都是次级子波源，每一个子波源发出的次级球面波以一定波速向四面八方扩展，而所有这些次级波的包络面就形成下一时刻新的波前。从本质上讲，惠更斯的观点就是一种几何作图法，缺乏严格的以波动理论为基础的依据。1818 年，菲涅耳在惠更斯的衍射理论的基础上，凭朴素的直觉引入了干涉的思想，认为子波波源是相干的，空间上某点的波场是所有这些子波干涉的结果，并给出了菲涅耳衍射积分公式，这就是著名的惠更斯–菲涅耳原理。六十余年后，基尔霍夫建立了一个严格的数学理论，证明菲涅耳的设想基本上正确，只是菲涅耳给出的倾斜因子不对，并对其进行了修正。此后，又经过瑞利、索末菲等科学家的进一步完善，标量衍射理论才最终被确立。

16.1　光衍射的基本定律

16.1.1　光的衍射现象

当光通过障碍物狭缝时，它将如何传播？如图 16-3(a) 所示，调节狭缝的宽度，当缝宽比光的波长大很多时，像屏上出现一光带，可认为光沿直线传播；但当缝宽缩小到可以与光的波长相比拟时 (在 10^{-4} m 量级以下)，如图 16-3(b) 所示，像屏上出现的光幕虽然亮度降低，但范围却增大，形成明暗相间条纹，其范围超过了光沿直线所能达到的区域，即形成了光的衍射。

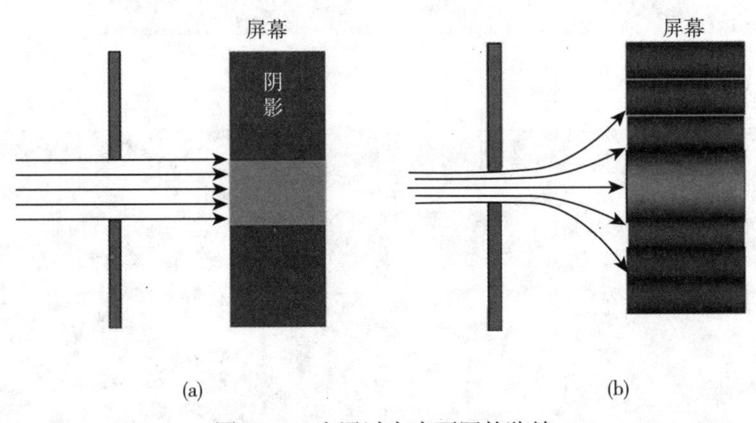

图 16-3　光通过宽度不同的狭缝

16.1.2　惠更斯–菲涅耳原理

无论是机械波，还是电磁波或光波，波是按一定规律在空间中传播的。早在 1678 年，惠更斯指出：波在介质中传播到的各点，都可以看成发射子波的波源，其后某时刻这些子波的包迹就是该时刻的波阵面。此原理能定性地说明光波传播方向的改变 (即衍射) 现象，但不能解释光的衍射中明暗相间条纹的产生、波的强度分布、后退波等问题。

1818 年，菲涅耳对惠更斯原理进行了补充，他假设从同一波阵面上各点发出的子波传播到空间某点时，产生了相干叠加。如图 16-4 所示，S 为某时刻光波波阵面，$\mathrm{d}\vec{S}$ 为 S 面上的一个面元，$\vec{e}_\mathrm{n}$ 是 $\mathrm{d}\vec{S}$ 的法向单位矢量，P 为所考察的空间点，从 $\mathrm{d}\vec{S}$ 发射的子波在 P 点引起的光振幅，显然与面元 $\mathrm{d}\vec{S}$ 的大小成正比，与 $\mathrm{d}\vec{S}$ 到 P 点的距离 r 成反比 (因为子波为球面波)，还与 $\vec{r}$ 同 $\mathrm{d}\vec{S}$ 间夹角 θ 有关，而子波在 P 点的位相仅取决于 r，$\mathrm{d}\vec{S}$ 在 P 点引起的振动可表示为

$$\mathrm{d}E=\frac{k(\theta)\mathrm{d}s}{r}\cos\left(\omega t-\frac{2\pi r}{\lambda}\right) \tag{16-1}$$

式中，ω 为光波角频率；λ 为波长；$k(\theta)$ 是 θ 的一个函数，称为倾斜因子。应该指出，θ 越大，子波元 $\mathrm{d}\vec{S}$ 在 P 点引起的振幅就越小，菲涅耳认为，当 $\theta \geqslant \pi/2$ 时，$\mathrm{d}E \equiv 0$，因而强度为零。这也就解释了子波为什么不能向后传播的问题。

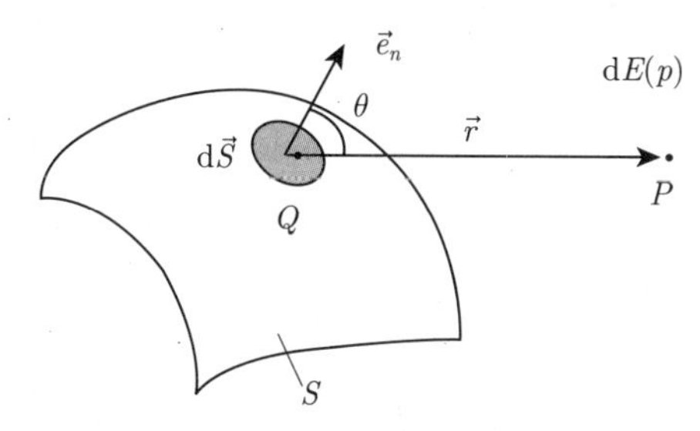

图 16-4　惠更斯–菲涅耳原理示意图

整个波阵面 S 在 P 点产生的合振动，由惠更斯–菲涅耳原理有

$$E = \int \mathrm{d}E = \int_s \frac{k(\theta)\mathrm{d}s}{r}\cos\left(\omega t - \frac{2\pi r}{\lambda}\right) \tag{16-2}$$

式 (16-2) 是**惠更斯–菲涅耳原理**。一般情况下，此式的积分是比较复杂的，但在某些特殊情况下积分比较简单，并可以有矢量加法代替积分。可以看出，惠更斯–菲涅耳原理就是经过发展的惠更斯原理。根据这一原理，如果已知光波在某一时刻的波阵面，就可以计算下一时刻光波所传递到的点的振动。

16.1.3　衍射的分类

若光源 S、观察屏到衍射屏的距离均为有限远，或其中仅一个距离为无限远的衍射，称为**菲涅耳衍射**，如图 16-5(a) 所示的情况即菲涅耳衍射。光源 S、观察屏到衍射屏的距离均为无限远的衍射，称为**夫琅禾费衍射**，如图 16-5(b) 所示的情况即夫琅禾费衍射。对于夫琅禾费衍射，因为光源和光屏相对衍射屏都在无穷远处，因而入射光和衍射光都是平行光，所以夫琅禾费衍射也称平行光衍射。实际中，夫琅禾费衍射经常利用两个会聚透镜来实现 (如在实验中产生的夫琅禾费衍射)。在衍射实验中通常使用平行光，所以夫琅禾费衍射是较为重要的，而且在数学上也较易处理，本章只讨论夫琅禾费衍射。

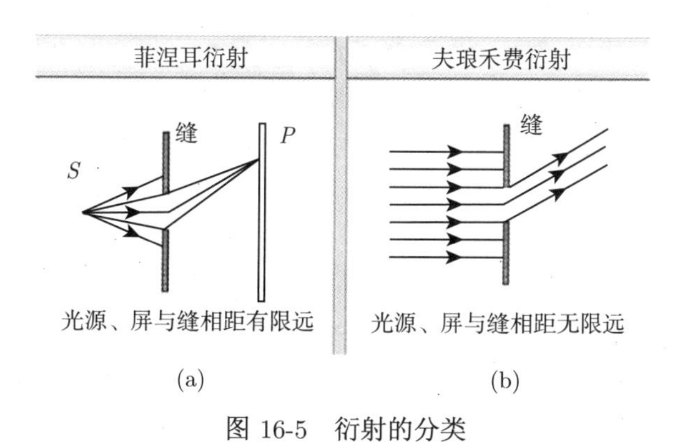

图 16-5　衍射的分类

16.2　单缝夫琅禾费衍射

16.2.1　实验描述

单缝的夫琅禾费衍射装置如图 16-6 所示，线光源 S 放在透镜 L_1 的主焦面上，从透镜 L_1 穿出的平行光束照射在单缝 K 上，一部分穿过单缝，再经过透镜 L_2，在位于 L_2 焦平面的像屏 E 上，出现一组平行于狭缝的明暗相间衍射的条纹。

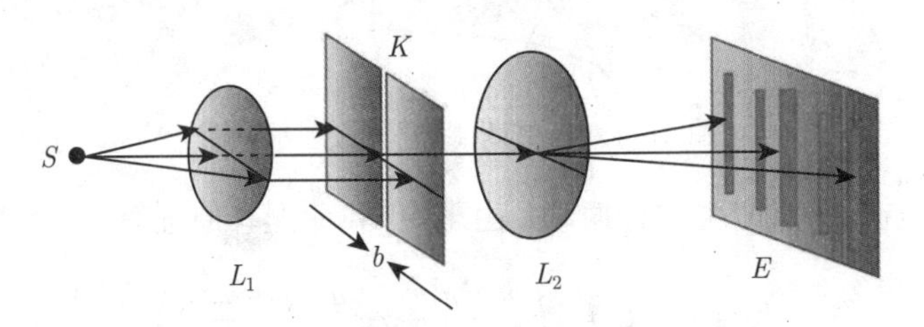

图 16-6　单缝夫琅禾费衍射装置

16.2.2　半波带法分析

如图 16-7 所示，一束平行光垂直入射到单缝衍射屏 K 上。对沿入射方向 $(\varphi = 0)$ 的子光波，在单缝 AB 处同位相，经透镜 L 后会聚 O 处。因为 L 不引起附加光程差，所以在 O 处, 这些子波仍同位相，故干涉加强，即出现亮纹 (此条纹称为**中央亮纹**)。

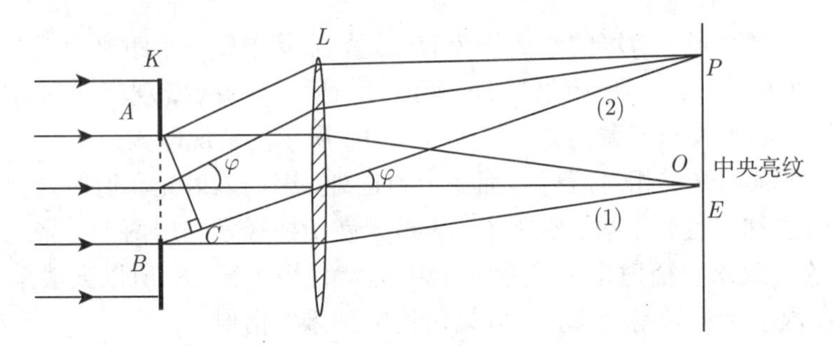

图 16-7　单缝夫琅禾费衍射光路示意图

其他方向 $(\varphi \neq 0)$ 的情况要复杂些。与入射方向成 φ 角的子波线 (经 L 后为光线 (2))。φ 称为衍射角。光线 (2) 会聚在 P 点，φ 角不同，P 点的位置就不同，在像屏 E 上将出现衍射图样。

为了研究明暗条纹位置，下面考虑位相差问题。

作平面 AC 垂直 BC，从图 16-7 知，AC 上各点到达 P 点的光线光程都相等，这样从 AB 发出的光线在 P 点的位相差就等于它们与 AC 面上的位相差。

由图 16-7 可见，从 B 点发出的子波比从 A 点发出的子波多走 $BC = a\sin\varphi$ 的光程 (空气中)，这显然是从 AB 发出衍射角为 φ 的光波线中的最大光程差。

下面用菲涅耳半波带法讨论除中央亮纹外其他场点的亮、暗，分几种情况概述如下。

1. $BC = b\sin\varphi = (2k)\cdot\dfrac{\lambda}{2}$ **(偶数半波带的情况)**

先讨论 $k=1$，$BC = 2\cdot\dfrac{\lambda}{2}$，即 BC 恰等于两个半波长，如图 16-8(a) 所示。将 BC 分为二等份，过等分点作平行于 AC 的平面，该平面将单缝上的波阵面 AB 分成了面积相等的两部分 AA_1、A_1B，每一部分叫作一个半波带，每一个半波带上各点发出的子波在 P 点产生的振幅可认为近似相等。两个半波带上的对应点 (如 AA_1 的中点与 A_1B 的中点) 所发出的子波光线到达 AC 面时，光程差为 $\lambda/2$(位相差为 π)，它们在 P 点的位相差也为 π，故产生干涉相消，结果由 AA_1 及 A_1B 两个半波带对应点上发出的光在 P 点完全抵消，故 P 点出现暗纹。对 $k=2,3,4,\cdots$ 等情况可类似分析，P 点出现暗纹。

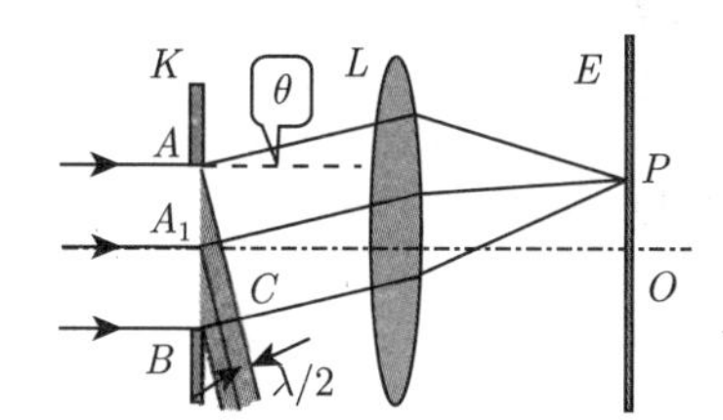

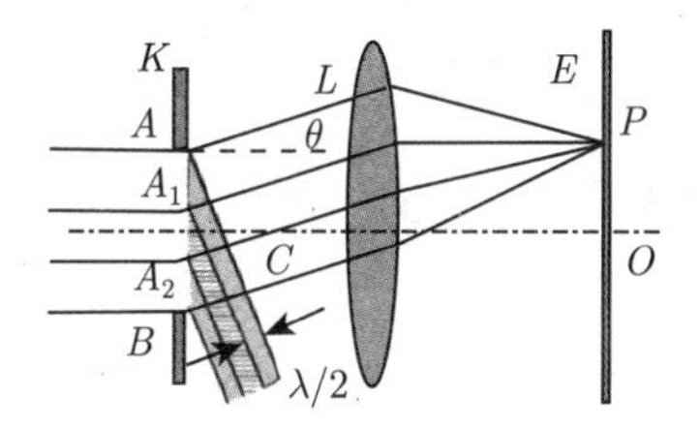

图 16-8 半波带法示意图

2. $BC = b\sin\theta = (2k-1)\cdot\dfrac{\lambda}{2}$ **(奇数半波带的情况)**

先讨论 $k=1$，$BC = 3\cdot\dfrac{\lambda}{2}$，即 BC 恰等于三个半波长，如图 16-8(b) 所示。将 BC 分成三等份，过等分点作平行于 AC 的平面，这两个平面将单缝 AB 上的波阵面分成三个半波带 AA_1、A_1A_2、A_2B。仿照以上解释，相邻两波带对应点发出的光波在 P 点互相干涉抵消，剩下一个半波带发出的光波未被抵消，所以 P 点出现明纹。对 $k=2,3,4,\cdots$ 等情况可类似分析，P 点出现明纹。

3. $BC = b\sin\theta = N\cdot\lambda/2\ (N=2,3,4,\cdots)$ **(一般情况)**

一般情况，将 AB 分成 N 个半波带，如果 N 为偶数，则所有半波带发出的光波在 P 点成对地 (相邻的半波带) 互相干涉抵消，因而 P 点为暗纹；如果 N 为奇数，则 N 个波带中有 $N-1$(偶数) 个半波带发出的光波在 P 点成对地干涉相消，剩下的一个半波带发出的光波未被抵消，所以 P 点出现明纹。

综上所述，可以得出如下结论：

明纹条件：

$$\begin{cases} \theta = 0 & \text{中央亮条纹} \\ b\sin\theta = \pm(2k-1)\dfrac{\lambda}{2} & (k=1,2,3,\cdots) \end{cases} \tag{16-3}$$

暗纹条件：

$$b\sin\theta = \pm(2k)\frac{\lambda}{2} \quad (k=1,2,3,\cdots) \tag{16-4}$$

其中衍射角 $\theta=0$ 的亮纹称为中央亮纹 (或 0 级亮纹)，$k=1,2,3,\cdots$ 分别称为第 $1,2,3,\cdots$ 级明纹 (或暗纹)。

4. 几点讨论

(1) 单缝衍射条纹呈现对中央亮纹的对称分布

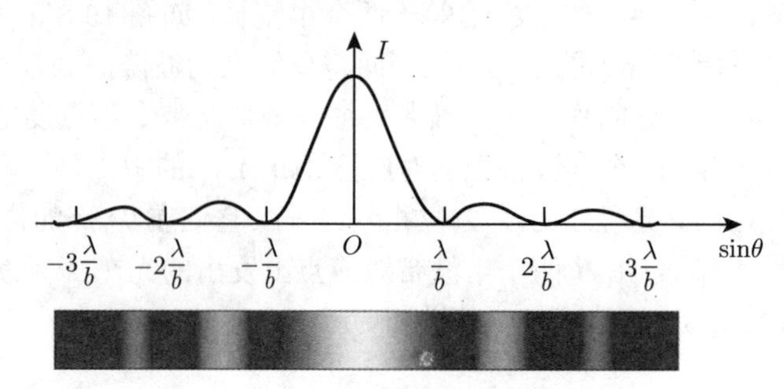

图 16-9　单缝衍射的光强分布

(2) 中央亮纹 (定义为两个第 1 级暗纹间距离) 的特点

半角宽度：

$$\theta_1 = \arcsin(\lambda/b) \approx \lambda/b \quad (\varphi_1\text{很小}) \tag{16-5}$$

角宽度：

$$\theta_0 = 2\theta_1 \approx 2\lambda/b$$

线宽度：

$$l_0 = 2x_1 \approx 2f\theta_1 = 2\lambda f/b \tag{16-6}$$

中央亮纹区域：

$$-\lambda < b\sin\theta < \lambda$$

(3) 衍射角较小时明纹宽度 (相邻暗纹之距)

$$e = x_{k+1} - x_k \approx f(\sin\theta_{k+1} - \sin\theta_k) = f\lambda/b \tag{16-7}$$

即中央明纹宽度是其他级次 (k 级、较小) 明纹宽度的 2 倍。

(4) k 越大，AB 上波阵面分成的半波带数越多，所以，每个半波带的面积就越小，在 P 点引起的光强就越弱，因此各级明纹的亮度会随着级次的增加而减弱。

(5) 单缝衍射亮纹分布

用半波带法求得暗纹的位置 $b\sin\theta = \pm(2k)\lambda/2$ $(k = 1, 2, 3, \cdots)$ 是准确的，而亮纹条件 $b\sin\theta = \pm(2k-1)\lambda/2$ $(k = 1, 2, 3, \cdots)$ 是近似的。

(6) 白光做光源时，由于各色光均在中央亮纹中心加强，所以 O 处为白色条纹，但各色光中央明纹宽度不同，所以中央明纹外侧呈彩色。对其他各次级明纹，同一级次的条纹紫光 (波长最小) 距 O 处近，红光 (波长最长) 距 O 处远。

(7) 由 $b\sin\theta = \pm(2k-1)\lambda/2$ 可知，对给定的 λ，b 越小 θ 越大，衍射越显著；b 越大 θ 越小，条纹越向 O 处靠近，逐渐分辨不清，衍射就不明显。如果 b 比 λ 大得多，各级衍射条纹全部并入 O 处附近，形成一明纹，可认为光沿着直线传播。

(8) 因为单缝位置平移时，不影响 L 对光的会聚作用，此时会聚位置不变，所以单缝的位置在衍射屏 K 上平移时，E 上的衍射图样不变。

例 16-1 如图所示，一雷达位于路边 15 m 处，它的射束与公路成 15° 角。假如发射天线的输出口宽度是 0.10 m，发射的微波波长是 18 mm，则在它监视范围内的公路长度约是多少？

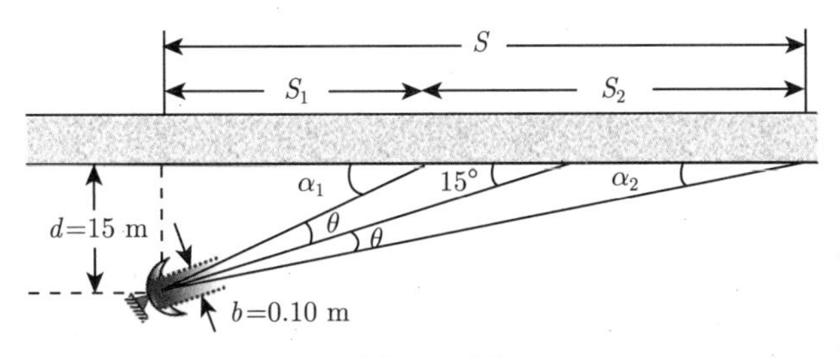

例 16-1 图

解 将雷达天线输出口看成发出衍射波的单缝，衍射波能量主要集中在中央明纹范围内，根据暗纹条件 $b\sin\theta=\pm(2)\lambda/2\ (k=1,2,3,\cdots)$

$$\theta=\pm\arcsin(\lambda/b)=\pm 10.37°$$

$$\begin{aligned}S_2 &= S-S_1=d\cdot(\cot\alpha_2-\cot\alpha_1)\varphi\\ &=d\cdot[\cot(15°-\theta)-\cot(15°+\theta)]\\ &=153\ \text{m}\end{aligned}$$

例 16-2 一单缝用波长 λ_1、λ_2 的光照射，若 λ_1 的第一级极小与 λ_2 的第二级极小重合，问：(1) 波长关系如何？(2) 所形成的衍射图样中，是否具有其他的极小重合？

解 (1) 产生极小条件：$b\sin\theta=\pm(2k)\lambda/2\ (k=1,2,3,\cdots)$

$$\begin{cases}b\sin\theta=\lambda_1\\ b\sin\theta=2\lambda_2\end{cases}\Rightarrow\lambda_1=2\lambda_2$$

(2) 设衍射角为 θ' 时，λ_1 的第 k_1 级极小与 λ_2 的第 k_2 级极小重合，则有

$$\begin{cases}b\sin\theta'=k_1\lambda_1\\ b\sin\theta'=k_2\lambda_2\end{cases}\Rightarrow 2k_1=k_2\quad(\lambda_1=2\lambda_2)$$

即当 $2k_1=k_2$ 时，它们的衍射极小重合。

16.2.3 振幅矢量法分析

1. 光强公式推导

如图 16-7 所示，设想把位于单缝 b 处的波阵面等分为 N 个 (N 很大) 等宽的细窄条面元 ΔA(细窄条垂直于纸面)，每个细窄条可看成一个子波波源，由于细窄条宽度很小，所以各面元所发子波到 P 点的距离近似相等，在 P 点各子波的振幅也近似相等，均等于 ΔA。因单缝上下边缘光线到达 P 点的光程差为 $BC=b\sin\theta$，所以相邻两面元发出的子波到达P点时的光程差都是 $\delta_1=\dfrac{BC}{N}=\dfrac{b\sin\theta}{N}$，相应的位相差都是 $\Delta\alpha=\dfrac{2\pi}{\lambda}\left(\dfrac{b\sin\theta}{N}\right)$。

根据惠更斯–菲涅耳原理，P 点光振动的合振幅应等于这 N 个面元所发出的子波振幅的矢量叠加，也就是说，等于 N 个同频率、等振幅 $(E_1 = E_2 = \cdots = E_N = E_0 = \Delta A)$、位相差依次都是 $\Delta\alpha$ 的振动的合成，如图 16-10 所示。则合振幅可以按照多边形法作图法求得。由于 $\angle OCB = \Delta\alpha$，$CO = CB = \cdots = R$，$\angle OCP = N\Delta\alpha$，可得合振动的振幅为

$$E = 2R\sin\left(\frac{N\Delta\alpha}{2}\right)$$

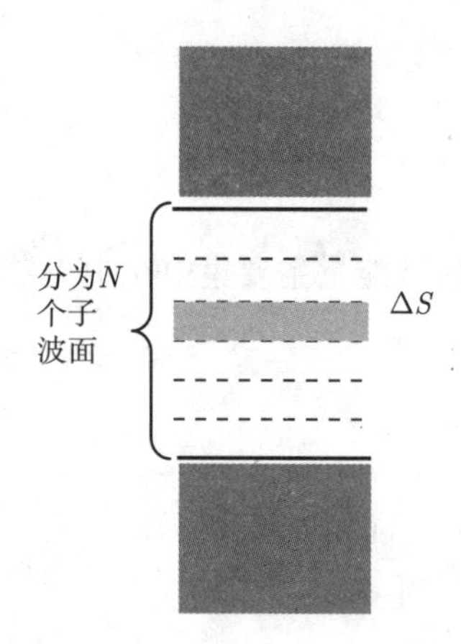

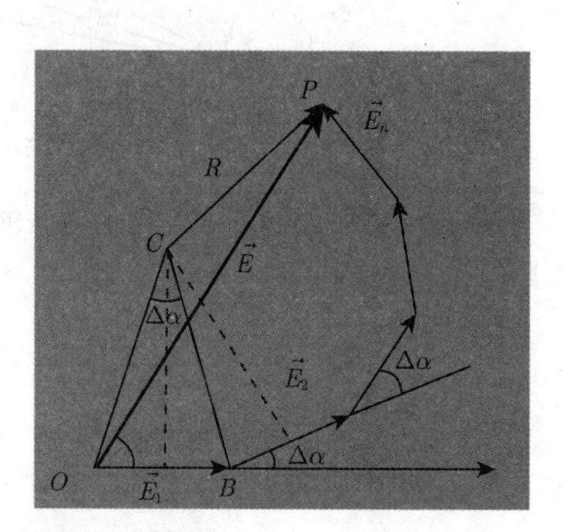

图 16-10　振幅矢量法分析示意图

各分振动的振幅为

$$E_0 = 2R\sin\left(\frac{\Delta\alpha}{2}\right)$$

两边相除, 得

$$E = E_0\frac{\sin\left(\dfrac{N\Delta\alpha}{2}\right)}{\sin\left(\dfrac{\Delta\alpha}{2}\right)} \tag{16-8}$$

根据 $\Delta\alpha = \dfrac{2\pi}{\lambda}\left(\dfrac{b\sin\theta}{N}\right)$，得

$$E = E_0\frac{\sin(\pi b\sin\theta/\lambda)}{\sin(\pi b\sin\theta/\lambda N)}$$

因为 N 非常大，所以 $\Delta\alpha$ 非常小，有

$$\sin(\pi b\sin\theta/\lambda N) \approx \pi b\sin\theta/\lambda N$$

$$\sin\frac{\Delta\alpha}{2} \approx \frac{\Delta\alpha}{2}$$

所以

$$E = NE_0\frac{\sin(\pi b\sin\theta/\lambda)}{\pi b\sin\theta/\lambda}$$

令 $u=\dfrac{N\Delta\alpha}{2}=\dfrac{\pi b\sin\theta}{\lambda}$，则

$$E=NE_0\frac{\sin u}{u} \tag{16-9}$$

当 $\theta=0(u=0，\dfrac{\sin u}{u}=1)$ 时，$E=NE_0$，$I_0=(NE_0)^2$，于是 P 点的光强为

$$I=I_0\frac{\sin^2 u}{u^2} \tag{16-10}$$

式中，$I_0=(NE_0)^2$ 为中央明纹处的光强。这就是**单缝夫琅禾费衍射的光强公式**。

2. 单缝衍射的特征

(1) 中央明纹

在 $\theta=0$ 处，$I=I_0$ 对应最大光强，称为主极大，它是中央明纹的中心。

(2) 暗纹

当 $u=\pm k\pi(k=1,2,3,\cdots)$，即 $\dfrac{\pi b\sin\theta}{\lambda}=k\pi$ 或 $\sin\theta=k\lambda$ 时，有 $I=0$，这一结论与采用半波带法所得结论相同。

(3) 次级明纹

两相邻的暗纹之间存在着次级明纹，可由

$$\frac{\mathrm{d}}{\mathrm{d}u}\left(\frac{\sin u}{u}\right)^2=0$$

求得其角位置满足下列超越方程

$$\tan u=u$$

解此方程得，在 $\sin\theta=\pm1.43\dfrac{\lambda}{a},\pm2.46\dfrac{\lambda}{a},\pm3.47\dfrac{\lambda}{a},\cdots$ 对应次级明纹，它们是中央明纹两侧次级明纹中心线的角位置。把上述 u 值代入光强公式，可求得各次级明纹中心的强度分别为 $I_{\pm1}=0.0472I_0$，$I_{\pm2}=0.0165I_0$，$I_{\pm1}=0.0083I_0,\cdots$，单缝衍射相对光强分布情况如图 16-11 所示。

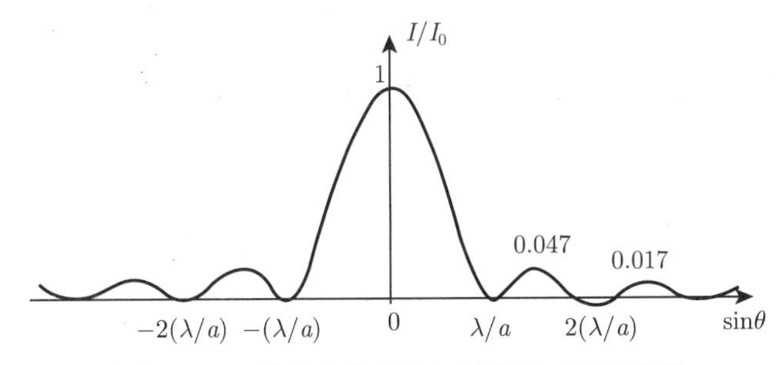

图 16-11 单缝夫琅禾费衍射的相对光强曲线

3. 几点讨论

1) 缝宽 b 的变化对条纹的影响

波长不变，缝宽 b 减小，衍射条纹宽度增加，衍射现象更明显，若 $b\to0$，光强曲线接近为水平直线，如图 16-12 所示。

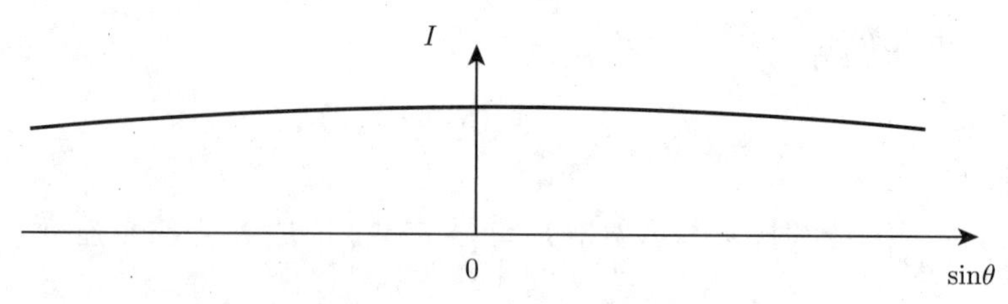

图 16-12　缝宽 $b \to 0$ 时的单缝衍射的光强曲线

波长不变，缝宽 b 增大，衍射条纹宽度减小，若 $\lambda/b \to 0$，各级明纹向中央靠拢，密集得无法分辨，好像一条明条纹，这就是单缝的几何光学像，此时光线遵从直线传播规律。因此，可将几何光学看成波动光学在 $\lambda/b \to 0$ 时的极限。

2) 白光入射时的衍射图样

中央明纹中心为白色，其余各级明纹是彩色条纹，且不同级明纹间有可能重叠。

3) 干涉与衍射的联系与区别

从本质上讲，干涉和衍射都是波的相干叠加，只是干涉指的是有限多的分立光束的相干叠加，衍射指的是无限多的子波的相干叠加，二者又常常同时出现在同一现象中。

例 16-3　有一缝宽为 $b = 0.1$ mm 的单缝，在其后放一焦距为 50 cm 的会聚透镜。用平行绿光垂直照射单缝 ($\lambda = 546.0$ nm)，试求：位于透镜焦平面处的屏幕上中央明条纹和两侧任意相邻两暗条纹之间的距离。

解　两个第一暗条纹中心的距离就是中央明条纹的宽度，根据公式，有

$$b\sin\theta = k\lambda, \quad (k = \pm 1)$$

中心明纹半角宽度 $\theta_1 \approx \sin\theta_1 = \dfrac{\lambda}{b}$，$k$ 级暗纹中心到中央明纹中心距离 $x_k = k\dfrac{\lambda}{b}f$，中央明纹宽度为 $\Delta x = x_1 - x_{-1} = 2\dfrac{\lambda}{b}f = 5.46$ mm，第 k 级和第 $k+1$ 级暗纹之间的距离 $\Delta x' = x_{k+1} - x_k = \dfrac{f\lambda}{b} = 2.73$ mm。

16.3　圆孔夫琅禾费衍射

16.3.1　实验装置和现象

在光学实验中，光学仪器所用的孔径光阑、透镜的边框等都相当于一个透光的圆孔，因此在成像问题中常要涉及圆孔衍射问题。将单缝夫琅禾费衍射装置中的单缝屏换成圆孔屏 A，就是圆孔夫琅禾费衍射装置 (图 16-13)，在接收屏上将看到圆孔的夫琅禾费衍射图样 (图 16-14)，其中央是一个较亮的圆斑，称为**爱里斑**，它集中了约 84%的衍射光能。从理论计算可得，第一级暗环的衍射角 θ_1 满足下式：

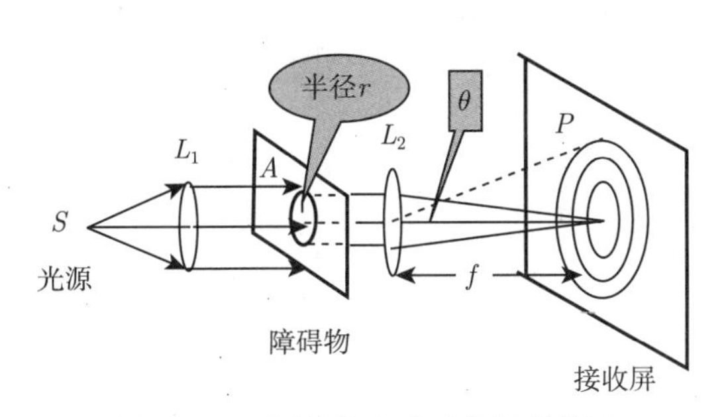

图 16-13 圆孔的夫琅禾费衍射装置

图 16-14 圆孔的夫琅禾费衍射图样

$$\sin\theta_1 = 0.61\frac{\lambda}{r} = 1.22\frac{\lambda}{D} \tag{16-11}$$

式中，r 和 D 是圆孔屏的半径和直径。式 (16-11) 与单缝衍射第一级暗纹的条件 $\sin\theta_1 = \lambda/a$ 相对应。除了一个反映几何形状不同的因数 1.22，在衍射现象的定性方面是一致的。爱里斑的角半径就是第一暗环对应的衍射角

$$\theta_1 \approx \sin\theta_1 = 0.61\frac{\lambda}{r} = 1.22\frac{\lambda}{D}$$

若透镜 L 的焦距为 f，则爱里斑的半径为

$$r' = f\tan\theta_1$$

由于 θ_1 很小，故 $\tan\theta_1 \approx \sin\theta_1 \approx \theta_1$，则

$$r' = 1.22\frac{\lambda}{D}f \tag{16-12}$$

由此可知，λ 越大或 D 越小，衍射现象越显著；当 $\lambda/D \ll 1$ 时，过渡回几何光学，衍射现象可忽略。

16.3.2 瑞利判据和光学仪器的分辨率

按几何光学定律，只要恰当地选择透镜的焦距，就可以把任何微小的物体放大到清晰可见的程度，因而，对任意两个物点，不论相距多么近，总是可以分辨的。实际上，由于透镜的直径 D 是有限的，衍射效应不能忽略。当两个物点相距很近时，以几何像点为中心的衍射花样重叠，不能分辨。设 S_1、S_2 为距透镜 L 很远的两个物点，它们发出的光可以看作平行光，透镜的边框相当于一个圆孔，S_1、S_2 发出的光通过 L 在焦面上可形成衍射图样 A_1 与 A_2。如果 S_1、S_2 相离较远，则 A_1、A_2 也较远 (图 16-15 中间部分)，我们可以分辨出这是两个物点。如果 S_1、S_2 相离很近，使它们的衍射图样大部分重叠 (图 16-15 右侧部分)，则在衍射图样上便分辨不出有两个物点。那么，对于一定的光学仪器来说，什么条件下恰好可以分辨出两个物点呢？

瑞利曾提出了一个判断标准：如果一个物点的衍射图样的中央最大恰好与另一个物点的衍射图样的第一最小重合，就认为这两物点恰能被这光学仪器分辨 (图 16-15 左侧部分)，此标准称为**瑞利判据**。

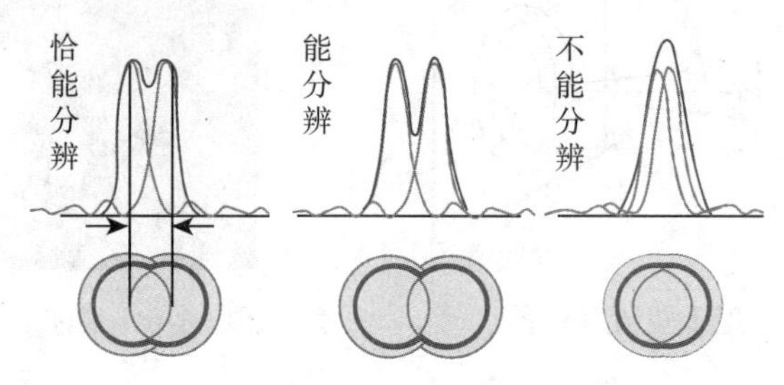

图 16-15　瑞利判据

因为这时两个衍射图样中心之间距离的光强约为每个衍射图样中央最大处光强的 84%，大多数人的视觉能够判断这是两个物点的衍射图样。根据瑞利判据，当两物点恰好被分辨时，这两个物点的爱里斑的中心对透镜张角等于爱里斑半角宽度 $\theta_{\min}$，如图 16-16 所示。即

$$\theta_{\min}=1.22\frac{\lambda}{D}=\frac{d/2}{f} \tag{16-13}$$

式中，D 为圆孔直径；d 为爱里斑直径；$\theta_{\min}$ 称为光学仪器的最小分辨角。若两物点对透镜光心的张角 $\theta\geqslant\theta_{\min}$，则两物点可以被该光学仪器分辨。

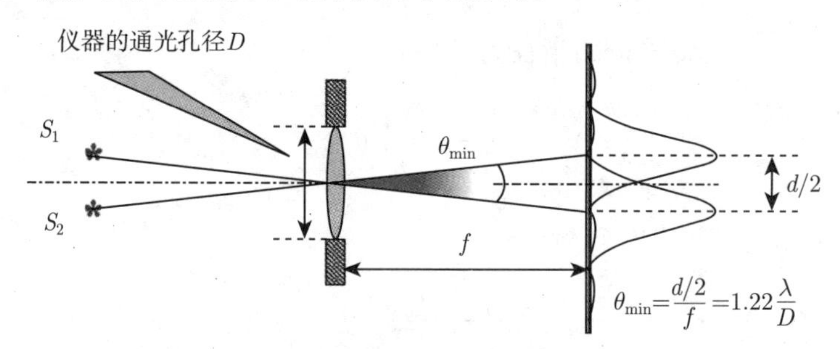

图 16-16　瑞利判据

最小分辨角的倒数称为光学仪器的**分辨率本领**R：

$$R=\frac{1}{\theta_{\min}}=\frac{D}{1.22\lambda} \tag{16-14}$$

提高分辨率本领 R，可通过减小 λ 来实现，例如，用显微镜观察物体时不用可见光，而用紫外线，在大规模集成电路生产中就是用紫外线等短波长光进行光刻的。电子显微镜是用电子衍射线的波动特性来观察物体，它的波长可以小到 10^{-2} Å，从而大大提高分辨率。另外，也可以通过增大 D 来实现，例如，哈勃太空望远镜的目镜直径为 2.4 m，建在夏威夷山顶的光学天文望远镜，镜头直径达 8 m。2016 年，有着“超级天眼”之称的 500 m 口径球面射电望远镜在贵州平塘的喀斯特洼坑中落成启用，吸引着世界目光，这是由中国科学院国家天文台主导建设，具有我国自主知识产权、世界最大单口径、最灵敏的射电望远镜 (图 16-17)。望远镜“锅盖”越大越灵敏，“超级天眼”究竟有多灵敏？科学家打了个比方，有人在月亮上打手机，也逃不过它的“眼睛”。

图 16-17 世界最大射电望远镜 FAST

在通常亮度下，人眼的瞳孔直径为 3 mm，人眼对 λ= 5500 Å光的最小分辨角为 $\theta_{\min} \approx 1'$，在约 9m 远处可分辨相距大约 2 mm 的两个点。夜间观察汽车头灯，远看是一个亮点，当汽车逐渐移近时，才能看出是两个灯。

例 16-4 在通常的明亮环境中，人眼瞳孔的直径约为 3.0 mm，问人眼的最小分辨角是多大？如果纱窗上两根细丝之间的距离 $l = 2.0$ mm，问离纱窗多远处人眼恰能分辨清楚两根细丝？

解 以视觉感受最灵敏的黄绿光来讨论，其波长 $\lambda = 550$ nm，人眼最小分辨角

$$\theta_{\min} = 1.22\frac{\lambda}{D} = 2.2 \times 10^{-4} \text{ rad}$$

设人离纱窗距离为 S，恰能分辨则 $\theta = \theta_{\min}$，则 $S = l/\theta_{\min} = 9.1$ m。

16.4 平面衍射光栅

光栅是一个精密的光学元件，通过光栅得到的光谱清晰、明亮，可通过光栅进行精确测量或进行光谱分析。广义上讲，任何具有空间周期性，且能等宽、等间距地分割波阵面的衍射屏均为光栅，例如，在不透明的光屏上刻出平行、等宽、等间距的多条缝及锯齿形反射面产生的反射光栅等 (图 16-18(a))，本节主要学习平面透射光栅。

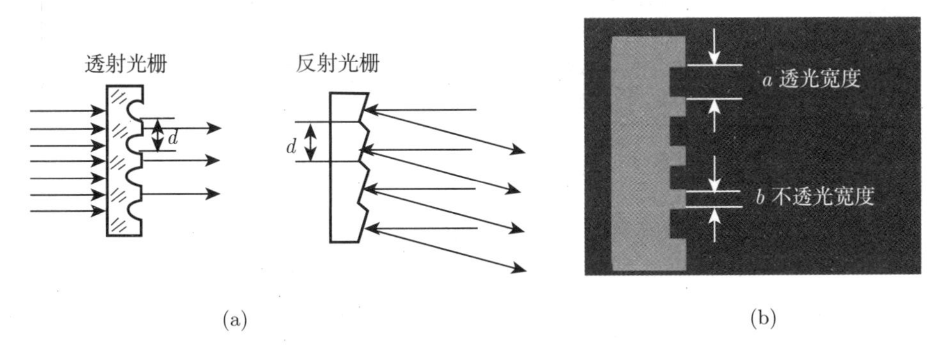

图 16-18 平面光栅

16.4.1　光栅常数

对由大量等宽、等间距平行排列的狭缝组成的平面衍射光栅，现采用激光技术，可在一块普通的光栅上每厘米刻上万条狭缝。设光栅上的透光部分宽度为 a，不透光的刻痕部分宽度为 b，则 $d=a+b$ 称为**光栅常数**(图 16-18(b))。

16.4.2　光栅衍射图样

如图 16-19 所示，经透镜准直的平行光入射到光栅上，光栅常数为 $d=a+b$，接像屏 P 位于透镜 L 的焦平面上。若光栅上仅开一个单缝，P 应出现单缝衍射的图样，若光栅上开有多缝但不考虑衍射效应，P 应出现多缝干涉的图样。对接像屏 P 既考虑衍射又考虑干涉，其图样应是**单缝衍射与多缝间干涉**的总结果。

设光栅有 N 条狭缝，每条缝射出的衍射角为 θ 的光在 Q 点所引起的光振幅为

$$E_\theta=E_{10}\frac{\sin u}{u},\quad I_\theta=I_{10}\frac{\sin^2 u}{u^2} \tag{16-15}$$

式中，$u=\dfrac{\pi a\sin\theta}{\lambda}$，$A_{10}$ 和 I_{10} 分别是单缝对 Q 点的振幅和光强。

再看缝间干涉，当 N 条缝沿着衍射角 θ 方向的衍射光在 Q 点叠加时 (图 16-19)，相邻两条缝的相应部分到 Q 点的光程差为

$$\delta=(a+b)\sin\theta$$

它们所发出的光线在 Q 点相遇时，若光程差满足

$$\delta=d\sin\theta=\pm(2k)\frac{\lambda}{2}\quad(k=0,1,2,\cdots) \tag{16-16}$$

则干涉加强，进而可知，所有缝在该处都干涉加强，故 Q 点出现明纹。

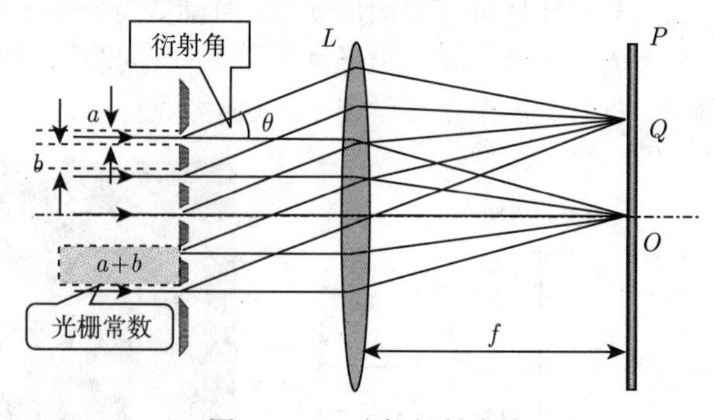

图 16-19　光栅衍射光路

式 (16-16) 为**光栅衍射方程**。与衍射光强计算方法类似，由振幅矢量合成 (图 16-20) 可得，N 条缝在 Q 点叠加时的合振动振幅为

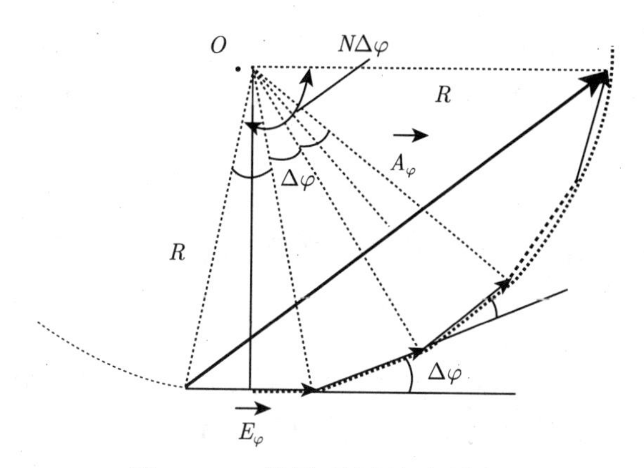

图 16-20 缝间干涉振幅矢量合成

$$E=E_{\theta}\frac{\sin N\dfrac{\Delta\varphi}{2}}{\sin\dfrac{\Delta\varphi}{2}} \tag{16-17}$$

式中，$\Delta\varphi=\dfrac{2\pi d\sin\theta}{\lambda}$ 为相邻两缝出射的衍射角为 θ 的光线到达相遇点 Q 的光程差。令 $\beta=\Delta\varphi/2$，并将式 (16-15) 代入式 (16-17)，得

$$\begin{cases} E=E_{10}\dfrac{\sin u}{u}\dfrac{\sin N\beta}{\sin\beta} \\ I=I_{10}\left(\dfrac{\sin u}{u}\right)^2\left(\dfrac{\sin N\beta}{\sin\beta}\right)^2 \end{cases} \tag{16-18}$$

此为具有 N 条狭缝的光栅衍射光强的分布公式，式中，$\left(\dfrac{\sin u}{u}\right)^2$ 为单缝衍射因子；$\left(\dfrac{\sin N\beta}{\sin\beta}\right)^2$ 为缝间干涉因子，衍射光强的分布如图 16-21 所示。在光栅衍射的图像中，那些细而亮的明纹称为**主明纹**，光栅衍射方程决定了干涉主明纹 (明纹中心) 的位置。

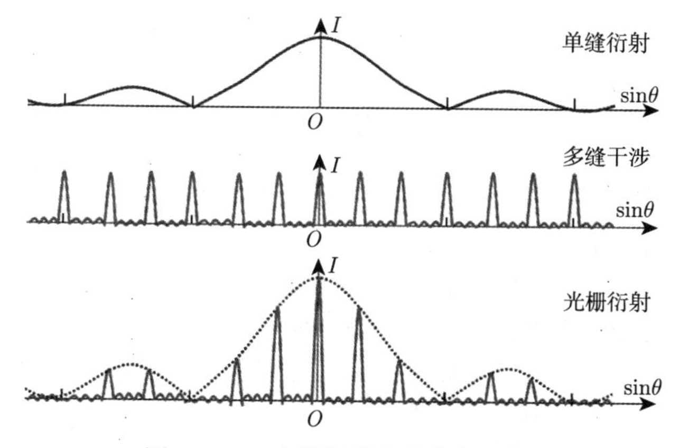

图 16-21 光栅衍射光强分布示意图

根据多缝衍射光强公式，对光栅衍射图样的特点进行讨论，得到如下结论：

1) 主极大

当 $\beta = k'\pi$ 时，缝间干涉因子分子、分母都趋向于 0，但是其比值具有极大值，即

$$d\sin\theta = \pm k'\lambda \quad (k = 0, 1, 2, \cdots)$$

这就是前面提到的**光栅方程**。此时明条纹的光强是单独一个缝衍射产生的光强的 N^2 倍，称为主极大，如图 16-21 所示。

2) 极小

当 $\sin N\beta = 0$、而 $\sin\beta \neq 0$ 时，即 $N\beta$ 是 π 的整数倍、而 β 不是 π 的整数倍时，缝间干涉因子为 0，光强为零，出现极小。上述条件也可表示为

$$d\sin\theta = \frac{m}{N}\lambda \quad (m = 1, 2, \cdots, N-1) \tag{16-19}$$

即在相邻两个主极大之间有 $N-1$ 个极小值，如图 16-21 所示。

3) 次极大

两相邻主极大之间有 $N-1$ 个极小值，$N-2$ 个次极大，如图 16-21 所示。但这些次极大的光强仅为主极大的 4%左右，一般可不计。

4) 缺级

如果某衍射角为 θ 的衍射光，既满足光栅方程

$$d\sin\theta = \pm k'\lambda$$

又满足单缝衍射的暗纹条件

$$b\sin\theta = \pm k\lambda \quad (k = 1, 2, 3, \cdots)$$

即 θ 角方向既是光栅的某个主极大出现的方向，又是单缝衍射的光强为零的方向，即屏上光栅衍射的某一级主极大刚好落在单缝的光强为零处，则光栅衍射图样上便缺少这一级明纹，这一现象称为**缺级**。

存在缺级现象的条件是

$$\begin{cases} d\sin\theta = k'\lambda \\ b\sin\theta = k\lambda \end{cases} \Rightarrow \frac{d}{b} = \frac{k'}{k} \quad (k = \pm 1, \pm 2, \pm 3, \cdots) \tag{16-20}$$

如图 16-22 所示，$d = 3b$，则 $k' = \pm 3, \pm 6, \cdots$ 的主极大缺级。

5) d、b 对条纹的影响

如 b 不变，但 d 减小：b 不变，则单缝衍射的轮廓线不变；d 减小，则主极大变稀。单缝中央亮纹范围内的主极大个数减少，缺级的级次变低。

如 d 不变，但 b 减小：d 不变，则各主极大位置不变；b 减小，则单缝衍射的轮廓线变宽。单缝中央亮纹范围内的主极大个数增加，缺级的级次变高。

极端情形：当 $b \to 0$ 时，单缝衍射的轮廓线变为水平直线，第一暗纹在 $\pm\infty$ 处；各主极大光强相同，多缝衍射过渡为多缝干涉，因此多缝干涉是多缝衍射在 $b \to 0$ 时的极端情形。

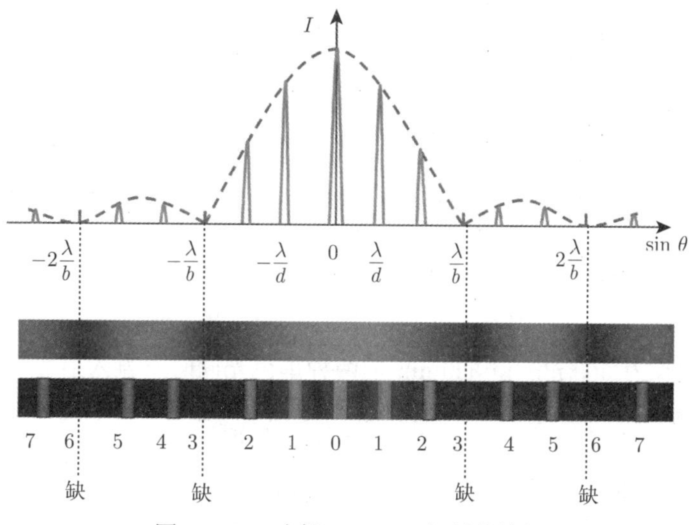

图 16-22　光栅 ($d = 3b$) 衍射的缺级

6) 衍射条纹关于中央亮纹呈上下对称性

给定光波波长，光栅常数 d 越小，衍射角的绝对值 $|\theta|$ 就越大，条纹间距越大；缝数 N 越多，衍射明纹越细锐。当光栅垂直透镜光轴上下移动时，衍射图样不动。

7) 光谱关于中央条纹两侧对称分布

当白光入射时，中央明纹为白色，其他同一级的条纹不重合，明纹为彩色，红光远离中央明纹，紫光靠近中央明纹。对应同一 k' 值的各种波长条纹的整体称为第 k' 级光谱，这些条纹每一个称为一条谱线。光谱关于中央条纹两侧对称分布，如图 16-23 所示。测定光谱可以确定物质的成分，在科学研究和工程技术上有广泛的应用。

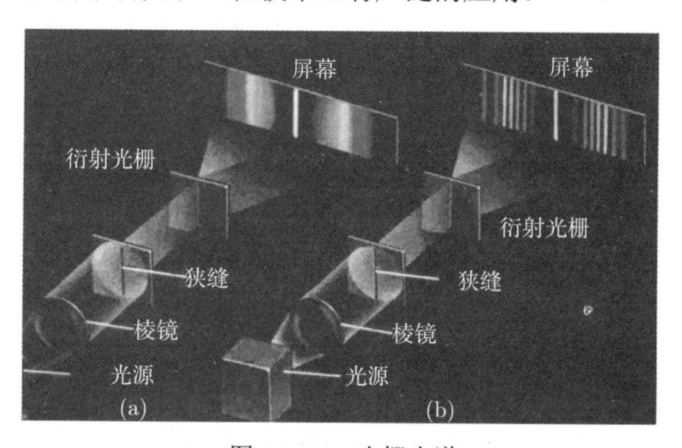

图 16-23　光栅光谱

例 16-5　用波长为 $\lambda = 600$ nm 的单色光垂直照射光栅，观察到第二级明纹出现在 $\sin\theta = 0.2$ 处，第四级缺级。计算：(1) 光栅常数；(2) 狭缝的最小宽度；(3) 共可观测到多少条亮纹？

解　(1) 根据光栅方程，有

$$d = \frac{k'\lambda}{\sin\theta} = \frac{2 \times 600 \times 10^{-9}}{0.2} = 6 \times 10^{-6}\ \text{m}$$

(2) $b=\dfrac{d}{4}=1.5\times10^{-6}\ \text{m}$。

(3) 由于 $|\theta|<\pi/2$

所以 $|k'|<\dfrac{d}{\lambda}=\dfrac{6\times10^{-6}}{6\times10^{-7}}=10$

根据缺级条件，$k'=\pm4,\pm8,\cdots$ 的主极大缺级，因此可以观察到的条纹级数为

$$k'=0,\pm1,\pm2,\pm3,\pm5,\pm6,\pm7,\pm9$$

可观察到 15 条亮纹。

例 16-6　波长为 500 nm 和 520 nm 的两种单色光同时垂直入射光栅常数为 0.002 cm 的光栅，紧靠光栅后用焦距为 2 m 的透镜把光线聚焦在屏幕上。求这两束光的第三级谱线之间的距离。

解　根据光栅方程

$$d\sin\theta=k'\lambda$$

$$\tan\theta_1\approx\sin\theta_1=\frac{3\lambda_1}{d},\quad \tan\theta_2\approx\sin\theta_2=\frac{3\lambda_2}{d}$$

$$\Delta x=f(\tan\theta_2-\tan\theta_1)=f\left(\frac{3\lambda_2}{d}-\frac{3\lambda_1}{d}\right)=0.006\ \text{m}$$

例 16-7　用白光正入射到每厘米有 6500 条刻线的平面光栅，求第三级光谱张角及出现的谱色。

解　光栅常数

$$d=\frac{1}{6500}\ \text{cm}=\frac{1}{6500}\times10^{8}\ \text{Å}$$

光栅方程

$$d\sin\theta=\pm k\lambda\quad (\text{考虑}\theta>\text{即可})$$

第三级光谱中

$$\begin{cases}\theta_{\min}=\arcsin\dfrac{3\lambda_{\min}}{d}=\arcsin\dfrac{3\times4000}{\dfrac{1}{6500}\times10^{8}}=51.25^\circ\\[2ex]\theta_{\max}=\arcsin\dfrac{3\lambda_{\max}}{d}=\arcsin\dfrac{3\times7600}{\dfrac{1}{6500}\times10^{8}}=\arcsin1.48\end{cases}$$

说明不存在第三级的完整光谱，只是一部分出现。这一光谱的张角是

$$\Delta\theta=90^\circ-51.25^\circ=38.74^\circ$$

设第三级光谱中出现的最大波长为 λ_e，则由 $d\sin\theta=k'\lambda_e$，有

$$\lambda_e=\frac{d\sin90^\circ}{k'}=\frac{\dfrac{1}{6500}\times10^{8}}{3}=513\ \text{nm}\ \ (\text{绿光})$$

可见，第 3 级光谱中只能出现紫、蓝、青、绿等色的光，比波长 513 nm 大的黄、橙、红等光看不到。

16.5　X 射线衍射

X 射线是一种波长极短的电磁波，是由德国物理学家伦琴在 1895 年发现的，它本质上和可见光一样，它是波长为 0.001~0.01 nm 间的电磁波。1912 年，德国物理学家劳厄想到天然晶体本身可作为光栅 (如图 16-24)，并进行了实验，圆满地获得了 X 射线的衍射图样，证实 X 射线的波动性，开创了 X 射线用作晶体结构分析的重大应用。

16.5.1　实验装置

图 16-24 是 X 射线衍射实验的装置图，由 X 射线管发出的连续 X 射线穿过准直器的细孔，成为一束细而近于平行的光束照射固定在晶托上的晶体，利用 CCD 探测器得到衍射图样。晶体中存在着许多不同方向和不同间距的晶面，其原子的规则分布可以将其看成三维光栅，从而得到 X 射线的衍射图样，即劳厄斑，如图 16-25 所示。

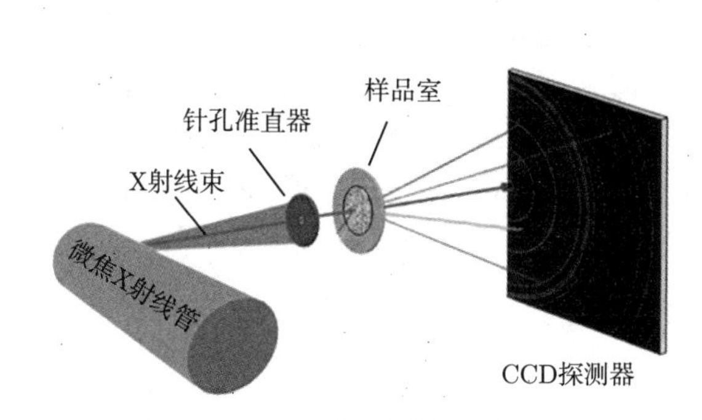

图 16-24　X 射线衍射实验装置图

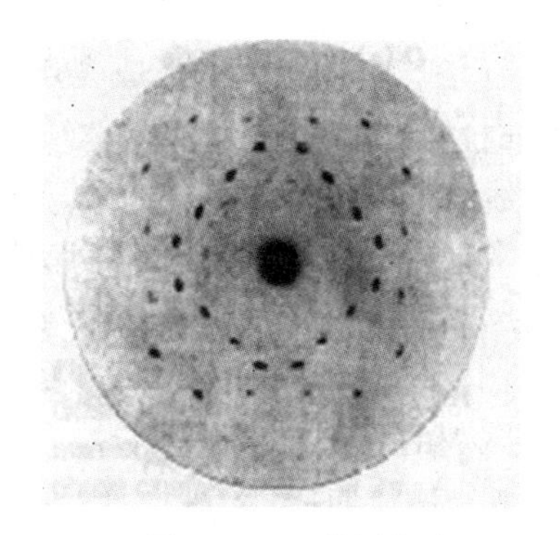
图 16-25　劳厄斑

16.5.2　布拉格方程

在劳厄实验不久，苏联物理学家于利夫和英国物理学家布拉格父子分别提出另一种研究 X 射线的方法。简单起见，假设晶体是由一种原子组成的，如图 16-26 所示，圆点表示一组互相平行的原子层 (或晶面)，各层之间的距离 (晶面间距) 为 d。设有一细束平行的、相干的、波长为 λ 的 X 射线投射在晶体上发生散射，X 射线的散射与可见光不同，可见光只在物体表面上被散射，而 X 射线的散射除一部分在表面原子层上被反射外，其余部分进入晶体内部，被内部各原子散射。X 射线在表面原子层上的散射和可见光一样，强度最大的散射方向是按反射定律反射的方向，设 θ 为入射 X 射线与晶面之间夹角，则强度最大的散射线与晶面的夹角也为 θ，这个结果对于其他各原子层上的散射线也适用。但来自于不同原子层反射线之间有光程差，如图 16-26 表示的上两个晶面层，其反射线的光程差为 $\delta = AC + CB = 2d\sin\theta$，这个结果对于任何两相邻原子层的反射线都适用，如果

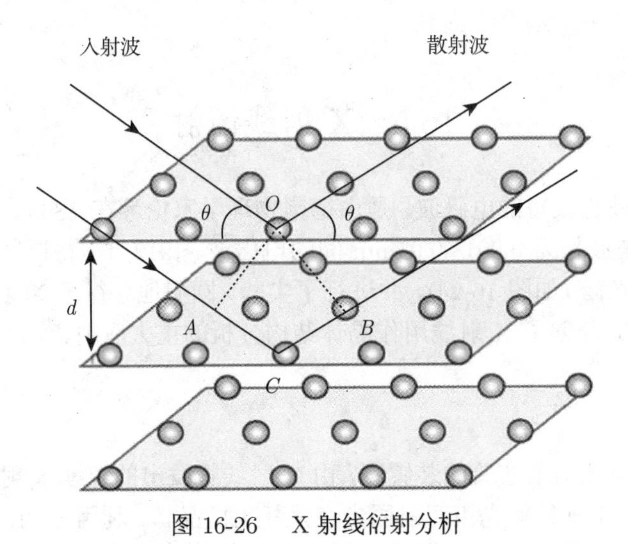

图 16-26 X 射线衍射分析

$$2d\sin\theta = k'\lambda \quad (k^{'} = 1, 2, 3, \cdots) \tag{16-21}$$

则各层反射线将互相加强，形成亮点。此式称为**布拉格方程**。

由布拉格方程看出，如果晶体结构 (晶面间距为 d) 为已知，则可测定 X 射线的波长，通常 X 射线波长范围为 $100 \sim 0.1$ Å。反之，如果 X 射线波长 λ 为已知，在晶体上衍射，则可测出晶面间距 d，从而可推出晶体结构。这种研究已经发展为一门独立的学科，叫作 X 射线结构分析。

例 16-8 复色光 E 入射到光栅上，若其中一光波的第三级最大和红光 ($\lambda_R = 6000$ Å的第二级极大相重合，求该光波长。

解 由题意知

$$\begin{cases} (a+b)\sin\theta = \pm 3\lambda_x \\ (a+b)\sin\theta = \pm 2\lambda_R \end{cases} \Rightarrow 3\lambda_x = 2\lambda_R$$

即

$$\lambda_x = \frac{2}{3}\lambda_R = \frac{2}{3} \times 6000 = 4000 \text{ Å}$$

例 16-9 氦放电发出的光入射到某光栅，若测得 $\lambda_1 = 6680$ Å时衍射角为 20°，如在同一衍射角下出现更高级次的氦谱线 $\lambda_2 = 4470$ Å，问光栅常数最小各多少?

解 依题意有

$$\begin{cases} d\sin 20^\circ = k\lambda_1 \\ d\sin 20^\circ = (k+n)\lambda_2 \quad (n\text{为正整数}) \end{cases}$$

$$k\lambda_1 = (k+n)\lambda_2$$

即

$$k = \frac{\lambda_2}{\lambda_1 - \lambda_2} n$$

因为

$$(a+b) \propto k, 而 \propto n$$

所以

$$(a+b) \propto n$$

可见，n=1 时，

$$(a+b) = (a+b)_{\min}$$

n=1 时，

$$k = \frac{\lambda_2}{\lambda_1 - \lambda_2} = \frac{4470}{6680 - 4470} = 2.02 \quad (k=2)$$

$$(a+b)_{\min} = \frac{2\lambda_1}{\sin 20^\circ} = \frac{2 \times 6680}{\sin 20^\circ} = 39062\ \text{Å} = 3.906 \times 10^{-4}\ \text{cm}$$

注意：k 值要取整数，才能把 $k = \dfrac{\lambda_2}{\lambda_1 - \lambda_2}$ 直接代入 $(a+b)_{\min}$ 公式中。

习　题

16-1　用平行单色光垂直照射在单缝上，可观察单缝夫琅禾费衍射现象。若屏上点 P 处为第二级暗纹，则相应的单缝波阵面可分成的半波带数目为（　　）

A. 3 个　　B. 4 个　　C. 5 个　　D. 6 个

16-2　在单缝夫琅禾费衍射中，改变下列条件，衍射条纹有何变化？(1) 缝宽变窄；(2) 入射光波长变长。

16-3　光栅衍射与单缝衍射有何区别？为何光栅衍射的明条纹特别明亮而暗区很宽？

16-4　一单色平行光垂直照射一单缝，若其第三级明条纹位置正好与 6000 Å的单色平行光的第二级明条纹位置重合，求前一种单色光的波长。

16-5　单缝宽 0.10 mm，透镜焦距为 50 cm，用 $\lambda = 5000$ Å的绿光垂直照射单缝。求：(1) 位于透镜焦平面处的屏幕上中央明条纹的宽度和半角宽度各为多少？(2) 若把此装置浸入水中 ($n = 1.33$)，中央明条纹的半角宽度又为多少？

16-6　用橙黄色的平行光垂直照射一宽为 $a = 0.60$ mm 的单缝，缝后凸透镜的焦距 $f = 40.0$ cm，观察屏幕上形成衍射条纹。若屏上离中央明条纹中心 1.40 mm 处的 P 点为一明条纹，求：(1) 入射光的波长；(2) P 点处条纹的级数；(3) 从 P 点看，对该光波而言，狭缝处的波面可分成几个半波带？

16-7　用 $\lambda = 5900$ Å的钠黄光垂直入射到每毫米有 500 条刻痕的光栅上，问最多能看到第几级明条纹？

16-8　波长为 5000 Å的平行单色光垂直照射到每毫米刻有 200 条刻痕的光栅上，光栅后的透镜焦距为 60 cm。求：(1) 屏幕上中央明条纹与第一级明条纹的间距；(2) 当光线与光栅法线成 30° 斜入射时，中央明条纹的位移为多少？

16-9　波长 $\lambda = 6000$ Å的单色光垂直入射到一光栅上，第二、第三级明条纹分别出现在 $\sin\theta = 0.20$ 与 $\sin\theta = 0.30$ 处，第四级缺级。求：(1) 光栅常数；(2) 光栅上狭缝的宽度；(3) 在 $90^\circ > \theta > -90^\circ$ 范围内，实际呈现的全部级数。

16-10　在夫琅禾费圆孔衍射中，设圆孔半径为 0.10 mm，透镜焦距为 50 cm，所用单色光波长为 5000 Å，求在透镜焦平面处屏幕上呈现的爱里斑半径。

16-11　已知天空中两颗星相对于一望远镜的角距离为 4.84×10^{-6} rad，它们都发出波长为 5500 Å的光，试问望远镜的口径至少要多大，才能分辨出这两颗星?

16-12　已知入射的 X 射线束含有 0.95 ~ 1.30 Å的各种波长，晶体的晶格常数为 2.75 Å，当 X 射线以 45° 角入射到晶体时，问对哪些波长的 X 射线能产生强反射?

第 17 章　光的偏振及吸收

光的干涉和衍射现象都证明光具有波动性，但还不能确定光是纵波还是横波，“光的偏振”现象显示了光的横波特性。几十年来，关于光的偏振特性的研究广泛、深入地开展起来，在光调制器、光开关、光学计量、光学信息处理、光通信等应用中，偏振技术被大量使用，并已形成了系统的理论。偏振光在国防、科研和生产生活中获得了广泛的应用，例如，海防前线用于观望的偏光望远镜、立体电影中的偏光眼镜、光纤通信系统、分析化学和工业中用的偏振计和量糖计等都与偏振光有关。激光是最强的偏振光源，高能物理中同步加速器是最好的 X 射线偏振源，偏振镜是数码影像的基本元器件。目前，偏振光已经成为研究光学晶体、表面物理的重要手段。偏振镜的出色功用就是能有选择地让某个方向振动的光线通过，在彩色和黑白摄影中常用来消除或减弱非金属表面的强反光，从而消除或减轻光斑，图 17-1 是使用偏振镜消除反射光的对比图。

图 17-1　使用偏振镜消除反射光的对比图

17.1　自然光和偏振光　马吕斯定律

17.1.1　自然光

电磁波是变化的电、磁场在空间的传播，光波是电磁波的一个波段。在光波场中，每一点都有一振动的电场强度矢量 $\vec{E}$ 和磁场强度矢量 $\vec{H}$，两者互相垂直并都与光波的能流方向 $\vec{K}$ 垂直。前已述及，在 $\vec{E}$、$\vec{H}$ 中能引起感光作用和生理作用的主要是电场强度矢量 $\vec{E}$，通常将 $\vec{E}$ 称为**光矢量**。在除激光外的一般光源中，光是构成光源的大量分子或原子发出的光波的合成。由于发光的原子或分子众多，且每个分子或原子发射的光波是彼此独立的，不可能把每一原子或分子所发射的光波分离出来，从振动方向上看，各个分子或原子所发射的光矢量 $\vec{E}$ 不可能保持一致的方向，而是以极快的不规则的次序遍取所有可能的方向。并且每个分子或原子的发光是间歇的，不是连续的。平均地讲，在一切可能的方向上，都有光振动，没有哪一个方向比其他方向占优，也就是说，在一切可能的方向上光矢量平权，各方向的光矢量彼此相等，常称这样的光为**自然光**，如图 17-2(a) 所示。

自然光中的光矢量 $\vec{E}$ 的振动具有对传播方向的轴对称性。为了简明地表示光的传播，可将任意时刻的光矢量 $\vec{E}$ 分解成两个互相垂直的分量 (图 17-2(b))。由于自然光的 $\vec{E}$ 具有对传播方向的轴对称性，所以 $\vec{E}$ 的分量可用与能流方向 $\vec{K}$ 相垂直的短矢线 (图 17-2(b)) 表示。假如传播方向 $\vec{K}$ 自左向右，对图面内的光振动，可用矢线 (或短线) 表示光矢量 (图 17-3 左)，对垂直于图面内的光振动，可用圆点 (或叉号) 表示光矢量 (图 17-3 右)。

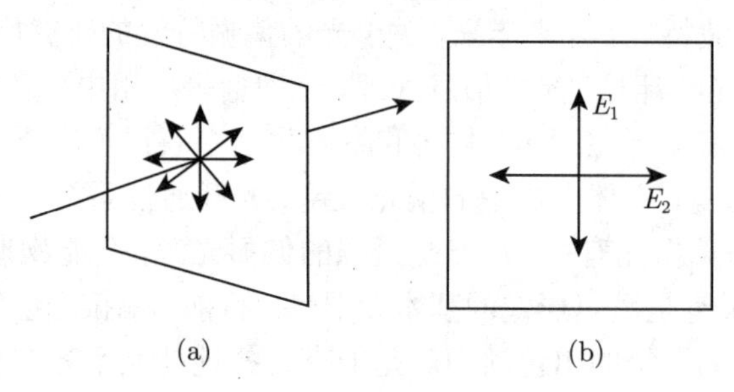

图 17-2　自然光

对自然光，矢线 (或短线) 与圆点 (或叉号) 呈均等分布，表示光矢量 $\vec{E}$ 的两个互相垂直的分振动相等和能量相等，如图 17-4 所示。但需注意，由于自然光中光矢量振动的无规则性，这两个互相垂直的光矢量之间没有固定的位相差。

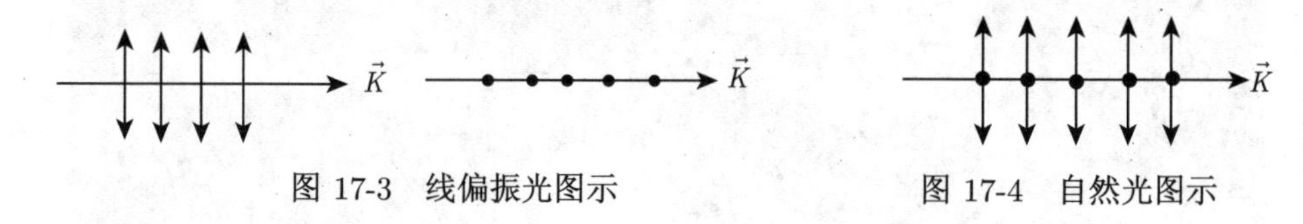

图 17-3　线偏振光图示　　图 17-4　自然光图示

17.1.2　线偏振光　部分偏振光

实验指出，自然光经过某些物质的反射、折射或吸收后，只保留沿某一方向的光振动。这些光矢量仅在某单一方向上振动的光束，称为**线偏振光**(或完全偏振光或平面偏振光)，如图 17-3 的两种情况。光矢量的振动方向与传播方向组成的平面称为**振动面**。需要说明的是，线偏振光不只包含一个分子或原子发出的波列，而会有众多分子或原子的波列中光振动方向都互相平行的成分，且偏振光不一定为单色光。

在图 17-4 中，若某一方向的光振动比与之垂直的另一方向上的光振动占优，则这种光就是**部分偏振光**，如图 17-5 所示。

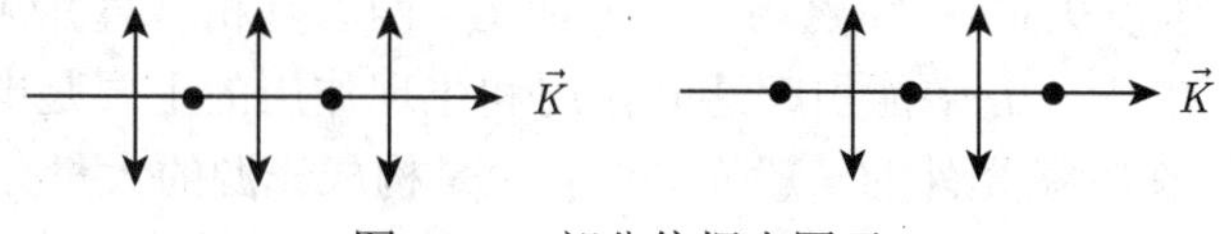

图 17-5　部分偏振光图示

17.1.3　圆偏振光　椭圆偏振光

一般情况下，若两个线偏振光，频率相同，振动方向相互垂直，且它们之间存在着恒定的位相差，则两者叠加后，其合振动的光矢量端点将描绘出一个椭圆，称为**椭圆偏振光**。

若合振动的光矢量端点描绘出的是一个圆，则称这样的光为**圆偏振光**。显然，圆偏振光是椭圆偏振光的一个特例。按照习惯，将那些迎着传播方向看去，光矢量是沿着顺时针方向旋转的偏振光，称为**右旋偏振光**，相应地有右旋椭圆偏振光或右旋圆偏振光 (图 17-6)；类似地，将那些迎着传播方向看去，光矢量是沿着逆时针方向旋转的偏振光，称为**左旋偏振光**，相应地有左旋椭圆偏振光或左旋圆偏振光。

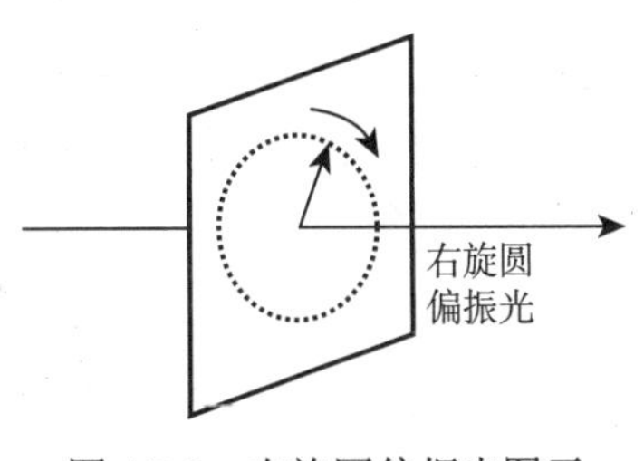

图 17-6 右旋圆偏振光图示

现将频率相同，振动方向相互垂直的两束线偏振光表示为

$$\begin{cases} E_x = E_{0x}\cos\omega t \\ E_y = E_{0y}\cos(\omega t+\varphi) \end{cases} \tag{17-1}$$

经推演可得其合成的轨迹满足

$$(E_y/E_{0y})^2+(E_x/E_{0x})^2-2(E_x/E_{0x})(E_y/E_{0y})\cos\varphi=\sin^2\varphi \tag{17-2}$$

式中，φ 为两线偏振光位相差。

若 $\varphi\neq 0$，且 $\varphi\neq\pm\pi$，合成光为椭圆偏振光，如图 17-7 所示。

若 $A_1=A_2=A$，且 $\varphi\neq\pm\dfrac{\pi}{2}$，合成光为圆偏振光，如图 17-8 所示。

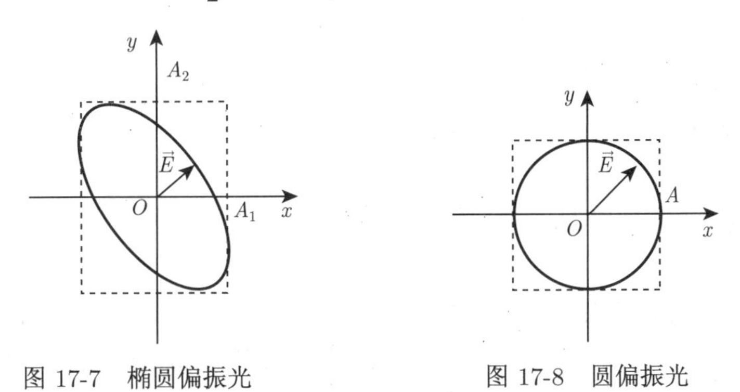

图 17-7 椭圆偏振光　　图 17-8 圆偏振光

由式 (17-2) 可给出包括线偏振光、椭圆偏振光和圆偏振光的各种可能偏振态。

17.1.4 偏振片 起偏和检偏

从自然光获得偏振光的过程叫起偏，能实现起偏的光学器件叫作**起偏器**。偏振片是一种常用的起偏器，它利用了某些材料具有二向色性的特征，将材料做成透明的薄体 (偏振片)，该偏振片能吸收某一方向的光振动，而只让与吸收方向相垂直的光振动通过 (实际上该方向也有吸收，但吸收甚微)，从而获得偏振光。为便于使用，通常在偏振片上标出记号 "↕"，用以表明该偏振片允许通过的光振动方向，称这个方向为 "**偏振化方向**"，或**透光轴方向**。

如图 17-9 所示，让一束线偏振光入射到偏振片 P_2 上，当 P_2 的偏振化方向与入射线偏振光的光振动方向相同时，该线偏振光继续经 P_2 而射出，此时观察到最明情况；把 P_2 以入射光线为轴转过 α 角 $(0<\alpha<\pi/2)$，线偏振光的光矢量在 P_2 的偏振化方向会有一分量，该

分量能通过 P_2，仍可观测到明的情况 (非最明)；当 P_2 转角 $\alpha=\pi/2$ 时，入射到 P_2 上的线偏振光振动方向与 P_2 偏振化方向垂直，故无光通过 P_2，此时可观测到最暗 (消光)。在 P_2 转动一周的过程中，可发现：最明 → 最暗 (消光)→ 最明 → 最暗 (消光)，如图 17-9 所示。

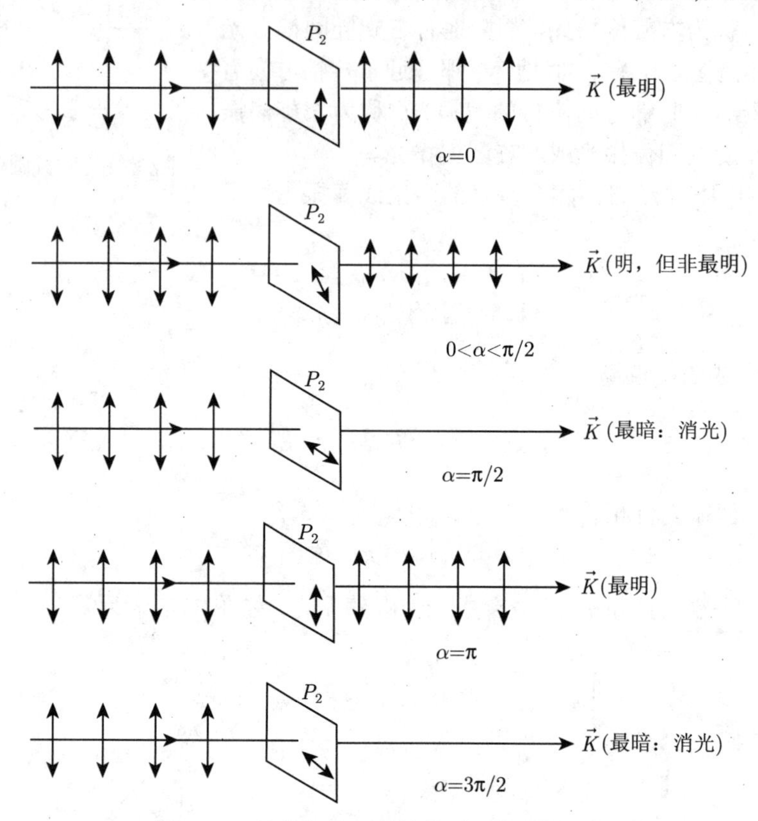

图 17-9　线偏振光入射检偏器时的透射光强

结论：

(1) 线偏振光入射到偏振片上，在偏振片旋转一周 (以入射光线为轴) 的过程中，可发现透射光两次最明、两次消光，这里的 α 为光矢量与偏振片的偏振化方向之间的夹角。

(2) 如果自然光入射到偏振片上，则以入射光线为轴转动一周，则透射光光强不变。

(3) 若部分偏振光入射到偏振片上，则以入射光线为轴转动一周，则透射光有两次最明和两次最暗 (但不消光)。

17.1.5　马吕斯定律

如图 17-10 所示，自然光入射到起偏器 P_1 上，其透射光又入射到检偏器 P_2 上，则透过 P_2 的线偏振光光强满足**马吕斯定律**

$$I=I_0\cos^2\alpha \tag{17-3}$$

式中，I_0 是自然光经起偏器 P_1 后的线偏振光的光强；I 是线偏振光经检偏器 P_2 后的线偏振光的光强；α 为起偏器 P_1 与检偏器 P_2 两偏振片偏振化方向间的夹角。

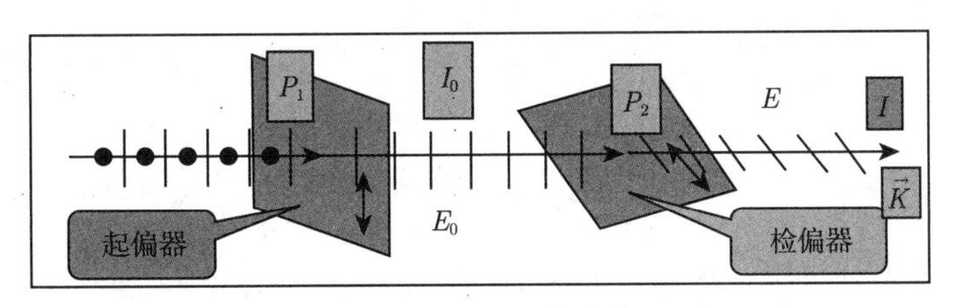

图 17-10 马吕斯定律

证明:

设 P_1、P_2 的二偏振化方向为 N、M，夹角为 α，自然光经 P_1 后变成线偏振光，光强为 I_0，光矢量振幅为 $\vec{E}_0$。将光振动 $\vec{E}_0$ 分解成与 P_2 平行且垂直的两个分矢量 (图 17-11)，则

$$\begin{cases} E_{//} = E_0 \cos\alpha \\ E_{\perp} = E_0 \sin\alpha \end{cases}$$

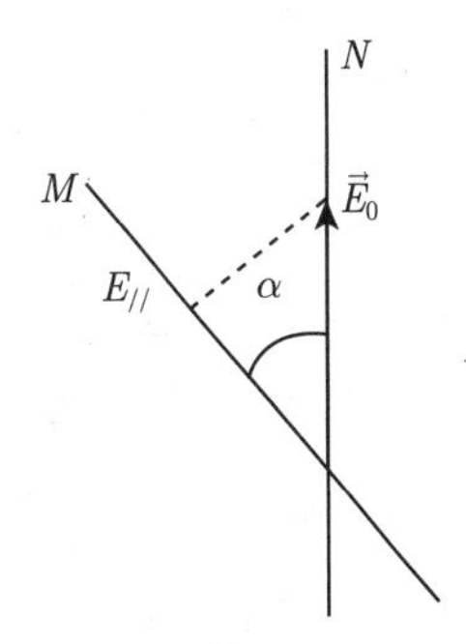

图 17-11 光振动分解

因为只有 $E_{//}$ 能透过 P_2，所以透过 P_2 的光振幅为 (不考虑吸收)

$$E = E_{//} = E_0 \cos\alpha$$

则透射光强为

$$I = E_0^2 \cos^2\alpha = I_0 \cos^2\alpha$$

此式是马吕斯于 1809 年由实验发现的，故称为**马吕斯定律**，它表明：透过一偏振片的光强等于入射线偏振光光强乘以入射偏振光的光振动方向与偏振片偏振化方向间夹角余弦的平方。

例 17-1 如图所示，三偏振片平行放置，P_1、P_3 偏振化方向垂直，自然光垂直入射到偏振片 P_1、P_2、P_3 上。问：(1) 当透过 P_3 光光强为入射自然光光强 1/8 时，P_2 与 P_1 偏振化方向夹角为多少？(2) 透过 P_3 光光强为零时，P_2 如何放置？(3) 能否找到 P_2 的合适方位，使最后透过光强为入射自然光强的 1/2？

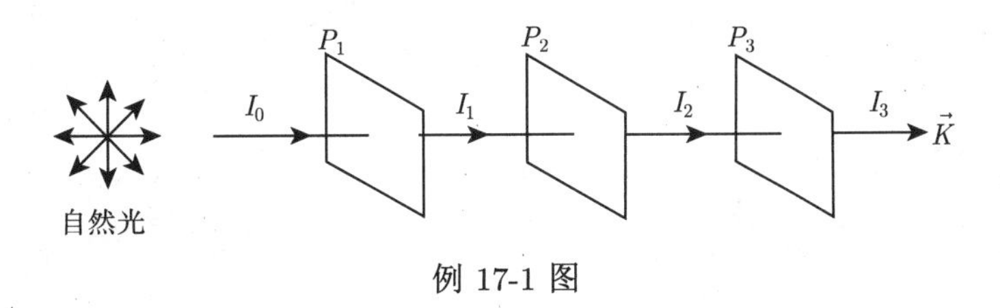

例 17-1 图

解: (1) 光强为 I_0 的自然光经 P_1 后，光强为 $I_1 = I_0/2$；若 P_1、P_2 偏振化夹角为 θ，则经 P_2 后，光强 I_2 为 $I_2 = I_1 \cos^2\theta = \dfrac{1}{2} I_0 \cos^2\theta$，再经 P_3 后，光强 I_3 为 $I_3 = I_2 \cos^2\left(\dfrac{\pi}{2} - \theta\right) = I_2 \sin^2\theta = \dfrac{1}{8} I_0 \sin^2 2\theta$，当 $I_3 = \dfrac{1}{8} I_0$ 时，$\sin^2 2\theta = 1$，$\theta = \pi/4$。

(2) 由题意，$I_3 = \dfrac{1}{8} I_0 \sin^2 2\theta = 0$，得 $\sin^2 2\theta = 0$，即 $\theta = 0$ 或 $\pi/2$。

(3) 由题意，$I_3=\frac{1}{8}I_0\sin^2 2\theta=\frac{1}{2}I_0$，得 $\sin^2 2\theta=4$，无意义，因此找不到符合题意的方位。

17.2　反射光和折射光的偏振

自然光在两种各向同性介质的分界面上反射和折射时也会发生偏振现象，即反射光和折射光都是部分偏振光；在特定条件下，反射光有可能成为完全线偏振光，这一现象是马吕斯 1808 年发现的，现介绍如下。

17.2.1　布儒斯特定律

1. 起偏实验

如图 17-12 所示，自然光入射到两种介质 (如空气与玻璃) 的界面上，假定入射角为 i，其反射角和折射角分别用 i 和 γ 表示。前已述及，自然光可视为振动方向彼此垂直的两个等幅振动的合成，在此设二分振动的振动方向分别在图面内及垂直于图面，前者称为平行振动，后者称为垂直振动。对于入射的自然光，短线与点子应均等分布。**实验表明**：反射光波垂直于振动面的成分较多，折射光平行于振动面的成分较多，反射光和折射光均为部分偏振光，而反射光和折射光的偏振化程度与入射角 i 有关。

2. 布儒斯特定律

如图 17-13 所示，设 n_1、n_2 分别是入射光和折射光所在介质空间的折射率，用 $n_{21}=n_2/n_1$ 表示折射介质相对入射介质的折射率，**实验表明**，当 i 等于某一特殊值 i_0 时，反射光与折射光垂直，此时的反射光变为振动方向垂直于入射面的线偏振光，折射光仍为部分偏振光。这一规律称为**布儒斯特定律**，该定律是布儒斯特 1812 年从实验中研究得出的，这里的 i_0 称为**布儒斯特角**或**起偏角**。

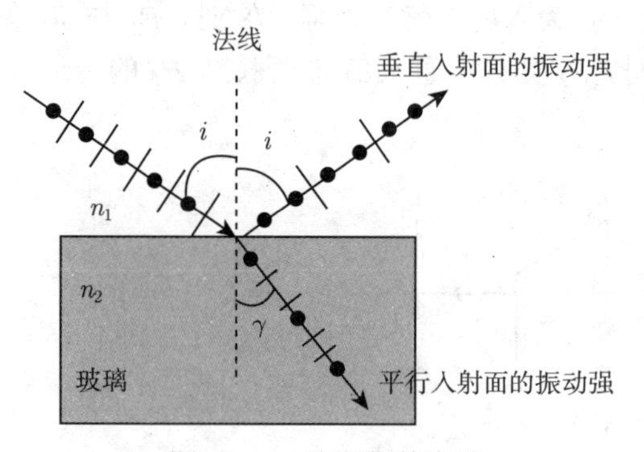

图 17-12　布儒斯特实验

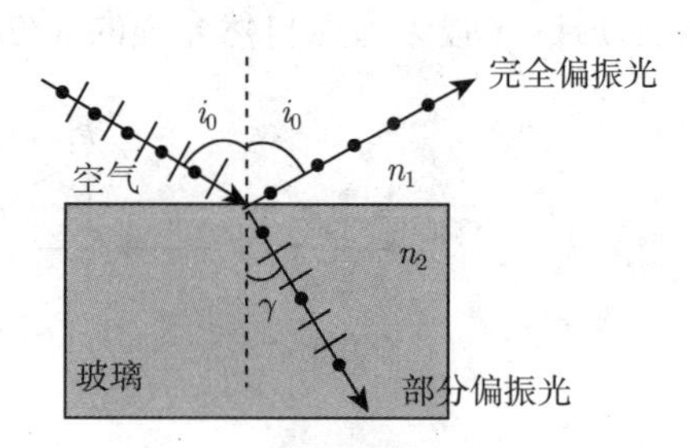

图 17-13　布儒斯特定律

下面推导布儒斯特角 i_0 所满足的条件。

由折射定律，有

$$\frac{\sin i_0}{\sin\gamma_0}=\frac{n_2}{n_1}$$

又 $i_0+\gamma_0=\frac{\pi}{2}$，所以

$$\sin\gamma_0=\sin\left(\frac{\pi}{2}-i_0\right)=\cos i_0$$

所以

$$\tan i_0 = \frac{n_2}{n_1} = n_{21} \tag{17-4}$$

即入射角 i_0 满足 $\tan i_0 = n_2/n_1 = n_{21}$ 时，反射光变为垂直于入射面振动的线偏振光，并且该线偏振光与折射光线垂直，而折射光为部分偏振光，平行于入射面振动占优势，此时偏振化程度最高。

例 17-2 若某物质对空气发生全反射的临界角为 45°，现光从该物质向空气入射，求布儒斯特角 i_0。

解 设 n_1 为该物质折射率，n_2 为空气折射率，根据全反射定律，有

$$\frac{\sin 45^\circ}{\sin 90^\circ} = \frac{n_2}{n_1}$$

又 $\tan i_0 = \frac{n_2}{n_1}$，所以

$$\tan i_0 = \frac{n_2}{n_1} = \frac{\sin 45^\circ}{\sin 90^\circ} = \frac{\sqrt{2}}{2}$$

得

$$i_0 = 35.3^\circ$$

17.2.2 玻璃堆起偏

前面讲过，当 $i = i_0$ 时，折射光的偏振化程度最大 (相对 $i \neq i_0$ 时而言)。实际上，入射光以布儒斯特角入射时，折射光与线偏振光还相差很远。例如，当自然光从空气射向普通玻璃时，入射光中垂直振动的能量仅有 15%被反射，其余 85%没全部平行振动的能量都折射到玻璃中，可见通过单个玻璃的折射光，其偏振化程度不高。为了获得偏振化程度很高的折射光，可令自然光通过多块平行玻璃 (称为玻璃堆)，使 $i = i_0$ 入射。因射到各玻璃表面的入射线均为起偏角，入射光中垂直振动的能量有 15%被反射，而平行振动能量全部通过。所以，每通过一个面，折射光的偏振化程度就均加一次，如果玻璃体数目足够多，则最后折射光就接近于线偏振光。如图 17-14 所示。

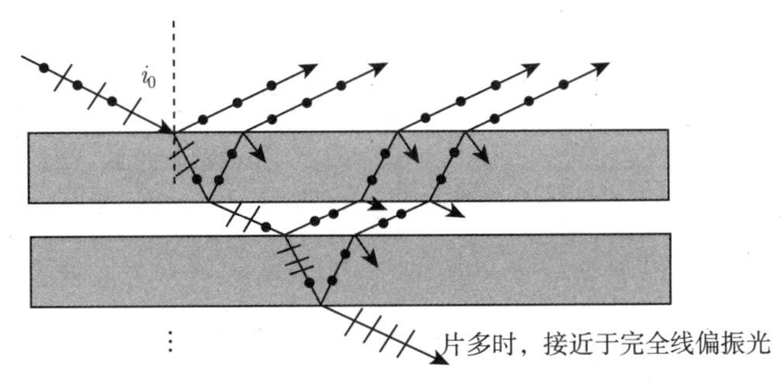

图 17-14 用玻璃堆产生线偏振光

例 17-3 如图所示，杨氏双缝实验中，下述情况能否看到干涉条纹？简单说明理由。

(1) 在单色自然光源 S 后加一偏振体 P；

(2) 在 (1) 情况下，再加 P_1、P_2，P_1 与 P_2 透光方向垂直，P 与 P_1、P_2 透光方向成 45° 角。

(3) 在 (2) 情况下，再在屏 E 前加偏振片 P_3，P_3 与 P 透光方向一致。

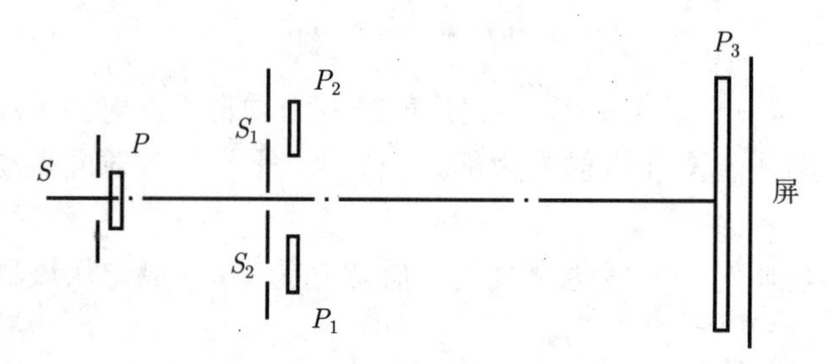

例 17-3 图

解 (1) 到达 S_1、S_2 的光是从同一线偏振光分解出来的，它们满足相干条件，且由于线偏振片很薄，对光程差的影响可略，干涉条纹的位置与间距和没有 P 时基本一致，只是强度由于偏振片吸收而减弱。

(2) 由于从 P_1、P_2 射出的光的振动方向相互垂直，所以不满足干涉条件，故屏上呈现均匀明纹，无干涉现象。

(3) 从 P 出射的线偏振光经与 P_1、P_2 后虽然偏振化方向改变了，但经过 P_3 后它们振动方向又为同一方向，满足相干条件，故可看到干涉条纹。

例 17-4 用自然光或偏振光分别以起偏角 i_0 或其他角 $(i \neq i_0)$ 射到某一玻璃表面上，试用点或短线表明反射光和折射光光矢量的振动方向。

解 结果如图

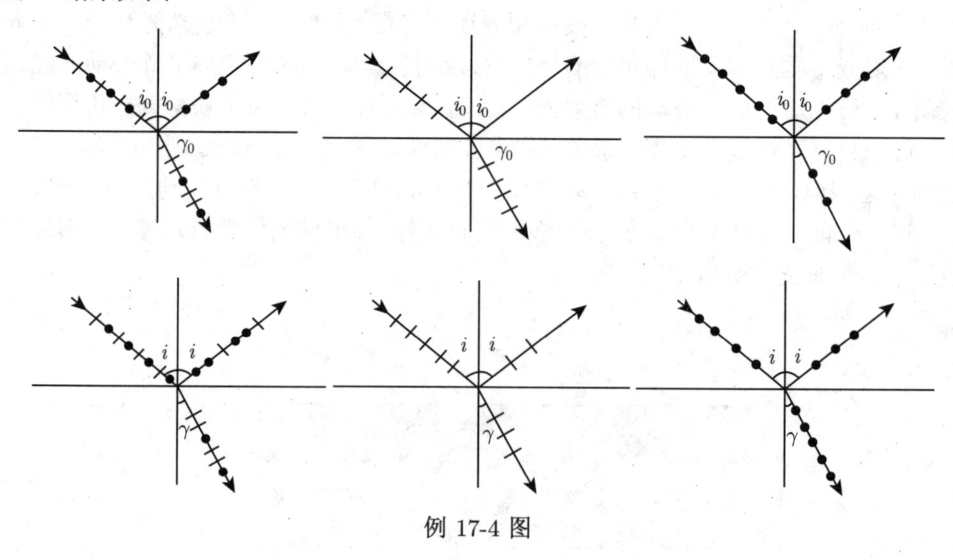

例 17-4 图

17.3 晶体的双折射

17.3.1 双折射效应

1. 双折射现象

通常我们把一块厚玻璃放在一张有字的纸上，只看到一个像，这个像好像比实际物体浮起了一点，这是光折射引起的，折射率越大，像浮起来的高度越大。如果取一块冰洲石(方解石的一种，化学成分是 $CaCO_3$)，放在一张有字的纸上，将看到双重的像，并且在冰洲石内的两个像浮起的高度是不同的，如图 17-15 所示。这表明，光在这种晶体内分成了两束，这种现象叫作**双折射**。

图 17-15 双折射现象

2. 寻常光和非寻常光

当一束光射在各向同性的介质 (如玻璃、水等) 的分界面时，折射光只有一束，并且满足光的折射定律，这是人们所熟知的。当一束光射在各向异性的介质 (如方解石晶体，其化学成分为 $CaCO_3$) 的分界面上时，折射光将分为二束。实验表明，当改变入射角 i 时，两束折射光中有一束满足折射定律，称这束光为**寻常光**(或 o 光)；另一束光不满足折射定律，称这束光为**非寻常光**(或 e 光)，如图 17-16 所示。实验显示，即使在入射角 $i = 0$ 时，e 光也不沿入射光的方向折射。

产生双折射的原因是什么呢？原来 o 光和 e 光在晶体中具有不同的传播速度，o 光在晶体中沿着各个方向的传播速度相等，而 e 光在晶体中的传播速度却随着方向而变化，这样，在各向异性的晶体中，每一个方向都有两个光速，一个是 o 光速度，另一个是 e 光速度。

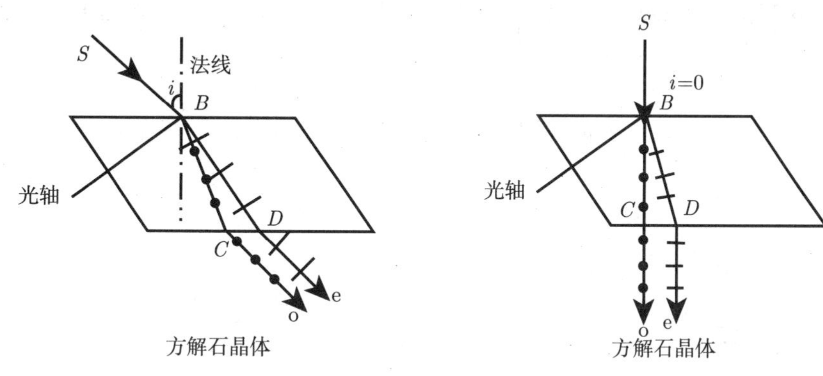

图 17-16 寻常光和非寻常光

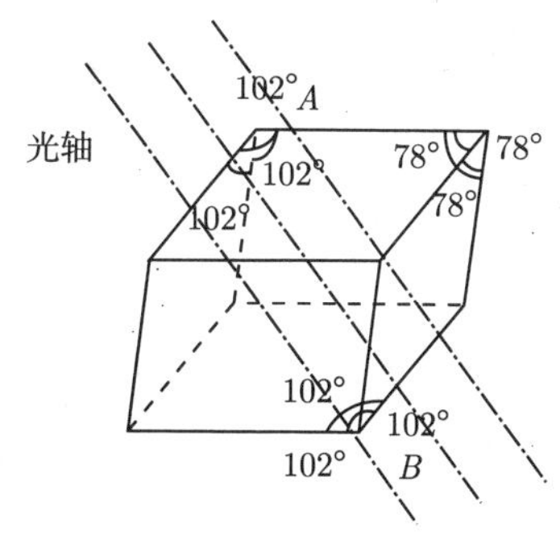

图 17-17 方解石晶体

一般情况下，这两个速度并不相等，但晶体中有这样一个特殊的方向，沿着该方向传播的 o 光和 e 光具有相等的速度，称该方向为晶体的**光轴**。例如，方解石按解理石劈裂的平行六面体，它每个面上的锐角都是 $78°7'$，钝角都是 $101°53'$，若各棱边长度相等，则 A、B 二顶点的直线方向就是光轴方向，如图 17-17 所示。

注意：光轴不是唯一的一条直线而是代表一个方向，与 A、B 连线平行的所有直线都可代表光轴。只有一个光轴的晶体 (如方解石、石英) 称为**单轴晶体**；有些晶体 (如云母、硫黄等) 具有两个光轴，称为**双轴晶体**。

为简单起见，下面仅讨论单轴晶体。

3. 主截面、主平面

主截面：包含光轴和任一天然晶面法线的平面。

主平面：包含光轴和晶体中任一光线 (o 光或 e 光) 的平面。

寻常光和非寻常光都是线偏振光，可用检偏振器来验证。检验结果发现，o 光振动方向垂直于 o 光主平面，e 光振动方向平行于 e 光主平面。如图 17-16 所示，当光轴在纸面内时，纸面为主截面，此时入射面与主截面重合，且 o 光和 e 光的主平面都在主截面内，o 光和 e 光振动互相垂直。但在一般情况下，o 光和 e 光的主截面有一个不大的夹角，因此，o 光和 e 光的振动不完全垂直。

17.3.2　惠更斯原理解释双折射现象

下面根据惠更斯原理，用作图法对双折射现象进行解释。

由于 o 光在单轴晶体中沿各个方向的传播速度相等，所以从晶体中一点光源发出的 o 光，其波面是球面；但 e 光在单轴晶体中沿各个方向的传播速度随方向而变化，所以从晶体中一点光源发出的 e 光，其波面不再是球面，可以证明是旋转椭球面。如图 17-18 所示，因为沿光轴方向 o 光和 e 光的传播速度相同，所以球面与椭球面相切于光轴的 A、B 两点，AB 就是旋转椭球面的旋转轴。图 17-18 画出的球面和椭球面是从波源发出的光，经 1 秒的传播所抵达的各点的波面。实验表明，在垂直于光轴的方向上，o 光与 e 光的速度差最大，有些晶体 $v_o > v_e$，称为正轴晶体 (如石英)，而另一些晶体 $v_o < v_e$，称为负轴晶体 (如方解石)。

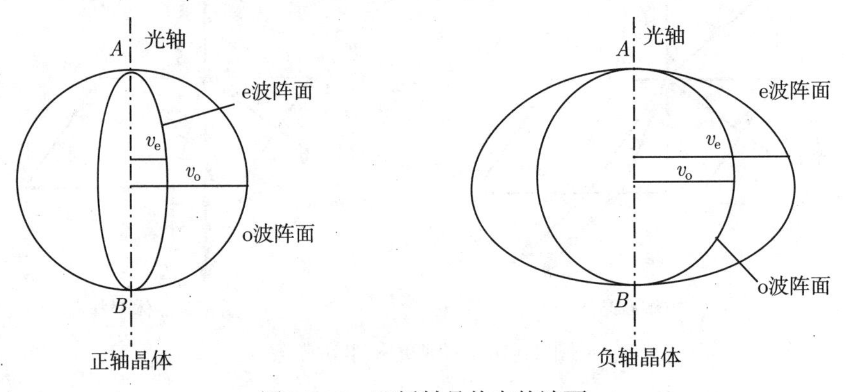

图 17-18　双折射晶体中的波面

定义 $n_o = \dfrac{c}{v_o}$，$n_e = \dfrac{c}{v_e}$ 分别为双折射晶体对 o 光和 e 光的折射率，统称为晶体的主折射率，其中 c 为真空光速，表 17-1 给出了几种材料的主折射率。

表 17-1　几种材料的折射率

晶体材料	o 光主折射率 (n_0)	e 光主折射率 (n_e)	双折射率 ($n_e - n_o$)
冰	1.3091	1.3104	0.0013
石英	1.5442	1.5534	0.0092
方解石	1.6584	1.4864	−0.1720
电气石	1.669	1.638	−0.031

以方解石晶体为例，用惠更斯作图法可以确定经折射后 o 光和 e 光的传播方向。如图

17-19 所示，晶体内部的虚线表示光轴方向，(a) 图的入射光不沿晶轴方向入射，经折射，在晶体内 o 光、e 光具有不同的传播方向，出现双折射现象；(b) 图的入射光垂直于晶轴方向入射，在晶体内 o 光、e 光具有相同的传播方向，但传播速度不同，也存在双折射现象；(c) 图的入射光沿光轴方向入射，o 光、e 光传播方向相同且速度相同，无双折射现象。

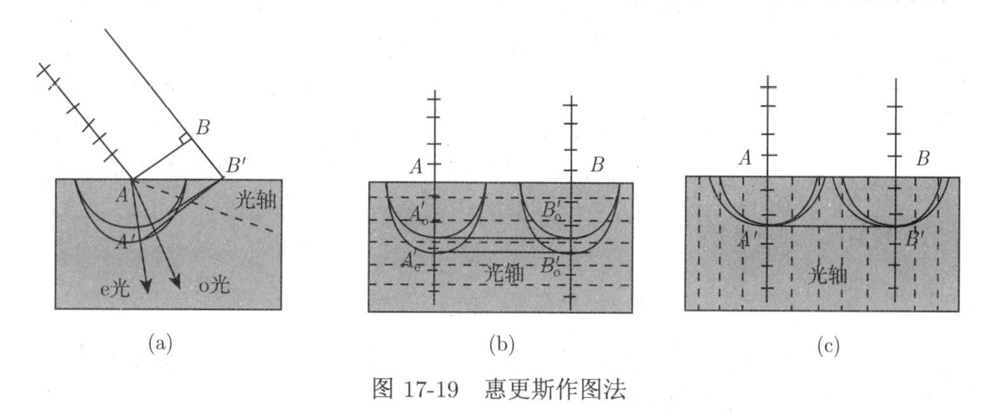

图 17-19　惠更斯作图法

17.3.3　晶体光学器件

1. 偏振棱镜

利用晶体的双折射现象可以制成各种偏振棱镜，这里介绍常用的尼科耳棱镜，其结构和原理如图 17-20 所示。

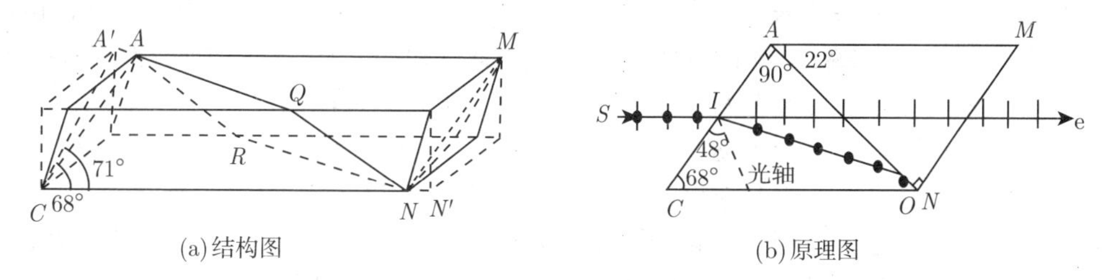

图 17-20　尼科耳棱镜

取一块方解石晶体，它的长度约等于其厚度的三倍，天然方解石的两个端面与底面成 73° 角，即平行四边形 $A'CN'M$ 的两对角为 71°，把两端面磨掉一部分，使其与底边成 68° 角，即平行四边形 $A'CN'M$ 成为 $ACNM$，然后将晶体沿垂直于 $ACNM$ 及两端面剖面磨光并用加拿大树胶黏合起来，即**尼科耳棱镜**。光轴在 $ACNM$ 平面内，与 AC 成 48° 角。入射光 SI 平行于棱镜的边长 CN，入射面为 $ACNM$，入射光进入棱镜后分解为 o 光和 e 光，因为入射面和主截面重合，所以 o 光和 e 光的主平面都在主截面内。对于 o 光，它在加拿大树胶上的入射角为 76°，加拿大树胶折射率 $n = 1.550$，方解石对 o 光的折射率 $n_o = 1.658$，所以 o 光是从光密介质入射到光疏介质的，入射角 76° 大于临界角 69.15°，因此 o 光在加拿大树胶层上全反射，反射到 CN 面上，此面涂墨，可以把它吸收掉。对于 e 光，方解石对 e 光的折射率为 1.4864，所以 e 光在加拿大树胶层上不能全反射，故它通过树胶从棱镜射出，所以从尼科耳棱镜射出的光是线偏振光，其振动面就是主截面。

尼科耳棱镜和偏振片一样，不仅可以作为起偏振器，也可作为检偏振器。

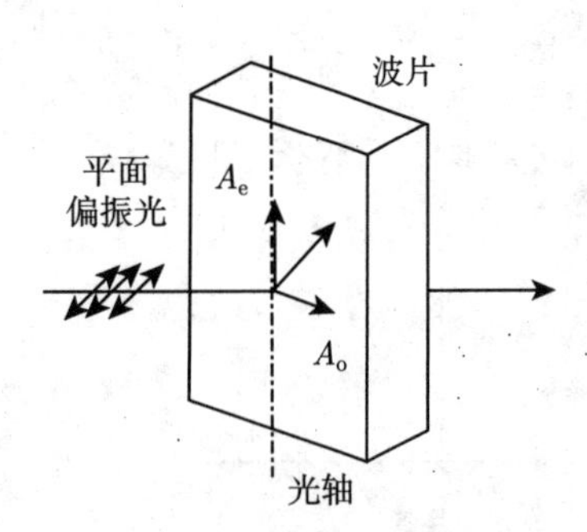

图 17-21　线偏振光通过波片

2. 位相延迟器 (波片)

如图 17-19(b) 所示的情况，当波矢垂直光轴传输时，o 光与 e 光在空间上没有发生分离，但是传播速度不一样。利用单轴晶体的这个特性，可以制成波片，如图 17-21 所示。起偏器获得的线偏振光垂直入射到由单轴晶体制成的波片上，波片的光轴与其表面平行，这时线偏振光将分解为沿光轴方向和垂直于光轴方向的分量，分别对应 o 光和 e 光。由于 o 光、e 光在波片中的传播速度不同，因此通过厚度为 d 的波片后产生一定的相位差，如式 (17-5)。

$$\delta=\frac{2\pi}{\lambda}(n_o-n_e)d \tag{17-5}$$

可见，波片能使光矢量相互垂直的两偏振光产生相位的相对延迟，因此波片也称位相延迟片。常用的位相延迟片有 1/4 波片、半波片和全波片等。

17.4　偏振光的干涉

17.4.1　偏振光干涉原理

实现偏振光干涉的实验装置如图 17-22 所示，M、N 为两块偏振片 (或尼科耳棱镜)，分别作起偏振器和检偏振器用，其偏振化方向是互相垂直的，C 为一双折射晶片，它的光轴和晶面平行。一束自然单色光垂直地投射在偏振片 M 上，如果取出晶片 C，视场是黑暗的。放入晶片 C，当晶片 C 的光轴与偏振片 M 的偏振化方向成一适当角度时，视场便由黑暗变为明亮，这是两束偏振光干涉的结果。自然光通过偏振片 M 后变为偏振光，它的振动方向即偏振片 M 的偏振化方向，这束偏振光垂直投射在晶片上，因而也垂直于晶片的光轴，这束光进入晶片后分解为振动方向互相垂直的 o 光和 e 光。因光轴与晶面平行，o 光和 e 光沿同一方向行进不分开，o 光的振动方向垂直于光轴方向，而 e 光的振动方向则平行于光轴方向，在进入晶片之前这两束光没有位相差，但由于这两束光在晶片中的传播速度不相同，从晶片射出时有一位相差 δ (式 (17-4))。这两束光线中每一束的光振动可分解为平行和垂直于偏振片 N 的偏振化方向的分振动，因为只有平行于 N 的偏振化方向的分振动才能通过 N 射出，所以从偏振片 N 射出的两束光振动方向相同，频率相同，又有恒定的位相差，所以它们具有干涉的一切必要条件，因而从偏振片 N 射出时发生干涉。

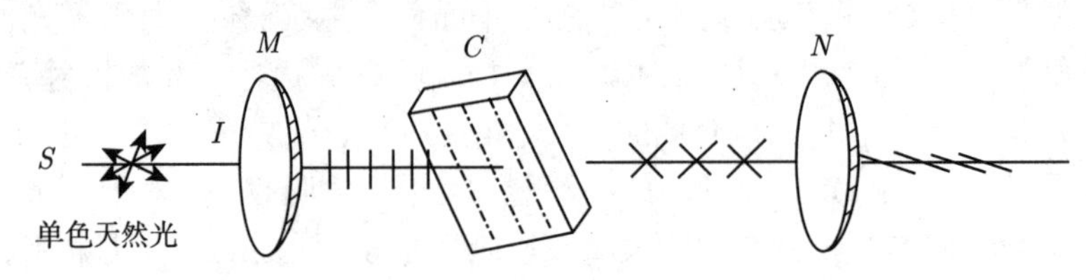

图 17-22　偏振光的干涉

17.4.2 干涉加强和减弱条件

如图 17-23(a) 所示，设晶片的光轴方向 CC 与偏振片 M 的偏振化方向 MM 的夹角为 θ，A 为从 M 射出的偏振光的振幅，则从晶片 C 射出的 o 光和 e 光的振幅分别为

$$A_\mathrm{o}=A\sin\theta,\quad A_\mathrm{e}=A\cos\theta$$

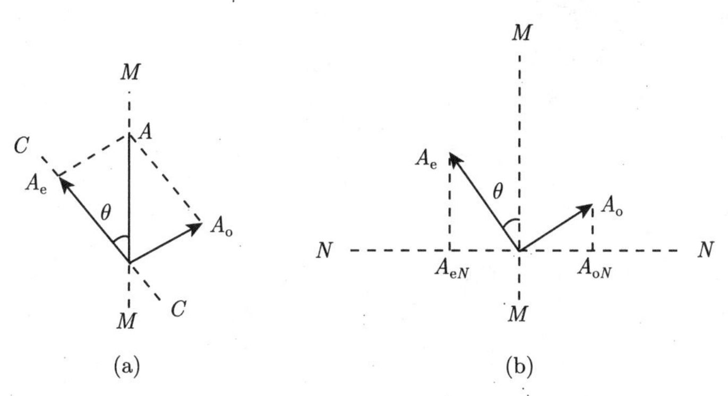

图 17-23 光矢量的分解

又如图 17-23(b) 所示，NN 为偏振片 N 的偏振化方向，与偏振片 M 的偏振化方向 MM 垂直，因为只有平行于 NN 方向的分振动才能通过偏振片 N 射出，所以从偏振片 N 射出的两束光的振幅分别为

$$A_{\mathrm{o}N}=A_\mathrm{o}\cos\theta=A\sin\theta\cos\theta$$

$$A_{\mathrm{e}N}=A_\mathrm{e}\sin\theta=A\sin\theta\cos\theta$$

可见这两束光线的振幅相等，但振动方向相反。o 光和 e 光从晶片 C 射出时有一位相差 δ。因 $A_{\mathrm{o}N}$ 与 $A_{\mathrm{e}N}$ 这两个振动方向相反，又引入位相差 π, 故总的位相差为

$$\delta+\pi=\frac{2\pi}{\lambda}(n_\mathrm{o}-n_\mathrm{e})d+\pi$$

根据干涉加强和减弱的条件可得：

当 $\dfrac{2\pi}{\lambda}(n_\mathrm{o}-n_\mathrm{e})d+\pi=2k\pi$，即 $\delta=\dfrac{2\pi}{\lambda}(n_\mathrm{o}-n_\mathrm{e})d=(2k-1)\pi$ 时，干涉加强，视场最亮；

当 $\dfrac{2\pi}{\lambda}(n_\mathrm{o}-n_\mathrm{e})d+\pi=(2k+1)\pi$，即 $\delta=\dfrac{2\pi}{\lambda}(n_\mathrm{o}-n_\mathrm{e})d=2k\pi$ 时，干涉减弱，视场最暗。

17.4.3 偏振干涉的应用

1. 显色偏振

由偏振干涉加强、减弱条件可知，当晶片厚度 d 均匀且用单色自然光垂直入射时，屏上将呈现一片强度均匀分布的亮光，没有干涉条纹；旋转系统中的晶片，即改变入射角 θ，

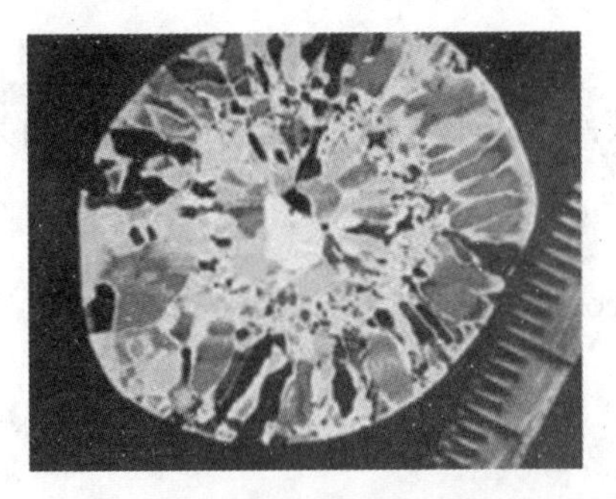

图 17-24　用偏振光显微镜观察矿物晶体的干涉色

强度将发生变化。如果用白光照射，则有一些波长的光满足干涉加强条件，另一些波长的光满足干涉相消条件，因此屏上的干涉图样叠加呈现出一定的色彩，称为**显色偏振**，所呈现的颜色叫干涉色。一定的干涉色与晶片中一定的光程差相对应。所以，只要观察并准确判断干涉色，则可通过查表求得相应的光程差和其他一些有价值的数据。图 17-24 是用偏振光显微镜观察到的矿物晶体的电矢量振动面及其产生的干涉色分布，偏振光干涉已成为研究矿物晶体的光学性质、鉴别各种矿物的重要手段。

2. 人为双折射

某些各向同性的媒质本不产生双折射现象，但是受外界作用如机械力、电场、磁场等时，变成各向异性媒质，并产生双折射现象。还有些各向异性媒质，受到外界作用时，则会改变其原有的双折射性质。这种在人为的条件下，使媒质产生或者改变其双折射的现象，称为人为双折射现象。

图 17-25 为**光弹效应**偏振光干涉图样。光弹效应，也叫应力双折射效应。左图为干涉装置，两偏振片偏振化方向相互垂直。若有机玻璃片不受外力作用保持应力均匀，则观察到均匀的干涉光强。对有机玻璃加力，发现有机玻璃变成各向异性，加力的方向即光轴的方向。由于有机玻璃各处应力不均匀，各处满足的干涉条件不同，因此出现干涉条纹，且应力变化大的地方条纹密，应力变化小的地方条纹疏。因此，可以通过光弹效应，研究材料内部的应力情况。

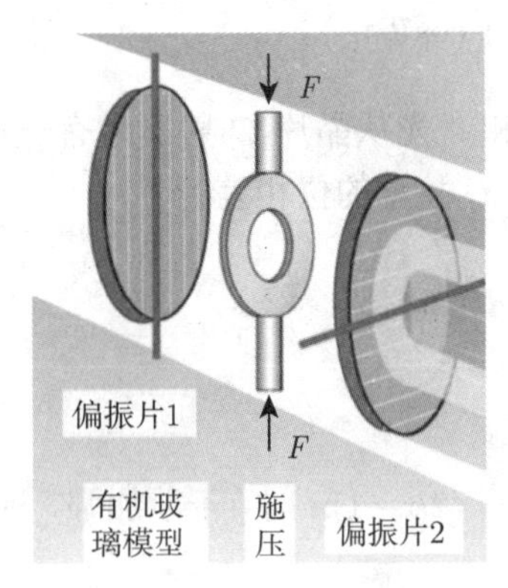

图 17-25　光弹效应偏振光干涉图样

17.5　光的吸收、散射和色散

前几章讨论了光在介质中传播时的现象和规律。实际上，在传播过程中光还存在着与介质的相互作用，作用的结果是导致光的某些特性发生变化。例如，因介质对光的吸收，会使光强减弱；因介质的折射率不同，会使不同波长的光在介质中具有不同的传播速度，导致它们产生不同的折射角散开而发生色散；光在介质中传播时一般会产生散射等。研究光与物质的相互作用，一方面，有助于对光的本性进行了解；另一方面，可得到许多关于物质结构方面的重要结论。

17.5.1 光的吸收

真空对光是绝对透明的，即光强不随传播距离而变化。在介质中，光强会随着其穿入介质的深度而减少，这种现象称为介质对**光的吸收**。进一步研究表明，光的吸收应区分**真吸收**和**散射**两种情况。如果光在介质中传播时，其一部分能量被转化为介质中的内能，这种现象就是介质对光的真吸收 (简称吸收)，其他情况将视为介质对光的散射。

1. *物质对光吸收的一般规律*

实验表明，一定频率的某单色光在某介质中传播时，其强度将随着传播距离按比例减小，其减小程度与光强成正比，具体可表示为

$$-\mathrm{d}I = \alpha I \mathrm{d}x \tag{17-6}$$

式中，α是一个比例常数，称为介质对该单色光的**吸收系数**。将式(17-6)分离变量并积分，得

$$I = I_0 \mathrm{e}^{-\alpha x} \tag{17-7}$$

式中，I_0 表示所选取的坐标原点处的光强。式 (17-7) 表明，因吸收，随着光进入介质深度的增加，光强按指数率衰减，这个规律称为**朗伯定律**。应注意的是：对于激光光束，朗伯定律不再适用。

实验表明，吸收系数 α 取决于介质的性质和所处的状态。例如，溶液对光的吸收系数与溶液的浓度有关，可表示为 $\alpha = AC$。这样，坐标为 x 处的光强为

$$I = I_0 \mathrm{e}^{-ACx} \tag{17-8}$$

式中，A 是与溶液浓度 C 无关的常量，上述就是著名的**比尔定律**。比尔定律在光谱分析中是非常重要的，而光谱分析在材料物理、大气物理、化学等相关领域是一种重要的研究手段。

注意，比尔定律只有在溶质分子对光的吸收本领不受周围分子影响的条件下才是正确的。

2. *选择吸收和吸收光谱*

如果介质对光的吸收与光的波长无关，称这种吸收为**普遍吸收**；如果介质对光的吸收与光的波长有关，表现出对某些波长的光吸收特别强烈，称这种吸收为**选择吸收**。

当具有连续谱的光 (如白光) 通过选择吸收介质后，光谱仪可显示出某些波段 (或某些波长) 的光被介质吸收的情况 (即**吸收光谱**)，图 17-26 给出了太阳光经过大气层的吸收光谱。

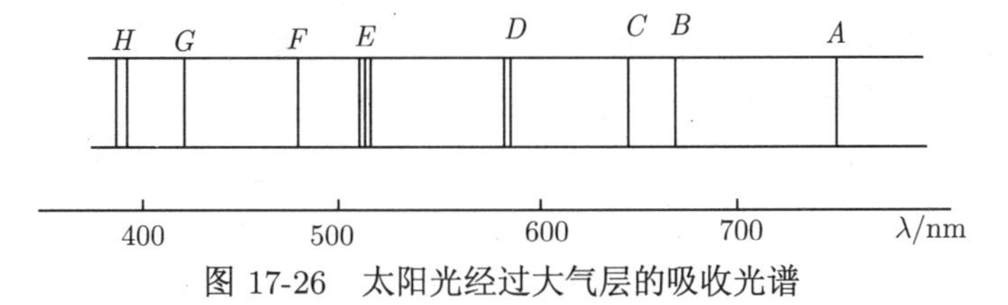

图 17-26 太阳光经过大气层的吸收光谱

由于原子吸收光谱具有很高的灵敏度，所以近几十年来，在定量分析中，原子吸收光谱得到了越来越广泛的应用，不少新元素都是用这种方法发现的。

17.5.2 光的散射

一般情况下，介质中存在着一些不均匀的团块，这些团块会使进入介质的光偏离原入射方向，从而向四面八方散开，这种现象称为**光的散射**。我们称这些向四面八方散开的光为**散射光**，如果既考虑吸收又考虑散射，可将光强表示为

$$I = I_0 e^{-(\alpha+\beta)x} \tag{17-9}$$

式中，β 是物质的**散射系数**，在大气光学等相关领域，习惯上将 $\alpha+\beta$ 称为**消光系数**。

1. 瑞利散射和分子散射

通常情况下，若介质中存在不均匀团块，其线度小于光的波长，则其对入射光的散射，称为**瑞利散射**。在瑞利散射下，不均匀团块的线度极小，可将作用在散射微粒上的电场看成交变的均匀场，认为散射微粒极化时只感生电偶极矩而没有更高级的电矩。按照光的电磁理论，偶极辐射的功率正比于频率的四次方。

瑞利认为，由于热运动会破坏散射微粒间的位置关联，各偶极振子所辐射的子波是不相干的，这样在计算散射光强时，应将子波的强度叠加而不是振幅叠加，因此，散射光强将正比于频率的四次方 (反比于波长的四次方)。

值得提到的是：在光学性质完全均匀的物质介质中，其原子结构导致的不均匀性远小于波长，可略去不计，故不会发生明显的光散射，但实际上还在某种程度上可以观察到散射光。这种纯净物质中的散射称为**分子散射**，它是由于介质的分子密度涨落而引起的。

晴朗的天空之所以呈浅蓝色，就是由于大气的散射。对大气散射而言，它的一部分来自悬浮的尘埃，而大部分则是由于分子密度的涨落所引起的。由于后者的尺度比前者小得多，所以瑞利散射定律的作用更加明显。根据瑞利散射定律，散射光中波长较短的蓝光占优势。清晨日出或傍晚日落时，看到太阳呈红色，这是因为此时太阳光近乎平行于地面，穿过的大气层最厚，波长较短的蓝光、黄光等几乎都朝侧向散射，仅剩下波长较长的红光到达观察者，但此时仰观天空时仍是浅蓝色。正午时太阳所穿过的大气层最薄，散射不多，故太阳呈白色。白云是由大气中的水滴组成的，由于这些水滴的半径与可见光的波长相比已不算很小，瑞利散射不再适用，水滴产生的散射与波长关系不大，这就是云雾呈现白色的缘由。

2. 拉曼散射

以上讨论的是散射光与入射光同频的散射现象。在散射光中，还会出现与入射光频率不同的散射光，这种现象称为**拉曼散射**，拉曼散射光谱的特征如下：

(1) 在与入射光角频率 ω_0 相同的散射谱线 (瑞利散射线) 两侧，对称地分布着角频率为 $\omega_0 \pm \omega_1$，$\omega_0 \pm \omega_2$，$\cdots$ 的散射谱线，长波一侧 (角频率为 $\omega_0 - \omega_1$，$\omega_0 - \omega_2$，$\cdots$) 的谱线称为红伴线或斯托克斯线，短波一侧 (角频率为 $\omega_0 + \omega_1$，$\omega_0 + \omega_2$，$\cdots$) 的谱线称为紫伴线或反斯托克斯线；

(2) 角频率差 ω_1，ω_2，$\cdots$ 与散射物质的红外吸收角频率相对应，表征散射物质的分子振动角频率，而与入射光的角频率 ω_0 无关。

拉曼散射为研究分子结构、分子的对称性和分子内部的作用力等提供了重要的分析手段，它已成为分子光谱学中红外吸收方法的重要补充。

17.5.3 光的色散

光在介质中的传播速度或折射率随波长而改变的现象称为介质对光的色散，简称色散。色散现象可在光的折射中明显地表现出来，例如，白光通过棱镜时出现彩色是众所周知的(图 17-27)。

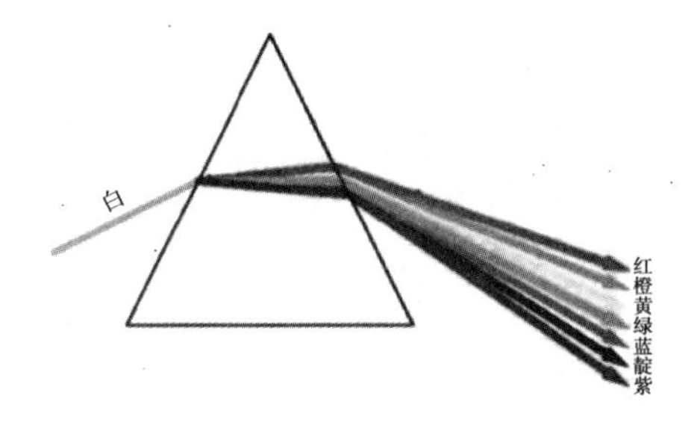

图 17-27 白光经过三棱镜的色散现象

在色散现象中，因折射率 $n=c/v$ 随着波长变化，故可写成 $n=f(\lambda)$，其描绘的曲线称为**色散曲线**。研究表明，在透明区内 (在此区域物质对光的吸收很小)，物质表现出**正常色散**，色散曲线单调下降，图 17-28 为几种物质在可见光区域附近的正常色散曲线。可以看出，n**随波长增大而减小**，而且在波长小的地方减小得快。

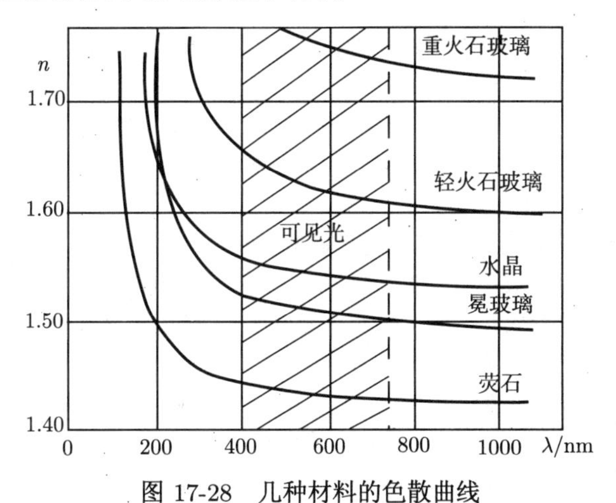

图 17-28 几种材料的色散曲线

正常色散的规律可以用**柯西公式**来描述：

$$n=A+\frac{B}{\lambda^2}+\frac{C}{\lambda^4} \tag{17-10}$$

式中，A、B 和 C 是由介质性质决定的常量，其值由实验确定。

在吸收区内，若某区域 n**随波长增大而增大**，则该区域的色散称为**反常色散**，如图 17-29 所示的吸收带便是这种情况。实际上，在吸收带，光不能通过，无法测定折射率，所以色散是反常的。

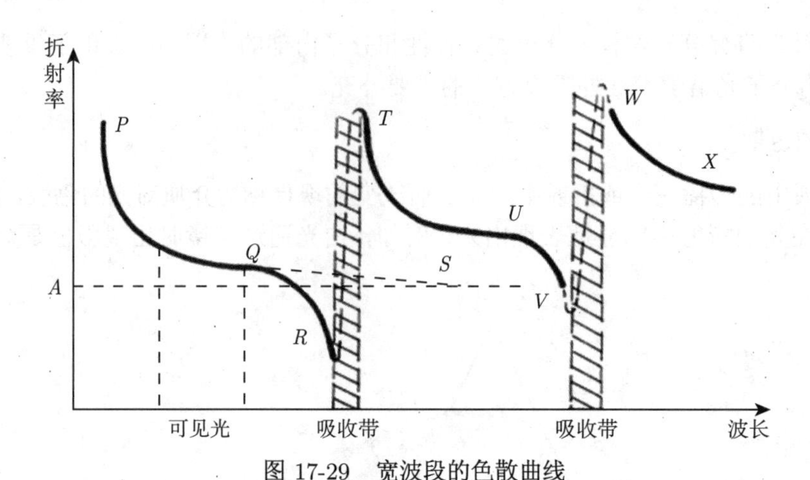

图 17-29　宽波段的色散曲线

QR 段为实际值，QS 是按照柯西公式推断的结果

习　　题

17-1　三个偏振片 P_1、P_2 与 P_3 堆叠在一起，P_1 与 P_3 的偏振化方向相互垂直，P_2 与 P_1 的偏振化方向间的夹角为 30°，强度为 I_0 的自然光入射于偏振片 P_1，并依次透过偏振片 P_1、P_2 与 P_3，则通过三个偏振片后的光强为 (　)

A. $\dfrac{3I_0}{16}$　　B. $\dfrac{\sqrt{3}I_0}{8}$　　C. $\dfrac{3I_0}{32}$　　D. 0

17-2　自然光以 60° 的入射角照射到两介质交界面时，反射光为完全线偏振光，则折射光为 (　　)

A. 完全线偏振光，且折射角为 30°

B. 部分偏振光且只是在该光由真空入射到折射率为 $\sqrt{3}$ 的介质时，折射角为 30°

C. 部分偏振光，但须知两种介质的折射率才能确定折射角

D. 部分偏振光，且折射角是 30°

17-3　自然光入射到水面上，入射角为 i 时反射光成为完全偏振光。今有一块玻璃浸于水中，若光由玻璃而反射也成为完全偏振光，求水面与玻璃面之间的夹角 α。($n_3 = 1.5, n_2 = 1.33$)

17-4　使自然光通过两个偏振化方向相交 60° 的偏振片，透射光强为 I_1，今在这两个偏振片之间插入另一偏振片，它的方向与前两个偏振片均成 30° 角，则透射光强为多少？

17-5　一束光是自然光和线偏振光的混合，当它通过一偏振片时，发现透射光的强度取决于偏振片的取向，其强度可以变化 5 倍，求入射光中两种光的强度各占总入射光强度的几分之几。

17-6　试分别计算用方解石晶体制成的波长为 $\lambda_1 = 589.3$ nm 的钠黄光和波长为 $\lambda_2 = 546.1$ nm 的汞灯绿光的 1/4 波片的最小厚度为多少？

17-7　利用布儒斯特定律怎样测定不透明介质的折射率？若测得釉质在空气中的起偏振角为 58°，求釉质的折射率。

17-8　如果一个二分之一波片或四分之一波片的光轴与起偏器的偏振化方向成 30° 角，试问从二分之一波片还是从四分之一波片透射出来的光将是：(1) 线偏振光？(2) 圆偏振光？(3) 椭圆偏振光？为什么？

17-9　将厚度为 1 mm 且垂直于光轴切出的石英晶片，放在两平行的偏振片之间，对某一波长的光波，经过晶片后振动面旋转了 20°。问石英晶片的厚度变为多少时，该波长的光将完全不能通过？

气象物语 G　大气散射现象与基本理论简介

众所周知，人们赖以生活的地球被数以百千米厚的大气层所包裹，大气层保护着人们的生活环境。太阳光不仅给人类提供了大量的信息，照亮了人们的生活，源源不断的光能输入也温暖着我们的家园。光的这些功能必须借助光在大气层中的传输才能够实现。光的各种特性 (如光的频率、光强、偏振、空间分布) 都会由于光在大气层中的传输而发生变化，这些改变是光波与大气物质相互作用的结果。一般来说，光波与大气的相互作用有三种类型：散射、吸收与反射。其中大气对光波的散射是一种很重要、很普遍的物理现象，因为射入人眼或各种接收仪器的光，绝大多数都不是直接光，而是散射光。如果没有大气的散射，只有太阳光直射的地方是明亮的，而其他地方都是一片漆黑。散射是光波与物质相互作用的结果，且散射现象在整个电磁波谱范围内都可发生。

大气散射规律是大气光学和大气辐射学中的重要内容之一，同时也是微波雷达、激光雷达等遥感探测的理论基础。

大气层中含有各种光散射粒子：气体分子 (典型尺寸数量级为 nm)、气溶胶粒子 (平均尺寸在 0.1~1 μm，无固定形状)、雾滴 (平均大小在 0.1~1 μm，球形)、雨滴 (平均大小在 1~10 μm，椭球形)、冰晶 (平均大小在 1~10 μm，不规则，部分可视为六棱柱状) 等。在低层大气中，主要含有氧气分子、氮气分子、霾、气溶胶粒子，而平流层主要含有气溶胶粒子、云，粒子浓度一般随高度的变化而改变。

当电磁波、光波入射到气体分子、液态或固态的云、气溶胶粒子上时，入射波的能量将被重新分配与传播，其传播能量随散射角的分布函数与多种因素都有关系，例如，与粒子形状、粒子尺寸、粒子折射率、入射波波长等因素有关。入射波与大气粒子的相互作用过程，可以简化看成一个较直观的图景：入射波的一部分能量会被散射粒子 (粒子的相对折射率虚部不为零) 吸收并转化为粒子内能 (最终粒子以热辐射的方式参与能量交换)，同时入射波的其余能量被粒子以反射、衍射、透射的方式、按球面波的形式向各个方向散射。当然，实际上光波 (或电磁波) 与大气粒子的相互作用会更复杂。

散射过程中电磁波 (或光波) 的波长、偏振状态都将发生变化。即使入射波是单一频率时，散射波频谱中也可能包含与入射波不同频率的弱谱线。即使入射光是自然光，散射波也会有一定程度的偏振。本节仅讨论频率不发生改变的弹性散射。

G.1　瑞利分子散射

为什么晴朗的天空是蓝色的？天空的亮度为什么会随时间发生改变？为了解释这些物理现象，瑞利指出，这些现象是因为空气分子的散射特征引起的，称为**瑞利散射**。瑞利散射规律只适用于散射体半径 a 远远小于入射光波长 λ 的物质。瑞利散射具有如下规律：

(1) 散射光的强度与入射波波长的四次方成反比。

因为天气晴朗时，射入人眼的光大部分都是被空气分子 (没有雾霾) 散射的散射光，白光中短波成分 (蓝紫光) 的散射光强比长波成分 (黄红光) 的散射光强强很多，所以散射光中短波成分较为丰富，使得天空呈现蔚蓝色。旭日与夕阳呈现红色也是由瑞利分子散射引起的：早晚阳光以很大的倾角穿过大气层，历经大气层的厚度要比中午时大很多，空气分子的散射效应特别强烈，白光中的短波成分被更多的散射掉，剩下的波长长的红光被人眼接收，所以旭日东升与夕阳西下时，天空的颜色显得十分殷红。

如果碰到云雾天，大气中的水滴较多，其半径与可见光的波长相比已不算小，此时瑞利散射规律不再适用。这样大小的物体产生的散射与波长关系不大，因此云雾呈现白色。

(2) 散射光强度与粒子体积的平方成正比。

(3) 当入射光是自然光时，散射光强度与入射光强之比 p 的空间分布简单地服从一个简单的函数关系：$p(\theta)=\dfrac{3}{16\pi}(1+\cos^2\theta)$ (式中 θ 是散射角，即入射光与散射光之间的夹角)，从各个方向观察时，所看到的散射光的光强，对于入射光的传播方向来说是对称的。

(4) 散射光有很强的偏振度，求其在 $\theta=90°$ 附近，几乎是全偏振光。

G.2 球形粒子光散射的米氏理论

天空的色彩、亮度和偏振度总是明显不同于单纯由瑞利散射产生的色彩、亮度和偏振度。即使是蓝天，在接近地平线的地方显示灰白色；太阳在升起或将要落下时，人眼可以直接注视它而不会有什么难受的感觉，这表明此时整个光路的透射比可能小至 10^{-6} 量级。

以上这些光学现象都是由近地层大气中含有的气溶胶粒子对光的散射引起的。这种由直径大于光波波长 0.03 倍的粒子造成的散射称为米氏散射。从很小的粒子开始，当粒子的几何限度相对于光波波长而言逐渐增大时，就逐渐发生从瑞利散射向米氏散射的过渡。

球形粒子对平面单色电磁波的散射问题的成功求解是物理学的一个经典范例。1908 年，米氏给出了球状粒子对电磁波散射问题的精确解，得出球状粒子的散射与吸收表达式。由于米氏散射方程非常复杂，故此处仅对米氏理论的公式体系作简要说明。设入射电磁波在球坐标系中的表达式为

$$\vec{E}_{\rm i}=\vec{E}_0{\rm e}^{{\rm i}(kr\cos\theta-\omega t)}[\sin\theta\cos\varphi\vec{e}_r+\cos\theta\cos\varphi\vec{e}_\theta-\sin\varphi\vec{e}_\varphi] \tag{G-1}$$

当该电磁波照射到均匀介质球粒子 (半径为 a) 上时，通过对麦克斯韦电磁场方程组求解，可以得到球状介质粒子在远场点 $\vec{r}(r,\theta,\varphi)$ 处 $(kr\gg 1)$ 所激发的散射电场强度为

$$\vec{E}_{\rm s}=\vec{E}_0\frac{{\rm e}^{{\rm i}(kr-\omega t)}}{ikr}[-S_2(\theta)\cos\varphi\vec{e}_\theta+S_1(\theta)\sin\varphi\vec{e}_\varphi] \tag{G-2}$$

式中，$S_1(\theta)$、$S_2(\theta)$ 为两个复振幅函数。由此可以得到表征粒子光学特性的消光、散射、后向散射和吸收效率。

米氏散射的主要特点：

(1) 随着粒子尺度数 α 的增大，前向散射光在总散射光中的比值迅速增大，这就是米氏效应。

(2) 前向散射光基本上不改变入射光的偏振状态。当入射光是自然光时，前向散射光也是非偏振的，散射光偏振度最大的方向出现在散射角 $\theta=85°\sim120°$。

(3) 在粒子吸收不强时，散射效率 $Q_{\rm sc}$ 随粒子尺寸 α 的增大呈振动状态变化，最后趋向于 2，即粒子的散射截面是几何截面的 2 倍；但当粒子吸收增强时，$Q_{\rm sc}$ 曲线上的振动消失。

(4) 散射截面随波长而变。当尺度数 α 很小时，和瑞利散射一样，与波长四次方成反比；当尺度数 α 增大时，逐渐变成与 $\lambda^{-n}(0 < n < 4)$ 成正比；当尺度数 α 相当大时，和波长无明显关系。

G.3 非球形粒子的光散射

自 1871 年瑞利采用空气分子的偶极子辐射模型成功解释天空的颜色开始，关于粒子散射问题的研究越来越受到科研工作者的重视，散射理论的研究和实际应用都取得了巨大进展和成功。1908 年，米氏精确地求解了单个各向同性的均匀介质球光散射的电磁学问题，许多学者又开始对折射指数非均匀但连续变化的中心对称球、多层球体、多球汇聚进行了深入研究。无限长圆柱体、椭圆柱体的光散射问题分别被 Wait 在 1955 年、Yeh 在 1964 年解决。1975 年 Asano 与 Yamaoto 获得了旋转椭球光散射的数值计算精确解。但对于一般形状的平行六面体、有限长圆柱体、椭球体光散射的精确理论解析解至今还是一个有待解决的难题。对于更普遍形状粒子的散射问题的求解必须回到原始的麦克斯韦电磁场理论，并选择恰当的坐标系。在单色波的假定下，Maxwell 方程组可被简化为一个矢量 Helmholtz 方程，对于这类方程的解，原则上可以用本征函数的无穷级数解析来表示，但同时要求粒子表面必须与坐标面完全重合。故对于不规则形状的粒子，要获得散射的精确解析解几乎是不可能的。

G.4 大气层中常见的光学现象

由于大气层对光的吸收和散射，出现了一系列大气光学现象，例如，白昼天空的发光、曙暮时刻天空的亮度和着色现象、大气层使观测远处目标的清晰度 (能见度) 的下降问题，以及与云雾降水相联系的各种光学现象。

1. 天空亮度的分布

天空亮度分布是指大气层散射光亮度的分布。它可以是从地面仰视天空各个方向所观测到的散射光亮度；也可以是从大气上界俯视大气各个方向所观测到的散射光的亮度；还可以是在大气层中某一高度处仰视或俯视所观测到的光亮度。

虽然过去讨论的天空亮度分布大多指可见光的亮度分布，但现在已经推广到红外辐射甚至波长更长的辐射。由于这个辐射量常常作为目标观测时的一种背景，所以也称背景辐射亮度。在目标物的识别或遥感方面，背景辐射亮度起着重要的作用，故近年来背景辐射亮度分布问题的研究广受重视。

理论计算方面：使用辐射传输方程进行计算。在假定了大气结构 (包括气体分子和气溶胶粒子的垂直分布及其光学性质) 及边界条件 (大气上界入射辐射的情形和地面反射特性) 后，就可以通过辐射传输方程计算出各个不同高度、不同方向散射辐射的强度和偏振度。

仪器实测方面：使用光度计在地面或不同高度进行光强测量，可以包括整个可见光波段或某几个波长进行。

2. 天空的色彩

天空呈现的不同色彩取决于散射光光谱成分的不同。晴朗的天空呈现蔚蓝色，是因为散射光中包含着比太阳光更丰富的短波成分。天空色彩的精确观测需要使用分光光度计，这种仪器可以测出各个方向散射光的光谱分布。观测发现，这种光谱的特征可以很好地用色温表示，不同的色温对应于不同的光谱分布。天空中各点的色彩及其变化也可用色温的分布及变化描述。

天空色彩形成的原因：大气的散射系数与入射光波波长有关。大气分子散射光强与波长的四次方成反比，故大气分子对波长较短的光波的散射能力大于对波长较长的光波的散射能力，散射光的峰值波长就比入射光要偏向短波方向，使天空散射光呈现蓝色；当大气中的气溶胶粒子含量较多，在构成天空散射光中所起的作用较大时，由于其散射光光强与波长的依赖关系较小，天空的蓝色就较淡，甚至呈现灰白色。

3. 曙暮光

日落之后或日出之前，地面已不再受太阳直射光的照射，但高层大气还有相当一大部分接收到太阳直射光的照射，因此天空的单色光依然存在，这时天空的发光现象称为暮光或曙光。它们的实质完全相同，只是出现的顺序相反，此处只讨论暮光。

当太阳的上边缘落至地平线的那一刻就是暮光的开始。随着太阳的下沉，发出暮光的气层越来越高，而大气密度是随着高度的增加而递减的，故散射也越来越弱，最后完全消失。暮光终点的时刻一般有两种标准，一种叫“民用蒙影”的终止，这时候地面的亮度已减少到不用人工照明就难以在户外正常活动，晴天时相当于太阳高度角为 $-7°$；另一种叫“天文蒙影”的终止，这时对最暗的星也能进行天文观测，一般相当于太阳高度角为 $-18°$。暮光终止的时间和太阳赤纬、观测点的纬度有关。观测点的纬度越高，太阳赤纬越高，曙暮光持续的时间就越长。当条件具备时，曙光开始的时刻和暮光终止的时刻相衔接，例如，极地就会出现白夜现象。

4. 能见度问题

生活中经常遇到透过大气来观察目标物能否看得清晰的问题，以及到底隔多远还可以把目标物从它的背景中分辨出来。这一问题是大气中的颗粒物对光散射所造成的，因此，能见度在大气环境问题中受到广泛关注。

影响能见度的因素有目标物的物理特性，包括其形状、大小、色彩和亮度等，照明情况，大气特性，观测器械特性。

5. 霾

霾是由空气中的灰尘、硫酸、硝酸、有机碳氢化合物等粒子组成的，能使大气混浊、视野模糊、能见度恶化的系统。如果水平能见度小于 10000 m 时，将这种由非水成分物体组成的气溶胶构成，且造成视程障碍的系统称为霾。一般情况下，当相对湿度小于 80%时，由大气混浊导致的能见度恶化是霾造成的；当相对湿度大于 90%时，由大气混浊导致的能见度恶化是雾造成的；当相对湿度介于 80%～90%时，由大气混浊导致的能见度恶化是霾和雾的混合物共同造成的，但其主要成分是霾。霾的厚度比较厚，可达 1～3 km。由于灰尘、硫酸、硝酸等粒子组成的霾，其散射光中波长较长成分比较多，因此霾看起来呈黄色或橙灰色。

6. 霾和雾的区别

霾和雾的区别之一在于大气的相对湿度。霾发生时的相对湿度不大，而雾中的相对湿度是饱和的 (有大量凝结核存在)。一般相对湿度小于 80%时的大气混浊、视野模糊、能见度恶化是由霾造成的；相对湿度大于 90%时的大气混浊、视野模糊、能见度恶化是由雾造成的；相对湿度介于 80%～90%时的大气混浊、视野模糊、能见度恶化是霾和雾的混合物共同造成的，但其主要成分是霾。霾的厚度比较厚，可达 1～3 km。

霾与雾、云不一样，霾与晴空区之间没有明显的边界。霾粒子的分布比较均匀，而且灰霾粒子的尺度比较小，为 0.001～10 μm，平均直径为 1～2 μm，肉眼看不到空中飘浮的颗粒物。另外霾呈现黄色或橙灰色。

雾是由大量悬浮在近地面空气中的微小水滴或冰晶组成的气溶胶系统，是近地面层空气中水汽凝结 (或凝华) 的产物。雾的存在会降低空气的透明度，使能见度恶化。如果目标物的水平能见度降低到 1000 m 以内，就将悬浮在近地面空气中的水汽凝结 (或凝华) 物的天气现象称为雾；而将目标物的水平能见度为 1000～10000 m 的这种天气现象称为轻雾。雾形成时的大气湿度是饱和的 (当有大量凝结核存在，相对湿度不一定达到 100%时就可能出现饱和)。就其物理本质而言，雾与云都是空气中水汽凝结 (或凝华) 而成的产物，所以雾升高离开地面就称为云，而云降到地面或云移到高山时就称为雾。一般雾的厚度比较小，常见的辐射雾的厚度大约从几十米到一两百米。雾和云一样，它们与晴空区之间有明显的边界。雾滴浓度分布不均匀，而且雾滴的尺度比较大，从几微米到 100 μm，平均直径为 10～20 μm，肉眼可以看到空中飘浮的雾滴。由于液态水或冰晶组成的雾散射光的光强与波长关系不大，所以雾看起来呈现乳白色或青白色。

7. 结论

人类对物质世界的主要认识是从看得见的基本活动中得来的。到达人眼的大部分光，并不是直接来自于光源发出的直接光，而往往是借助于散射物的散射光被人眼所观察。了解大气散射的多种形式与现象，有助于我们开阔视野，深入认识光与物质相互作用的规律，有助于提高我们的观察能力和学习能力。

第7部分

近代物理 II

在 17 世纪到 19 世纪这段时期里，经典物理学取得了很大的成就。在牛顿力学的基础上，拉格朗日等的工作使经典力学臻于完善。而且研究的范围也扩大了，从机械运动的范畴进入了热运动和电磁运动。在这时期内，通过克劳修斯、开尔文、玻尔兹曼等对热现象的研究，建立了热力学和统计力学；通过牛顿、惠更斯、杨、菲涅耳等对光的研究，建立了光学；而安培、法拉第、麦克斯韦等对电磁现象的研究，则为电动力学奠定了基础。至 19 世纪末，经典物理学已发展到相当完善的阶段，当时许多物理学家，包括像开尔文那样知名的、对物理学理论有着多方面贡献的物理学家，都认为物理学的基本规律都已被揭露出来，今后的任务只是使这些规律进一步完善，并把物理学的基本定律应用到具体问题的处理上，以及用来说明新的实验事实而已。

正当物理学家为经典物理学理论的辉煌成就而欢欣鼓舞之际，一些新的实验事实与经典物理学理论发生了尖锐的矛盾。1887 年，迈克耳孙–莫雷实验否定了绝对参考系的存在；1900 年瑞利和金斯在用经典的能量均分原理来说明热辐射现象时，出现了“紫外灾难”；1896 年贝克勒尔首次发现放射性现象，说明原子不是物质的基本单元，原子是可分的。一系列实验现象无法用经典理论做出正确的解释，因此经典物理处于一种非常困难的境地，这也使一些物理学家深感困惑。

1900 年，普朗克为了解释黑体辐射问题，提出了振荡偶极子的能量是以不连续的量值改变的量子假设，并导出了与实验结果相符合的黑体辐射公式；爱因斯坦、康普顿的理论进一步提出了“光子学说”，认识到电磁辐射以微粒的形式吸收和发射，从而揭示了光具有微粒和波动的双重特性，称为光的波粒二象性；在普朗克、爱因斯坦明确了光的量子性以后，1913 年玻尔根据卢瑟福的原子有核模型以及原子光谱的规律性，提出了氢原子的量子论。

第18章　波 与 粒 子

本章通过对近代物理的实验现象及其理论进行阐述，彻底打破人们原有的经典物理的观念，不仅将经典概念中的粒子和波有机联系起来，同时也为量子力学的建立奠定基础。本章主要内容有：黑体辐射、普朗克能量子假设；爱因斯坦光量子假设、爱因斯坦的光电效应方程；康普顿效应；氢原子的玻尔理论；德布罗意假设，波粒二象性；不确定关系。

18.1　热辐射　普朗克的量子假设

18.1.1　热辐射

任何宏观物体，在任何温度下都在发射各种波长的电磁波，这种由于物体中的分子、原子受热激发而发射电磁波的现象称为**热辐射**。物体向四周发射电磁波的能量称为辐射能。实验表明，热辐射具有连续的辐射能谱，波长自远红外区延伸到紫外区，并且辐射能量按照波长的分布规律主要决定于物体的温度。在一般温度下，物体的热辐射主要在红外区。例如，把铁块在炉中加热，起初看不到它发光，却感到它辐射出来的热。随着温度的不断升高，它发出暗红色的可见光，逐渐转为橙色而后成为黄白色。在温度极高时，变为青白色。这说明同一物体在一定温度下所辐射的能量，在不同光谱区域的分布是不均匀的。温度越高，光谱中与能量最大的辐射所对应的波长也越短。同时，随着温度的升高，辐射的总能量也增加。

所有物体在向外辐射能量的同时，也从周围环境吸收能量。当物体因辐射而消耗的能量正好等于从外界吸收的能量时，该物体的热辐射过程达到平衡，这时物体具有确定的温度，这种热辐射称为**平衡热辐射**，本节只讨论平衡热辐射。

18.1.2　基尔霍夫辐射定律

为了定量描写热辐射的规律，引入几个有关热辐射的基本物理量。

1. 单色辐出度

在单位时间内，从物体表面单位面积上所发射的波长为 $\lambda\sim\lambda+\mathrm{d}\lambda$ 的辐射能 $\mathrm{d}M_\lambda$，与波长间隔 $\mathrm{d}\lambda$ 成正比，那么 $\mathrm{d}M_\lambda$ 与 $\mathrm{d}\lambda$ 的比值称为**单色辐出度**，用 M_λ 表示，即

$$M_\lambda=\frac{\mathrm{d}E_\lambda}{\mathrm{d}\lambda} \tag{18-1}$$

实验表明，M_λ 与辐射物体的温度和辐射的波长有关，是 λ 和 T 的函数，常表示为 $M_\lambda(T)$ 或 $M\ (\lambda,\ T)$，它表示在单位时间内从物体表面单位面积、在单位时间内发射的波长在 λ 附近单位波长间隔内的辐射能。单色辐出度反映了物体在不同温度下辐射能量按波长分布的情况。在国际单位制中，M_λ 的单位为 $\mathrm{W{\cdot}m^{-3}}$。

2. 辐出度

单位时间内，从物体表面单位面积上所发射的各种波长的总辐射能量，称为物体的**辐出度**。显然，对于给定的一个物体，辐出度只是其温度的函数，常用 $M(T)$ 表示，在国际单位制中，其单位为 $\mathrm{W \cdot m^{-2}}$。在一定温度 T 时，物体的辐出度与单色辐出度的关系为

$$M(T)=\int_0^{\infty} M_\lambda(T)\mathrm{d}\lambda \tag{18-2}$$

实验指出，在相同温度下，各种不同的物体，特别在物体表面情况 (如粗糙度等) 不同的情况下，$M_\lambda(T)$ 的量值是不同的，相应地 $M(T)$ 的量值也是不同的。

3. 单色吸收比和单色反射比

任一物体向周围发射辐射能量的同时，也吸收周围物体发射的辐射能量。为了描述物体对不同波长电磁波的吸收和反射能力，引入物体的“单色吸收比”和“单色反射比”的概念。当辐射从外界入射到某不透明的物体表面时，一部分能量被物体吸收，另一部分能量从物体表面反射 (如果物体是透明的，则还有一部分能量透射到物体之中)。被物体吸收的能量与入射能量之比称为物体的吸收比。反射能量与入射能量之比称为物体的反射比。物体的吸收比和反射比也与温度和波长有关。波长为 $\lambda\sim\lambda+\mathrm{d}\lambda$ 的吸收比称为**单色吸收比**，用 $\alpha_\lambda(T)$ 表示；波长为 $\lambda\sim\lambda+\mathrm{d}\lambda$ 的反射比称为**单色反射比**，用 $r_\lambda(T)$ 表示。对于不透明的物体，单色吸收比和单色反射比的总和等于 1，即

$$\alpha_\lambda(T)+r_\lambda(T)=1 \tag{18-3}$$

若物体在任何温度下，对任何波长的辐射能量的吸收比都等于 1，即 $\alpha_\lambda(T)=1$，则该物体称为**绝对黑体**(简称黑体)。

4. 基尔霍夫定律

1860 年，德国物理学家基尔霍夫实验发现，放在一个密闭容器内的几个物体处于热平衡时，各物体在单位时间内发出的能量等于其吸收的能量。基于这一实验结果，基尔霍夫从理论上提出了关于物体的辐出度与吸收比内在联系的重要定律：在同样的温度下，各种不同物体对相同波长的单色辐出度与单色吸收比的比值都相等，并等于该温度下黑体对同一波长的单色辐出度。用数学式表示写成

$$\frac{M_{1\lambda}(T)}{\alpha_{1\lambda}(T)}=\frac{M_{2\lambda}(T)}{\alpha_{2\lambda}(T)}=\cdots=M_{0\lambda}(T) \tag{18-4}$$

式中，$M_{0\lambda}(T)$ 表示**黑体的单色辐出度**。黑体对任何波长的辐射能量的单色吸收比都等于 1，是完全的吸收体，因此也是理想的辐射体。

基尔霍夫定律表明，在 λ、T 一定时，$M_{0\lambda}(T)$ 是确定值，$M_\lambda(T)$ 正比于 $\alpha_\lambda(T)$，即良好的吸收体必然是良好的辐射体。

18.1.3　黑体辐射实验定律

从基尔霍夫定律不难看出，只要知道黑体的单色辐出度以及一般物体的单色吸收比，就能得到一般物体的热辐射性质。因此，从实验和理论上确定黑体的单色辐出度就是研究热辐射问题的中心任务。

在自然界中，并不存在吸收比等于 1 的绝对黑体。例如，吸收比最大的煤烟和黑色珐琅质，对太阳光的吸收比也不超过 99%，所以黑体就像质点、刚体、理想气体等模型一样，也是一种理想化的模型。但在实验室中，我们可以用如下的方法制成黑体模型。如图 18-1 所示，用不透明材料制成开小孔的空腔，空腔外面的辐射能够通过小孔进入空腔，进入空腔内的射线，在空腔内进行多次反射，每反射一次，空腔的内壁将吸收一部分的辐射能量，这样经过很多次的相继反射，进入小孔的辐射几乎完全被腔壁吸收。由于小孔的面积远比腔壁面积小很多，由小孔穿出的辐射能量可以略去不计。所以该结构相当于一个黑体模型，能够在任何温度下百分之百地吸收辐射能量，即能够把射入小孔内的全部辐射吸收掉。在日常生活中，白天从远处看建筑物的窗口，窗口显得特别黑暗，这也是由于从窗口射入屋内的光，经屋内墙壁多次反射而吸收，很少的光能被从窗口射出的缘故，这种带窗口的屋子就相当于一个黑体。又如，在金属冶炼技术中，常在冶炼炉上开一个小孔，以测定炉内温度，这个开有小孔的炉子也是近似黑体。

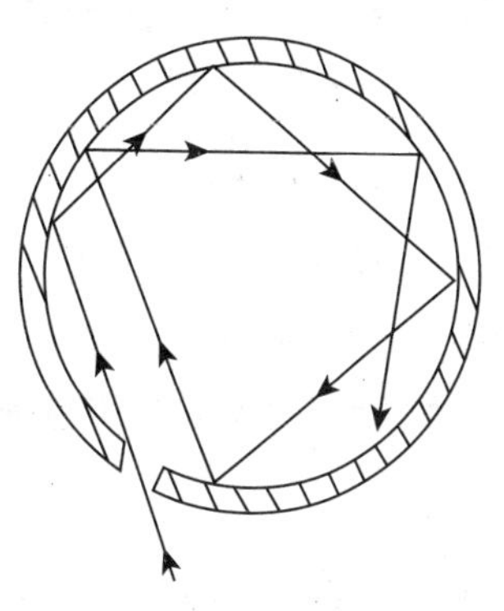

图 18-1 黑体模型

另外，如果均匀地将腔壁加热以提高它的温度，腔壁将向腔内发射热辐射，其中一部分将从小孔射出，因为小孔相当于一个黑体的表面，从小孔发射的辐射波谱也就表征着黑体辐射的特性。利用黑体模型，可用实验方法测定黑体的单色辐出度 $M_{0\lambda}(T)$。图 18-2 表示黑体的单色辐出度 $M_{0\lambda}(T)$ 随 λ 和 T 变化的实验曲线。

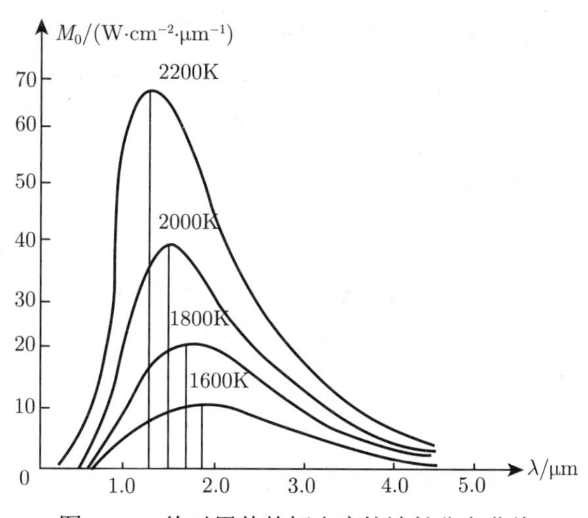

图 18-2 绝对黑体的辐出度按波长分布曲线

根据实验曲线，得出下述有关黑体热辐射的两条普遍定律。

1. 斯特藩–玻尔兹曼定律

在图 18-2 中，每一条曲线反映了在一定温度下，黑体的单色辐出度随波长分布的情况。每一条曲线下的面积等于黑体在一定温度下的总辐出度，即

$$M_0(T) = \int_0^{\infty} M_{0\lambda}(T)\mathrm{d}\lambda$$

由图可见，$M_0(T)$ 随温度的增高而迅速增加。经实验确定，$M_0(T)$ 和绝对温度 T 的四次方成正比，即

$$M_0(T) = \sigma T^4 \tag{18-5}$$

这一结果称为**斯特藩–玻尔兹曼定律**，只适用于黑体，σ 称为斯特藩–玻尔兹曼常量，其值为 $\sigma = 5.67 \times 10^{-8}\ \mathrm{J \cdot s^{-2} \cdot K^{-4}}$。

2. 维恩位移定律

从图 18-2 也可以看出，在每一条曲线上，$M_{0\lambda}(T)$ 有一最大值 (峰值)，即最大的单色辐出度。相应于这最大值的波长，叫作峰值波长 λ_{m}。随着温度 T 的增高，λ_{m} 向短波方向移动，两者间的关系经实验确定为

$$T\lambda_{\mathrm{m}} = b \tag{18-6}$$

式中，维恩位移常数 $b = 2.898 \times 10^{-3} \mathrm{m \cdot K}$。这一结果称为**维恩位移定律**。

这两个定律反映出热辐射的功率随着温度的升高而迅速增加，而且热辐射的峰值波长，还随着温度的增加而向短波方向移动。例如，在可见光范围内，低温度的火炉所发出的辐射能量较多地分布在波长较长的红光中，而高温度的白炽灯发出的辐射能量则较多地分布在波长较短的蓝光中。

热辐射的规律在现代科学技术上的应用很广泛。斯特藩–玻耳兹曼定律和维恩位移定律是测量高温 (如辐射高温计)、遥感和红外追踪等技术的物理基础。例如，地表的温度约为 300K，可算得 λ_m 约为 10 μm，这说明地面的热辐射主要集中在 10 μm 附近的波段，而大气对这一波段的电磁波吸收极少，几乎透明，故通常称这一波段为电磁波的窗口。所以，地球卫星可利用红外遥感技术测定地面的热辐射，从而进行资源、地质等各类探测。在冶炼技术中，通常在冶炼炉上开个小孔，小孔可近似地视为黑体，通过测量它的辐出度 M_0，确定炉温 T。

例 18-1　实验测得太阳辐射波谱的峰值波长为 $\lambda_{\mathrm{m}} = 490\ \mathrm{nm}$，若把太阳视为黑体，计算：(1) 太阳每单位表面积上所发射的功率；(2) 地球表面阳光直射的单位面积接收到的辐射功率；(3) 地球每秒内接收的太阳辐射能量。(已知太阳半径 $R_{\mathrm{S}} = 6.96 \times 10^8\ \mathrm{m}$，地球半径 $R_E = 6.37 \times 10^6\ \mathrm{m}$，地球到太阳的距离 $d = 1.496 \times 10^{11} \mathrm{m}$)

解　(1) 根据维恩位移定律得

$$T = \frac{b}{\lambda_{\mathrm{m}}} = \frac{2.897 \times 10^{-3}\ \mathrm{m \cdot K}}{490 \times 10^{-9}\ \mathrm{m}} = 5.9 \times 10^3\ \mathrm{K}$$

根据斯特藩–玻尔兹曼定律可求出辐出度，即太阳每单位表面积上的发射功率

$$M_0 = \sigma T^4 = 5.67 \times 10^{-8}\ \mathrm{W \cdot m^{-2} \cdot K^{-4}} \times (5.9 \times 10^3\ \mathrm{K})^4 = 6.87 \times 10^7\ \mathrm{W \cdot m^{-2}}$$

(2) 太阳辐射总功率为

$$P_{\mathrm{S}} = M_0 4\pi R_{\mathrm{S}}^2 = 6.87 \times 10^7\ \mathrm{W \cdot m^{-2}} \times 4\pi \times (6.96 \times 10^8\ \mathrm{m})^2 = 4.2 \times 10^{26}\ \mathrm{W}$$

该功率分布在以太阳为中心、以日地距离 d 为半径的球面上，故地球表面单位面积接收到的辐射功率

$$P'_{\mathrm{E}} = \frac{P_S}{4\pi d^2} = \frac{4.2\times10^{26}\ \mathrm{W}}{4\pi\times(1.4976\times10^{11}\ \mathrm{m})^2} = 1.49\times10^3\ \mathrm{W\cdot m^{-2}}$$

(3) 由于地球到太阳的距离远大于地球半径，可将地球看成半径为 R_{E} 的圆盘，故地球接受太阳的辐射能功率

$$P_{\mathrm{E}} = P'_{\mathrm{E}}\times\pi R_{\mathrm{E}}^2 = 1.49\times10^3\ \mathrm{W\cdot m^{-2}}\times\pi\times(6.37\times10^6\ \mathrm{m})^2 = 1.90\times10^{17}\ \mathrm{W}$$

18.1.4 大气辐射简介

在大气物理学中，辐射概念也是非常重要的。太阳不断地向地球辐射能量，地球本身也向空间辐射能量，而且在大气和地面之间以及不同气层之间，辐射传输也是能量交换的主要方式。地球–大气系统的辐射差额是天气变化和气候形成及其演变的基本因素。

本节中讲述的基尔霍夫热辐射定律，从两方面确定了热辐射的规律，即不仅将物体的辐射能力 (辐出度) 与其吸收比联系起来，同时又将物体的辐射能力 (辐出度) 与黑体的辐射能力 (黑体辐出度) 联系在一起。有了这种联系，就可以将有关黑体辐射的研究结论，直接应用于非黑体 (大气) 的辐射研究。基尔霍夫热辐射定律按其假设条件，属于平衡辐射规律，严格说来，在大气辐射场中并不能直接应用，因为大气不是孤立的，它的温度在不断变化，在垂直方向有明显的温度梯度。但是，在解决辐射传输和能量交换问题时，一般可认为大气中存在着局部的准热力学平衡状态。即在每一宏观小的体积内，能满足热力学平衡要求，但并非是热力学状态均匀 (等温)。通常低层大气更接近满足局部热力学平衡条件，平流层中稍差些。但在 40 km 以下的大气层中，仍可近似应用黑体辐射规律和基尔霍夫热辐射定律来讨论大气辐射的基本问题。

18.1.5 普朗克量子假设

图 18-2 的曲线反映了黑体的单色辐出度与 λ 和 T 的关系，这些曲线都是实验的结果。为了从理论上找出符合实验曲线的函数式 $M_{\lambda0} = f(\lambda, T)$，即黑体辐出度与热力学温度及辐射波长的关系式。19 世纪末，许多物理学家在经典物理学的基础上做了相当大的努力，但是他们都遭到了失败，理论公式和实验结果不完全相符。其中，最典型的黑体辐射经典理论公式是维恩公式和瑞利–金斯公式。

1896 年，维恩基于经典热力学规律，加上气体动理论的假设，理论上得到黑体辐射的单色辐出度 $M_{0\lambda}(T)$ 公式

$$M_{0\lambda}(T) = c_1\lambda^{-5}\mathrm{e}^{-\frac{c_2}{kT}} \tag{18-7}$$

式中，c_1、c_2 是由实验测得的常数。**维恩公式**只在波长较短、温度较低时与黑体辐射的实验曲线符合得很好，但在波长很长的区域，理论公式与实验曲线相差较大 (图 18-3)，$M_{0\lambda}(T)$ 的值低于实验值。

1900 年，瑞利和金斯将统计物理学中的能量均分原理应用于热辐射的理论分析，导出了黑体单色辐射度公式为

$$M_{0\lambda}(T) = 2\pi c\frac{kT}{\lambda^4} \tag{18-8}$$

式中，c 为光速；k 为玻尔兹曼常数；此式称为**瑞利–金斯公式**。此公式在波长很长处与实验曲线还比较接近，但在短波紫外光区域，$M_{0\lambda}$ 将随波长趋向于零而趋于无穷大，完全与实验结果不符，称为存在“紫外灾难”，如图 18-3 所示。

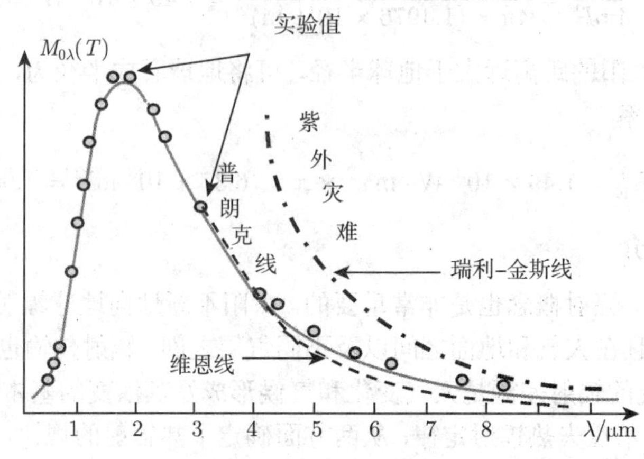

图 18-3　三种理论曲线与实验曲线的关系

以上两公式都是用经典物理学的方法来研究热辐射所得的结果，均与实验结果不符，明显暴露了经典物理学的缺陷。开尔文认为黑体辐射实验是物理学晴朗天空中一朵令人不安的乌云。

为了解决上述困难，必须突破经典理论框架度束缚，寻找新的规律，建立新的理论。第一位开创性引入能量子假说，并完美解释黑体辐射规律的科学家是德国物理学家普朗克。

1900 年，普朗克利用内插法将适用于短波的维恩公式和适用于长波的瑞利–金斯公式衔接起来，提出了一个新的公式

$$\mathrm{M}_{\lambda 0}(T)=\frac{2\pi hc^2\lambda^{-5}}{\mathrm{e}^{\frac{hc}{k\lambda T}}-1} \tag{18-9}$$

式中，c 是光速；k 是玻尔兹曼常量；h 是一个新引入的常量，后来称为**普朗克常量**，是一个普适常量，其国际推荐值为

$$h=6.6260755\times10^{-34}\ \mathrm{J\cdot s}$$

这一公式称为**普朗克公式**。它与实验结果符合得很好 (图 18-3)。1900 年 10 月 19 日普朗克在德国物理学会议上报告了他的黑体辐射公式 (这公式是他“为了凑合实验数据而猜出来的”)。当天，两位科学家发现此公式和实验符合很好，并在第二天把这一喜讯告诉了普朗克，这使普朗克决心“不惜一切代价找到一个理论的解释”。经过两个月的日夜奋斗，他于 12 月 14 日在德国物理学会上提出了他的能量子假说。

普朗克假说：① 黑体由带电的线性谐振子组成 (如分子、原子的振动视为线性简谐振动)。② 每个谐振子的总能量并不连续，振动频率为 ν 的谐振子的总能量只能是某一最小能量 ε 的整数倍，即线性谐振子的总能量只能处于一系列和频率有关的量子化的状态：

$$0,\quad \varepsilon,\quad 2\varepsilon,\quad 3\varepsilon,\quad \cdots,\quad n\varepsilon\quad (n\ 为整数)$$

其中 ε 称为能量子，能量子能量为 $\varepsilon=h\nu$，式中 h 为普朗克常量。(注意：这里的谐振子的能量区别于经典谐振子的能量，经典谐振子的能量和振子振动振幅的平方成正比，且能量是

连续变化的)。③ 黑体在辐射或吸收能量时，谐振子只能以 $h\nu$ 为单位发射或吸收能量，即物体发射或吸收电磁辐射只能以“量子”方式进行，谐振子只能从这些量子化的能态之一跃迁到另一个状态。

普朗克假设的核心思想是：能量是量子化 (不连续) 的。能量不连续的概念与经典物理学是完全不相容的！量子化是微观物理的特征！h 是微观物理中的重要物理量。

由于量子化的概念和经典物理严重背离，在此后的十余年内，普朗克很后悔当时提出“量子说”，并想尽办法试图把它纳入经典范畴。正因为量子说和经典物理概念如此不同，普朗克“量子说”在提出后的五年内没人理会，直到 1905 年，爱因斯坦发展了普朗克的量子假说，提出光的光子学说，并用 $\varepsilon = h\nu$ 成功解释了光电效应。虽然普朗克曾后悔提出“量子说”，但他仍然因他的“量子说”，在其 60 岁时获得了诺贝尔物理学奖。

例 18-2 试从普朗克公式推导斯特藩–玻耳兹曼定律及维恩位移定律。

解 在普朗克公式中，为简便起见，引入 $C_1 = 2\pi hc^2$，$x = \dfrac{hc}{\lambda kT}$

则

$$\mathrm{d}x = -\frac{hc}{\lambda^2 kT}\mathrm{d}\lambda = -\frac{k}{hc}Tx^2\mathrm{d}\lambda$$

普朗克公式可改写为

$$M_0(x,T) = \frac{C_1k^4T^4}{h^4c^4}\frac{x^3}{\mathrm{e}^x - 1}$$

黑体的总辐出度：

$$M_0(T) = \int_0^\infty M_{0\lambda}(T)\mathrm{d}\lambda = \frac{C_1k^4T^4}{h^4c^4}\int_0^\infty \frac{x^3}{\mathrm{e}^x - 1}\mathrm{d}x$$

其中 $\displaystyle\int_0^\infty \frac{x^3}{\mathrm{e}^x - 1}\mathrm{d}x = \int_0^\infty \frac{\mathrm{e}^{-x}x^3}{1-\mathrm{e}^{-x}}\mathrm{d}x = \int_0^\infty \mathrm{e}^{-x}x^3\sum_{n=0}^\infty \mathrm{e}^{-nx}\mathrm{d}x = \sum_{n=0}^\infty\int_0^\infty x^3\mathrm{e}^{-(n+1)x}\mathrm{d}x$

由分部积分法可计算 $\displaystyle\int_0^\infty x^3\mathrm{e}^{-(n+1)x}\mathrm{d}x = \frac{6}{(n+1)^4}$

所以

$$M_0(T) = \frac{C_1k^4T^4}{h^4c^4}\sum_{n=0}^\infty\frac{6}{(n+1)^4} = \frac{C_1k^4T^4}{h^4c^4}\frac{\pi^4}{15} = \sigma T^4$$

式中，$\sigma = \dfrac{2\pi k^4}{h^3c^2}\times\dfrac{\pi^4}{15} = 5.6693\times10^{-8}\ \mathrm{W\cdot(m^2\cdot K^4)^{-1}}$

可见由普朗克公式可以推导出斯特藩–玻耳兹曼定律。

为了求出最大辐射值对应的峰值波长 λ_m，可以由普朗克公式得到 λ_m 满足

$$\frac{\mathrm{d}M_{0\lambda}(T)}{\mathrm{d}\lambda} = 0$$

经整理，得到

$$5(1-\mathrm{e}^{-\frac{hc}{\lambda_\mathrm{m}kT}}) = \frac{hc}{\lambda_\mathrm{m}kT}$$

令 $\dfrac{hc}{\lambda_\mathrm{m}kT} = x$，有

$$x = 5(1-\mathrm{e}^{-x})$$

通过迭代法，解得

$$x = 4.9651$$

即

$$\lambda_{\mathrm{m}} T = \frac{hc}{4.9651k} = b$$

其中，$b = \dfrac{hc}{4.9651k} = 2.8978 \times 10^{-3}\ \mathrm{m \cdot K}$。

可见由普朗克公式可推导得出维恩位移定律。

例 18-3　设一音叉尖端质量为 0.050 kg，将其频率调到 $\nu = 480\ \mathrm{Hz}$，振幅 $A = 1.0\ \mathrm{mm}$。求：(1) 尖端振动的量子数；(2) 当量子数由 n 增加到 $n+1$ 时，振幅的变化是多少？

解　(1) $E = \dfrac{1}{2} m\omega^2 A^2 = \dfrac{1}{2} m(2\pi\nu)^2 A^2 = 0.227\ \mathrm{J}$

因为

$$E = nh\nu$$

所以

$$n = \frac{E}{h\nu} = 7.13 \times 10^{29}$$

基元能量为

$$h\nu = 3.18 \times 10^{-31}\ \mathrm{J}$$

(2) $E = nh\nu$

$$A^2 = \frac{E}{2\pi^2 m\nu^2} = \frac{nh}{2\pi^2 m\nu}$$

$$2A\mathrm{d}A = \frac{h}{2\pi^2 m\nu}\mathrm{d}n$$

$$\Delta A = \frac{\Delta n}{n}\frac{A}{2}$$

$$\Delta n = 1 : \Delta A = 7.01 \times 10^{-34}\ \mathrm{m}$$

在宏观范围内，能量量子化的效应是极不明显的，即宏观物体的能量完全可视作是连续的。

18.2　光电效应　爱因斯坦的光子理论

18.2.1　光电效应的实验规律

当光照射在金属表面时，金属中有电子逸出的现象叫作**光电效应**。所逸出的电子叫**光电子**，所形成的电流称为**光电流**。实验装置如图 18-4 所示。当没有入射光照射光电管时，回路中没有电流，当入射光照射在阴极金属平板上时，有光电子从金属板表面逸出，逸出的光电子在加速电压作用下从阴极向阳极运动，从而在回路中形成光电流。光电效应的实验结果可归纳如下。

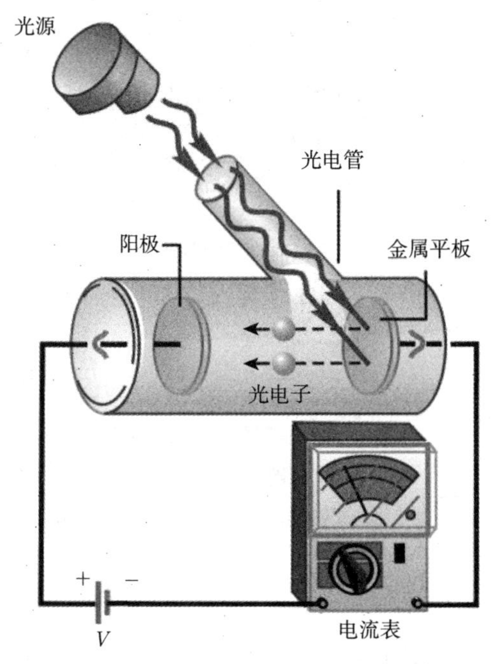

图 18-4 光电效应实验装置示意图

1. 饱和光电流

实验指出，以一定强度的单色光照射阴极金属平板时，加速电压越大，光电流也越大。当加速电压增加到一定量值时，光电流达到饱和值 I_S，参看图 18-5。这意味着从阴极金属平板发射出来的光电子全部飞到阳极上。如果增加光的强度，在相同的加速电压下，光电流的量值也较大，相应的 I_S 也增大，说明从阴极金属平板逸出的电子数增加了。因此得出光电效应的第一个结论：单位时间内，受光照的金属平板释放出来的光电子数和入射光的强度成正比。

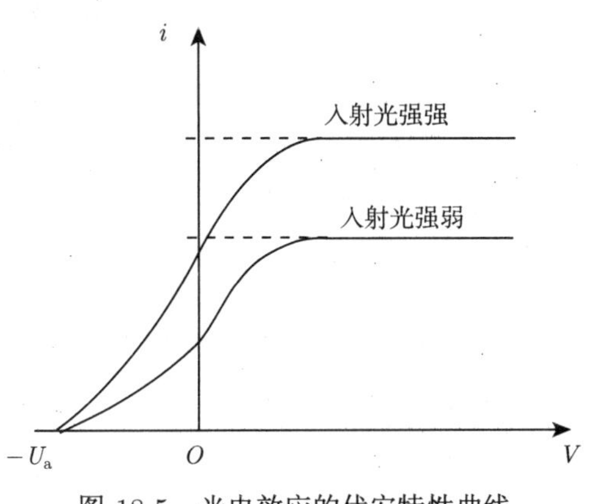

图 18-5 光电效应的伏安特性曲线

2. 遏止电压

如果降低加速电压的量值，光电流 I 也随之减小，当加速电压减小到零并逐渐变负时(负值是指加反向电压)，光电流 I 一般并不等于零，这表明从阴极金属平板释出的电子具有初动能，所以尽管有电场阻碍它运动，仍有部分电子能到达阳极。如果使负的电压差足够大，从而使由阴极金属平板表面释出的具有最大速度 v_m 的电子也不能到达阳极时，光电流便降为零。光电流为零时，外加电压差的绝对值 U_a 叫作**遏止电压**。遏止电压的存在，表明光电子从金属表面逸出时的初速度有最大值 v_m，也就是光电子的初动能具有一定的限度，它等于

$$\frac{1}{2}mv_m^2 = eU_a \tag{18-10}$$

式中，e 和 m 为电子的电荷量和质量。实验还指出，$\frac{1}{2}mv_{\mathrm{m}}^2$ 与光强无关，参看图 18-5。这样，得到光电效应的第二个结论：光电子从金属表面逸出时，具有一定的动能。最大初动能等于电子的电荷量和遏止电压的乘积，与入射光的强度无关。

3. 遏止频率 (又称红限频率)

假如我们改变入射光的频率，那么实验结果指出：遏止电压 U_{a} 和入射光的频率之间具有线性关系 (图 18-6)，即

$$|U_{\mathrm{a}}| = K\nu - U_0$$

式中，K 和 U_0 都是正数。对于不同的金属来说，U_0 的量值不同，对同一金属，U_0 为恒量。K 为不随金属性质类别而改变的普适恒量。可以推导得到

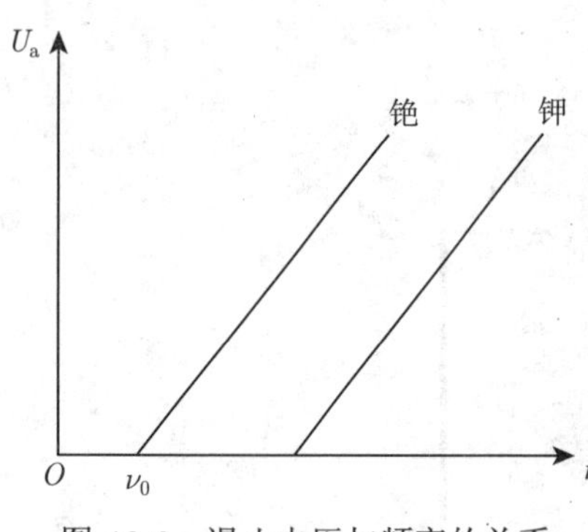

图 18-6　遏止电压与频率的关系

$$\frac{1}{2}mv_{\mathrm{m}}^2 = \mathrm{e}K\nu - \mathrm{e}U_0 \tag{18-11}$$

式 (18-11) 表明光电子从金属表面逸出时的最大初动能随入射光的频率 ν 线性地增加。从式 (18-10) 可以看出，因为光电子的初动能必须是正值，可见，要使光所照射的金属释放电子，入射光的频率 ν 必须满足 $\nu \geqslant \frac{U_0}{K}$ 的条件，令 $\nu_0 = \frac{U_0}{K}$，ν_0 称为光电效应的红限频率。不同的金属具有不同的红限频率，这就是说，每种金属都存在频率的极限值 ν_0—— 红限频率。

光电效应的第三个结论：光电子从金属表面逸出时的最大初动能与入射光的频率呈线性关系。当入射光的频率小于 ν_0 时，不管照射光的强度多大，不会产生光电效应。

4. 弛豫时间

实验证明，从入射光开始照射，直到金属释放出电子，无论光的强度如何弱，几乎是瞬时的，弛豫时间不超过 10^{-9} s。

18.2.2　光的波动说的缺陷

上述光电效应的实验事实和光的波动说有着深刻的矛盾。按照光的波动说，金属在光的照射下，金属中的电子将从入射光中吸收能量，从而逸出金属表面。逸出时的初动能应决定于光振动的振幅，即决定于光的强度。因而按照光的波动说，光电子的初动能应随入射光强度的增加而增加。但是实验结果是任何金属所释放出的光电子的最大初动能都随入射光的频率线性地上升，而与入射光的强度无关。

根据波动说，如果光强足够供应从金属释放出光电子所需要的能量，那么光电效应对各种频率的光都会发生。但是实验事实是，每种金属都存在一个红限频率 ν_0，对于频率小于 ν_0 的入射光，不管入射光的强度多大，都不能发生光电效应，表 18-1 列出了常见金属的红限频率。

如果再研究一下光电效应关于时间的问题，就会更显示出光的波动说的缺陷。按照光的波动说，金属中的电子从入射光波中吸收能量，必须积累到一定的量值 (至少等于电子从金

属表面逸出时，克服表面原子的引力所需的功 ——**逸出功**，常见金属逸出功见表 18-1)，才能逸出金属表面。显然入射光光强越弱，能量积累的时间 (即从开始照射到释放出电子的时间) 就越长，但实验结果并非如此，当物体受到光的照射时，一般地说，不论光强多么弱，只要频率大于红限频率，光电子几乎是立刻发射出来的。

表 18-1 常见金属的红限频率与逸出功

金属	钨	钙	钠	钾	铷	铯
红限 $\nu_0/10^{14}$ Hz	10.95	7.73	5.53	5.44	5.15	4.69
逸出功 W/eV	4.54	3.20	2.29	2.25	2.13	1.94

18.2.3 爱因斯坦的光电效应方程

为了解决光电效应的实验规律与经典物理理论的矛盾，1905 年爱因斯坦对光的本性提出了新的理论。他认为，光束可以看成由微粒构成的粒子流，这些粒子叫作光量子，简称**光子**。在真空中，每个光子都以光速 $c = 3\times10^8\ \mathrm{m\cdot s^{-1}}$ 运动。对于频率为 ν 的光束，每一个光子能量为 $\varepsilon = h\nu$，式中 h 为普朗克常量，按照爱因斯坦的光子假设，频率为 ν 的光束可看成是由许多能量均等于 $h\nu$ 的光子所构成的；频率 ν 越高的光束，其光子能量越大；对给定频率的光束来说，光的强度越大，就表示光子的数目越多。由此可见，对单个光子来说，其能量决定于频率，而对一束光来说，其能量既与频率有关，又与光子数有关。

爱因斯坦认为，当频率为 ν 的光束照射在金属表面上时，光子的能量被金属中的单个电子所吸收，使电子获得能量 $h\nu$。当入射光的频率 ν 足够高时，可以使电子具有足够的能量从金属表面逸出，逸出时所需要做的功，称为**逸出功** W。设电子具有初动能 $\dfrac{1}{2}mv^2$，由能量守恒定律，可知

$$h\nu = \frac{1}{2}mv^2 + W \tag{18-12}$$

这个方程叫作**爱因斯坦光电效应方程**。逸出功与金属的种类有关 (表 18-1)。

从爱因斯坦方程 (18-12) 可以看出，频率不同的光，光子的能量是不同的。频率越高，光子的能量越大，当光子的频率增为 ν_0 时，电子的初动能为零，电子刚好能逸出金属表面。ν_0 即遏止频率，其值为

$$\nu_0 = \frac{W}{h} \tag{18-13}$$

显然，只有当频率大于 ν_0 的入射光照在金属上时，电子才能从金属表面上逸出来，并具有一定的初动能。如果入射光的频率小于 ν_0，电子吸收光子的能量小于逸出功 W，在这个情况下，电子是不能逸出金属表面的，这与实验结果是一致的。所以，只要 $\nu > \nu_0$，电子就会从金属中释放出来，而不需要积累能量的时间，光电子的释放和光的照射几乎是同时发生的，是 “瞬时的”，没有滞后现象。这与实验结果也是一致的。

此外，按照光子假设还可以知道，光的强度越大，光束中所含光子的数目就越多。因此，只要入射光的频率大于遏止频率，随着光子数的增加，单位时间内金属表面吸收光子的电子数目增多，光电流就增大。所以光电流与入射光的强度成正比，这也符合实验结果。

原先由经典理论出发解释光电效应实验所遇到的困难，在爱因斯坦光子假设提出后，都顺利地得到了解决。不仅如此，爱因斯坦对光电效应的研究，使对光的本性认识有了一个飞

跃。光电效应显示了光的微粒性。这就是说，某一频率的光束，是由一些能量相同的光子所构成的光子流。在光电效应中，当电子吸收光子时，它吸收光子的全部能量，而不能只吸收其中一部分。光子与电子一样，也是构成物质的一种微观粒子。

18.2.4 光的波粒二象性

我们知道，光在真空中的传播速度为 c，即光子的速度应为 c。所以，需用相对论来处理光学问题。

由狭义相对论的动量和能量的关系式

$$E^2 = p^2c^2 + E_0^2$$

可知，由于光子的静能量 $E_0 = 0$，所以光子的能量和动量的关系可写成

$$E = pc$$

其动量也可写成

$$p = \frac{E}{c} = \frac{h\nu}{c} = \frac{h}{\lambda}$$

因此，对于频率为 ν 的光子，其能量和动量分别为

$$E = h\nu \tag{18-14}$$

$$p = \frac{h}{\lambda} \tag{18-15}$$

在这里，大家看到，描述光子粒子性的量 (E 和 p) 与描述光的波动性的量 (ν 和 λ) 通过普朗克常数 h 联系起来。光电效应实验表明，光由光子组成的看法是正确的，体现出光具有粒子性。而前面所讲述的光的干涉、衍射和偏振现象，又明显地体现出光的波动性。所以说，光既具有波动性，又具有粒子性，即光具有**波粒二象性**。一般来说，光在传播过程中，波动性表现比较显著；当光和物质相互作用时，粒子性表现比较显著。光所表现的这两重性质，反映了光的本性。应当指出，光子具有粒子性并不意味着光子一定没有内部结构，光子也许由其他粒子组成，只是迄今为止，尚无任何实验显露出光子存在内部结构的迹象。光的粒子性将在下一节讨论康普顿效应时，得到进一步的体现。

例 18-4 分别计算波长为 400 nm 的紫光和波长为 10.0 pm 的 X 射线的光子的质量。

解 紫光光子的质量为

$$m_1 = \frac{h}{c\lambda_1} = \frac{6.63\times10^{-34}}{3.00\times10^8\times4.00\times10^{-7}}\,\text{kg} = 5.53\times10^{-36}\,\text{kg}$$

X 射线光子的质量为

$$m_2 = \frac{h}{c\lambda_2} = \frac{6.63\times10^{-34}}{3.00\times10^8\times1.00\times10^{-11}}\,\text{kg} = 2.21\times10^{-31}\,\text{kg}$$

例 18-5 用波长为 400 nm 的紫光去照射某种金属，观察到光电效应，同时测得遏止电压为 1.24 V，试求该金属的红限频率和逸出功。

解 由爱因斯坦方程，得

$$W = h\nu - \frac{1}{2}mv^2$$

等号两边同除以普朗克常量 h，得

$$\frac{W}{h} = \nu - \frac{mv^2}{2h}$$

等号左边等于红限 ν_0，所以

$$\nu_0 = \frac{c}{\lambda} - \frac{mv^2}{2h}$$

因为

$$eU_a = \frac{1}{2}mv^2$$

所以

$$\nu_0 = \frac{c}{\lambda} - \frac{eU_a}{h}$$

代入数值，得

$$\begin{aligned}\nu_0 &= \frac{3.00 \times 10^8}{4.00 \times 10^{-7}}\,\text{Hz} - \frac{1.60 \times 10^{-19} \times 1.24}{6.63 \times 10^{-34}}\,\text{Hz}\\ &= 7.50 \times 10^{14}\,\text{Hz} - 2.99 \times 10^{14}\,\text{Hz}\\ &= 4.51 \times 10^{14}\,\text{Hz}\end{aligned}$$

根据逸出功 W 与红限 ν_0 的关系，可求得逸出功

$$W = \nu_0 h = 4.51 \times 10^{14} \times 6.63 \times 10^{-34}\,\text{J} = 2.99 \times 10^{-19}\,\text{J} = 1.87\,\text{eV}$$

例 18-6 钾的光电效应红限为 $\lambda_0 = 6.2\times10^{-7}$ m，求：(1) 电子的逸出功；(2) 在波长为 3.0×10^{-7} m 的紫外线照射下，遏止电压为多少？(3) 电子的初速度为多少？

解 (1) $h\nu = \frac{1}{2}mv_m^2 + W$

$$W = h\nu_0 = \frac{hc}{\lambda_0} = \frac{6.63 \times 10^{-34} \times 3 \times 10^8}{6.2 \times 10^{-7}}\,\text{J} = 3.21 \times 10^{-19}\,\text{J}$$

(2) $\frac{1}{2}mv_\text{m}^2 = eU_\text{a}$

$$U_\text{a} = \frac{h\nu - W}{e} = \frac{hc}{e\lambda} - \frac{W}{e} = 2.14\,\text{V}$$

(3) 电子的初速度

$$v_\text{m} = \sqrt{\frac{2eU_\text{a}}{m}} = \sqrt{\frac{2 \times 1.6 \times 10^{-19} \times 2.14}{9.1 \times 10^{-31}}}\,\text{m}\cdot\text{s}^{-1} = 8.67 \times 10^5\,\text{m}\cdot\text{s}^{-1}$$

例 18-7 有一金属钾薄片，距离弱光源 3 m。此光源的功率为 1 W，计算在单位时间内打在金属单位面积上的光子数。设 $\lambda = 589$ nm。

解 $P_s = \frac{P}{4\pi R^2} = \frac{1}{4\pi \times 3^2}\,\text{J}\cdot\text{m}^{-2}\cdot\text{s}^{-1} = 8.8 \times 10^{-3}\,\text{J}\cdot\text{m}^{-2}\cdot\text{s}^{-1}$

$$\varepsilon = \frac{hc}{\lambda} = \frac{6.63 \times 10^{-34} \times 3 \times 10^{-8}}{5.89 \times 10^{-7}}\,\text{J} = 3.4 \times 10^{-35}\,\text{J}$$

$$N = \frac{P_s}{\varepsilon} = \frac{8.8 \times 10^{-3}}{3.4 \times 10^{-19}}\,\text{m}^{-2}\cdot\text{s}^{-1} = 2.6 \times 10^{16}\,\text{m}^{-2}\cdot\text{s}^{-1}$$

18.3　康普顿效应

在光电效应中，光子与电子作用时，光子被电子吸收，电子得到光子的全部能量。若被吸收的光子能量大于金属的逸出功，电子就会携带一定的动能逸出金属表面，这些电子是金属中的自由电子。

光子与电子作用的形式还有其他种类，康普顿效应就是其中之一。

18.3.1　康普顿实验

1920 年，美国物理学家康普顿在观察 X 射线被物质散射时，发现散射线中含有波长发生变化了的成分。图 18-7 是康普顿实验装置的示意图。由单色 X 射线源发出的波长为 λ_0 的 X 射线，被投射到散射体 (如石墨) 上，用摄谱仪可探测到不同散射角 θ 的散射 X 射线的相对强度 I。图 18-8 是康普顿的实验结果，从中可以看到，在散射的 X 射线中除了有与入射波长相同的射线，还有波长比入射波长更长的射线，这种现象就叫作**康普顿效应**。新谱线称为位移线，其波长 λ' 与原波长 λ_0 之差 $\Delta\lambda = \lambda' - \lambda_0$ 称为波长偏移量，也叫康普顿位移。

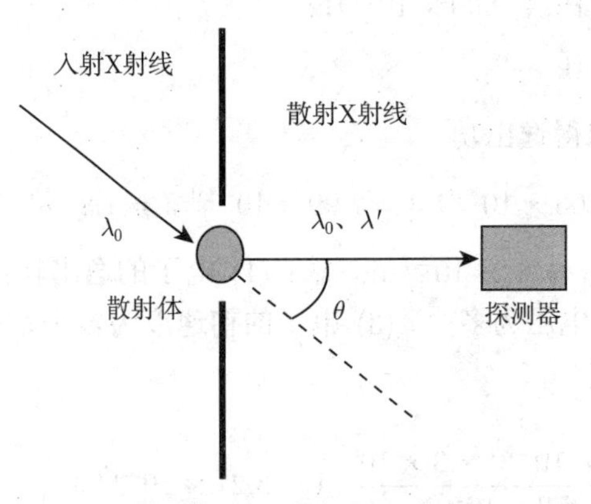

图 18-7　康普顿实验装置示意图

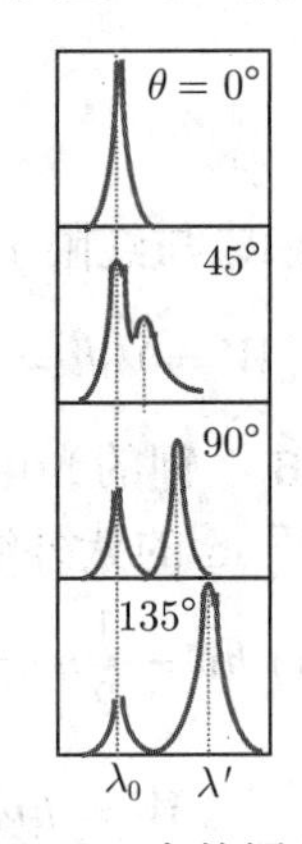

图 18-8　康普顿实验结果

然而，经典电磁理论不能对康普顿效应做出合理的解释。这是因为，按照经典电磁理论，当单色电磁波作用在尺寸比波长还要小的带电粒子上时，带电粒子将以与入射电磁波相同的频率做电磁振动，并向各方向辐射出同一频率的电磁辐射。于是经典电磁理论预言，散射辐射具有和入射辐射一样的频率 (或波长)。对于像可见光这类波长较长的电磁辐射，经典电磁理论的这个预言，是较符合实际的。在日常生活中经常可以看到，可见光照射悬浮于乳胶溶液中的微小粒子时，由微小粒子所散射到各方向的光，其波长与入射光的波长几乎完全一样。然而，在康普顿 X 射线的散射实验中确实出现了散射光的波长变长的现象，这表明经典理论与康普顿效应是不相容的。

18.3.2　康普顿效应的量子解释

1922 年康普顿提出，按照光子学说，波长为 λ_0 的 X 射线可看成是由一些能量为 $\varepsilon_0 = h\nu_0$ 的光子组成的，并假设光子与受原子束缚较弱的电子或自由电子之间的碰撞类似于完全弹性碰撞。依照这个观点可对康普顿效应作如下解释：当能量为 $\varepsilon_0 = h\nu_0$ 的入射光子与散射物质中的电子发生弹性碰撞时，电子会获得一部分能量，所以，碰撞后散射光子的能量 $\varepsilon = h\nu$ 比入射光子的能量要小。因而散射光的频率 ν 比入射光的频率 ν_0 要小，即散射光的波长 λ 比入射光的波长 λ_0 要长一些。这就定性地说明了散射光中会出现波长大于入射光波长的成分的原因。下面来定量地计算波长的变化量，从而看出波长的变化量与哪些因素有关。

图 18-9 表示一个光子和一个束缚较弱的电子做弹性碰撞的情形。由于电子的速度远小于光子的速度，所以可认为电子在碰撞前是静止的，即 $v_0 = 0$，并设频率为 ν_0 的光子沿轴方向入射。碰撞后，频率为 ν 的散射光子沿着与 x 轴成 φ 角的方向散射，电子则获得了速率 v，并沿与 x 轴成 θ 角的方向运动，这个电子称为反冲电子。因为碰撞是弹性的，所以应同时满足能量守恒定律和动量守恒定律。又考虑到所研究的问题涉及光子，故这两定律应写成相对论性的形式。设电子碰撞前后的静质量和相对论性质量分别为 m_0 和 m，由狭义相对论的质能关系可知，其相应的能量为 m_0c^2 和 mc^2。所以，在碰撞过程中，根据能量守恒定律有

$$h\nu_0 + m_0c^2 = h\nu + mc^2$$

即

$$mc^2 = h(\nu_0 - \nu) + m_0c^2 \tag{18-16}$$

光子在碰撞后所损失的动量便是电子所获得的动量，如图 18-9 所示。设 $\vec{n}_0$ 和 $\vec{n}$ 分别为碰撞前后光子运动方向上的单位矢量。于是，根据动量守恒定律可得

$$\frac{h\nu_0}{c}\vec{n}_0 = \frac{h\nu}{c}\vec{n} + m\vec{v} \tag{18-17}$$

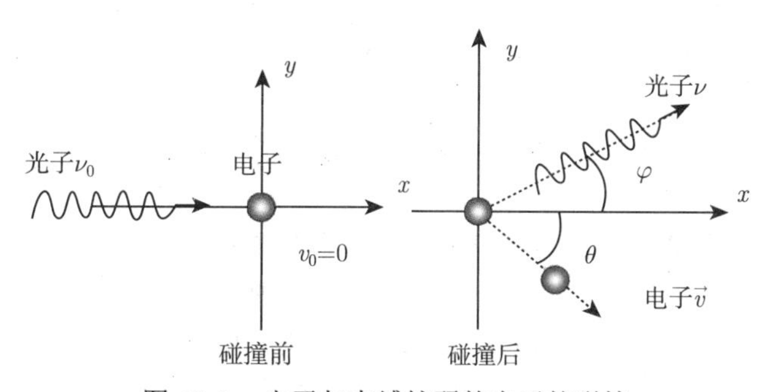

图 18-9 光子与束缚较弱的电子的碰撞

进一步变化式 (18-17) 可得

$$(mvc)^2 = (h\nu_0)^2 + (h\nu)^2 - 2h^2\nu_0\nu\cos\theta \tag{18-18}$$

将式 (18-16) 两端平方与式 (18-18) 相减，得

$$m^2c^4\left(1 - \frac{v^2}{c^2}\right) = m_0^2c^4 - 2h^2\nu_0\nu(1-\cos\theta) + 2m_0c^2h(\nu_0 - \nu)$$

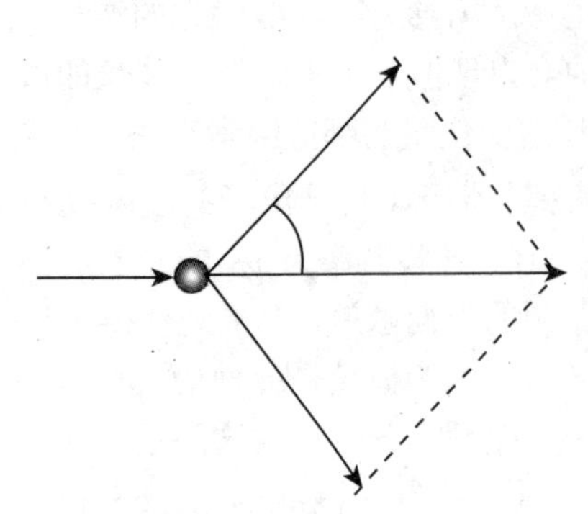

图 18-10　光子和静止电子碰撞时的动量变化

由狭义相对论的质量与速度的关系式，可知电子碰撞后的质量 $m = m_0\left(1-\dfrac{v^2}{c^2}\right)^{\frac{1}{2}}$。这样，上式可化为

$$\frac{c}{\nu}-\frac{c}{\nu_0}=\frac{h}{m_0c}(1-\cos\theta) \tag{18-19a}$$

或

$$\Delta\lambda=\lambda-\lambda_0=\frac{h}{m_0c}(1-\cos\theta)=\frac{2h}{m_0c}\sin^2\frac{\theta}{2} \tag{18-19b}$$

式中，λ_0 为入射光的波长；λ 为散射光的波长。式 (18-19b) 给出了散射光波长的改变量与散射角 θ 之间的函数关系。$\theta=0$ 时，波长不变；θ 增大时，$\lambda-\lambda_0$ 也随之增加。这个结论与图 18-8 所表示的实验结果是一致的。

在式 (18-19b) 中，$\dfrac{h}{m_0c}$ 是一个常量，称为康普顿波长，其值为

$$\frac{h}{m_0c}=\frac{6.63\times10^{-34}}{9.11\times10^{-31}\times3\times10^{8}}=2.43\times10^{-12}\ \text{m}$$

由式 (18-19b) 可见，散射波长改变量 $\Delta\lambda$ 的数量级为 10^{-12} m。对于波长较长的可见光 (波长的数量级为 10^{-7} m) 以及无线电波等波长更长些的波来说，波长的改变量 $\Delta\lambda$ 与入射光的波长 λ_0 相比，要小得多。例如，对于 $\lambda_0=10$ cm 的微波，$\dfrac{\Delta\lambda}{\lambda_0}\approx2.43\times10^{-11}$。因此，对这些波长较长的电磁波来说，康普顿效应是难以观察到的。这时量子结果与经典结果是一致的。只有波长较短的电磁波 (如 X 射线，其波长的数量级为 10^{-10} m)，波长的改变量与入射光的波长才可以相比较，例如，$\lambda_0=10^{10}$ m，$\dfrac{\Delta\lambda}{\lambda_0}\approx2.43\times10^{-2}$，这时才能观察到康普顿效应。在这种情况下，经典理论就失效了，也就是说，波长比较短的波，其量子效应较为显著。这也是和实验相符合的。

上面研究的是光子和受原子束缚较弱的电子发生碰撞时的情况，它只说明散射波中含有波长比入射波波长更长的射线。另外，如何说明散射波中也有与入射波波长相同的射线呢？这是因为光子除了与上述那种电子发生碰撞，与原子中束缚很紧的电子也要发生碰撞，这种碰撞可以看成光子与整个原子的碰撞。由于原子的质量很大，根据碰撞理论，光子碰撞后不会显著地失去能量，因而散射波的频率几乎不变，所以在散射波中也有与入射波波长相同的射线。由于轻原子中电子束缚较弱，重原子中内层电子束缚很紧，因此原子量小的物质康普顿效应较显著，原子量大的物质康普顿效应不明显，这和实验结果也是一致的。

康普顿效应的发现，以及理论分析和实验结果的一致，不仅有力地证实了光子学说的正确性，同时也证实了在微观粒子的相互作用过程中，同样是严格地遵守能量守恒定律和动量守恒定律的。

例 18-8　在康普顿效应中，入射光的波长为 3×10^{-3} nm，反冲电子的速度为光速的 60%，求散射光的波长和散射角。

解 根据碰撞前后动量守恒可得

$$h\nu_0 + m_0c^2 = h\nu + mc^2$$

即

$$\frac{hc}{\lambda_0} + m_0c^2 = \frac{hc}{\lambda} + \frac{m_0}{\sqrt{1-v^2/c^2}}c^2$$

变化为

$$\frac{1}{\lambda} = \frac{1}{\lambda_0} + \frac{m_0c}{h}\left(1 - \frac{1}{\sqrt{1-v^2/c^2}}\right)$$

$\because \quad v = 0.6\,c$ $\qquad\qquad \therefore \quad \dfrac{1}{\sqrt{1-v^2/c^2}} = 1.25$

得到

$$\lambda = 4.34 \times 10^{-12}\ \mathrm{m}$$

$$\Delta\lambda = \lambda - \lambda_0 = \frac{2h}{m_0c}\sin^2\frac{\theta}{2}$$

$$\sin\frac{\theta}{2} = \sqrt{\frac{\Delta\lambda\, m_0c}{2h}} = \sqrt{\frac{(4.34\times10^{-12} - 3\times10^{-12})\times 9.1\times10^{-31}\times 3\times10^8}{2\times 6.63\times10^{-34}}} = 0.543$$

$$\theta = 65.7°$$

例 18-9 设有波长 $\lambda_0 = 1.00\times10^{-10}$ m 的 X 射线与自由电子发生弹性碰撞，散射 X 射线的散射角 $\theta = 90°$。求：(1) 散射波长的改变量 $\Delta\lambda$ 为多少；(2) 反冲电子得到多少动能；(3) 碰撞中，光子的能量损失了多少；(4) 反冲电子的动量。

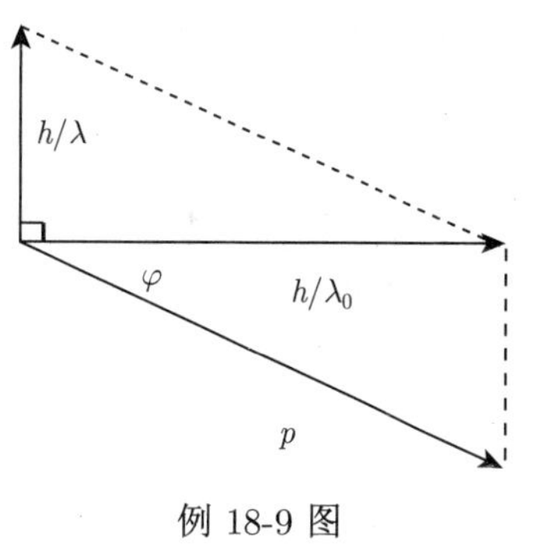

例 18-9 图

解 (1) $\Delta\lambda = \dfrac{h}{m_0c}(1-\cos\theta)$

$$= \frac{6.63\times10^{-34}}{9.11\times10^{-31}\times 3\times10^8}(1-\cos 90°)\ \mathrm{nm}$$

$$= 2.43\times10^{-12}\ \mathrm{m}$$

(2) 因为碰撞前后能量守恒，即

$$h\nu_0 + m_0c^2 = h\nu + mc^2$$

则反冲电子的动能为其总能量与静止能量之差 $E_\mathrm{k} = mc^2 - m_0c^2$

$$E_\mathrm{k} = h\nu_0 - h\nu = \frac{hc}{\lambda_0} - \frac{hc}{\lambda} = \frac{hc\Delta\lambda}{\lambda\lambda_0} = \frac{hc\Delta\lambda}{\lambda_0(\lambda_0+\Delta\lambda)}$$

$$= \frac{(6.63\times10^{-34})\times(3\times10^8)\times(2.43\times10^{-12})}{(1.00\times10^{-10})\times(1.00+0.0243)\times10^{-10}}\ \mathrm{J}$$

$$= 4.72\times10^{-17}\ \mathrm{J} = 295\ \mathrm{eV}$$

(3) 光子能量损失即反冲电子获得的动能，等于 295 eV。

(4) 如图所示，根据碰撞前后动量守恒可得

$$
\begin{aligned}
p &= \sqrt{\left(\frac{h}{\lambda_0}\right)^2 + \left(\frac{h}{\lambda}\right)^2} \\
&= 6.63 \times 10^{-34} \sqrt{\frac{1}{(1.00 \times 10^{-10})^2} + \frac{1}{((1.00 + 0.0243) \times 10^{-10})^2}} \ \mathrm{kg \cdot m \cdot s^{-1}} \\
&= 9.27 \times 10^{-24} \ \mathrm{kg \cdot m \cdot s^{-1}}
\end{aligned}
$$

$$\tan\varphi = \frac{h/\lambda}{h/\lambda_0} = \frac{\lambda_0}{\lambda}$$

$$\varphi = \arctan\frac{1.000}{1.0243} = 44.3^\circ$$

18.4 氢原子光谱玻尔的氢原子理论

爱因斯坦 1905 年提出光量子的概念后，不受名人重视，甚至到 1913 年德国最著名的四位物理学家 (包括普朗克) 还把爱因斯坦的光量子概念说成是 “迷失了方向”。可是，当时年仅 28 岁的玻尔，却创造性地把量子概念用到了当时人们持怀疑的卢瑟福原子结构模型中，解释了近 30 年的光谱之谜。

18.4.1 氢原子光谱的规律性

1885 年瑞士数学家巴耳末发现氢原子光谱可见光部分的规律：

$$\lambda = 365.46\frac{n^2}{n^2 - 2^2}\ \mathrm{nm} = B\frac{n^2}{n^2 - 2^2} \quad (n = 3, 4, 5, \cdots) \tag{18-20}$$

式中，B 是常量，其量值等于 365.46 nm；n 为正整数。当 $n = 3, 4, 5, \cdots$ 时，式 (18-20) 分别给出氢光谱中 H_α，H_β，$H\gamma$，$\cdots$ 等谱线的波长。用式 (18-20) 计算出的氢原子光谱与实验值相当吻合，氢原子光谱的巴耳末系如图 18-11 所示。

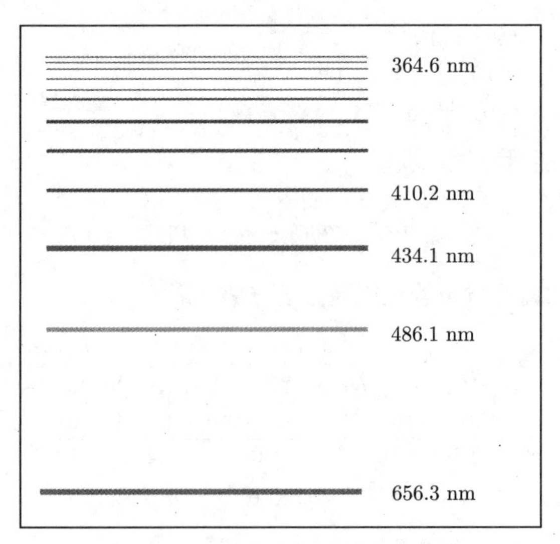

图 18-11 氢原子光谱的巴耳末系

1890 年瑞典物理学家里德伯用波长的倒数来替代巴耳末公式中的波长，并将 $\tilde{\nu}=\dfrac{1}{\lambda}$ 称为波数，从而得出光谱学中常见的形式：

$$\tilde{\nu}=\frac{1}{\lambda}=R\left(\frac{1}{k^2}-\frac{1}{n^2}\right)\quad(k=1,2,3,4,\cdots;n=k+1,k+2,k+3,\cdots)\tag{18-21}$$

式 (18-21) 称为**里德伯方程**，其中 $R=4/B=1.097\times10^7\ \mathrm{m}^{-1}$，$R$ 为里德伯常量，$\tilde{\nu}$ 称为波数。这样，氢原子光谱的各个谱系就可以用式 (18-21) 表示出。

$$k=1,\quad n=2,3,\cdots,\quad \tilde{\nu}=\frac{1}{\lambda}=R\left(\frac{1}{1^2}-\frac{1}{n^2}\right),\quad \text{莱曼系，1914 年，紫外区}$$

$$k=2,\quad n=3,4,\cdots,\quad \tilde{\nu}=\frac{1}{\lambda}=R\left(\frac{1}{2^2}-\frac{1}{n^2}\right),\quad \text{巴耳末系，1885 年，可见光}$$

$$k=3,\quad n=4,5,\cdots,\quad \tilde{\nu}=\frac{1}{\lambda}=R\left(\frac{1}{3^2}-\frac{1}{n^2}\right),\quad \text{帕邢系，1908 年，红外区}$$

$$k=4,\quad n=5,6,\cdots,\quad \tilde{\nu}=\frac{1}{\lambda}=R\left(\frac{1}{4^2}-\frac{1}{n^2}\right),\quad \text{布拉开系，1922 年，红外区}$$

$$k=5,\quad n=5,6,\cdots,\quad \tilde{\nu}=\frac{1}{\lambda}=R\left(\frac{1}{5^2}-\frac{1}{n^2}\right),\quad \text{普丰德系，1924 年，红外区}$$

$$k=6,\quad n=7,8,\cdots,\quad \tilde{\nu}=\frac{1}{\lambda}=R\left(\frac{1}{6^2}-\frac{1}{n^2}\right),\quad \text{哈弗莱系，1953 年，红外区}$$

应当指出，氢原子光谱的谱线规律发现以后，里德伯等又于 1908 年发现碱金属的线光谱也有类似于氢原子线光谱的规律性。至此原先人们觉得十分零乱而无序的原子光谱谱线，经过巴耳末、里德伯等的归纳整理后，不仅显现出谱线系的规律性，而且还可以用简单的公式把这种规律表示出来。这无疑启示人们原子的内部存在着固有的规律性，而这种规律性又会为原子结构理论的建立提供丰富的信息和不尽的畅想。

18.4.2　玻尔的氢原子理论

关于原子的结构，人们曾提出各种不同的模型，经公认肯定的是 1911 年卢瑟福在 α 粒子散射实验基础上提出的核式结构模型，即原子由带正电的原子核和核外做轨道运动的电子组成。根据卢瑟福提出的原子模型，电子在原子中绕核转动。这种加速运动着的电子应发射电磁波，它的频率等于电子绕核转动的频率。由于能量辐射，原子系统的能量就会不断减小，频率也将逐渐改变，因而所发射的光谱应是连续的。同时由于能量的减少，电子将沿螺线运动逐渐接近原子核，最后落在核上。因此按经典理论，卢瑟福的核式结构就不可能是稳定的系统。

为了解决上述困难，1913 年，玻尔在卢瑟福的核式结构的基础上，把量子化概念应用到原子系统，结合里兹并合原理，提出三个基本假设作为他的氢原子理论的出发点，使氢光谱规律获得很好的解释。

玻尔理论的基本假设如下。

1) 定态假设

原子系统只能处于一系列不连续的能量状态，在这些状态中，虽然电子绕核做加速运动，但并不辐射电磁波，这些状态称为原子系统的稳定状态 (简称定态)，相应的能量分别为 $E_1, E_2, E_3, \cdots (E_1 < E_2 < E_3 < \cdots)$。

2) 频率条件

当原子从一个能量为 E_n 的定态跃迁到另一能量为 E_k 的定态时，就要发射或吸收一个频率为 ν_{kn} 的光子

$$\nu_{kn} = \frac{|E_n - E_k|}{h} \tag{18-22}$$

式中，h 为普朗克常量。当 $E_n > E_k$ 时发射光子，$E_n < E_k$ 时吸收光子。式 (18-22) 称为**玻尔频率公式**。

3) 量子化条件

在电子绕核做圆周运动时，其稳定状态必须满足电子的角动量 L 等于 $\frac{h}{2\pi}$ 的整数倍的条件，即

$$L = n\frac{h}{2\pi} \quad (n = 1, 2, 3, \cdots) \tag{18-23}$$

式中，n 为正整数，称为**量子数**。式 (18-23) 称为**角动量量子化条件**，此式也可简写成

$$L = n\hbar \tag{18-24}$$

式中，$\hbar = \frac{h}{2\pi}$，称为**约化普朗克常量**，其值等于 $1.0545887 \times 10^{-34}$ J·s。

在这三个基本假设中，第一条虽是经验性的，但它是玻尔对原子结构理论的重大贡献。因为它对经典概念做了巨大的修改，从而解决了原子稳定性的问题。第二条是从普朗克量子假设引申来的，它能解释线光谱的起源。至于第三条所表述的角动量量子化，则是人为设定的，后来知道，它可以从德布罗意假设自然得出。

现在我们从玻尔三条假设出发来推求氢原子能级公式，并解释氢原子光谱的规律。设在氢原子中，质量为 m，电荷为 e 的电子，在半径为 r 的稳定轨道上以速率 v 做圆周运动。作用在电子上的库仑力为有心力，因此，有

$$\frac{1}{4\pi\varepsilon_0}\frac{e^2}{r^2} = m\frac{v^2}{r} \tag{18-25}$$

由第三条假设的式 (18-23)，得

$$mvr = n\frac{h}{2\pi} \Rightarrow v = \frac{nh}{2\pi mr} \tag{18-26}$$

将其代入式 (18-25)，因为角动量 L 为量子化的，所以

$$r_n = \frac{\varepsilon_0 h^2}{\pi m e^2}n^2 = r_1 n^2 \quad (n = 1, 2, 3, \cdots) \tag{18-27}$$

这就是原子中第 n 个稳定轨道的半径。电子轨道半径与量子数平方成正比，其量值是不连续的，以 $n = 1$ 代入式 (18-27) 得

$$r_1 = 0.529 \times 10^{-10}\ \text{m} = a_0 \tag{18-28}$$

这是氢原子核外电子的最小轨道半径，称为**玻尔半径**，常用 a_0 表示。

考虑氢原子系统能量等于其动能和势能之和，有

$$E_n = \frac{1}{2}mv_n^2 - \frac{1}{4\pi\varepsilon_0}\frac{e^2}{r_n} = -\frac{1}{4\pi\varepsilon_0}\frac{e^2}{2r_n} = -r_1\frac{1}{n^2}\left(\frac{me^4}{8\varepsilon_0^2h^2}\right) \tag{18-29}$$

式 (18-29) 表示电子在第 n 个稳定轨道上运动时氢原子系统的能量。由于量子数 n 只能取 1，2，3，$\cdots$ 任意正整数，所以原子系统的能量是不连续的，即能量是量子化的，称这种量子化的能量值为能级。

以 n=1 代入式 (18-29)，得到

$$E_1 = -13.6 \text{ eV} \tag{18-30}$$

这是氢原子的最低能级，也称**基态能级**，这个能量与用实验方法测得的氢原子电离电势符合得很好。

$n > 1$ 的各稳定态，其能量大于基态能量，各能级能量随量子数 n 的增大而增大，能量间隔减少。

$$E_2 = E_1/4, \quad E_3 = E_1/9, \quad \cdots$$

这些状态称为**激发态**。当 $n \to \infty$ 时，$r_n \to \infty$，$E_n \to 0$，能级趋于连续。图 18-12 表示氢原子的能级图。

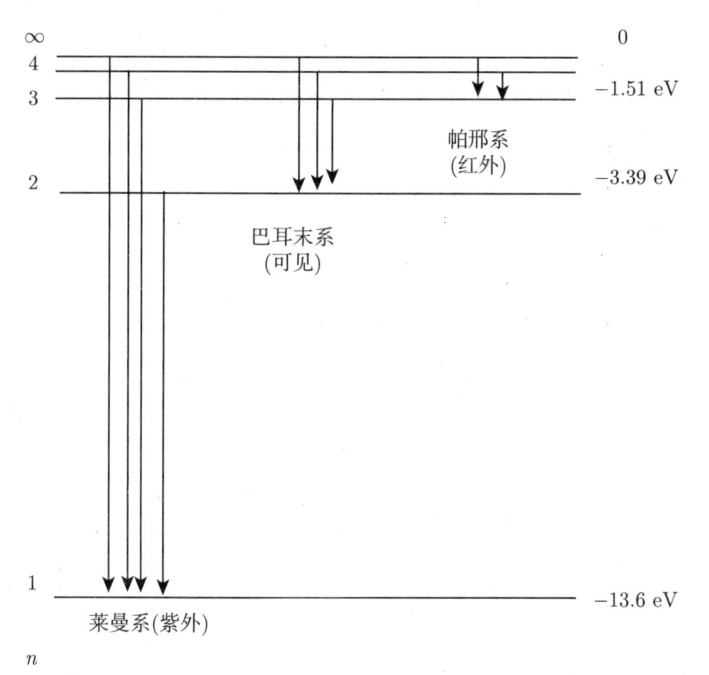

图 18-12　氢原子能级图

下面用玻尔理论来研究氢原子光谱的规律。根据玻尔理论，当原子从较高能态 E_n 向较低能态 E_k 跃迁时，发射一个光子，其频率和波数为

$$\nu_{nk} = \frac{E_n - E_k}{h}$$

$$\tilde{\nu}_{nk} = \frac{E_n - E_k}{hc}$$

将能量表示式代入，即可得氢原子光谱的波数公式和里德伯常量的理论值：

$$\tilde{\nu}_{nk} = \frac{me^4}{8\varepsilon_0^2 h^3 c}\left(\frac{1}{k^2} - \frac{1}{n^2}\right) \tag{18-31}$$

$$R_{理论} = \frac{me^4}{8\varepsilon_0^2 h^3 c} = 1.097373 \times 10^7 \ \mathrm{m}^{-1} \tag{18-32}$$

实验值和理论值符合得很好。玻尔理论获得很大成功，玻尔荣获 1922 年诺贝尔物理学奖。但玻尔在处理问题时没有完整的理论体系，显示出早期量子理论的局限性。

例 18-10　在气体放电管中，用能量为 12.5 eV 的电子通过碰撞使氢原子激发，问受激发的原子向低能级跃迁时，能发射哪些波长的光谱线?

解　设氢原子全部吸收电子的能量后最高能激发到第 n 能级，此能级的能量为

$$E_n = -\frac{13.6}{n^2}\ \mathrm{eV}$$

所以

$$E_n - E_1 = 13.6 - \frac{13.6}{n^2}$$

把 $E_n - E_1 = 12.5\ \mathrm{eV}$ 代入上式得

$$n^2 = \frac{13.6}{13.6 - 12.5} = 12.36$$

$$n = 3.5, \quad 取 n = 3$$

因为 n 只能取整数。所以氢原子最高能激发到 n =3 的能级，当然也能激发到 n =2 的能级。于是能产生 3 条谱线。

$$n = 3 \to n = 1 \quad \tilde{\nu}_1 = R\left(\frac{1}{1^2} - \frac{1}{3^2}\right) = \frac{8}{9}R, \quad \lambda_1 = \frac{9}{8R} = 102.6\ \mathrm{nm}$$

$$n = 3 \to n = 2 \quad \tilde{\nu}_1 = R\left(\frac{1}{2^2} - \frac{1}{3^2}\right) = \frac{5}{36}R, \quad \lambda_2 = \frac{36}{5R} = 656.3\ \mathrm{nm}$$

$$n = 2 \to n = 1 \quad \tilde{\nu}_1 = R\left(\frac{1}{1^2} - \frac{1}{2^2}\right) = \frac{3}{4}R, \quad \lambda_3 = \frac{4}{3R} = 121.6\ \mathrm{nm}$$

例 18-11　计算氢原子中的电子从量子数 n 的状态跃迁到量子数 $k = n - 1$ 的状态时所发谱线的频率。试证明当 n 很大时，这个频率等于电子在量子数 n 的圆轨道上绕转的频率。

解　按玻尔频率公式有 $\nu_{n-1,n} = \dfrac{me^4}{8\varepsilon_0^2 h^3}\left[\dfrac{1}{(n-1)^2} - \dfrac{1}{n^2}\right] = \dfrac{me^4}{8\varepsilon_0^2 h^3}\dfrac{2n-1}{n^2(n-1)^2}$

当 n 很大时，$\nu_{n-1,n} \approx \dfrac{me^4}{8\varepsilon_0^2 h^3}\dfrac{2}{n^3} = \dfrac{me^4}{4\varepsilon_0^2 h^3 n^3}$

绕转频率为 $\nu = \dfrac{v_n}{2\pi r_n} = \dfrac{m v_n r_n}{2\pi m r_n^2} = \dfrac{nh}{4\pi^2 m r_n^2} = \dfrac{me^4}{4\varepsilon_0^2 h^3 n^3}$

可见 n 很大时 ν 的值和 $\nu_{n-1,n}$ 的值相同。在量子数很大的情况下，量子理论得到与经典理论一致的结果，这是一个普遍原则，称为对应原理。

18.5 德布罗意波 波粒二象性

18.5.1 德布罗意波

光的干涉、衍射等现象证实了光的波动性；热辐射、光电效应和康普顿效应等现象又证实了光的粒子性。光具有**波粒二象性**。1924 年，年轻的博士研究生德布罗意在光的波粒二象性的启发下，从自然界的对称性出发，提出对质量为 m，速度为 $\vec{v}$ 的实物粒子 (如电子、质子等) 与光子一样，也具有波粒二象性。实物粒子与光子一样，也遵从下述公式

$$E = mc^2 = h\nu \tag{18-33}$$

$$p = mv = h/\lambda \tag{18-34}$$

$$\lambda = \frac{h}{p} = \frac{h}{mv} = \frac{h}{mv_0}\sqrt{1-\frac{v^2}{c^2}} \tag{18-35}$$

当 $v \ll c$ 时，将 $p = m_0 v$ 代入 $E_k = \dfrac{1}{2}m_0 v^2$ 可得到

$$E_k = \frac{p^2}{2m_0}, \quad p = \sqrt{2m_0 E_k}, \quad \lambda = \frac{h}{p} = \frac{h}{\sqrt{2m_0 E_k}}$$

其中式 (18-35) 称为**德布罗意公式**。把这种物质所表现的波称为**德布罗意波**，简称**物质波**。

德布罗意认为电子的物质波绕圆轨道传播时，只有满足驻波条件时，此轨道才是稳定的。在这一假设下，可以得出玻尔假设中的有关电子轨道角动量量子化条件：

$$2\pi r = n\lambda \quad (n = 1, 2, 3, \cdots)$$

代入物质波

$$\lambda = \frac{h}{mv}$$

则有

$$mvr = n\frac{h}{2\pi} \quad (n = 1, 2, 3, \cdots)$$

这正是玻尔假设中有关电子轨道角动量量子化的条件。

1924 年德布罗意把题为“量子理论的研究”的博士论文提交巴黎大学，获得评委会的高度评价和爱因斯坦的称赞：“揭开了自然界巨大帷幕的一角”，为此德布罗意荣获 1929 年诺贝尔奖。之后在此基础上，薛定谔、海森伯等建立了新的量子力学。量子力学的建立标志着人类对物质结构的认识有了新的突破，并开始用量子力学研究固体物理，大大促进了对固体材料、半导体、激光、超导等的研究。

18.5.2 戴维孙–革末实验

德布罗意在 1924 年论文答辩时，当时著名的科学家 J. B. Perrin 问他：“这些波怎样用实验来证实呢？”德布罗意回答：“用晶体对电子的衍射实验可以做到。”电子散射实验的典型代表是戴维孙–革末实验，如图 18-13 所示。1927 年戴维孙和革末用电子束垂直投射到镍

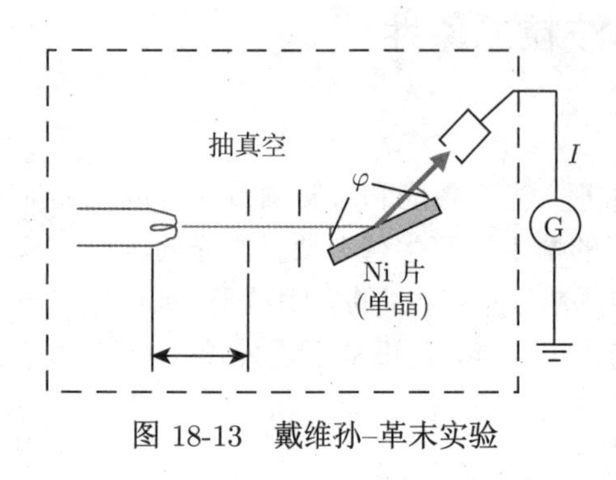

图 18-13　戴维孙–革末实验

单晶上，如图 18-14 所示，电子束被散射。电子经晶格散射后在某一特定方向发生衍射极大，这一结果与 X 射线散射相似，其强度分布可用德布罗意关系和衍射理论给予解释，如图 18-15 所示，从而验证了物质波的存在。实验表明，以一定方向投射到晶面上的电子束，只有具有某些特定速率时，才能准确地按照反射定律在晶面上反射。实验结果与晶体对 X 射线的衍射情形是极其相似的。衍射加强时的电子德布罗意波长应满足**布拉格公式**：

$$2d\sin\theta = k\lambda \quad (k=1,2,3,\cdots) \tag{18-36}$$

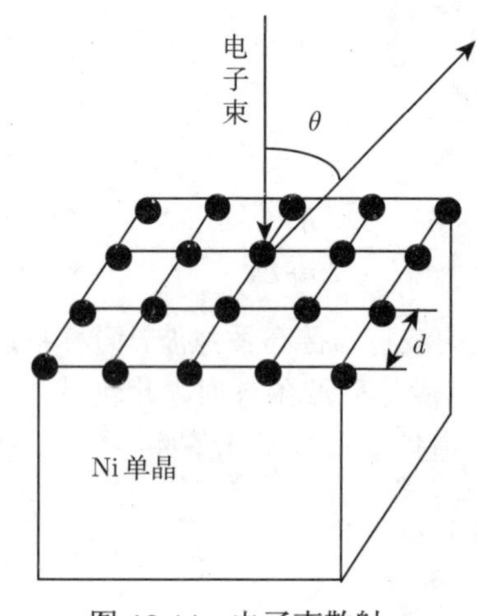

图 18-14　电子束散射

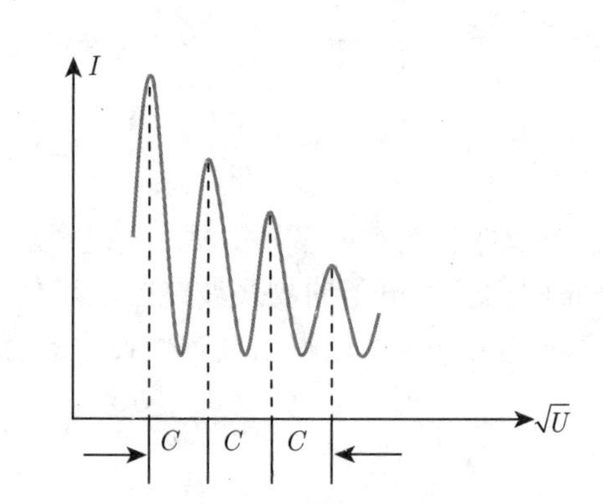

图 18-15　戴维孙–革末实验曲线

将电子的德布罗意波长代入布拉格公式，得

$$2d\sin\theta = k\frac{h}{m_e u} \tag{18-37}$$

$$2d\sin\theta = k\frac{h}{\sqrt{2em_e}}\frac{1}{\sqrt{U}} \quad (k=1,2,3,\cdots) \tag{18-38}$$

令 $u=\sqrt{\dfrac{2eU}{m_e}}$，得

$$2d\sin\theta = k\frac{h}{m_e u} \tag{18-39}$$

所以，上面计算出的 U 值，与实验结果相一致。这就证明了德布罗意假说的正确性。

18.5.3　微观粒子的波粒二象性

电子衍射实验证明了实物粒子具有波动性的假设，但波和粒子在经典物理学中是完全对立的物理概念，很难把它们统一到同一个客体上去，按通常理解，粒子是实物的集中形态，如果某一时刻它在空间的某个地方出现，那么它绝不可能会在别处被同时发现；而波动却能在一个广延的空间范围中同时发生。怎样理解波粒二象性、物质波的本质？如何把粒子性(颗粒性，集中于一点) 和波动性 (连续性，扩展于空间) 统一起来？

历史上有两种典型的看法很容易把微观粒子看成经典粒子和经典波的混合体。

(1) “粒子是由波组成的”：把粒子看成由很多波组成的波包，但波包在媒质中要扩散、消失 (和粒子性矛盾)。

(2) “波是由粒子组成的”：认为波是由大量粒子组成的；波动性是大量粒子相互作用而形成的，但这和单个粒子就具有波动性相矛盾。

1926 年玻恩提出，德布罗意波为概率波。概率波用统计性把 “波” 和 “粒子” 两个截然不同的经典概念联系了起来。

对光辐射 (电磁波)，爱因斯坦 1917 年引入统计性概念。波动观点认为光强正比于 E^2；粒子观点认为光强正比于某处光子数，或正比于某处发现一个光子的概率。所以，E^2 正比于某处发现一个光子的概率。

同样，对物质波，玻恩 1927 年提出德布罗意波的概率解释。物质波描述粒子在各处被发现的概率，德布罗意波是概率波。引入**波函数** $\Psi(\vec{r},t))$ 或 $\Psi(x,y,z,t)$ 描述。波函数是复函数，Ψ 没有直接的物理意义。玻恩的假定：和 “E^2 正比于某处发现一个光子的概率” 类似，玻恩认为 $|\Psi|^2=\Psi\cdot\Psi^*$ 代表某时刻、某处单位体积中发现粒子的概率的**概率密度**。Ψ 称为概率幅，在 t 时刻、(x,y,z) 处 $\mathrm{d}v$ 体积中发现粒子的概率为

$$\mathrm{d}P=|\psi|^2\,\mathrm{d}v=\psi\psi^*\mathrm{d}v \tag{18-40}$$

概率波把波和粒子两种属性统一了起来。波的强度表示粒子出现的概率，概率波给出的结果服从统计规律性，它不能预言粒子必然在哪里出现，只能预言粒子出现的概率。

概率波波函数和经典波函数的区别：经典波函数 Ψ 可测，有直接的物理意义，Ψ 和 $c\Psi$ 不同。

概率波波函数 Ψ 不可测，无直接的物理意义，$|\Psi|^2$ 才可测；Ψ 和 $c\Psi$ 描述相同的概率分布 (c 是复常数)。玻恩的波函数的概率解释是量子力学的基本原理之一 (基本假设)，玻恩荣获 1954 年诺贝尔奖。

为了更清楚说明概率波的意义，人们设计和分析电子双缝衍射实验说明概率波的含义。首先，光的双缝衍射实验，光的双缝衍射图样是两条缝分别打开时，单缝衍射图样的**相干叠加**。机枪的双孔实验，子弹对双孔乱射，观察屏上枪眼的强度分布。两孔都打开时的强度分布是两孔分别打开时强度的直接相加，$n_{12}=n_1+n_2$，无干涉现象。以上即经典波和经典粒子两个截然不同的概念的具体体现。电子的双缝衍射实验，单位时间许多电子通过双缝，底片上很快出现双缝衍射图样，说明电子有波动性，是许多电子在同一个实验中的统计结果。1961 年前，这些实验属 “假想实验”，即在承认电子波动性的前提下，设想电子一定有干涉、衍射现象。1961 年约恩逊做出电子的单缝、双缝、三缝和四缝衍射实验。减弱电子流的强度，可使电子一个一个 (间隔时间很长) 地通过双缝，底片上出现一个一个的点；开始时底片上的点似无规则分布，随着电子增多，逐渐形成双缝衍射图样，来源于 “一个电子” 所具有的波动性，而不是电子间相互作用的结果。若使一个电子反复多次通过双缝，会出现相同的衍射图样。爱因斯坦对玻恩假设曾持不同观点，他认为完善的理论不应是统计性的。他

在给玻恩的信中写道，“在任何情况下，我相信，上帝是不掷骰子的”。但玻恩对了，爱因斯坦错了！怎样理解电子的双缝衍射实验呢？

(1) 是一个电子的一部分通过一个缝，另一部分通过另一个缝，这两部分干涉形成衍射图样吗？这和电子的整体性 (不可分割性) 相矛盾。

(2) 两个缝同时打开是否对衍射图样有影响？双缝同时打开时，概率波预言的是同时存在电子通过两条缝的概率，两条缝同时起作用，无法预言电子从哪条缝通过。只开上缝时，电子有一定的概率通过上缝，其状态用 $\varPsi_1$ 描述，电子的概率分布为 $P_1 = |\varPsi_1|^2$ (相应于上缝的单缝衍射图样)，只开下缝时，电子有一定的概率通过下缝，其状态用 $\varPsi_2$ 描述，电子的概率分布为 $P_2 = |\varPsi_2|^2$ (相应于下缝的单缝衍射图样)。

两缝都开时，电子可通过上缝、也可通过下缝，通过上、下缝各有一定的概率总的概率幅分布

$$\varPsi_{12} = \varPsi_1 + \varPsi_2 \quad (\text{此时粒子的状态用 } \varPsi_1 + \varPsi_2 \text{ 描述})$$

概率分布

$$|\varPsi_{12}|^2 = |\varPsi_1 + \varPsi_2|^2 \neq |\varPsi_1|^2 + |\varPsi_2|^2$$

是概率幅叠加，而不是概率叠加交叉项产生了干涉效果。可见，干涉是概率波的干涉，是由于概率幅的线性叠加产生的。即使只有一个电子，当双缝都打开时, 它的状态就要用 $\varPsi_{12} = \varPsi_1 + \varPsi_2$ 来描述。两部分概率幅的叠加就会产生干涉。微观粒子的波动性，实质上就是概率幅的相干叠加性。对经典粒子，则是概率直接叠加。

(3) 是同时通过两条缝的两个电子相互干涉吗？波动性是单个电子的属性，不是电子间相互作用形成的，如图 18-16 所示。

深刻理解实物粒子的波粒二象性：粒子性 (原子性、整体性) 是指实物粒子具有集中的能量 E 和动量 p，但不是经典粒子！抛弃了 “轨道” 的概念！波动性 (可叠加性) 是指微观粒子具有干涉、衍射、偏振等现象，具有波长 λ，但不是经典波！不代表任何实在的物理量的波动。微观粒子在某些条件下表现出粒子性，在另一些条件下表现出波动性，这两种完全格格不入的性质虽寓于同一体中，却不能同时表现出来。比如，你在图 18-17 中看到了什么？

图 18-17 同时包含着两种图像信息，你以某种看法观察，会看到图中是一位少女，你换一种看法观察，则会看到图中是一个老妇，两种图像不会同时出现在你的视觉中。此画可以用来 “比喻” 微观粒子的 “二象性”。

从 20 世纪 20 年代开始，人们认识到微观粒子同时具有粒子性和波动性。波粒二象性是同一客体在不同条件下的表现。30 年代以后，实验发现中子、质子、中性原子都具有衍射现象。自然界中的一切微观粒子，不论它们的静止质量是否为零，都具有波粒二象性。波粒二象性是同一客体在不同条件下的表现。例如，电子显微镜：由于光学显微镜的分辨本领与光波的波长成反比，当加速电场很大时，电子的德布罗意波长可以比可见光波长短得多，如 U 为 10 万 V 时，电子的波长为 0.004 μm，比可见光短 10 万倍。因此利用电子波代替可见光制成的电子显微镜具有极高的分辨本领。电子显微镜在现代工农业生产和科学研究中应用广泛。

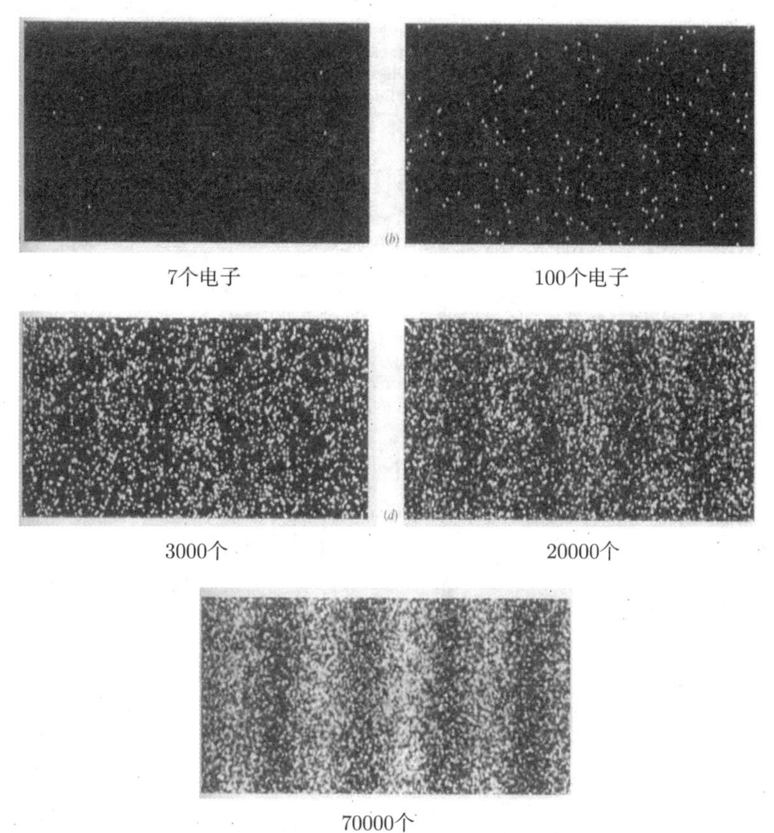

图 18-16 一个一个电子依次入射双缝的衍射实验图片

图 18-17 “波粒二象性”

例 18-12 一枚质量 $m = 0.05$ kg 子弹，以速率 $v = 300$ m·s^{-1} 运动着，其德布罗意波长为多少？

解 由德布罗意公式得

$$\lambda = \frac{h}{mv} = 4.4 \times 10^{-35} \text{ m}$$

由此可见，对于一般的宏观物体，其物质波波长是很小的，很难显示波动性。

例 18-13 试估算热中子的德布罗意波长 (中子的质量 $m_n = 1.67\times10^{-27}$ kg)。

解 热中子是指在室温下 ($T = 300$ K) 与周围处于热平衡的中子，它的平均动能：

$$\bar{\varepsilon} = \frac{3}{2}kT = 6.21\times10^{-21} \approx 0.038 \text{ eV}$$

它的方均根速率：

$$v = \sqrt{\frac{2\bar{\varepsilon}}{m_n}} \approx 2700 \text{ m}\cdot\text{s}^{-1}$$

相应的德布罗意波长：

$$\lambda = \frac{h}{m_n v} = 0.15 \text{ nm}$$

例 18-14 如图所示，电子在铝箔上散射时，第一级最大 (k= 1) 的偏转角 θ 为 2°，铝的晶格常数 a 为 4.05×10^{-10} m，求电子速度。

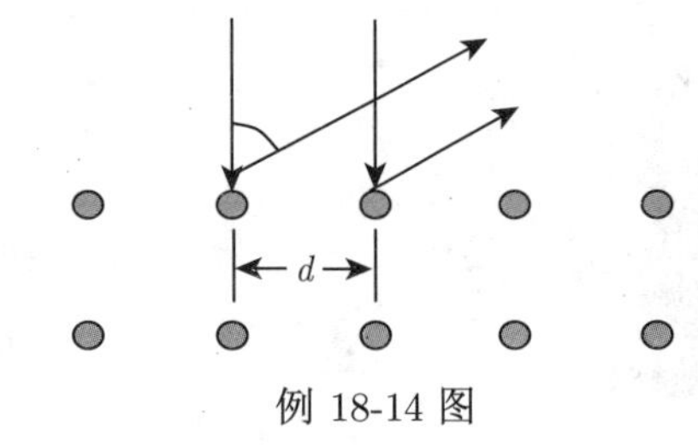

例 18-14 图

解 参看图示，第一级最大的条件是

$$d\sin\theta = k\lambda \quad (k = 1)$$

按德布洛意公式

$$\lambda = \frac{h}{mv}$$

把 m 按静质量计算，得

$$v = \frac{h}{m_0\lambda} = \frac{h}{m_0 a\sin\theta} = 5.14\times10^{7} \text{ m}\cdot\text{s}^{-1}$$

18.6 不确定度关系

在经典物理中，粒子 (质点) 的运动状态可以用位置坐标和动量来描述，按照牛顿运动定律，粒子在任何时刻的位置和动量都可以同时准确测定，但在微观领域，由于粒子波动性的突出表现，会出现一些有悖于宏观经验的“离奇”结论。下面以电子的单缝衍射实验为例进行探讨，如图 18-18 所示。

电子枪沿 y 方向发射一束速度为 $\bar{v}$ 的电子束，相应的德布罗意波长为 λ。电子穿过宽度为 Δx 的狭缝，在照相底片上形成了衍射条纹，如图 18-18 所示。电子的单缝衍射规律类同于光的衍射规律，大部分电子将落在底片中央较宽的区域，相应的衍射角 φ 由关系式 $\sin\varphi = \lambda/\Delta x$ 确定。少量电子将落在外侧次极大处，电子在通过狭缝的瞬间，我们并不知道它的确切位置，只能说它一定是在狭缝的宽度范围内。因此，在 x 方向上电子的位置有一个不确定量 Δx，与此同时，由于衍射电子的运动方向要发生变化，在 x 方向将出现分量 p_x，p_x 是一个不确定量，它取决于衍射角 φ。我们以两个一级暗纹之间的主极大来估计电子在 x 方向动量的不确定量

$$\Delta p_x = p_x = p\sin\varphi = p\frac{\lambda}{\Delta x}$$

以德布洛意公式 $\lambda = \dfrac{h}{p}$ 代入，可得 $\Delta x \Delta p_x = h$。

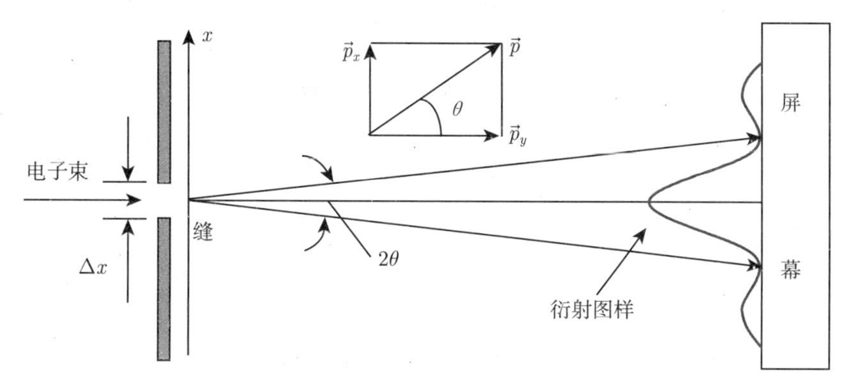

图 18-18　电子单缝衍射

以上仅就中央主极大范围来估算 Δp_x，考虑到在两个一级极小值之外还有电子出现，显然电子在 x 方向的动量不确定量应更大一些，所以

$$\Delta x \Delta p_x \geqslant h \tag{18-41}$$

经严格证明后应改写为

$$\begin{cases} \Delta x \cdot \Delta p_x \geqslant \hbar/2 \\ \Delta y \cdot \Delta p_y \geqslant \hbar/2 \\ \Delta z \cdot \Delta p_z \geqslant \hbar/2 \end{cases} \tag{18-42}$$

海森伯于 1927 年由量子力学导出了坐标与动量的不确定关系。反映微观粒子的基本规律，是物理学中的重要关系。海森伯 1932 年荣获诺贝尔奖。量子化和波粒二象性是量子力学中最基本的两个概念，而同一个常数 h 在两个概念中都起着关键的作用，说明两概念间有深刻的内在联系。在任何表达式中，只要有 h 出现，就必然意味着此表达式具有量子力学的特征。

不确定关系式说明用经典物理学量 —— 动量、坐标来描写微观粒子行为时将会受到一定的限制，因为微观粒子不可能同时具有确定的动量及位置坐标。不确定关系式可以用来判别对于实物粒子其行为究竟应该用经典力学来描写还是用量子力学来描写。对于微观粒子的能量 E 及它在能态上停留的平均时间 Δt 之间也有下面的不确定关系

$$\Delta E \Delta t \geqslant \hbar/2 \tag{18-43}$$

原子处于激发态的平均寿命一般为 $\Delta t \approx 10^{-8}$ s，于是激发态能级的宽度为

$$\Delta E \geqslant \frac{\hbar}{2\Delta t} \approx 10^{-8}\ \mathrm{eV}$$

这说明原子光谱有一定宽度，实验已经证实这一点。不确定关系使微观粒子运动失去了"轨道"概念。不确定关系说明微观粒子的坐标和动量不能同时确定，其根源在于二象性。微

观粒子本应用概率概念描述，不确定关系指明经典力学概念在微观世界的适用程度。不确定关系中 h 的重要性及 $h \neq 0$ 使得不确定关系在微观世界成为一个重要的规律；但 h 很小使不确定关系在宏观世界不能得到直接体现。不确定关系在宏观世界的效果，好像是微观世界里当 $h \to 0$ 时的效果。当 $h \to 0$ 时，量子物理 → 经典物理 (对应原理)。

例 18-15 设子弹的质量为 0.01 kg，枪口的直径为 0.5 cm，试求子弹射出枪口时的横向速度的不确定量。

解 枪口直径可以当作子弹射出枪口时位置的不确定量。
由于 $\Delta p_x = m\Delta v_x$，根据不确定关系得

$$\Delta v_x \geqslant \frac{\hbar}{2m\Delta x} = 1.05 \times 10^{-30}\ \mathrm{m \cdot s^{-1}}$$

和子弹飞行速度每秒几百米相比，这速度的不确定性是微不足道的，所以子弹的运动速度是确定的。

例 18-16 电视显像管中电子的加速度电压为 10 kV，电子枪的枪口直径为 0.01 cm。试求电子射出电子枪后的横向速度的不确定量。

解 电子横向位置的不确定量 $\Delta x = 0.01$ cm，由不确定关系式得

$$\Delta v_x \geqslant \frac{\hbar}{2m\Delta x} = \frac{1.05 \times 10^{-34}\ \mathrm{J \cdot s}}{2 \times 9.11 \times 10^{-31}\ \mathrm{kg} \times 1 \times 10^{-4}\ \mathrm{m}}$$

$$= 1.05 \times 10^{-30}\ \mathrm{m \cdot s^{-1}} = 0.58\ \mathrm{m \cdot s^{-1}}$$

由于 $\Delta v_x \leqslant v$，所以电子运动速度相对来说仍然是相当确定的，波动性不起什么实际影响。

例 18-17 试求原子中电子速度的不确定量，取原子的线度约为 10^{-10} m。

解 原子中电子位置的不确定量 $\Delta r \approx 10^{-10}$ m，由不确定关系式得

$$\Delta v_x \geqslant \frac{\hbar}{2m\Delta x} = \frac{1.05 \times 10^{-34}\ \mathrm{J \cdot s}}{2 \times 9.11 \times 10^{-31}\ \mathrm{kg} \times 10^{-10}\ \mathrm{m}} = 5.8 \times 10^{5}\ \mathrm{m \cdot s^{-1}}$$

由玻尔理论可估算出氢原子中电子的轨道运动速度约为 $10^6\ \mathrm{m \cdot s^{-1}}$，可见速度的不确定量与速度大小的数量级基本相同。因此原子中电子在任一时刻没有完全确定的位置和速度，也没有确定的轨道，不能看成经典粒子，波动性十分显著。

例 18-18 威尔逊云室是一个充满过饱和蒸气的容器。射入的高速电子使气体分子或原子电离成离子。以离子为中心过饱和蒸气凝结成小液滴，在强光照射下，可看到一条白亮的带状的痕迹 —— 粒子的径迹。

解 径迹的线度 $\sim 10^{-4}$ cm，电子位置的不确定程度 $\Delta x \approx 10^{-4}$ cm。
动量的不确定程度

$$\Delta p \geqslant \frac{\hbar}{2\Delta x} \approx 10^{-28}\ \mathrm{kg \cdot m \cdot s^{-1}}$$

云室中的电子动能 $E_\mathrm{k} \sim 10^8$ eV，因此电子动量

$$p = \sqrt{2mE_\mathrm{k}} \approx 1.8 \times 10^{-23}\ \mathrm{kg \cdot m \cdot s^{-1}}$$

显然 $p \gg \Delta p_x$

此情形下，坐标和动量基本上可以认为是确定的，可以使用“轨道”概念。

习　题

18-1　将星球看作绝对黑体，利用维恩位移定律测量 λ_m 便可求得 T。这是测量星球表面温度的方法之一。设测得：太阳的 $\lambda_m = 0.55$ μm，北极星的 $\lambda_m = 0.35$ μm，天狼星的 $\lambda_m = 0.29$ μm，试求这些星球的表面温度。

18-2　用辐射高温计测得炉壁小孔的辐射出射度 (总辐射本领) 为 22.8 $\mathrm{W \cdot cm^{-2}}$，求炉内温度。

18-3　从铝中移出一个电子需要 4.2 eV 的能量，今有波长为 2000 Å的光投射到铝表面。试问：(1) 由此发射出来的光电子的最大动能是多少？(2) 遏止电势差为多大？(3) 铝的截止 (红限) 波长有多大？

18-4　在一定条件下，人眼视网膜能够对 5 个蓝绿光光子 ($\lambda = 5.0 \times 10^{-7}$ m) 产生光的感觉。此时视网膜上接收到光的能量为多少？如果每秒钟都能吸收 5 个这样的光子，则到达眼睛的功率为多大？

18-5　设太阳照射到地球上光的强度为 8 $\mathrm{J \cdot s^{-1} \cdot m^{-2}}$，如果平均波长为 5000 Å，则每秒钟落到地面上 1 $\mathrm{m^2}$ 的光子数量是多少？若人眼瞳孔直径为 3 mm，每秒钟进入人眼的光子数是多少？

18-6　若一个光子的能量等于一个电子的静能，试求该光子的频率、波长、动量。

18-7　光电效应和康普顿效应都包含了电子和光子的相互作用，试问这两个过程有什么不同？

18-8　在康普顿效应的实验中，若散射光波长是入射光波长的 1.2 倍，则散射光子的能量 ε 与反冲电子的动能 E_k 之比 ε/E_k 等于多少？

18-9　波长 $\lambda_0 = 0.708$ Å的 X 射线在石蜡上受到康普顿散射，求在 $\dfrac{\pi}{2}$ 和 π 方向上所散射的 X 射线波长各是多大？

18-10　已知 X 光光子的能量为 0.60 MeV，在康普顿散射之后波长变化了 20%，求反冲电子的能量。

18-11　在康普顿散射中，入射光子的波长为 0.030 Å，反冲电子的速度为 $0.60c$，求散射光子的波长及散射角。

18-12　实验发现基态氢原子可吸收能量为 12.75 eV 的光子。

(1) 试问氢原子吸收光子后将被激发到哪个能级？

(2) 受激发的氢原子向低能级跃迁时，可发出哪几条谱线？请将这些跃迁画在能级图上。

18-13　以动能 12.5 eV 的电子通过碰撞使氢原子激发时，最高能激发到哪一能级？当回到基态时能产生哪些谱线？

18-14　处于基态的氢原子被外来单色光激发后发出巴耳末线系中只有两条谱线，试求这两条谱线的波长及外来光的频率。

18-15　当基态氢原子被 12.09 eV 的光子激发后，其电子的轨道半径将增加多少倍？

18-16　德布罗意波的波函数与经典波的波函数的本质区别是什么？

18-17　为使电子的德布罗意波长为 1 Å，需要多大的加速电压？

18-18　具有能量 15 eV 的光子，被氢原子中处于第一玻尔轨道的电子所吸收，形成一个光电子。问此光电子远离质子时的速度为多大？它的德布罗意波长是多少？

18-19　光子与电子的波长都是 2.0 Å，它们的动量和总能量各为多少？

18-20　已知中子的质量 $m_\mathrm{n} = 1.67 \times 10^{-27}$ kg，当中子的动能等于温度 300 K 的热平衡中子气体的平均动能时，其德布罗意波长为多少？

18-21　一个质量为 m 的粒子，约束在长度为 L 的一维线段上。试根据测不准关系估算这个粒子所具有的最小能量的值。

18-22　从某激发能级向基态跃迁而产生的谱线波长为 4000 Å，测得谱线宽度为 10^{-4} Å，求该激发能级的平均寿命。

18-23　一波长为 3000 Å的光子，假定其波长的测量精度为百万分之一，求该光子位置的测不准量。

第19章　量子力学基础

在德布罗意关于微观粒子波动性的推断基础上，薛定谔和海森堡几乎同时分别提出了波动力学和矩阵力学理论。这两种理论都可以用来描述微观粒子。将这两种理论融合后，便形成了量子力学，称为描述微观粒子的基本理论。

量子力学理论在微观物理中发挥了巨大的作用。它在原子、分子、原子核、粒子以及凝聚态物理等方面的应用取得了极大的成功，推动了这些学科的发展。量子力学理论的创立和广泛应用一方面促使新材料、新器件、新能源、新的通信手段和控制手段的大量涌现，同时也为量子电动力学、量子场论、量子统计、凝聚态理论和量子化学等新兴学科的诞生奠定了基础。可以说，量子力学已经成为现代物理学理论的基石和支柱。

本章将对量子力学的基本概念和方法作初步介绍，主要包括波函数、薛定谔方程、势阱中的粒子、氢原子的量子理论、电子的自旋、原子的电子壳层结构等。

19.1　波函数薛定谔方程

19.1.1　波函数及其统计解释

在微观世界中，粒子表现出明显的波动特征，其波动性和粒子性由德布罗意关系式 $\lambda = h/p$ 和 $\nu = E/h$ 相关联。在量子力学中用以描述粒子运动状态的数学表达式称为波函数，用符号 ψ 表示，不同条件和状态下的波函数形式有所不同，甚至有的很复杂。微观粒子的运动状态称为量子态，用波函数 $\psi(\vec{r},t)$ 来描述，这个波函数所反映的微观粒子波动性，就是德布罗意波。玻恩指出，德布罗意波或波函数 $\psi(\vec{r},t)$ 不代表实际物理量的波动，而是描述粒子在空间的概率分布的概率波，量子力学中描述微观粒子的波函数本身是没有直接物理意义的，具有直接物理意义的是波函数的模的平方，它代表了粒子出现的概率密度。

我们仅以最简单的函数形式 —— 自由粒子波函数为例进行讨论。对于一维自由运动粒子的波函数，因为粒子不受力，所以粒子的动量 p 不变、频率 ν 和波长 λ 也不变，其波函数可认为是一个平面单色简谐波，表示为

$$\psi(x,t) = \psi_0 \cos 2\pi \left(\nu t - \frac{x}{\lambda}\right) \tag{19-1a}$$

波函数的复指数形式：

$$\psi(x,t) = \psi_0 \mathrm{e}^{-\mathrm{i}2\pi\left(\nu t - \frac{x}{\lambda}\right)} \tag{19-1b}$$

$$\psi(x,t) = \psi_0 \mathrm{e}^{-\mathrm{i}\frac{2\pi}{h}(Et-px)} = \psi_0 \mathrm{e}^{-\frac{\mathrm{i}}{\hbar}(Et-px)}$$

式中，E 和 p 分别为自由粒子的能量和动量。对三维的一般情况有完全类似的形式，基本原理也完全适用。

由自由粒子的波函数，结合玻恩的统计解释，可得如下定义。

概率密度：单位体积内粒子出现的概率

$$|\Psi|^2 = \Psi\Psi^* \tag{19-2}$$

粒子在空间体元中出现的概率：

$$|\Psi|^2 \mathrm{d}v = \Psi\Psi^* \mathrm{d}v \tag{19-3}$$

波函数的归一化条件：

$$\int |\Psi|^2 \mathrm{d}v = 1 \tag{19-4}$$

粒子在空间各点的概率总和应为 1。

波函数所要求的标准条件：单值、连续、有限、归一化。因为粒子的概率在任何地方只能有一个值；不可能无限大；不可能在某处发生突变。

假设 $\Psi_1, \Psi_2, \cdots, \Psi_n$ 是粒子体系的 n 个可能状态，那么，它们的线性组合态也是一种可能的状态。

$$\Psi = c_1\Psi_1 + c_2\Psi_2 + c_n\Psi_n \tag{19-5}$$

式中，各系数 $c_1, c_2, \cdots, c_n$ 均为复数，称为**态叠加原理**，这是量子力学中的一条重要原理。

对自由粒子 $|\psi|^2 = |\psi_0|^2 =$ 常数，即严格限制了粒子的动量 (p=const)，则其位置就完全不确定了 (各处概率相等)。

19.1.2　薛定谔方程

薛定谔方程是量子力学的动力学方程，像牛顿方程一样，不能从更基本的方程推导出来；它是否正确，只能由实验检验。

1. 自由粒子薛定谔方程的建立

因为自由粒子的波函数为

$$\Psi(x,t) = \psi_0 \mathrm{e}^{-\mathrm{i}\frac{2\pi}{h}(Et-px)}$$

对上式取 x 的二阶偏导数和 t 的一阶偏导数

$$\mathrm{i}\hbar\frac{\partial}{\partial t}\Psi(x,t) = E\Psi(x,t), \quad \mathrm{i}\hbar\frac{\partial}{\partial t} \Leftrightarrow E \tag{19-6}$$

$$-\hbar^2\frac{\partial^2}{\partial x^2}\Psi(x,t) = p^2\Psi(x,t), \quad -\mathrm{i}\hbar\frac{\partial}{\partial x} \Leftrightarrow p \tag{19-7}$$

自由粒子 ($v \ll c$)

$$E = E_\mathrm{k}, \quad p^2 = 2mE_\mathrm{k}$$

一维运动自由粒子的含时薛定谔方程为

$$\mathrm{i}\hbar\frac{\partial}{\partial t}\Psi(x,t) = -\frac{\hbar^2}{2m}\frac{\partial^2}{\partial x^2}\Psi(x,t) \tag{19-8}$$

2. 粒子在势能为 $V(x,t)$ 的势场中运动

当粒子在势能为 $V(x,t)$ 的势场中运动时，粒子的总能量等于动能与势能之和，即

$$E = p^2/2m + V(x,t)$$

设一维运动粒子的波函数为 $\Psi(x,t)$，则波函数应满足**含时薛定谔方程**为

$$\mathrm{i}\hbar\frac{\partial}{\partial t}\Psi(x,t) = \left[-\frac{\hbar^2}{2m}\frac{\partial^2}{\partial x^2} + V(x,t)\right]\Psi(x,t) \tag{19-9a}$$

若粒子在三维势场 $V(\vec{r},t)$ 中运动，其波函数为 $\Psi(\vec{r},t)$，则该粒子波函数应满足**三维含时薛定谔方程**：

$$\mathrm{i}\hbar\frac{\partial}{\partial t}\Psi(\vec{r},t) = \left[-\frac{\hbar^2}{2m}\nabla^2 + V(\vec{r},t)\right]\Psi(\vec{r},t) \tag{19-9b}$$

式中，算法 $\nabla = \frac{\partial}{\partial x}\hat{i} + \frac{\partial}{\partial y}\hat{j} + \frac{\partial}{\partial z}\hat{k}$ 称为**梯度算符**。$\nabla^2 = \nabla\cdot\nabla = \frac{\partial^2}{\partial x^2} + \frac{\partial^2}{\partial y^2} + \frac{\partial^2}{\partial z^2}$ 称为**拉普拉斯算符**。

3. 粒子在恒定势场中的运动

如果势场 V 只是坐标的函数，而与时间无关，则

$$\Psi(x,t) = \phi(x)f(t) \tag{19-10}$$

$$\mathrm{i}\hbar\frac{\partial}{\partial t}\Psi(x,t) = \left[-\frac{\hbar^2}{2m}\frac{\partial^2}{\partial x^2} + V(x,t)\right]\Psi(x,t)$$

分离变量后可得

$$\frac{\mathrm{i}\hbar}{f}\frac{\mathrm{d}f}{\mathrm{d}t} = \frac{1}{\phi(x)}\left[-\frac{\hbar}{2m}\frac{\mathrm{d}^2}{\mathrm{d}x^2} + V(x)\right]\phi(x)$$

$$\frac{\mathrm{i}\hbar}{f}\frac{\mathrm{d}f}{\mathrm{d}t} = E \quad (E\text{ 为一个确定的能量值}) \tag{19-11}$$

解得

$$f(t) = c\mathrm{e}^{-\frac{\mathrm{i}Et}{\hbar}} \quad (c\text{ 为积分常量})$$

$$\Psi(x,t) = \phi(x)\mathrm{e}^{-\frac{\mathrm{i}Et}{\hbar}}$$

结论：若势场与时间无关，则粒子具有确定的能量值。

定态：能量不随时间变化的状态称为定态。

在势场中做一维运动的粒子，其定态薛定谔方程为

$$\left[-\frac{\hbar^2}{2m}\frac{\mathrm{d}^2}{\mathrm{d}x^2} + V(x)\right]\phi(x) = E\phi(x) \tag{19-12}$$

$\phi(x)$ 称为一维定态波函数，概率密度为

$$|\phi|^2 = \phi(x)\phi^*(x)$$

结论：定态粒子在空间的概率分布不随时间改变。

三维势场中，运动粒子的定态薛定谔方程如下。

势能 $V=V(\vec{r})$ 或 $V=V(x,y,z)$ 同样可得三维定态薛定谔方程

$$\left[-\frac{\hbar^2}{2m}\nabla^2+V(x,y,z)\right]\phi(x,y,z)=E\phi(x,y,z) \tag{19-13}$$

定态波函数性质如下：

(1) 能量 E 不随时间变化。

(2) 概率密度 $|\psi|^2=|\phi|^2$ 不随时间变化；波函数的标准条件：单值、有限和连续。

(3) $\iiint_{\text{全空间}}|\phi|^2\mathrm{d}x\mathrm{d}y\mathrm{d}z=1$，可归一化。

(4) ϕ 和 $\dfrac{\partial\phi}{\partial x}$，$\dfrac{\partial\phi}{\partial y}$，$\dfrac{\partial\phi}{\partial z}$ 连续。

(5) $\phi(x,y,z)$ 为有限的、单值函数。

在量子力学中用薛定谔方程式加上波函数的物理条件可求解微观粒子在一定的势场中的运动问题 (求波函数、状态能量、概率密度等)。

例 19-1　做一维运动的微观粒子被束缚在 $0<x<a$ 的范围内。已知其波函数为 $\phi(x)=A\sin(\pi x/a)$。试求：(1) 常数 A；(2) 粒子在 0 到 $a/2$ 区域出现的概率；(3) 粒子在何处出现的概率最大？

解　(1) 由归一化条件得

$$\int_0^a A^2\sin^2(\pi x/a)\mathrm{d}x=1\Rightarrow A=\sqrt{\frac{a}{2}}$$

(2) 粒子的概率密度：$|\phi|^2=\dfrac{2}{a}\sin^2\dfrac{\pi x}{a}$

在 $0<x<a/2$ 区域内，粒子出现的概率为

$$\int_0^{a/2}|\phi|^2\mathrm{d}x=\frac{2}{a}\int_0^{a/2}\sin^2\frac{\pi x}{a}\mathrm{d}x=\frac{1}{2}$$

(3) 概率最大的位置应满足

$$\frac{\mathrm{d}|\phi(x)|^2}{\mathrm{d}x}=0\Rightarrow\frac{2\pi x}{a}=k\pi\quad(k=0,\pm1,\pm2,\pm3,\cdots)$$

因 $0<x<a/2$，故得 $x=\dfrac{a}{2}$ 粒子出现的概率最大。

19.2　势阱中的粒子

若质量为 m 的粒子，在保守力场的作用下，被限制在一定的范围内运动，其势函数称为势阱。为了简化计算，提出理想模型 —— 无限深势阱，如图 19-1 所示。

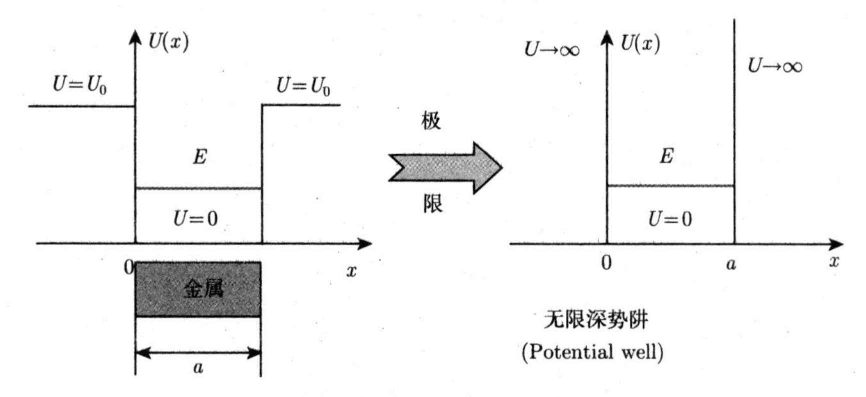

图 19-1 一维无限深势阱

意义：

(1) 是固体物理金属中自由电子的简化模型；

(2) 数学运算简单，量子力学的基本概念、原理在其中以简洁的形式表示出来。

设一维无限深势阱的势能分布为

$$V(x)=\begin{cases}0 & (0<x<a)\\ \infty & (x\leqslant 0, x\geqslant a)\end{cases}$$

势能不仅含时间，而且分段，用薛定谔方程求解时分为势阱内外分别进行。

势阱外，定态薛定谔方程为

$$-\frac{\hbar}{2m}\frac{\mathrm{d}^2\phi_{\mathrm{e}}}{\mathrm{d}x^2}+(E-V)\phi_{\mathrm{e}}=0$$

由条件 $V\to\infty$，而 E 为有限值，则

$$\phi_{\mathrm{e}}=0$$

保守力与势能之间的关系为

$$F=-\frac{\mathrm{d}V(x)}{\mathrm{d}x}$$

在势阱边界处，粒子要受到无限大、指向阱内的力，表明粒子不能越出势阱，即粒子在势阱外的概率为 0。

势阱内的一维定态薛定谔方程为

$$\begin{cases}-\dfrac{\hbar^2}{2m}\dfrac{\mathrm{d}^2\phi}{\mathrm{d}x^2}=E\phi \quad (0<x<a)\\ \phi(0)=0\\ \phi(a)=0\end{cases}$$

则

$$\frac{\mathrm{d}^2\phi}{\mathrm{d}x^2}+k^2\phi=0,\quad k^2=\frac{2mE}{\hbar^2}$$

$$\phi(x)=A\sin kx+B\cos kx$$

式中，A、B 为待定常数。由边值条件 $x=0$，$\phi=0$；$x=a$，$\phi=0$ 得

$$A\sin 0+B\cos 0=0\Rightarrow B=0$$

$$\phi(x)=A\sin kx$$

将条件代入上式得

$$\phi(a)=A\sin ka=0$$

$$ka=n\pi,\quad k=n\frac{\pi}{a}\quad (n=1,2,3,\cdots(n\text{ 不能取 }0,\text{ 否则 }\phi\equiv 0))$$

则

$$n^2\frac{\pi^2}{a^2}=\frac{2mE_n}{\hbar^2}$$

则

$$E_n=n^2\left(\frac{\pi^2\hbar^2}{2ma^2}\right)\quad (n=1,2,3,\cdots)\ (\text{能量本征值})$$

$$\phi_n(x)=A\sin\frac{n\pi}{a}x\quad (0<x<a)\ (\text{对应的本征态})$$

由 $\int_{-\infty}^{\infty}|\phi_n(x)|^2\,\mathrm{d}x=1$ 可得

$$\int_0^a A^2\sin^2\left(\frac{n\pi}{a}x\right)\mathrm{d}x=A^2\frac{a}{2}=1$$

则

$$A=\sqrt{\frac{2}{a}},\quad \phi_n(x)=\sqrt{\frac{2}{a}}\sin\left(\frac{n\pi}{a}x\right)\tag{19-14}$$

定态波函数：

$$\phi(x)=\begin{cases}0 & (x\leqslant 0,x\geqslant a)\\ \sqrt{\dfrac{2}{a}}\sin\dfrac{n\pi}{a}x & (0<x<a)\end{cases}$$

概率密度：

$$|\phi(x)|^2=\frac{2}{a}\sin^2\frac{n\pi}{a}x\tag{19-15}$$

$$E_n=n^2\left(\frac{\pi^2\hbar^2}{2ma^2}\right)\quad (n=1,2,3,\cdots)\tag{19-16}$$

能量只能取分立的数值。量子数 $n=1，2，3，\cdots$ 即波函数、概率密度、能量均与量子数有关，为分立的值。如图 19-2 所示。

在某些极限的条件下，量子规律可以转化为经典规律。

势阱中各能级的能量：$E_n=n^2\left(\dfrac{\pi^2\hbar^2}{2ma^2}\right)\quad (n=1,2,3,\cdots)$

势阱中相邻能级之差：$\Delta E=E_{n+1}-E_n=(2n+1)\left(\dfrac{\pi^2\hbar^2}{2ma^2}\right)$，$\Delta E\propto\dfrac{1}{m},\dfrac{1}{a^2}$

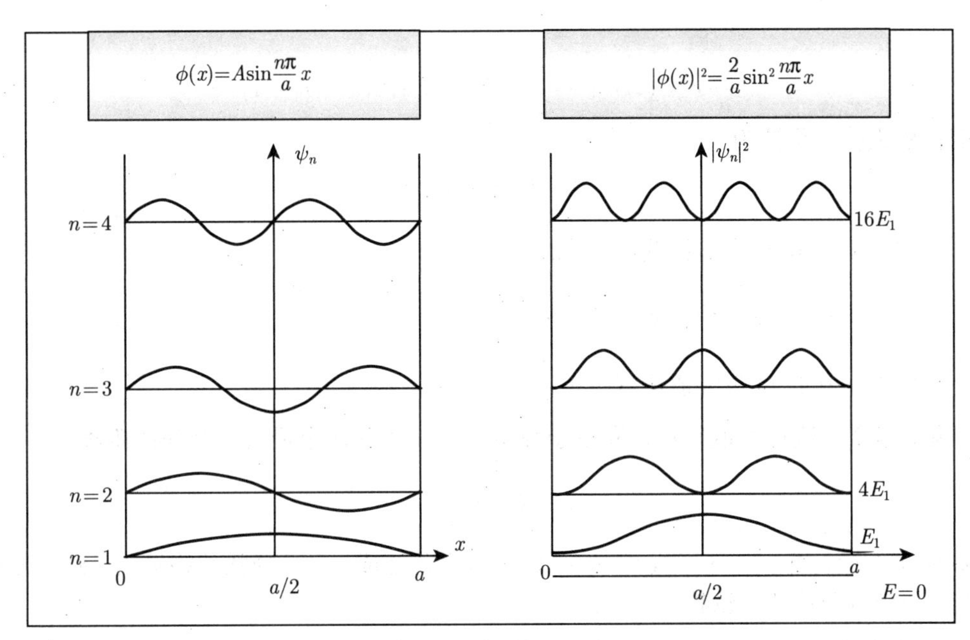

图 19-2 能量取分立的值

能级相对间隔：$\dfrac{\Delta E_n}{E_n}\approx 2n\left(\dfrac{\pi^2\hbar^2}{2ma^2}\right)\Big/n^2\left(\dfrac{\pi^2\hbar^2}{2ma^2}\right)=\dfrac{2}{n}$

当 $n\to\infty$ 时，$\dfrac{\Delta E_n}{E_n}\to 0$，能量视为连续变化。当 n，m，a 很大时，$\Delta E\to 0$，量子效应不明显，能量可视为连续变化，此即经典对应。

例如，电子在 $a=1.0\times10^{-2}$ m 的势阱中，如图 19-3 所示。其能量为

$$E=n^2\frac{\pi^2\hbar^2}{2ma^2}=n^2\times3.77\times10^{-15}\ \text{eV}$$

能级差：$\Delta E\approx 2n\dfrac{\pi^2\hbar^2}{2ma^2}=n\times7.54\times10^{-15}$ eV (近似于连续)。

当 $a=0.10$ nm 时，$\Delta E\approx n\times75.4$ eV (能量分立)。

例 19-2 试求在一维无限深势阱中粒子概率密度的最大值的位置。

解 一维无限深势阱中粒子的概率密度为

$$|\phi_n(x)|^2=\frac{2}{a}\sin^2\frac{n\pi}{a}x\quad(n=1,2,3,\cdots)$$

将上式对 x 求导，并令它等于零

$$\left.\frac{\mathrm{d}\,|\phi_n(x)|^2}{\mathrm{d}x}\right|_{x=0}=\frac{4n\pi}{a^2}\sin\frac{n\pi}{a}x\cos\frac{n\pi}{a}x=0$$

因为在阱内，即

$$0<x<a,\quad \sin\frac{n\pi}{a}x\neq0$$

只有

$$\cos\frac{n\pi}{a}x=0$$

于是

$$\frac{n\pi}{a}x=(2N+1)\frac{\pi}{2}\quad (N=0,1,2,\cdots,n-1)$$

由此解得最大值的位置为

$$x=(2N+1)\frac{a}{2n}$$

例如，$n=1$，$N=0$，最大值位置 $x=\frac{1}{2}a$；

　　$n=2$，$N=0,1$，最大值位置 $x=\frac{1}{4}a,\frac{3}{4}a$；

　　$n=3$，$N=0,1,2$，最大值位置 $x=\frac{1}{6}a,\frac{3}{6}a,\frac{5}{6}a$；

　　可见，概率密度最大值的数目和量子数 n 相等。相邻两个最大值之间的距离

$$\Delta x=\frac{a}{n}$$

如果阱宽 a 不变，当 $n\to\infty$ 时，$x\to 0$。这时最大值连成一片，峰状结构消失，概率分布成为均匀，与经典理论的结论趋于一致。

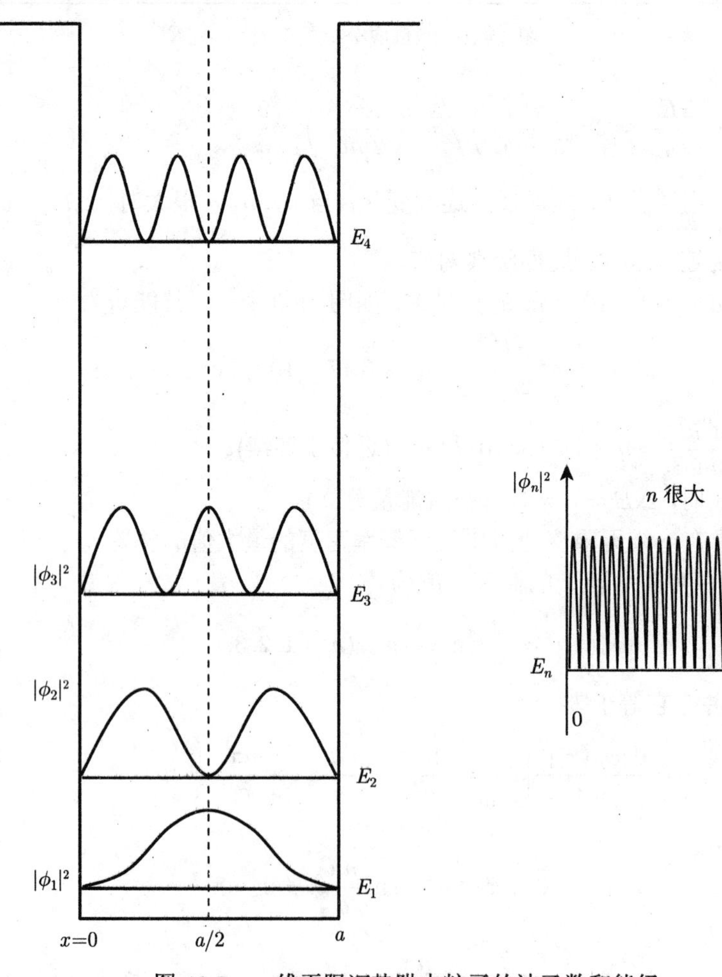

图 19-3　一维无限深势阱中粒子的波函数和能级

19.3　一维方势垒隧道效应

一维方势垒隧道效应是量子力学的基本概念，是从实际问题中抽象出来的一种模型。例如，当两块相同的金属间夹一薄层绝缘介质时，金属中的自由电子穿越介质层的运动就可以简化成这样的问题。

如图 19-4 所示，微观粒子从 $x=-\infty$ 处以确定能量 E 入射，在 $0<x<a$ 区域给定势能函数 $U(x)$

$$U(x)=\begin{cases} U_0 & (0<x<a) \\ 0 & (x<0, x>a) \end{cases}$$

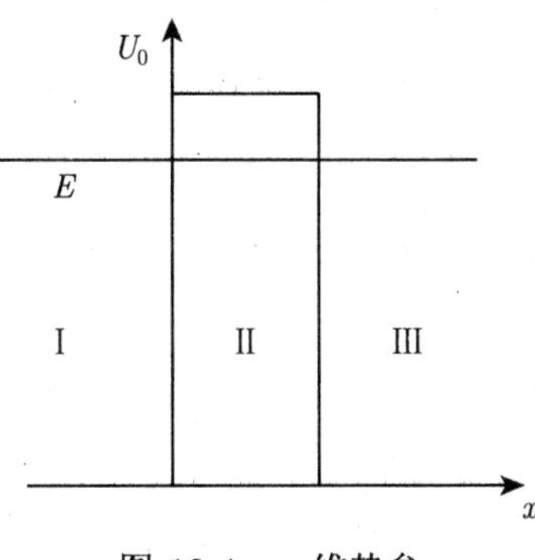

图 19-4　一维势垒

解定态薛定谔方程，求出粒子在各处的波函数和概率分布。粒子沿 x 方向运动，当 $E>U_0$ 时，粒子可以通过势垒；当 $E<U_0$ 时，经典物理中粒子无法通过势垒，将全部被势垒反弹 (散射) 回去，但是，实验证明粒子也能通过势垒，这只有量子力学才可以给出合理解释。

设三个区域 (I 、II 、III) 的波函数分别为 φ_1，φ_2，φ_3。在各区域薛定谔方程分别为

$$\begin{cases} -\dfrac{\hbar^2}{2m}\dfrac{\mathrm{d}\varphi_1^2}{\mathrm{d}x^2}=E\varphi_1 \\ -\dfrac{\hbar^2}{2m}\dfrac{\mathrm{d}\varphi_2^2}{\mathrm{d}x^2}+U_0\varphi_2=E\varphi_2 \\ -\dfrac{\hbar^2}{2m}\dfrac{\mathrm{d}\varphi_3^2}{\mathrm{d}x^2}=E\varphi_3 \end{cases}$$

令 $k_1^2=\dfrac{2mE}{\hbar^2}$，$k_2=\dfrac{2m(U_0-E)}{\hbar^2}$，因为 $E<U_0$，所以 k_2 为实数，则

$$\begin{cases} \dfrac{\mathrm{d}^2\varphi_1}{\mathrm{d}x^2}+k_1^2\varphi_1=0 \\ \dfrac{\mathrm{d}^2\varphi_2}{\mathrm{d}x^2}-k_2^2\varphi_2=0 \\ \dfrac{\mathrm{d}^2\varphi_3}{\mathrm{d}x^2}+k_1^2\varphi_3=0 \end{cases}$$

其解为

$$\left.\begin{aligned} \varphi_1(x)&=A\mathrm{e}^{\mathrm{i}k_1x}+A'\mathrm{e}^{-\mathrm{i}k_1x} \\ \varphi_2(x)&=B\mathrm{e}^{k_2x}+B'\mathrm{e}^{k_2x} \\ \varphi_3(x)&=C\mathrm{e}^{\mathrm{i}k_1x}+C'\mathrm{e}^{-\mathrm{i}k_1x} \end{aligned}\right\}$$

由于粒子到达区域III后不会再有反射，因而 $C'=0$。再由波函数的单值、连续条件

$$\varphi_1(0)=\varphi_2(0),\quad \frac{\mathrm{d}\varphi_1(0)}{\mathrm{d}x}=\frac{\mathrm{d}\varphi_2(0)}{\mathrm{d}x}$$

$$\varphi_2(a)=\varphi_3(a),\quad \frac{\mathrm{d}\varphi_2(a)}{\mathrm{d}x}=\frac{\mathrm{d}\varphi_3(a)}{\mathrm{d}x}$$

可以求得其他五个积分常数，得到在这三个区域中的波函数如图 19-5 所示。

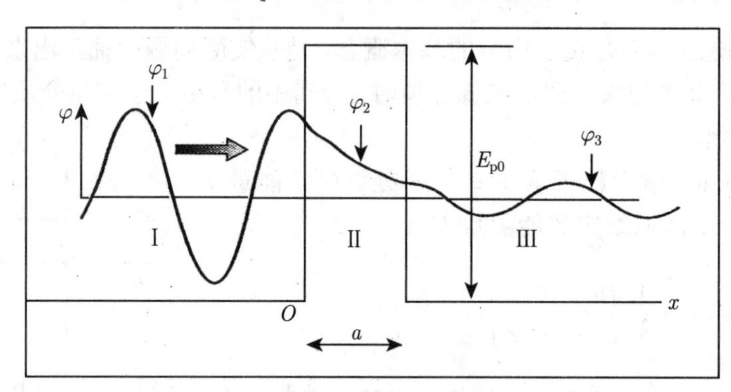

图 19-5　一维方势垒波函数

虽然粒子的能量不足以超越势垒，但是在势垒中似乎有一个隧道，能够使少量粒子穿过 II 区域而进入III区域, 所以人们形象地称这种现象为**隧道效应**。

粒子**贯穿势垒的概率**定义为在 $x=a$ 处透射波的强度与入射波的强度之比：

$$T=\frac{|\varphi_3(a)|^2}{A^2}\approx \mathrm{e}^{-\frac{2a}{\hbar}\sqrt{2m(U_0-E)}}\tag{19-17}$$

贯穿概率与势垒的宽度与高度有关。1981 年宾宁和罗雷尔利用电子的隧道效应制成了扫描隧道显微镜 (STM)，可观测固体表面原子排列的状况。金属样品外表面有一层电子云，电子云的密度随着与表面距离的增大呈指数形式衰减，将原子线度的极细的金属探针靠近样品，并在它们之间加上微小的电压，其间就存在隧道电流，隧道电流对针尖与表面的距离极其敏感，如果控制隧道电流保持恒定，针尖在垂直于样品表面方向移动，根据隧道电流的变化，就可以反映出样品表面情况。STM 的横向分辨率已达 0.1 nm，纵向分辨率达 0.01 nm。STM 的出现，使人类第一次能够实时地观察单个原子在物质表面上的排列状态以及表面电子行为有关性质。

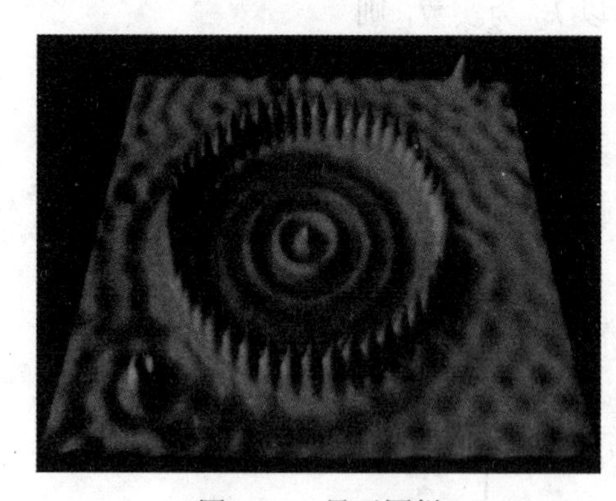

图 19-6　量子围栏

如图 19-6 所示，48 个 Fe 原子形成 “量子围栏”，围栏中的电子形成驻波。1993 年 5 月 IBM 的科学家 Crommie 等在液氦温度用电子束将单层的 Fe 原子蒸发到 Cu(111) 表面，然后用 STM 针尖将 48 个铁原子排成圆圈，铁原子间距为 9.5 Å，圆圈平均半径为 71.3 Å，圆圈由分立的铁原子组成而不连续，却能围住处于铜表面的电子，故称为**量子围栏**(quantum corral)。

根据铁原子对表面电子的强散射作用，Crommie 等最初设想可以用 Fe 原子做成对表面电子的量子化 “禁锢” 结构，像围牲口一样将电子围起来。它们的量子围栏确实起到了这样的作用。Fe 原子并非密集排列，但却同一个连续围栏差不多，很少有电子能透过围栏“逃”出去。围栏内的电子波如传播到围栏处，就会因 Fe 原子的强烈散射而被挡回去，从而在栏内形成同心圆状的驻波，导致围栏内同心圆状的局域态密度起伏。图中的波纹就是电子驻波，是世界上首次观察到的电子驻波的直观图形。MIT 的 Kastner 认为这一成就表明：“你能做任何人过去做梦也想不到的事情。”由于这一贡献，宾宁、罗雷尔和鲁斯卡三人分享了 1986 年度的诺贝尔物理奖。前两人是扫描隧道显微镜的直接发明者，第三人是 1932 年电子显微镜的发明者，这里是为了追溯他的功劳。

例 19-3 能量为 30 eV 的电子遇到一个高为 40 eV 的势垒，试估算电子穿过势垒的概率。(1) 势垒宽度为 1.0 nm；(2) 势垒宽度为 0.1 nm。

解 粒子贯穿势垒的概率 $T = G\mathrm{e}^{-\frac{2a}{\hbar}\sqrt{2m(U_0-E)}}$

(1) $E_0 - E = 40\text{ eV} - 30\text{ eV} = 10\text{ eV} = 1.6\times10^{-18}\text{ J}$

$$\frac{2a}{\hbar}\sqrt{2m\left(E_0-E\right)} = 2\times\left(1.0\times10^{-9}\text{ m}\right)\times\frac{\sqrt{2\times(9.1\times10^{-31}\text{ kg})\times(1.6\times10^{-18}\text{ J})}}{1.054\times10^{-34}\text{ J}\cdot\text{s}} = 32.4$$

计算得到

$$T\approx \mathrm{e}^{-\frac{2a}{\hbar}\sqrt{2m(U_0-E)}} = \mathrm{e}^{-32.4} = 8.5\times10^{-15}$$

所以电子几乎就不能穿透势垒!

(2) $T\approx \mathrm{e}^{-3.24} = 0.039$

电子穿透势垒的概率很大，接近于 4%。

19.4* 一维谐振子

一维谐振子 (又称线性谐振子) 是另一个重要的物理模型，在经典物理和近代物理领域有着广泛的应用。在微观领域中，分子的振动、晶格的振动等，都可以近似地用简谐振子模型来描述。一维简谐振子的势能函数为

$$U(x) = \frac{1}{2}kx^2 = \frac{1}{2}m\omega^2x^2$$

式中，$\omega = \sqrt{k/m}$，m 为振子质量，ω 为固有频率；x 为位移。

相应的定态薛定谔方程为

$$-\frac{\hbar^2}{2m}\frac{\mathrm{d}^2\psi}{\mathrm{d}x^2} + \frac{1}{2}m\omega^2x^2\psi = E\psi \tag{19-18}$$

由于其求解过程较为复杂，此处从略。得出如下结论，如图 19-7 所示。

基态波函数解

$$\psi = B\mathrm{e}^{-(m\omega/2\hbar)x^2} \tag{19-19}$$

其他激发态波函数均包含因子：$\mathrm{e}^{-(m\omega/2\hbar)x^2}$

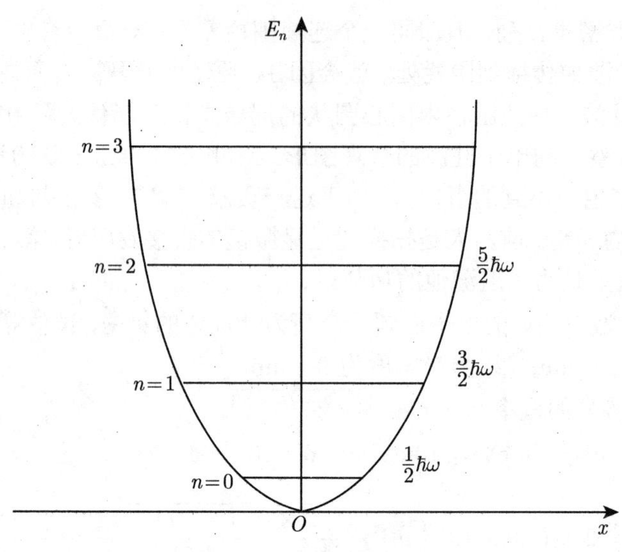

图 19-7　一维谐振子能级

满足方程的简谐振子能量

$$E_n = \left(n + \frac{1}{2}\right)\hbar\omega \quad (n = 0,\ 1,\ 2,\ \cdots) \tag{19-20}$$

基态能 (零点能)

$$E_0 = \frac{1}{2}\hbar\omega \quad (n = 0) \tag{19-21}$$

相邻能级的间距

$$\Delta E = \hbar\omega \tag{19-22}$$

19.5　氢原子的量子理论

玻尔氢原子理论，是半经典、半量子的理论，尽管取得巨大成功，但也有着一系列难以克服的困难。量子力学能够给出原子系统中电子状态的描述，并且自然地得出量子化的结果。薛定谔方程的最初和最终成功的应用，就是它能精确地求解氢原子的能级和相应的电子定态波函数。

19.5.1　氢原子的定态薛定谔方程

氢原子是由原子核和一个核外电子构成的，电子在原子核的库仑场中运动。设电子的质量为 m，带电 -e，它与原子核之间的距离是 r，核的质量很大，假设原子核不动，则氢原子体系的势函数为

$$U(r) = -\frac{\mathrm{e}^2}{4\pi\varepsilon_0 r}$$

定态薛定谔方程为

$$\nabla^2\psi + \frac{8\pi^2 m}{h^2}\left(E + \frac{\mathrm{e}^2}{4\pi\varepsilon_0 r}\right)\psi = 0 \tag{19-23}$$

考虑到势能是 r 的函数，通常采用球坐标代替直角坐标。

在球坐标下，拉普拉斯算符变为

$$\nabla^2 = \frac{1}{r^2}\frac{\partial}{\partial r}\left(r^2\frac{\partial\psi}{\partial r}\right) + \frac{1}{r^2\sin\theta}\frac{\partial}{\partial\theta}\left(\sin\theta\frac{\partial\psi}{\partial\theta}\right) + \frac{1}{r^2\sin^2\theta}\frac{\partial^2\psi}{\partial\varphi^2}$$

设波函数为

$$\psi(r,\theta,\varphi) = R(r)\Theta(\theta)\Phi(\varphi)$$

转化为球坐标下的定态薛定谔方程为

$$\frac{1}{r^2}\frac{\partial}{\partial r}\left(r^2\frac{\partial\psi}{\partial r}\right) + \frac{1}{r^2\sin\theta}\frac{\partial}{\partial\theta}\left(\sin\frac{\partial\psi}{\partial\theta}\right) + \frac{1}{r^2\sin^2\theta}\frac{\partial^2\psi}{\partial\varphi^2} + \frac{8\pi^2 m}{h^2}\left(E + \frac{\mathrm{e}^2}{4\pi\varepsilon_0 r}\right)\psi = 0$$

采用分离变量法得到三个常微分方程

$$\frac{\mathrm{d}^2\Phi}{\mathrm{d}\varphi^2} + m_l^2\Phi = 0$$

$$\frac{1}{\sin\theta}\frac{\mathrm{d}}{\mathrm{d}\theta}\left(\sin\theta\frac{\mathrm{d}\Theta}{\mathrm{d}\theta}\right) + \left[\lambda - \frac{m_l^2}{\sin^2\theta}\right]\Theta = 0$$

$$\frac{1}{r^2}\frac{\mathrm{d}}{\mathrm{d}r}\left(r^2\frac{\mathrm{d}R}{\mathrm{d}r}\right) + \left[\frac{2m}{\hbar^2}\left(E + \frac{e^2}{4\pi\varepsilon_0 r} - \frac{\lambda}{r^2}\right)\right]R = 0$$

式中，m_l 和 λ 是引入的常数。解此三个方程，并考虑到波函数应满足的标准条件，即可得到波函数 $\psi(r,\theta,\phi)$。

19.5.2 量子化条件和量子数

求解上述方程时，可以得到以下一些量子数及量子化特性。具体求解三个分离变量方程过于冗长，这里不介绍详细求解过程，仅给出定态方程的求解结果，并说明它们的物理图样。

1. 能量量子化和主量子数

氢原子的能量本征值：

$$E_n = -\frac{me^4}{8\varepsilon_0^2 h^2 n^2} = \frac{E_1}{n^2} \quad (n = 1, 2, 3, \cdots) \tag{19-24}$$

式中，n 为主量子数。

$$E_1 = -\frac{me^4}{8\varepsilon_0^2 h^2} = -13.6 \text{ eV}$$

氢原子的能量是量子化的；当 $n \to \infty$ 时，$E_n \to$ 连续值。

2. 角动量量子化和角量子数

电子绕核运动时的角动量为

$$L = \sqrt{l(l+1)}\frac{h}{2\pi} \tag{19-25}$$

式中，$l=0,1,2,3,\cdots,n-1$ 为电子的**角量子数**。即

$$L=0,\sqrt{2}\hbar,\sqrt{6}\hbar,\cdots,\sqrt{(n-1)n}\hbar$$

处于 $l=0,1,2,3,\cdots$ 状态的电子分别称为 $s,p,d,f,\cdots$ 电子。对第 n 能级，可以有 n 个不同的角动量 L 值，表明轨道角动量也是量子化的。

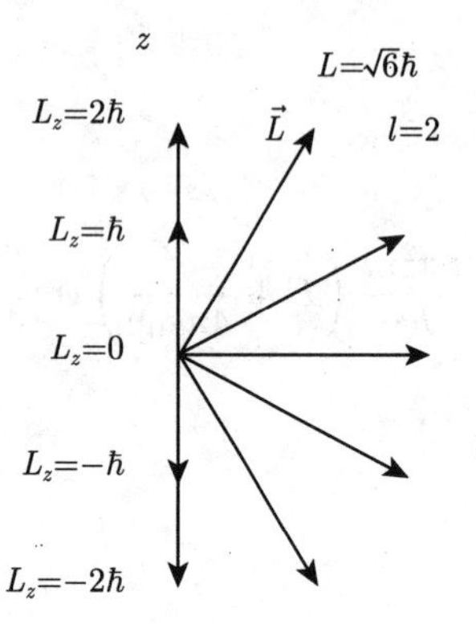

图 19-8　氢原子在外磁场中的角动量

3. 角动量空间量子化和磁量子数

当氢原子置于外磁场中，角动量 $\vec{L}$ 在空间取向只能取一些特定的方向，如图 19-8 所示。$\vec{L}$ 在外磁场方向的投影必须满足量子化条件

$$L_z=m_l\hbar\quad(m_l=0,\pm1,\pm2,\cdots,\pm l)\tag{19-26}$$

式中，m_l 称为**磁量子数**，对于给定的 l 值，m_l 可以有 $2l+1$ 个取值。式 (19-26) 表明，电子的角动量在空间共有 $2l+1$ 个可能取值，因而是量子化的，这一结论称为角动量的空间量子化。

例如，$l=2$ 时，$L=\sqrt{2\,(2+1)}\hbar=\sqrt{6}\hbar$。

4. 电子的自旋和自旋磁量子数

自旋角动量

$$S=\sqrt{s(s+1)}\frac{h}{2\pi}\tag{19-27}$$

式中，自旋量子数 $s=\dfrac{1}{2}$，即

$$S=\frac{\sqrt{3}}{2}\frac{h}{2\pi}$$

自旋角动量在外磁场方向上只有两个分量

$$S_z=m_s\frac{h}{2\pi}m_s=\pm\frac{1}{2}\tag{19-28}$$

式中，m_s 称为**自旋磁量子数**。

原子中的电子的运动状态可由四个量子数 (n,l,m_l,m_s) 来表示。

主量子数 n 决定电子的能量；角量子数 l 决定电子的轨道角动量；磁量子数 m_l 决定轨道角动量的方向；自旋量子数 m_s 决定自旋角动量的方向。

19.5.3　基态径向波函数和电子分布概率

要知道电子在氢原子中电子的分布，必须要知道电子的定态波函数

$$\psi_{n,l,m_l}=R_{n,l}(r)\Theta_{l,m_l}(\theta)\Phi_{m_l}(\varphi)$$

$R_{nl}(r)$ 称为**径向函数**；$Y_{l,m_l}=\Theta_{l,m_l}(\theta)\Phi_{m_l}(\varphi)$ 称为**角分布函数**。

通过求解氢原子的定态薛定谔方程，求解过程略，可以得到电子的定态波函数。以下给出前几个波函数。

径向函数：

$$R_{1,0}(r) = \left(\frac{1}{a_0}\right)^{3/2} 2\mathrm{e}^{-r/a_0}$$

$$R_{2,0}(r) = \left(\frac{1}{2a_0}\right)^{3/2} \left(2 - \frac{r}{a_0}\right) \mathrm{e}^{-r/2a_0}$$

$$R_{2,1}(r) = \left(\frac{1}{2a_0}\right)^{3/2} \frac{r}{a_0\sqrt{3}} \mathrm{e}^{-r/2a_0}$$

$$\cdots$$

式中，a_0 为玻尔半径。

角分布函数：

$$Y_{0,0} = \frac{1}{\sqrt{4\pi}}, \quad Y_{1,\pm 1} = \sqrt{\frac{3}{8\pi}} \sin\theta \mathrm{e}^{\pm \mathrm{i}\varphi}$$

$$Y_{1,0} = \sqrt{\frac{3}{4\pi}} \cos\theta, \quad Y_{2,0} = \sqrt{\frac{5}{16\pi}} (3\cos^2\theta - 1),$$

$$\cdots$$

电子出现在原子核周围的概率密度为

$$|\psi(r,\theta,\varphi)|^2 = |R(r)\Theta(\theta)\Phi(\varphi)|^2$$

如图 19-9 所示。

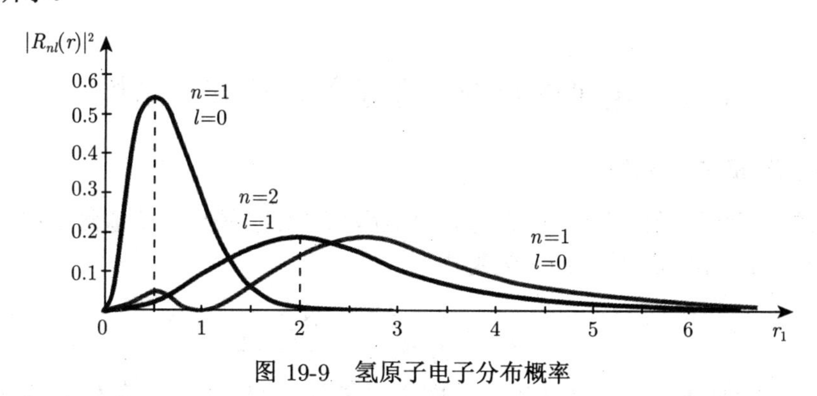

图 19-9 氢原子电子分布概率

电子的角分布概率密度由 $|Y_{l,m_l}(\theta,\varphi)|^2$ 决定。$|Y_{l,m_l}(\theta,\varphi)|^2$ 与 φ 无关，表示角向概率密度对于 z 轴具有旋转对称性。由坐标原点引向曲线的长度表示 θ 方向的概率密度大小。

图 19-10 画出了 n=2 时氢原子部分状态的电子云立体图。

例 19-4 设氢原子处于 $2p$ 态，求氢原子的能量、角动量大小及角动量的空间取向。

解 $2p$ 态表示 n=2，l=1，根据 $E_n = -\dfrac{13.6\ \mathrm{eV}}{n^2}$

得

$$E_2 = -\frac{13.6\ \mathrm{eV}}{2^2} = -3.40\ \mathrm{eV}$$

角动量的大小为

$$L=\sqrt{l(l+1)}\hbar=\sqrt{2}\hbar$$

当 $l=1$ 时，m_l 的可能值是 -1，0，$+1$。

$$\theta=\arccos\frac{m_l}{\sqrt{l(l+1)}}=\begin{cases}\pi/4\\ \pi/2\\ 3\pi/4\end{cases}$$

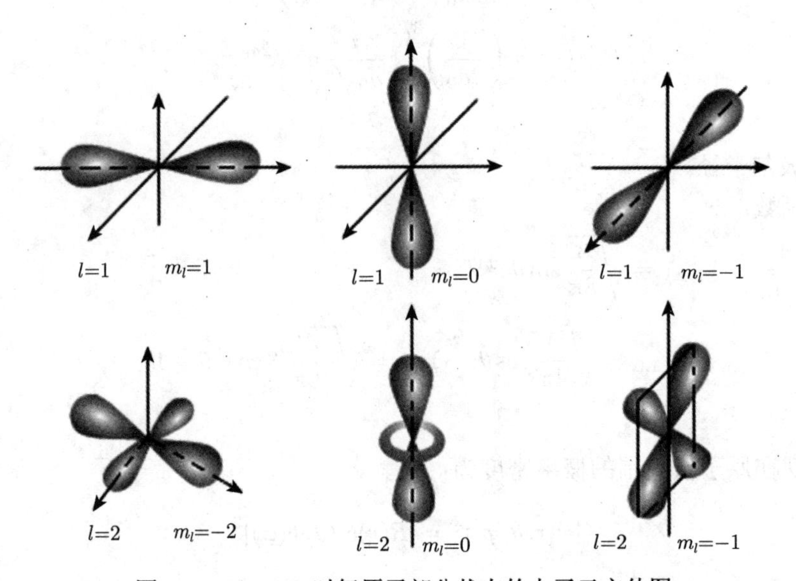

图 19-10　$n=2$ 时氢原子部分状态的电子云立体图

19.6　电子的自旋　原子的电子壳层结构

19.6.1　施特恩–格拉赫实验

原子中的电子绕原子核转动，形成电流，因而具有轨道磁矩 μ，轨道磁矩和角动量 $\vec{L}$ 方向相反，大小与 L 成正比。轨道磁矩矢量式

$$\mu=IS=\frac{\mathrm{e}v}{2\pi r}\pi r^2=\frac{\mathrm{e}vr}{2},\quad \vec{\mu}=-\frac{\mathrm{e}}{2m}\vec{L}\tag{19-29}$$

式中，e 为电子电量；m 为电子质量；电子的角动量大小 $L=mvr$，且 $\vec{L}$ 是空间量子化的，玻尔的量子化条件

$$L=n\hbar$$

则

$$\mu=\frac{n\mathrm{e}\hbar}{2m}$$

令 $\mu_B=\dfrac{\mathrm{e}\hbar}{2m}$，称为**玻尔磁子**，轨道磁矩也是量子化的。则有

$$\mu=n\mu_B\quad(\mu_{\mathrm{B}}=5.788\times10^{-5}\ \mathrm{eV}\cdot\mathrm{T}^{-1}=9.274\times10^{-24}\ \mathrm{A}\cdot\mathrm{m}^2)$$

1921 年，施特恩和格拉赫为验证电子角动量量子化，进行了下面的实验，如图 19-11 所示。O 是原子射线源，S_1 S_2 是狭缝，N、S 是产生不均匀磁场的磁极，使磁场在垂直于原子束的入射方向有较大的梯度 $\dfrac{\partial B}{\partial z}$。$P$ 是照相底板。

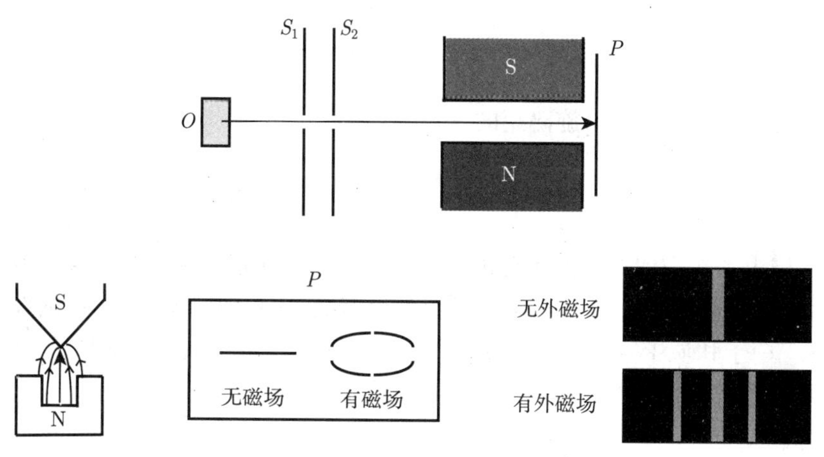

图 19-11　施特恩–格拉赫实验示意图

由射线源 O 射出的银原子射线，经过狭缝后，进入强度很大并在 z 方向存在梯度的不均匀磁场，最后沉积在照相板 P 上。沉积痕迹有两条。磁感强度 $\vec{B}$ 及其梯度 $\mathrm{d}B/\mathrm{d}z$ 沿着 z 轴的正方向。在不均匀磁场作用下，银原子的运动轨迹发生偏转，说明银原子具有一定的磁矩 $\vec{\mu}$。$\vec{\mu}$ 与磁场发生相互作用，相互作用能为

$$E_B = -\vec{\mu}\cdot\vec{B} = -\mu B\cos\theta = -\mu_z B \tag{19-30}$$

电子轨道磁矩沿 z 轴的分量式：

$$\mu_z = -\frac{\mathrm{e}}{2m}L_z = -m_l\frac{\mathrm{e}\hbar}{2m} \tag{19-31}$$

$$E = m_l\frac{\mathrm{e}\hbar}{2m}B = m_l\mu_B B \quad (m_l = 0, \pm1, \pm2, \cdots, \pm l) \tag{19-32}$$

结论：能量 E 与磁量子数 m_l 有关。在外磁场作用下，原来的一个能级将分裂成 $2l+1$ 个能级，$\Delta E = \mu_B B$。

19.6.2　电子的自旋

为了说明施特恩–格拉赫实验的结果，1925 年两位不到 25 岁的荷兰学生，乌仑贝克和高兹米特根据一系列实验事实提出了大胆的假设：电子不是点电荷，它除有轨道角动量外，还有自旋运动，拥有自旋角动量 $\vec{S}$ 以及相应的自旋磁矩 $\vec{\mu}_s$。自旋量子数为 s，且 $s=\dfrac{1}{2}$。

电子自旋角动量大小为

$$S = \sqrt{s(s+1)}\,\hbar = \frac{\sqrt{3}}{2}\hbar \tag{19-33}$$

自旋角动量 $\vec{S}$ 在空间任一方向的分量 S_z 的本征值

$$S_z = m_s\hbar \tag{19-34}$$

m_s 称为**自旋磁量子数**，s 为**自旋量子数**。对于确定的 s 值，m_s 取 $2s+1$ 个可能的数值。

m_s 可能数值

$$m_s = \pm 1/2 \tag{19-35}$$

$\vec{\mu}_s$ 与 $\vec{S}$ 的关系：

$$\vec{\mu}_S = -\frac{\mathrm{e}}{m}\vec{S}$$

因为 $S_z = m_s\hbar = \pm\hbar/2$，自旋磁矩的 z 分量

$$\mu_{s,z} = \pm\frac{\mathrm{e}\hbar}{2m} \tag{19-36}$$

结论：自旋电子在空间只有两种可能的取向。电子自旋是一种相对论量子效应，只能用相对论量子力学描述。规定：凡是自旋量子数为半奇数 ($s=1/2$，$3/2$，$\cdots$) 的粒子，称为**费米子**，如电子、中子和质子等；凡是自旋量子数为整数 ($s=0,1,2,\cdots$) 的粒子，称为**玻色子**，如光子 ($s=1$)、π 介子 ($s=0$) 等，如图 19-12 所示。

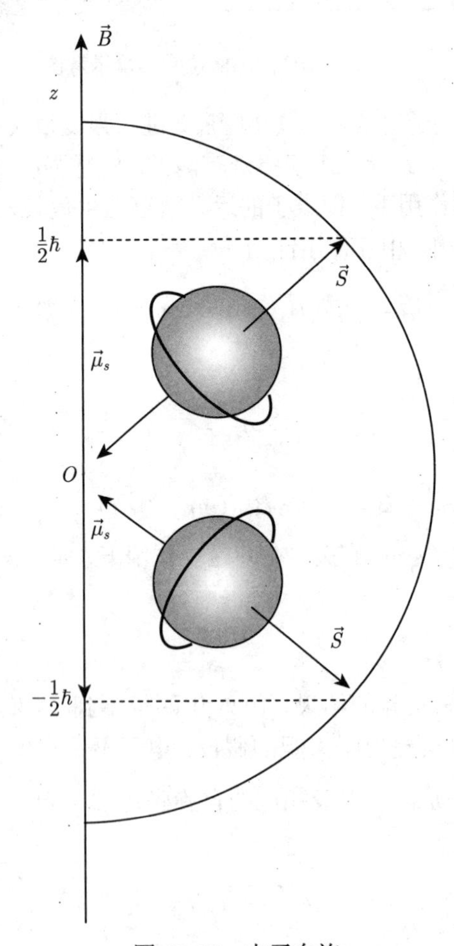

图 19-12　电子自旋

施特恩–格拉赫实验的意义：① 证实了空间量子化；② 证实了自旋的存在。

19.6.3 原子的壳层结构

1. 原子中电子的四个量子数

描述原子中电子的运动状态需要一组量子数 (n, l, m_l, m_s)。主量子数 $n=1,2,3,\cdots$ 决定能量的主要因素；角量子数 $l=0,1,2,\cdots,n-1$，用于确定电子的轨道角动量；对能量有一定影响

$$L=\sqrt{l(l+1)}\hbar \tag{19-37}$$

磁量子数 $m_l=0,\pm1,\pm2,\cdots,\pm l$, 用于确定轨道角动量的空间取向，引起磁场中的能级分裂，$L_z=m_l\hbar$。自旋磁量子数 $m_s=\pm1/2$，用于确定自旋角动量的空间取向，产生能级精细结构，$S_z=m_s\hbar=\pm\hbar/2$。另有自旋量子数 $s=1/2$，自旋角动量 $S=\sqrt{s(s+1)}\hbar=\dfrac{\sqrt{3}}{2}\hbar$，因 s 只有一个取值，也可不计入量子数组合中。

2. 泡利不相容原理

泡利于 1925 年提出，在一个原子中不可能有两个或两个以上的电子处于相同的状态，即不可能具有相同的四个量子数。给定的主量子数 n，轨道量子数 l 取值：0，1，2，$\cdots$，$n-1$，共 n 个；磁量子数 m_l 取值：0，±1，±2，$\cdots$，$\pm l$，共 $2l+1$ 个；自旋量子数 m_s 取值：1/2，$-1/2$，共 2 个。如表 19-1、表 19-2 所示。同一个 n 组成一个壳层 $(K,L,M,N,O,P,\cdots)$，相同 n，l 组成一个次壳层 $(s,p,d,f,g,h,\cdots)$，一个次壳层内电子可有 $(2l+1)\times2$ 种量子态，主量子数为 n 的壳层内可容纳的电子数为

$$Z_n=\sum_{l=0}^{n-1}2(2l+1)=2n^2 \tag{19-38}$$

表 19-1 原子的壳层结构模型

主壳层	n	1	2	3	4	5	6	7
		K	L	M	N	O	P	Q
次壳层	l	0	1	2	3	4	5	6
		s	p	d	f	g	h	i

$n=1$，$l=0\rightarrow m_l=0$，$m_s=1/2$，$-1/2$

K 壳层 ——s 次壳层：两个电子 $1s^2$

$n=2$，$l=0\rightarrow m_l=0$，$m_s=1/2$，$-1/2$

L 壳层 —— s 次壳层：两个电子 $2s^2$

$n=2$，$l=1\rightarrow m_l=-1$，0，1，$m_s=1/2$，$-1/2$

L 壳层 —— p 次壳层：六个电子 $2p^6$

L 壳层共有八个电子。

表 19-2　原子壳层和次壳层上最多可能容纳的电子数

	0	1	2	3	4	5	6	Z_n
	s	p	d	f	g	h	i	
1, K	2	—	—	—	—	—	—	2
2, L	2	6	—	—	—	—	—	8
3, M	2	6	10	—	—	—	—	18
4, N	2	6	10	14	—	—	—	32
5, O	2	6	10	14	18	—	—	50
6, P	2	6	10	14	18	22	—	72
7, Q	2	6	10	14	18	22	26	98

能量最小原理：在原子处于正常状态下，每个电子趋于占据最低的能级。

能级：主量子数 n 越大，能级越高。

当 n 一定时，轨道量子数 l 越大，能级越高。

我国科学家徐光宪总结出能级判断法则：$n+0.7l$ 值较大者相应的能级较高。

例如，$4s$ 态：$n+0.7l=4$；$3d$ 态：$n+0.7l=3+0.7\times2=4.4$。

结论：电子首先占据 $4s$ 态，再占据 $3d$ 态。

习　　题

19-1　已知粒子在一维矩形无限深势阱中运动，其波函数为

$$\psi(x)=\frac{1}{\sqrt{a}}\cos\frac{3\pi x}{2a}\quad(-a\leqslant x\leqslant a)$$

那么，粒子在 $x=\dfrac{5}{6}a$ 处出现的概率密度为多少？

19-2　粒子在一维无限深势阱中运动，其波函数为

$$\psi_n(x)=\sqrt{\frac{2}{a}}\sin\left(\frac{n\pi x}{a}\right)\quad(0<x<a)$$

若粒子处于 $n=1$ 的状态，在 $0\sim\dfrac{1}{4}a$ 区间发现粒子的概率是多少？

19-3　宽度为 a 的一维无限深势阱中粒子的波函数为 $\psi(x)=A\sin\dfrac{n\pi}{a}x$，求：(1) 归一化系数 A；(2) 在 $n=2$ 时何处发现粒子的概率最大？

19-4　原子内电子的量子态由 n,l,m_l,m_s 四个量子数表征。当 n,l,m_l 一定时，不同的量子态数目是多少？当 n,l 一定时，不同的量子态数目是多少？当 n 一定时，不同的量子态数目是多少？

19-5　求出能够占据一个 d 分壳层的最大电子数，并写出这些电子的 m_l,m_s 值。

19-6　试描绘：原子中 $l=4$ 时，电子角动量 $\vec{L}$ 在磁场中空间量子化的示意图，并写出 $\vec{L}$ 在磁场方向分量 L_z 的各种可能的值。

19-7　写出以下各电子态的角动量的大小：(1) $1s$ 态；(2) $2p$ 态；(3) $3d$ 态；(4) $4f$ 态。

部分习题参考答案

第 10 章

10-7 $\left(\dfrac{\mathrm{e}^2}{4\pi\varepsilon_0 mr}\right)^{1/2}$。

10-8 $2l\sin\theta\sqrt{4\pi\varepsilon_0 mg\tan\theta}$。

10-9 $\dfrac{q}{\pi\varepsilon_0 a^2}$。

10-10 $\dfrac{\lambda}{2\pi\varepsilon_0 R}$。

10-11 $\dfrac{\sigma}{4\varepsilon_0}$。

10-12 $\dfrac{\sigma}{2\varepsilon_0}\left(\dfrac{x}{\sqrt{a^2+x^2}}-\dfrac{x}{\sqrt{b^2+x^2}}\right)$；$\dfrac{\sigma}{2\varepsilon_0}\dfrac{x}{\sqrt{a^2+x^2}}$。

10-13 $r<R$，$\dfrac{A}{2\varepsilon_0}$；$r>R$，$\dfrac{AR^2}{2\varepsilon_0 r^2}$。

10-14 $r<R$，$\dfrac{\rho r}{2\varepsilon_0}$；$r>R$，$\dfrac{\rho R^2}{2\varepsilon_0 r}$。

10-15 $1.38\times10^7\ \mathrm{m}^{-3}$。

10-16 $\dfrac{q}{4\pi\varepsilon_0 L}\ln\dfrac{2a+L}{2a-L}$。

10-17 $r<R$，$\dfrac{q(3R^2-r^2)}{8\pi\varepsilon_0 R}$；$r>R$，$\dfrac{q}{4\pi\varepsilon_0 r}$。

10-18 (1) 178 V；(2) 206 V。

10-19 36 V，57 V。

10-20 (1) $\dfrac{2}{3}\times10^{-9}$ C，$-\dfrac{4}{3}\times10^{-9}$ C；　(2) 10 cm。

10-21 $\dfrac{Q^2}{8\pi\varepsilon_0 d}$。

10-22 $r<R$，$\dfrac{\rho}{4\varepsilon_0}\left(R^2-r^2\right)$；$r>R$，$\dfrac{\rho R^2}{2\varepsilon_0}\ln\dfrac{R}{r}$。

10-23 $\dfrac{\sigma R}{2\varepsilon_0}$。

10-24 (1) $\dfrac{\sigma}{2\varepsilon_0}(\sqrt{R^2+x^2}-x)$；　(2) $\dfrac{\sigma}{2\varepsilon_0}\left(1-\dfrac{x}{\sqrt{R^2+x^2}}\right)$；　(3) 1691 V，5608 $\mathrm{V\cdot m^{-1}}$。

第 11 章

11-7 (1) $\dfrac{Qd}{2\varepsilon_0 S}$；　(2) $\dfrac{Qd}{\varepsilon_0 S}$。

11-8 $q_B=-1.0\times10^{-7}$ C，$q_C=-2.0\times10^{-7}$ C；2.3×10^3 V。

11-9　$4\pi\varepsilon_0 R_1 U - \dfrac{R_1}{R_2}q$。

11-10　(1) $-q$，$Q+q$；　(2) $-\dfrac{q}{4\pi\varepsilon_0 a}$；　(3) $\dfrac{q}{4\pi\varepsilon_0 r} - \dfrac{q}{4\pi\varepsilon_0 a} + \dfrac{Q+q}{4\pi\varepsilon_0 b}$。

11-11　2 倍。

11-12　$D = 4.5\times10^{-5}\ \mathrm{C\cdot m^{-2}}$，$E = 2.5\times10^{6}\ \mathrm{V\cdot m^{-1}}$，$P = 2.3\times10^{-5}\ \mathrm{C\cdot m^{-2}}$。

11-13　(1) $C_0 = \dfrac{\varepsilon_0 S}{d}$，$Q_0 = \dfrac{\varepsilon_0 S}{d}U$，$E_0 = \dfrac{U}{d}$；

(2) $C_1 = \dfrac{\varepsilon_0\varepsilon_r S}{\delta+\varepsilon_r(d-\delta)}$，$Q_1 = \dfrac{\varepsilon_0\varepsilon_r SU}{\delta+\varepsilon_r(d-\delta)}$，$E_1 = \dfrac{\varepsilon_r U}{\delta+\varepsilon_r(d-\delta)}$，$E_1' = \dfrac{U}{\delta+\varepsilon_r(d-\delta)}$；

(3) $C_2 = \dfrac{\varepsilon_0 S}{d-\delta}$，$Q_2 = \dfrac{\varepsilon_0 SU}{d-\delta}$，$E_2 = \dfrac{U}{d-\delta}$，$E_2' = 0$。

11-14　(1) $D = \dfrac{\lambda}{2\pi r}$，$E = \dfrac{\lambda}{2\pi\varepsilon_0\varepsilon_r r}$，$P = \dfrac{(\varepsilon_r-1)\lambda}{2\pi\varepsilon_r r}$；

(2) $\sigma_1' = -\dfrac{(\varepsilon_r-1)\lambda}{2\pi\varepsilon_r R_1}$，$\sigma_2' = \dfrac{(\varepsilon_r-1)\lambda}{2\pi\varepsilon_r R_2}$。

11-15　(1) $R_1<r<R_2$：$E = \dfrac{Q}{4\pi\varepsilon_0\varepsilon_r r^2}$，$r>R_2$：$E = \dfrac{Q}{4\pi\varepsilon_0 r^2}$；

(2) $R_1<r<R_2$：$U = \dfrac{Q}{4\pi\varepsilon_0\varepsilon_r r} + \dfrac{(\varepsilon_r-1)Q}{4\pi\varepsilon_0\varepsilon_r R_2}$，$r>R_2$：$U = \dfrac{Q}{4\pi\varepsilon_0 r}$；

(3) $U = \dfrac{Q}{4\pi\varepsilon_0\varepsilon_r R_1} + \dfrac{(\varepsilon_r-1)Q}{4\pi\varepsilon_0\varepsilon_r R_2}$。

11-16　$\dfrac{\varepsilon_0(\varepsilon_{r1}+\varepsilon_{r2})S}{2d}$。

11-17　$\dfrac{\sigma_2}{\sigma_1} = \varepsilon_r$。

11-18　$\dfrac{\lambda^2}{4\pi\varepsilon_0\varepsilon_r}\ln\dfrac{R_2}{R_1}$。

11-19　(1) 3.2×10^{-7} J；(2) 200 V。

11-20　$\dfrac{q^2}{8\pi\varepsilon_0\varepsilon_r}\left(\dfrac{1}{R_1}-\dfrac{1}{R_2}\right)$。

11-21　(1) 1.85×10^{-3} F；　(2) 6.8×10^{13} J。

第 12 章

12-7　4×10^{10}。

12-8　$\dfrac{\rho}{2\pi}\left(\dfrac{1}{R_1}-\dfrac{1}{R_2}\right)$。

12-9　(1) $3\times10^{13}\ \Omega\cdot\mathrm{m}$；　(2) 196 Ω。

12-10　$2\pi lU/\rho\ln\dfrac{R_2}{R_1}$。

12-11　$7.35\times10^{-5}\ \mathrm{m\cdot s^{-1}}$。

12-12　$\dfrac{\mu_0 I}{2R}\left(\dfrac{1}{4}+\dfrac{1}{\pi}\right)$。

12-13　$\dfrac{\sqrt{2}\mu_0 I}{4\pi a}$。

12-14　0。

12-15　$\dfrac{\mu_0\omega\sigma R}{2}$。

12-16　6.3×10^{-5} T。

12-17　$r<R$，0；$r>R$，$\dfrac{\mu_0 I}{2\pi r}$。

12-18　(1) $r<R_1$，$\dfrac{\mu_0 Ir}{2\pi R_1^2}$；　(2) $R_1<r<R_2$，$\dfrac{\mu_0 I}{2\pi r}$；

(3) $R_2<r<R_3$，$\dfrac{\mu_0 I}{2\pi r}\dfrac{R_3^2-r^2}{R_3^2-R_2^2}$；(4) $r>R_4$，0。

12-19　$\dfrac{\mu_0 Ia}{2\pi}\ln 3$。

12-20　$\dfrac{\mu_0 I}{4\pi}$。

12-21　(1) 3.6×10^{-3} T；(2) 5.2×10^{-2} m。

12-22　$\dfrac{\mu_0 I_1 I_2}{2\pi}\ln\dfrac{a+L}{a}$。

12-23　1.28×10^{-3} N，指向直导线。

12-24　(1) 36 $\mathrm{A\cdot m^2}$；　(2) 144 $\mathrm{N\cdot m}$。

12-25　(1) $\dfrac{\mu_0\omega q}{8\sqrt{2}\pi R}$；　(2) $\dfrac{1}{2}q\omega R^2$。

12-26　$\dfrac{\pi\omega\sigma R^4 B}{4}$。

12-27　(1) 4.5×10^3 A；　(2) 2.25×10^9 W。

12-28　(1) 200 $\mathrm{A\cdot m^{-1}}$，1.055 T；　(2) 2.51×10^{-4} T，1.055 T。

第 13 章

13-7　$-\dfrac{\mu_0 d}{2\pi}\ln 2\dfrac{\mathrm{d}I}{\mathrm{d}t}$。

13-8　3.0 V，顺时针方向。

13-9　$2v_0BR$，P 端电势较高。

13-10　$\dfrac{3}{2}kLvt^2$，顺时针。

13-11　$\dfrac{1}{2}\omega Bl_0^2\sin^2\theta$。

13-12　$v_0\mathrm{e}^{-(B^2l^2/mR)t}$。

13-13　3.84×10^{-5} V，A 端电势较高。

13-14　$\dfrac{\mu_0 Ivl_1l_2}{2\pi(d+l_1)}$，顺时针。

13-16　2.1×10^{-2} H。

13-17　(1) $\dfrac{\mu_0 d}{2\pi}\ln 2$；　(2) $-\dfrac{\mu_0 d\ln 2}{2\pi}\lambda$，逆时针方向。

13-18　0，$\dfrac{\mu_0 a}{2\pi}\ln 3$。

13-19 (1) 6.28×10^{-6} H； (2) 3.14×10^{-4} V，与线圈中 B 的电流方向相同。

13-20 $\mu_r = 199$。

13-21 $\dfrac{\mu_0 I^2 l}{4\pi} \ln \dfrac{R_2}{R_1}$，$\dfrac{\mu_0 l}{2\pi} \ln \dfrac{R_2}{R_1}$。

13-22 $\dfrac{\mu_0 I^2}{16\pi}$。

第 14 章

14-1 B

14-2 C

14-3 C

14-4 117 cm。

14-5 $l_2 = 30.0$ cm，$m = -1.0$，成等大倒立实像。

14-6 $f = -10.0$ cm。

14-7 当 $l_1 = -4.0$ cm，$l_2 = 8.0$ cm，$m = 2.0$，成正立的虚像；

当 $l_1 = -16.0$ cm，$l_2 = -16.0$ cm，$m = -1.0$，成倒立的实像；

当 $l_1 = -24.0$ cm，$l_2 = -12.0$ cm，$m = -0.5$，成倒立的实像。

14-8 平面镜至少 85.0 cm 高，应下端距地面 80.0 cm 铅直放置。

14-9 当 $l_1 = -20.0$ cm，$l_2 = 20.0$ cm，$m = -1.0$，成倒立的实像；

当 $l_1 = -5.0$ cm，$l_2 = -10.0$ cm，$m = 2.0$，成正立的虚像。

14-10 第一个透镜，$l_2 = 20.0$ cm，成实像；第二个透镜，$l_2 = -30.0$ cm，成虚像。

第 15 章

15-1 B

15-2 B

15-3 C

15-4 (2) 4.74 μm。

15-5 $\lambda_1 = 668.8$ nm，红光；$\lambda_2 = 401.3$ nm，紫光；正面呈紫红色。

15-6 57.5 μm。

15-7 $\theta = 1.71 \times 10^{-4}$ rad。

15-8 546 nm。

15-9 $R = 1.7$m，$k = 4$。

15-10 $d = 3.0$ mm。

第 16 章

16-1　B

16-2　(1) 由 $b\sin\theta = \pm(2k)\lambda/2$ 判知，缝宽变窄，衍射角度变大，条纹变稀；

(2) 波长 λ 变大，但 b、k 不变，衍射角度也变大，条纹变稀。

16-3　略。

16-4　$\lambda = 428.6$ nm。

16-5　(1) 5.0×10^{-3} m，5.0×10^{-3} rad；　(2) 3.76×10^{-3} m，3.76×10^{-3} rad。

16-6　(1) 600 nm；4667 nm；382 nm；　(2) 3；4；5；　(3) 7；9；11。

16-7　最高级次为 $k_{\max} = 3$。

16-8　(1) 6 cm；　(2) 34.64 cm。

16-9　(1) 6.0 μm；　(2) 1.5 μm；

(3) 因 $\pm4, \pm8$ 缺级，故呈现的全部级数为：$0, \pm1, \pm2, \pm3, \pm5, \pm6, \pm7, \pm9$ 共 15 条明纹。

16-10　1.5 mm。

16-11　13.86 cm。

16-12　只有 $\lambda_3 = 13.0$ nm、$\lambda_4 = 9.7$ nm 的 X 射线能产生强反射。

第 17 章

17-1　C

17-2　D

17-3　$36°56'$；$48°26'$。

17-4　$I_2 = 2.25I_1$。

17-5　线偏振光占入射光强的 2/3，自然光占 1/3。

17-6　$d_1 = 857$ nm，$d_2 = 794$ nm。

17-7　$n = 1.60$。

17-8　透射光为椭圆偏振光。

17-9　当 $d_2 = 4.5$ mm 时不能通过。

第 18 章

18-1　对太阳：$T_1 = \dfrac{b}{\lambda_{m_1}} = \dfrac{2.897\times10^{-3}}{0.55\times10^{-6}} = 5.3\times10^3$ K；

对北极星：$T_2 = \dfrac{b}{\lambda_{m_2}} = \dfrac{2.897 \times 10^{-3}}{0.35 \times 10^{-6}} = 8.3 \times 10^3\ \text{K}$；

对天狼星：$T_3 = \dfrac{b}{\lambda_{m_3}} = \dfrac{2.897 \times 10^{-3}}{0.29 \times 10^{-6}} = 1.0 \times 10^4\ \text{K}$。

18-2　$M_B(T) = \sigma T^4$，$T = \sqrt[4]{\dfrac{M_B(T)}{\sigma}} = \left(\dfrac{22.8 \times 10^4}{5.67 \times 10^{-8}}\right)^{\frac{1}{4}} = 1.42 \times 10^3\ \text{K}$。

18-3　(1) 光电子最大动能：$E_{\text{k max}} = 3.23 \times 10^{-19}\ \text{J} = 2.0\ \text{eV}$；

(2) 遏止电压：$U_{\text{a}} = 2.0\ \text{V}$；

(3) 遏止波长：$\lambda_0 = 2.96 \times 10^{-7}\ \text{m} = 0.296\ \mu\text{m}$。

18-4　功率：$P = 1.99 \times 10^{-18}\ \text{W}$。

18-5　每秒进入人眼的光子数为：$N = 1.42 \times 10^{14}$。

18-6　$\nu = 1.236 \times 10^{20}\ \text{Hz}$，$\lambda = 2.4271 \times 10^{-12}\ \text{m} = 0.02\ \text{Å}$，$p = 2.73 \times 10^{-22}\ \text{kg} \cdot \text{m} \cdot \text{s}^{-1}$。

18-7　光电效应是指金属中的电子吸收了光子的全部能量而逸出金属表面，是电子处于原子中束缚态时所发生的现象，遵守能量守恒定律。而康普顿效应则是光子与自由电子 (或准自由电子) 的弹性碰撞，同时遵守能量与动量守恒定律。

18-8　$\dfrac{\varepsilon}{E_{\text{k}}} = 5$。

18-9　在 $\varphi = \dfrac{\pi}{2}$ 方向上：散射波长 $\lambda = \lambda_0 + \Delta\lambda = 0.708 + 0.0248 = 0.732\ \text{Å}$；

在 $\varphi = \pi$ 方向上：散射波长 $\lambda = \lambda_0 + \Delta\lambda = 0.708 + 0.0486 = 0.756\ \text{Å}$。

18-10　反冲电子能量：$E = 0.10\ \text{MeV}$。

18-11　散射光子波长：$\lambda = 4.3 \times 10^{-12}\ \text{m} = 0.043\ \text{Å}$，散射角为：$\varphi = 62°17'$。

18-12　(1) $n = 4$；

(2) 可发出谱线莱曼系 3 条，巴耳末系 2 条，帕邢系 1 条，共计 6 条。

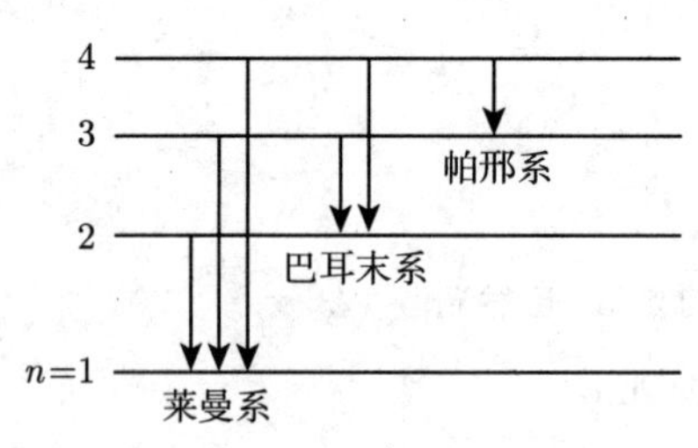

题 18-12 图

18-13　最高激发到 $n = 3$，当然也能激发到 $n = 2$ 的能级。

$$n\ \text{从}\ 3 \to 1 : \lambda_1 = 1.026 \times 10^{-7}\ \text{m} = 1026\ \text{Å}$$

$$n\ \text{从}\ 2 \to 1 : \lambda_2 = 1216\ \text{Å}$$

$$n\ \text{从}\ 3 \to 2 : \lambda_3 = 6563\ \text{Å}$$

可以发出以上三条谱线：

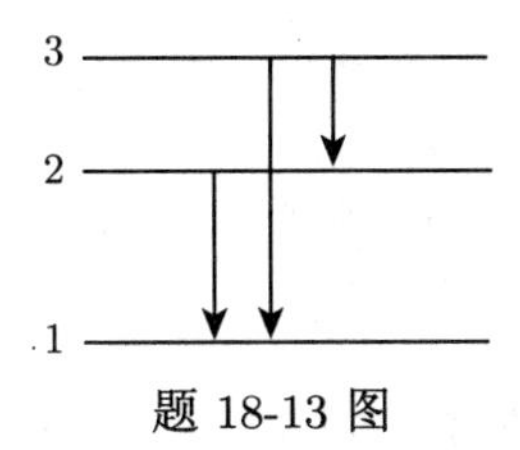

题 18-13 图

18-14 激发后最高能级是 $n=4$ 的激发态，

$$\lambda_a=\frac{hc}{E_3-E_2}=6573\times10^{-10}\ \text{m}=6573\ \text{Å}$$

$$\lambda_\beta=\frac{hc}{E_4-E_2}=4872\ \text{Å}$$

$$\nu=\frac{E_4-E_1}{h}=3.08\times10^{15}\ \text{Hz}$$

18-15 $r_n=9r_1$，轨道半径增加到 9 倍。

18-16 德布罗意波是概率波，波函数不表示实在的物理量在空间的波动，其振幅无实在的物理意义，$|\psi|^2$ 仅表示粒子某时刻在空间的概率密度。

18-17 加速电压：$U=150$ V。

18-18 光电子的速度为 $v=7.0\times10^5\ \text{m}\cdot\text{s}^{-1}$；

其德布罗意波长为：$\lambda=\dfrac{h}{mv}=\dfrac{6.63\times10^{-34}}{9.11\times10^{-31}\times7.0\times10^5}=1.04\times10^{-9}\ \text{m}=10.4\ \text{Å}$。

18-19 光子、电子的动量相等：$p=\dfrac{h}{\lambda}=\dfrac{6.63\times10^{-34}}{2.0\times10^{-10}}=3.3\times10^{-24}\ \text{kg}\cdot\text{m}\cdot\text{s}^{-1}$；

光子的能量：$\varepsilon=h\nu=\dfrac{hc}{\lambda}=pc=3.3\times10^{-24}\times3\times10^8=9.9\times10^{-16}\ \text{J}=6.2\times10^3\ \text{eV}$；

电子的总能量：$E=\sqrt{(cp)^2+(m_0c^2)^2}\approx m_0c^2=0.51\ \text{MeV}$。

18-20 德布罗意波长：$\lambda=\dfrac{h}{p}=\dfrac{h}{\sqrt{3mkT}}=1.456\ \text{Å}$。

18-21 粒子最小动能应满足：$E_{\min}=\dfrac{h^2}{2mL^2}$。

18-22 平均寿命 $\tau=\Delta t=\dfrac{h}{\Delta E}=\dfrac{\lambda^2}{c\Delta\lambda}=5.3\times10^{-8}\ \text{s}$。

18-23 光子位置的测不准量为：$\Delta x=\dfrac{h}{\Delta p}=\dfrac{\lambda^2}{\Delta\lambda}=\dfrac{\lambda}{\Delta\lambda/\lambda}=\dfrac{3000}{10^{-6}}=3\times10^9\ \text{Å}=30\ \text{cm}$。

第 19 章

19-1 $|\psi|^2=\psi\psi^*=\dfrac{1}{2a}$。

19-2 在 $0\sim\dfrac{a}{4}$ 区间发现粒子的概率为：$P=0.091$。

19-3 (1) 归一化系数：$A=\sqrt{\dfrac{2}{a}}$；

(2) 当 $n=2$ 时，发现粒子概率极大值的地方为 $\dfrac{a}{4}$，$\dfrac{3}{4}a$ 处。

19-4 (1) $2\left(\because m_s=\pm\dfrac{1}{2}\right)$；

(2) $2(2l+1)$，因为每个 l 有 $2l+1$ 个 m_l，每个 m_l 可容纳 $m_s=\pm\dfrac{1}{2}$ 的 2 个量子态；

(3) $2n^2$。

19-5 d 次壳层的量子数 $l=2$，可容纳最大电子数为 $Z_l=2(2l+1)=2\times(2\times2+1)=10$ 个，这些电子的 $m_l=0$，±1，±2，$m_s=\pm\dfrac{1}{2}$。

19-6 $L=\sqrt{l(l+1)}\hbar=\sqrt{4(4+1)}\hbar=\sqrt{20}\hbar$ 。

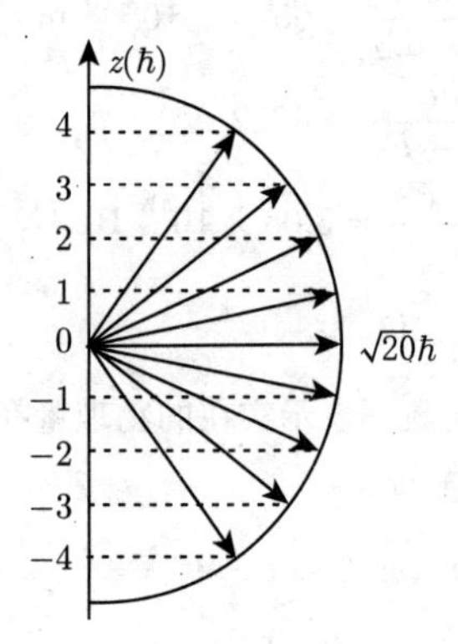

题 19-6 图

磁场为 z 方向，$L_z=m_l\hbar$，$m_l=0,\pm1$，±2，±3，±4，

$$L_z=(4,3,2,1,0,-1,-2,-3,-4)\hbar$$

19-7 (1) $L=0$； (2) $l=1$，$L=\sqrt{1(1+1)}\hbar=\sqrt{2}\hbar$；

(3) $l=2$，$L=\sqrt{2(2+1)}\hbar=\sqrt{6}\hbar$；(4) $l=3$，$L=\sqrt{3(3+1)}\hbar=\sqrt{12}\hbar$。

参 考 文 献

程守洙, 江之永. 1998. 普通物理学. 5 版. 北京: 高等教育出版社.
郭振平. 2016. 新编大学物理教程. 北京: 科学出版社.
刘克哲, 张承琚. 2005. 物理学. 上下册. 3 版. 北京: 高等教育出版社.
毛骏健, 顾牧. 2006. 大学物理学. 上下册. 3 版. 北京: 高等教育出版社.
缪耀发. 2006. 大学物理教程. 北京: 高等教育出版社.
盛裴轩. 2013. 大气物理学. 2 版. 北京: 北京大学出版社.
王国栋. 2008, 大学物理学. 北京: 高等教育出版社.
詹煜. 2014. 大学物理教程. 上下册. 2 版. 北京: 科学出版社.
张三慧. 2003. 大学基础物理学. 北京: 清华大学出版社.
张铁强. 2007. 大学物理学. 北京: 高等教育出版社.

(O-7580.01)

大学物理（下册）

DAXUE WULI

刘博，教授博导，南京信息工程大学物理与光电工程学院院长。教育部“长江学者奖励计划”青年学者，国家自然科学基金优秀青年科学基金获得者，长期从事光通信、光子编码调制以及光信号处理等研究工作，获教育部高等学校科学研究优秀成果奖（自然科学类）二等奖两项。

www.sciencep.com

科学出版社互联网入口
南京分社：(025) 86300576　销售：(010) 64031535
南京分社 E-mail：nanjing@mail.sciencep.com
销售分类建议：大学物理

定价：79.00 元